4th Edition

현대인간공학

Modern Ergonomics

정병용 · 이동경

민영사

머리말

"합리적인 사고방식과 사람에 대한 배려"

이 책은 합리적으로 문제를 접근하는 방법과 인간을 위한 배려에 대하여 다루고 있다. 두 가지가 자칫하면 상충되는 의미로 다가올 수 있지만 인간 중심의 설계가 결국은 합리적이며, 효율성을 높이는 길이라는 것을 보여주려고 노력하였다. 우리가 어떤 문제에 접근할 때에 자칫하면 인간을 배려하지 못하는 경우가 발생한다. 그러나 아무리 기술이 발달하여도 세상이 존재하는 이유는 사람 때문이요, 내가 존재하는 것도 더불어 살아갈 수 있는 사람이 있기 때문이다. 이 책은 아무리 빠른 세상의 변화에도 불구하고 어떤 기준이나 철학보다도 사람을 소중하게 생각하고 배려하는 따뜻한 마음으로 세상이 설계되길 기대하며 저술되었다.

그동안 강의를 하면서 '전공서적도 소설책처럼 재미있을 수 없을까?', '현장에서 직접 응용할 수 있는 내용이 무엇일까?', '이론의 이해와 현실적인 문제들을 다루기 위한 예제가 많았으면!' 하는 생각을 많이 하였었다. 이런 의도를 책에 담으려고 노력하여, 2005년 초판을 발간하였으며, 이제 개정 4판을 내게 되었다.

이 책을 출판하기까지 도움을 주신 민영사 식구들께 감사를 드린다. 이 책이 완성되기까지 한인연(한성대학교 인간공학 연구실) 졸업생 및 재학생들의 도움이 컸으며, 정신적인 후원이 큰 힘이 되었다. 특히나 인간공학 분야 안에서 만나 든든한 동반자로 살아갈 수 있는 기쁨을 주고 있는 이동경 박사와 공동으로 이 책을 집필하고 개정판을 내게 되어 더욱 더 의의가 크다고 할수 있다.

끝으로 사랑하는 아내와 가족들의 건강과 평안이 함께하길 빌며, '합리적인 사고방식과 사람에 대한 배려'에 대한 이 책의 정신을 지현, 주현이가 깊이 새기면서 학문적으로 성장하기를 소망한다.

2016년 3월에 연구실에서

정 병 용

차례

"합리적인 사고방식과 사람에 대한 배려"

제 1 장

인간 중심의 설계

1. 제품과 인간
2. 인간공학의 정의
3. 인간을 고려한 설계
4. 인간공학의 관심분야

1. 제품과 인간

사람들은 일상생활에서 수많은 물건들을 사용하게 된다. 때로는 생활의 도구로, 때로는 생산을 위한 도구로, 때로는 오락을 위한 도구 등으로 사용되는 물건들은 약 20,000가지가 넘는다고 한다. 이렇게 많은 제품들을 사용하면서 사람들은 종종 "어떤 사람이 이렇게 만들었어?", "이걸 어떻게 써!", "조금만 이렇게 고쳤으면 얼마나 좋아!"라고 생각하게 된다.

예제 1.1 잘못 설계된 적산전력계

[그림 1.1]은 적산전력계를 나타낸다. 적산전력계를 설계한 디자이너는 나름대로 지침의 표시 면적을 줄이기 위하여 일, 십, 백 단위의 눈금 숫자 중에서 7, 8과 2, 3을 공동으로 사용할 수 있도록 하였다. 그러나 [그림 1.1]의 적산전력계의 눈금을 읽어보자. 적산전력계의 눈금 8765를 읽는 데에 시간이 많이 걸리고, 오류도 발생하기가 쉽다는 것을 느낄 것이다. 당연히 적산전력계 검침원은 잘못된 요금 고지서를 소비자들에게 보내는 경우가 있었을 것이고, 화가 난 소비자들은 애꿎은 관리부서에 얼마나 항의를 하였을 것인가?

그림 1.1 잘못 설계된 적산전력계

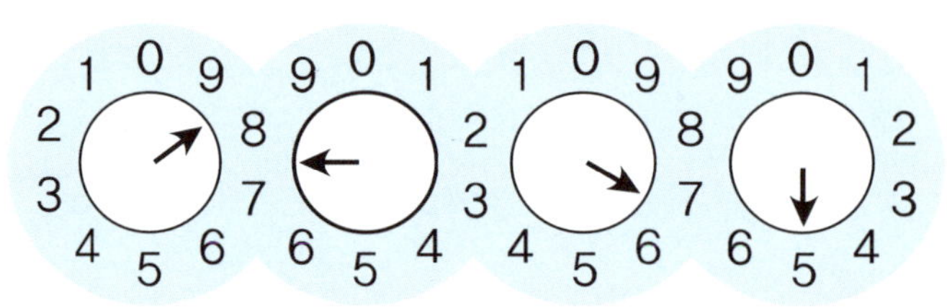

물건이나 제품을 어떻게 설계하느냐에 따라 효율성과 안전성, 편리성이 좌우된다고 볼 수 있다. 즉, 설계에 따라 작동하는 데 실수를 적게 할 수도, 같은 시간에 주어진 작업을 더 많이 할 수도 있으며, 불편함을 느끼지 않고 편하게 사용할 수도 있는 것이다.

예제 1.2 실내 전등용 슬라이드 스위치의 설계

실내 전등의 밝기를 Off, Low(On), High(On)의 세 가지 단계로 조절할 수 있는 슬라이드 스위치를 [그림 1.2]와 같이 설계하였다고 하자. 외관상으로는 별 문제가 없을 것이다. 그러나 스위치를 한두 번 사용해 본 사용자는 불편을 느낄 것이다. 스위치의 배열이 우리가 일반적으로 생각하고 있는 관념적 배치와는 다르기 때문이다.

그림 1.2 스위치의 설계

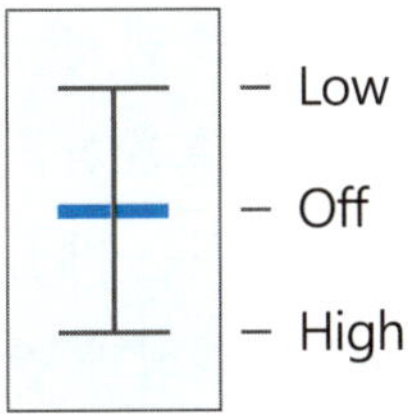

2. 인간공학의 정의

역사의 흐름 속에서 인간이 사용하는 물건을 만드는 데에 따른 설계상의 철학도 변화를 거치게 되었다. 새로운 기계나 기구를 발명하여 인간이 하던 일을 대체하여 나가던 산업혁명 초기에는 기계나 설비의 기능과 성능에만 우선적으로 관심을 두었다. 그래서 사람이 사용하거나 작동시키기 어려울지라도 새로운 능력을 가진 기계나 설비들이 선호될 수밖에 없었다. 단지, 강력한 힘을 가진 기계에 잘 맞는 특별한 사람을 선발하거나, 훈련을 통하여 인간을 기계에 맞추려고 노력할 뿐이었다. 특별한 사람을 얼마든지 구할 수 있을 정도로 노동력이 풍부한 시대에는 이러한 생각이 당연하게 받아들여졌던 것이다.

그러나 수많은 기계와 설비들이 발명되고 만들어지면서부터는 기계에 맞는 특별한 작업자를 구하는 것이 점점 어려워졌고, 어려운 적응 훈련을 받으려는 사람은 줄어들게 되었다. 이렇게 되면서 인간을 기계 또는 일에 맞추려는 생각은 기계와 일을 인간에게 맞추려는 방향(fitting the task to the man)으로 점차 변하게 되었다. 즉, 설비나 기구를 설계하는 과정에서 인간의 특성 및 한계점을 고려하는 인간공학적 사고가 태동하게 된 것이다.

최근에는 시스템 관점에서 인간과 기계를 결합시킨 인간-기계 시스템의 안전성과 편리성, 효율성을 높이기 위한 최적 설계가 강조된다.

인간이 사용하는 제품이나 환경을 설계하는 데 인간의 특성에 관한 정보를 응용함으로써, 편리성과 안전성, 효율성을 제고하고자 하는 학문을 '인간공학'이라 한다. 즉, 인간공학은 인간이 사용하는 물건·설비·환경 등을 설계하는 데(초점)에, 인간의 생리적·심리적인 면에서의 특성이나 한계점을 체계적으로 응용하여(접근방법), 좀 더 쾌적한 삶을 추구(목표)하는 학문이라고 할 수 있다. 생활을 하는 데 도움을 주고자 만든 제품이 오히려 인간에게 또 다른 불편함을 주거나 안

그림 1.3 인간공학의 개념

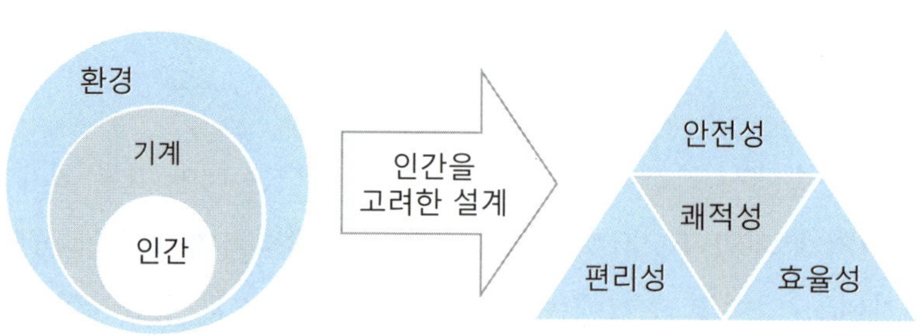

전을 위협하는 일들이 없도록 체계적으로 인간의 특성에 관한 정보를 연구하고, 이들 정보를 제품 및 환경 설계에 이용하고자 노력하는 학문이다.

예를 들면, 의자를 만드는 데 있어 재질과 구조나 견고성 등에 관심을 기울일 뿐만 아니라 '사람이 앉을 때 어떤 높이에 앉으면 편안하게 느끼는가?', '편안한 의자에 앉을 경우에 좌판에 실리는 몸무게의 압력 분포는 어떤 형태로 나타나는가?' 등에 관한 기본적인 특성과 '인체에 적합한 의자를 평가하기 위하여 어떠한 것을 측정하는 것이 타당한가?' 등을 연구하여 '인체에 적합한 의자는 어떤 치수로 설계하는 것이 바람직하다'는 기준을 제시하는 데 관심을 갖는 것이다.

인간공학 용어로는 ergonomics와 human factors가 주로 사용된다. ergonomics는 작업(work)의 의미를 가진 그리스어 ergon과 법칙(rules, law)의 의미를 가진 nomos의 두 단어로부터 만들어진 합성어이다. ergonomics라는 용어는 유럽을 중심으로 작업자의 신체적 특성에 초점을 맞춘 연구에 주로 사용되어 왔다. 미국에서는 심리적 측면에서의 인적 요인에 초점을 맞춘 human factors, human factors engineering이라는 용어가 사용되어 왔다. 최근에는 인간공학 분야에서 가장 오래된 대표적인 학술지인 Ergonomics와 Human Factor도 인간의 신체 특성과 심리 특성에 관한 연구 영역을 허물 정도로 실질적으로는 같은 의미로 사용되고 있다.

3. 인간을 고려한 설계

인간의 특성에 관한 정보는 크게 두 가지로 분류할 수 있다.

첫 번째는 신체 특성에 관한 정보로 인체의 역학적 또는 형태학적 크기나 모양에 관한 정보와 생리학적 능력과 한계 등에 관한 정보를 뜻한다. '사람이 낼 수 있는 최대 힘은 얼마나 되는가?', '여자와 남자의 키의 크기는 차이가 있는가?'

등에 관한 정보를 말한다.

두 번째는 인간의 인지 특성(넓은 범위에서의 심리 특성)에 관한 정보이다. 인간의 정보처리 과정, 기억의 능력과 한계 등에 관한 정보를 뜻한다. '인간이 신뢰성 있게 정보전달을 할 수 있는 기억용량은 어느 정도인가?', '인간의 실수는 어떤 때에 잘 발생하는가?' 등에 관한 정보를 말한다.

인간이 사용하는 물건이나 환경을 설계할 때에는 인체의 신체 특성과 인지 특성에 관한 정보를 고려하여야 한다.

3.1 신체 특성을 고려한 설계

인간은 신체적 능력에서 한계를 가지고 있다. 아무리 힘이 센 사람이라고 하더라도 250kg 이상의 무게를 들기는 힘들며, 아무리 날쌘 사람이라도 2.5m 이상 높이 뛰기란 어렵다. 또한, 아무리 빨라도 1분에 500단어 이상 말하기는 어렵고, 1분에 840번 이상 모스 부호를 두드리기란 어려운 것이다. 따라서 제품 설계에는 적어도 인간의 신체적 능력 한계 내에서 쉽게 사용할 수 있도록 신체적 특성이 고려되어야 한다.

예제 1.3 박스 운반

[그림 1.4]는 신체의 역학적 특성을 이용한 설계의 개념을 나타낸다. 작업자가 박스를 들 때 손바닥을 편 상태로 드는 것과 손가락을 충분히 손잡이에 넣고 감싸 쥔 상태로 드는 것을 고려하여 보자. 당연히 손잡이에 손을 넣고 감싸 쥔 상태로 운반하는 작업자가 힘을 덜 들이고 쉽게 운반할 수 있다. 신체의 역학적 특성을 고려하면 작업자가 작업을 쉽고 효율적으로 할 수 있게 되는 것이다.

그림 1.4 **박스 손잡이와 운반의 효율성**

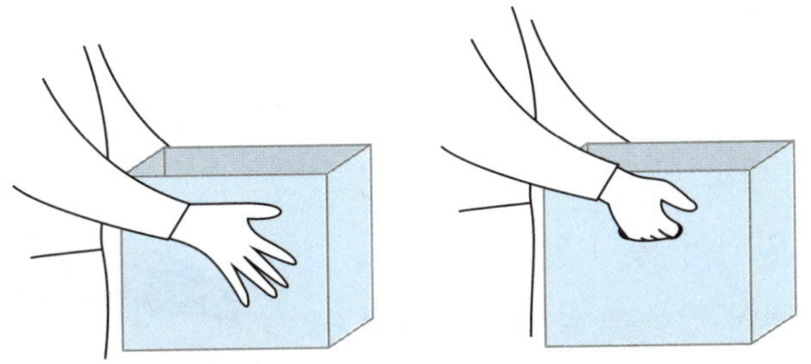

한 손의 손바닥을 다른 손의 손가락으로 꼬집어보자. 이번에는 겨드랑이 부분을 꼬집어보자. 인체의 부위 중에서 압력에 대한 저항 능력은 발바닥과 손바닥 순서로 뛰어나다고 할 수 있으며, 그 다음으로는 엉덩이뼈 주위의 일부분이라고 할 수 있다. 가끔 화장실에서 오래 앉아 있으면 발이 저려 오는 것을 느낄 수 있다. 이는 연약한 피부에 압력이 가해지기 때문으로 의자를 설계할 때 엉덩이뼈에 체중이 실리도록 의자의 좌면을 설계하는 것이 중요함을 의미한다.

어른 식탁에서 어린 아이가 의자에 앉아 밥을 먹는다고 생각해보자. 어린 아이는 식탁이 너무 높아 밥을 계속 흘릴 것이다. 사람에게 적합하지 않은 제품은 불편할 뿐만 아니라 실수를 유발하는 원인이 된다.

3.2 인지 특성을 고려한 설계

인간의 기억 능력은 유한하다. 예를 들어, 'HPIBMMACLG'을 기억하려면 쉽게 기억하기 어렵다. 그러나 'HP-IBM-MAC-LG'로 글자 묶음별로 의미를 연상하면 기억이 용이하게 될 것이다.

예제 1.4 자동차의 연료 주입기

[그림 1.5]는 자동차의 연료 주입기를 나타낸다. 자세히 살펴보면 연료 주입기의 위치가 통일되어 있지 않고 왼쪽 또는 오른쪽으로 되어 있음을 알 수 있다. 같은 자동차 회사의 제품이라도 차종에 따라 위치가 다른 경우도 있다. 차가 두 대이거나 차를 바꾼 지 얼마 되지 않은 사람들은 한 번씩 경험하였을 것이다. 주유하려고 주유기 옆에 차를 위치시켰을 때 주유원이 와서는 방향이 잘못되었다고 다시 진입하라고 하는 경우의 허탈함을!

그림 1.5 연료 주입기

예제 1.5 현관 열쇠의 사용방법

[그림 1.6]은 기억을 강요하는 디자인의 예로 현관문의 열쇠와 보조 열쇠의 작동방법에 대한 비인간공학적인 사례를 나타낸다. 흔히 다른 사람의 집을 방문하고 난 뒤 현관문을 나설 때 문을 열기 위하여 문의 손잡이 상태를 — — 나 | | 또는 — |, 안되면 | — 로 하여 겨우 열 수 있을 것이다. 때로는 자기 집의 문을 열 때에도 열쇠의 방향을 기억하지 못하여 시간을 낭비하는 경우

그림 1.6 현관 열쇠

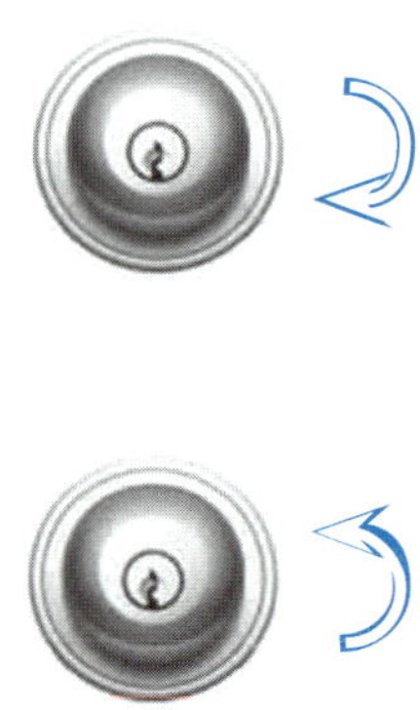

가 있다. 마치 퀴즈를 풀거나 암호를 해독하는 것과 같이 사용방법을 복잡하게 설계한 예이다. 그러나 현관문을 열고자 할 때마다 암호를 푸는 과정을 거치고 싶은 사람은 없을 것이다. 혹시 술이라도 마신 날 한밤중에 현관문에 도착해서는 문이 안 열리는 때의 당혹감을 경험한 사람이라면 결국은 열쇠를 한 개만 이용하게 되는 것이다.

예제 1.6 화장품 용기

[그림 1.7]은 불필요한 확인을 요구하는 디자인의 예이다. 화장품이나 샴푸 종류의 용기가 동일하게 되어 있는 경우 모양은 예쁠지 모르지만 사용하는 데에는 불편함이 존재한다. 아기를 목욕시키면서 사용하는 샴푸와 비누용기는 보통 모양이 동일하기 때문에 혼란을 가져온다. 목욕중인 아기는 울고 있고, 영어로 작은 글씨로 써 있어서 샴푸와 비누는 구별하기 어렵다면 아기의 목욕을 시키는 일이 얼마나 더 힘들겠는가? 더구나 오래간만에 아기의 목욕을 시키려고 목욕탕에 들어온 아빠라면 얼마나 당황하게 될까?

그림 1.7 동일한 모양의 용기

3.3 사용자 중심의 디자인

제품의 기능은 점점 복잡화되고 다양화되고 있으며, 아울러 소프트화 되어가고 있다. 따라서 제품을 사용하려고 하는 사용자의 특성이나 사용에 관한 행동, 사용 상황 등에 관한 분석이 필요하다. 사용자가 쉽고 효율적으로 기능을 사용할 수 있도록 사용자의 관점에서 제품을 디자인하는 개념을 '사용자 중심의 디자인(user-centered design)'이라고 한다. 사용자 중심의 디자인은 사용자와 사용 행위에 관한 정보 및 제품이 사용되는 실태 등을 고려하여 제품의 사용성(usability)을 높이도록 설계하는 개념을 말한다.

4. 인간공학의 관심분야

인간공학은 우리의 삶과 밀접한 관계를 가지고 있으며, 매우 다양하고 넓은 분야에 적용될 수 있는 다학문적(interdisciplinary) 융합적인 성격을 갖는 연구 분야이다. 따라서 학문 영역 사이의 담을 헐지 않고는 발전하기가 어렵다.

인간공학과 관련된 학문들은 [그림 1.8]과 같이 신체 특성에 관련된 분야, 인지 특성에 관련된 분야, 공학 및 기술 분야 등으로 분류할 수 있으며, 구체적인 학문으로 살펴본다면 심리학, 인체측정학과 생리학, 공학, 통계학, 디자인 분야 등을 열거할 수 있다. 심리학 분야는 인간의 정보처리 과정과 인간의 실수, 인간 성능 등을 연구하는 데 기여를 한다. 인체측정학은 인체 측정치를 이용하여 작업장을 설계하는 데 기여하며, 생리학 분야는 작업과 관련된 생리적 배경 및 작업 부하 정도를 파악하는 데 기여한다. 공학은 물건과 기계의 설계와 관련된 전기적, 기계적 특성 등에 관한 정보를 제공하며, 통계학은 실험 및 조사 연구의 정량적 분석 방법을 제공하여 준다. 디자인 분야는 제품의 색상, 위치 배열, 기능의 결합 등을 비롯하여 외관과 기능적 효용성과 관련된 설계에 기여한다.

그림 1.8 **인간공학과 관련된 분야**

인간공학은 다양한 분야에서 인간의 활동의 효율성과 안전성, 편리성을 높이는 데 응용되고 있다. 작업 설계와 조직의 변경, 작업관련 근골격계 질환, 제품의 사용성 평가, 인간-컴퓨터 인터페이스(소프트웨어), 육체 작업 환경의 설계, 핵발전소 제어실의 설계, 고기술 제품의 인터페이스 디자인, 인간신뢰도 연구, 정신적 부하, 제조물책임, 교통안전과 자동차 디자인 등과 관련한 연구 분야가 현재 인간공학의 주요 관심분야이다.

그림 1.9 **시대별 인간공학 관심분야의 변화 추이**

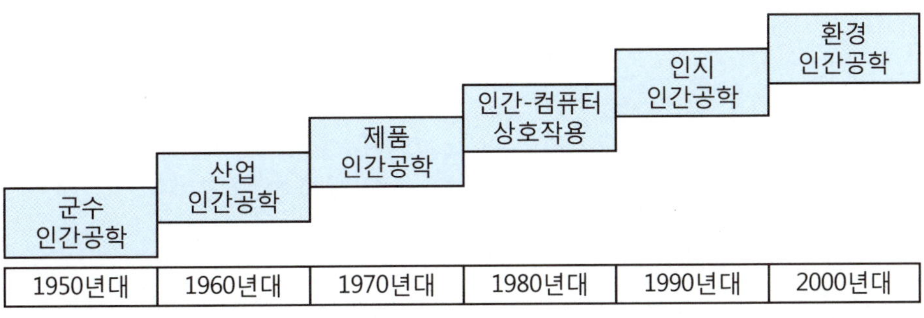

인간공학의 주요 관심분야는 시대에 따라 변화하여 왔다. [그림 1.9]는 시대별 인간공학과 관련된 주요 관심분야의 변화 과정을 나타낸다. Helander는 인간공학이 1950년대의 군수관련 인간공학(military ergonomics) 분야에서 1960년대의 산업 인간공학(industrial ergonomics) 분야, 1970년대의 제품 인간공학(consumer products ergonomics) 분야, 1980년대의 인간-컴퓨터 상호작용(human-computer interaction)과 소프트웨어 인간공학(software ergonomics) 분야, 1990년대에는 인지 인간공학(cognitive ergonomics)과 조직 인간공학(organization ergonomics) 분야로 주요 관심분야가 변하여 왔으며, 2000년대에는 공해 및 연료의 감소 등과 관련된 자연친화적 설계와 범죄의 감소 등을 비롯한 복지와 연관된 환경 인간공학(eco-ergonomics) 분야가 주요 관심사가 될 것으로 예측하였다.

연습문제

1. 다음 중 인간공학에 관한 용어로서 가장 거리가 먼 것은?
   ① ergonomics
   ② fitting the man to the task
   ③ human factors
   ④ human-centered design

2. 인간공학에 관한 설명으로 거리가 먼 것은?
   ① 인간의 특성 및 한계점의 고려
   ② 편리성, 안전성, 효율성의 제고
   ③ 인간중심의 설계
   ④ 인간을 기계와 일에 맞추려는 설계 철학

3. 사용자가 쉽고 효율적으로 기능을 사용할 수 있도록 사용자의 관점에서 제품을 디자인하는 개념을 무엇이라 하는가?
   ① 사용자 중심의 설계　　② 인간 - 기계 상호작용
   ③ 인간 - 기계 시스템 설계　　④ 인터페이스 디자인

4. 인간공학을 뜻하는 ergonomics의 어원을 가장 잘 설명한 것은?
   ① 작업 + 법칙　　② 작업 + 경영
   ③ 인간 + 경영　　④ 인간 + 법칙

연습문제 해답 : 1. ②, 2. ④, 3. ①, 4. ①

실습문제

1. 인간의 신체특성과 인지특성 정보에 관한 예를 세 가지씩 들어 설명하시오.

■ 해설 ■

1) 인간의 신체특성 정보
- 박스 손잡이를 위한 손의 크기와 두께
- 의자 높이 설계를 위한 오금 높이 치수
- 성인 남자가 안전하게 들 수 있는 무게

2) 인간의 인지특성 정보
- 인간의 단기기억 용량
- 시각의 감지능력
- 표시장치와 조정장치의 운동방향에 관한 특성

2. ergonomics의 어원에 대하여 설명하시오.

■ 해설 ■

ergonomics = ergon(work) + nomos(rules) = 작업 + 법칙 = 작업 경제학

3 인간공학의 정의를 초점, 목표, 접근방법 측면에서 설명하시오.

■ 해설 ■

- 초점: 인간이 사용하는 물건, 설비, 환경 등을 설계
- 목표: 안전성, 편리성, 효율성의 제고로 좀 더 쾌적한 삶을 추구함
- 접근방법: 인간의 신체적, 인지적 특성과 한계를 체계적으로 반영하여 설계함.

4. 인간공학 철학의 변화에 대하여 설명하시오.

■ 해설 ■

1) 기계중심의 설계
2) 인간 중심의 설계
3) 인간-기계 시스템 중심의 설계

제 2 장

인간-기계 시스템

1. 시스템

1.1 시스템이란?

시스템이란 구성요소(component)들이 모여서 정보를 주고받으며(상호작용), 공통의 목적을 달성하기 위하여 모인 집합체를 의미한다.

[그림 2.1]은 시스템의 구조를 나타낸다. 복잡한 시스템에는 내부에 하부 시스템이 존재하고, 하부 시스템 내부에도 또 다른 하부 시스템이나 구성요소들이 존재할 수 있다. 하부 시스템이나 구성요소는 자체로도 하나의 작은 시스템을 이루게 된다.

시스템은 어떤 목적이나 목표를 가지고 있다. 이러한 목적을 달성하기 위해서는 각각의 구성요소나 하부 시스템에게 적절한 임무와 기능이 부여되어야 한다.

그림 2.1 시스템의 구조도

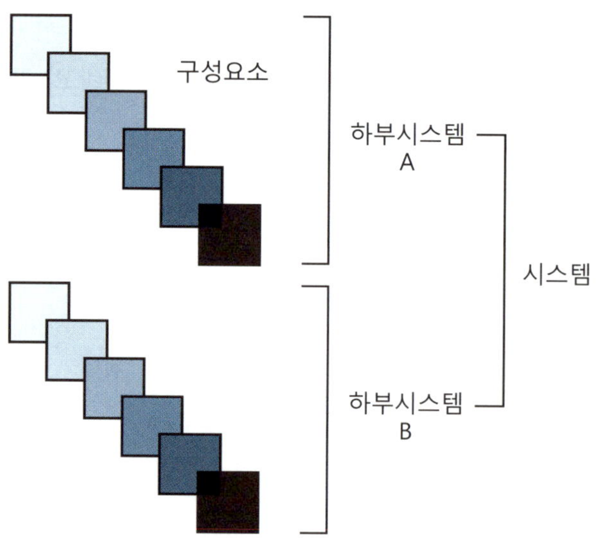

그림 2.2 **개회로 시스템과 폐회로 시스템**

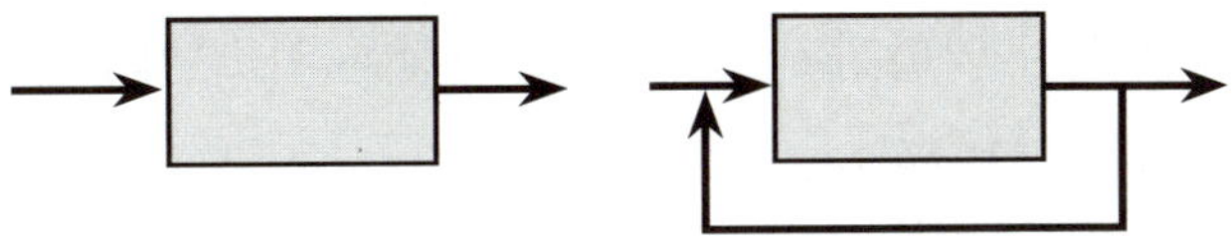

구성요소들과 하부 시스템들은 전체 시스템의 목적 달성을 위해 필요한 정보를 주고받아야 하며, 이들 정보들 사이에는 정보교환을 위한 링크(link)가 존재하게 된다. 시스템이 목적 달성을 위해 가지고 있는 감지, 정보보관, 정보처리 및 의사결정, 행동기능을 시스템의 네 가지 기본 기능이라 한다.

시스템은 정보의 피드백(feedback) 여부에 따라 개회로(open-loop) 시스템과 폐회로(closed-loop) 시스템으로 구분하며, [그림 2.2]와 같이 시스템의 출력에 관한 정보를 입력에 다시 되돌려 주는 과정이 연속적으로 존재하느냐에 의해서 분류된다. 폐회로 시스템은 차량 운전과 같이 연속적인 제어가 필요하며, 성공적으로 작동되려면 시스템이 의도한 바와 출력 사이의 오차에 관한 정보가 연속적으로 피드백되어야 한다. 개회로 시스템은 세탁기와 같이 일단 작동되면 더이상 제어가 필요 없거나 제어할 수 없고, 정해진 절차에 의하여 작업이 진행되는 시스템을 말한다.

특정 제품이나 시스템을 설계할 경우에는 전체 시스템을 어떻게 하부 시스템들로 적절하게 구성할 것인가, 개회로 시스템으로 할 것인가, 폐회로 시스템으로 할 것인가, 정보의 교환은 어떻게 할 것인가 등이 주요 관심사가 된다.

인간의 개입 정도에 따라 시스템은 수동 시스템, 반자동(기계) 시스템, 자동 시스템의 세 가지로 분류할 수 있다. 수동 시스템(manual system)은 수공구 및 보조물과 작업자로 구성되며, 인간이 자신의 에너지를 동력원으로 사용할 뿐만 아니라 조정하는 역할까지 한다. 반자동 시스템(semi-automatic system)은 기계 시스템(mechanical system)이라고도 하며, 기계가 동력을 담당하고 인간은 일반적으로 제어장치를 이용하여 조정하는 역할을 한다. 자동 시스템(automatic system)은 기계가 동력원과 조작자 역할까지 담당하고, 인간은 시스템의 설치와 보수, 유지 및 감시 등의 역할만을 담당한다.

1.2 인간-기계 시스템

어떠한 환경 속에서 인간과 기계가 특정한 목적을 수행하기 위하여 결합된 집합체를 인간-기계 시스템(MMS: man-machine system)이라고 한다. 즉, 인간-기계 시스템이란 인간과 기계에게 각각의 역할과 기능이 주어지고, 공통의 목표를 성취하기 위하여 유기적인 정보의 흐름 과정이 존재하는 집합체를 뜻한다. 예를 들면, 망치질도 간단한 형태의 인간-기계 시스템이다. 좀더 복잡한 시스템으로는 운전자가 있는 승용차나 잔디 깎는 기계 등을 들 수 있다. 운전자가 있는 비행기, 원자력 발전소 등은 더욱 복잡한 시스템의 예이다.

그림 2.3 인간-기계 시스템과 정보 흐름

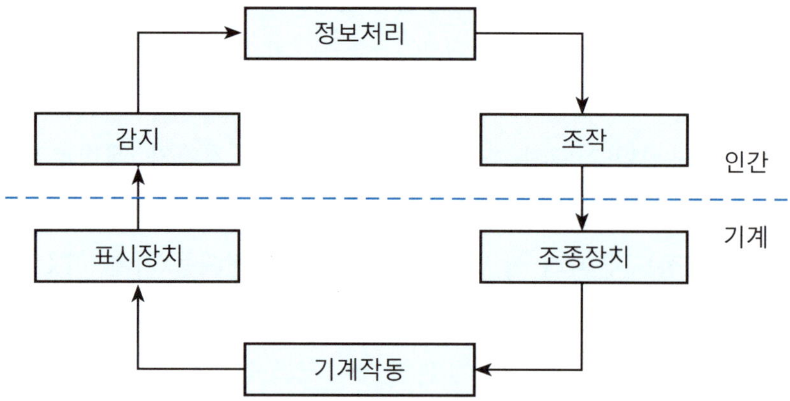

[그림 2.3]은 전형적인 인간-기계 시스템에서의 구성 요소와 정보 흐름을 나타낸다. 운전자가 자동차의 속도를 조절하는 인간-기계 시스템을 예로 들어보자. 자동차의 속도가 자동차의 속도 표시장치인 속도계에 나타나면 인간은 감각기관인 눈을 통하여 속도를 감지하게 되고, 중추 신경계에서 정보처리를 통하여 속도가 빠르다고 해석되면 발로 자동차의 조종장치인 브레이크를 밟게 된다. 조종장치의 조절에 따라 자동차는 반응하게 되고 속도가 줄어든 결과는 다시 표시장치인 속도계에 나타나 일련의 정보 링크가 형성된다. 이러한 자동차와 인간의 상호작용에 따라 적당한 속도를 유지하고자 하는 목표가 성취되는 것이다. 물론 기계와 인간의 주변에는 인간과 기계에 영향을 미칠 수 있는 외부 환경이 존재한다.

인간-기계 시스템에서 인간과 기계 사이의 정보 흐름의 초점이 되는 부분은 바로 인간이 감지하고 기계를 제어하는 표시장치와 조종장치 부분이라고 할 수 있다. 즉, 기계의 작동 상태를 표시하고 조절이 가능하도록 하는 부분은 인간의 감지와 조절을 효율적이고 편리하게 할 수 있는가를 결정짓는 중요한 요소들이라고 할 수 있다. 인간-기계 시스템에서 정보 전달과 조정이 실질적으로 행하여지는 인간과 기계의 접합면을 인간-기계 인터페이스(MMI: man-machine interface)라 하며, 인간이 정보를 쉽게 감지하고 조종장치를 편리하게 작동시킬 수 있도록 인간-기계 인터페이스를 설계하는 것이 중요하다.

그림 2.4 **인간–기계 인터페이스의 분류**

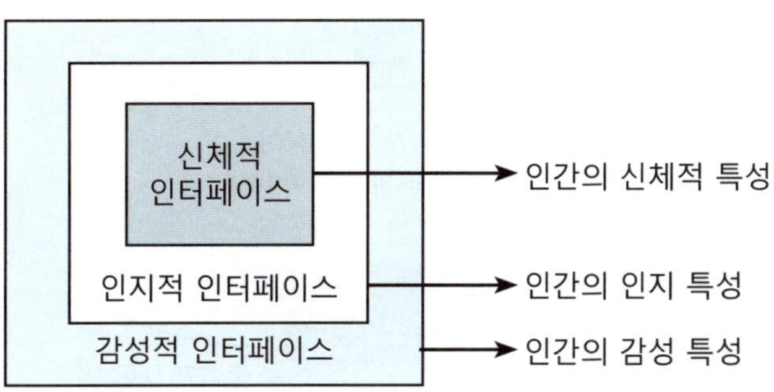

인간-기계 인터페이스의 설계는 [그림 2.4]와 같이 크게 세 가지 관점에서 접근할 수 있다.

첫 번째는 제품의 외관 및 형상을 설계할 때 사용자의 신체적 특성을 고려하는 문제로 솔리드 인터페이스(solid interface), 또는 신체적 인터페이스라 한다. 제품의 모양과 크기 등 물리적 특성들에 관한 설계를 할 때 신체의 역학적 특성과 인체측정학적인 특성을 고려하는 것이다.

[그림 2.5]의 전화기를 예로 들면 '전화기 버튼의 크기를 어느 정도 크기로 하는가?', '손잡이의 크기는 어느 정도로 할 것인가?', '어느 정도 힘을 가해야 버튼이 눌린 것으로 되는가?' 등에 관한 문제에서 손가락의 두께나 손의 크기 또는 손가락의 누르는 힘 등에 관한 신체의 특성을 고려하는 것이다.

두 번째는 사용 방법에 관한 설계에서 인간을 고려하는 문제로 사용자 상호작용(user interaction) 또는 사용자 인터페이스(user interface), 지적 인터페이스로 불린다. 물건을 사용하는 순서나 방법 등에 관한 설계에서는 사용자의 행동에 관한 특성 정보를 이용하여야 한다. 사용자의 오류를 줄이고 효율성을 높이기 위하여 사용 방법이나 순서를 어떻게 정하느냐가 문제가 되는 것이다.

[그림 2.5]의 전화기에서 사용자 인터페이스에 관한 문제는 전화기에 단축 버

그림 2.5 인간-기계 시스템과 인간-기계 인터페이스

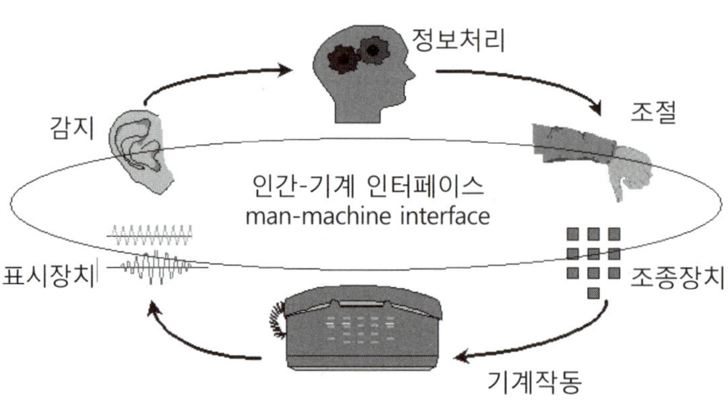

튼이나 재발신 버튼을 만들어 사용 방법을 편리하게 한다던가, 전화번호 입력창을 마련하여 제대로 입력하고 있는가를 확인하면서 수정할 수 있는 기능을 부여하여 사용자의 오류나 실수를 줄이는 것 등이 될 수 있다.

세 번째는 감성적 인터페이스로 즐거움이나 기쁨을 느끼게 하는 감성 특성에 관한 정보를 고려하는 것이다. 어떤 제품이 좀 더 참신하고, 친밀감이 생기게 하는가? 또는 어떻게 소비자가 색다르게 느끼도록 할 것인가에 관한 소비자의 정서에 관심을 갖는 것이다.

인간-기계 인터페이스를 설계할 때 고려할 설계요소들은 [표 2.1]과 같이 기계 특성, 사용자 특성, 환경 특성으로 구분할 수 있다.

표 2.1 인간-기계 인터페이스의 설계요소

항목		고려 요소
기계 특성		·기능인가, 기능외적인가? ·편리성, 신뢰성, 품질, 비용
사용자 특성		·연령, 성별, 학력, 지식, 경험
사용환경 특성	작업장 환경	·온도, 습도, 소음, 조명
	운용 환경	·작업형태, 작업량, 작업내용
	사회 환경	·생활양식, 유행, 시대상황, 문화 성숙도

기계의 표시장치와 조종장치를 표시할 때 사용자의 신체적, 인지적 특성을 고려한 사용자 중심의 설계가 되어야 할 뿐만 아니라 기계의 사용환경에 관한 고려도 중요하다. 예를 들면, 같은 제품을 설계하더라도 어느 나라, 어떤 환경 속에서 사용하는가를 고려하여야 한다.

예제 2.1 거울과 전기 콘센트

아파트의 화장실에는 보통 커다란 거울을 벽에 붙여 놓으며, [그림 2.6]과 같이 전기 콘센트가 거울 바로 밑에 위치한 경우가 많다. 그래서 헤어드라이기를 이용하려고 콘센트에 연결하면 전기 코드가 콘센트에서 잘 빠져 불편하다. 콘센트를 만들어 놓는 데에만 의미를 부여하고, 어느 곳에 위치시키는 것이 사용하기 편리한가를 고려하지 않은 경우이다.

그림 2.6 전기 콘센트

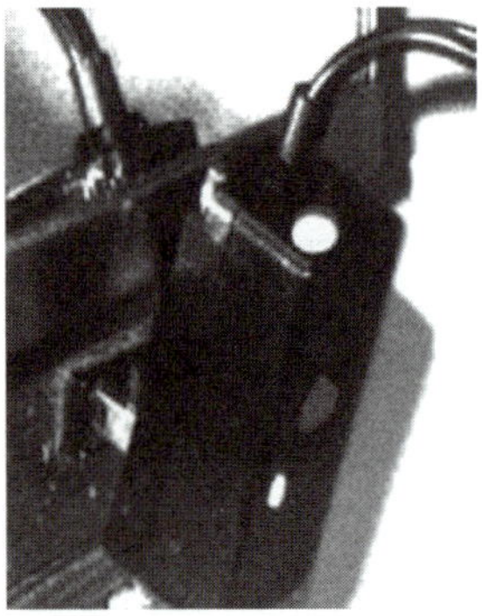

예제 2.2 자동차의 전조등

일본과 우리나라는 자동차의 통행 방향이 다르다. 우리나라는 우측통행이지만 일본은 좌측통행이다. 일본 자동차의 전조등 규격은 반대 방향에서 달려오는 차를 고려하여 [그림 2.7]과 같은 각도로 되어 있다. 만일 규격을 사용환경에 맞게 조정하지 않고 일본의 것을 그대로 받아들여서 사용한다면, 우리나라 자동차들은 마주 오는 자동차의 운전자를 향하여 강한 조명 빛을 비추며 달릴 수밖에 없다. 왕복 2차선인 시골길에서, 더구나 꾸불꾸불한 도로에서 서로에게 눈이 부시게 조명을 비추며 달려오는 자동차를 생각해 보라! 얼마나 황당한 일인가? 선진국 시스템이나 모범사례를 사용환경에 대한 고려없이 무조건적으로 받아들여서는 안되는 것이다!

그림 2.7 좌측통행과 자동차 전조등의 투시 각도

2. 시스템과 평가 척도

2.1 평가 척도의 유형

시스템은 수행할 공통의 목표를 가지고 있기 때문에 얼마나 효율적으로 목표가 수행되는가를 평가하기 위한 척도가 필요하다. 일반적으로 평가 척도는 기준(criterion)이라 불리기도 한다.

인간과 관련한 작업 분석 영역은 세 가지 유형의 기준으로 구분되는데(Meister, 1985) 시스템의 성능과 관련한 척도, 작업의 수행과 관련한 척도, 그리고 인간의 반응 방법과 관련한 척도이다.

(1) 시스템 기준

시스템 기준(system-descriptive criteria)은 시스템이 원래 의도하는 바를 얼마나 달성하는가를 나타내는 척도라고 할 수 있다. 예를 들면, 생산량, 수익률, 장치의 신뢰도(망가지지 않을 확률) 등의 시스템 성능이나 산출물에 관련된 기준이다.

(2) 작업 성능 기준

작업 성능 기준(task performance criteria)은 대개 작업의 결과에 관한 효율을 나타낸다. 일반적으로 작업에 따른 출력의 양(quantity of output)이나 출력의 질(quality of output), 작업시간(performance time) 등이 작업의 성능을 나타내는 데 이용된다. 예를 들면, 타자 입력 작업에서 단위시간당 얼마나 많은 글자를 입력하는가는 출력의 양에 관한 기준이며, 얼마나 많은 오자가 있는가는 출력의 질에 관한 기준으로 해석할 수 있다. 또한 특정 입력 분량을 얼마 동안의 시간에 마쳤는가는 작업시간에 관한 기준이라고 할 수 있다.

(3) 인간 기준

인간 기준(human criteria)은 작업 실행 중의 인간의 행동과 응답을 다루는 것으로서 성능 척도, 생리학적 지표, 주관적 반응 등으로 측정한다.

인간 성능에 관한 척도(performance measure)로는 키를 누른 수와 같은 빈도 척도(frequency measure), 최대 근력 등의 강도 척도(intensity measure), 반응시간 등에 관한 지연성 척도(latency measure), 얼마나 유지할 수 있는가에 대한 지속성 척도(duration measure) 등으로 분류할 수 있다.

생리학적 지표(physiological index)는 신체 활동에 관한 육체적, 정신적 활동 정도를 측정하는 데 사용된다. 생리 지표는 신체의 생리학적 계통에 따라 분류되는데 심장 활동 지표(심박수, 혈압 등), 호흡 지표(호흡률, 산소 소비량 등), 신경 지표(뇌전위, 근육 활동 등), 감각 지표(시력, 눈 깜박이는 속도, 청력 등) 등이 이용된다.

주관적 반응(subjective response)은 의자의 안락감, 컴퓨터 시스템의 사용 편의성, 도구 손잡이 길이에 대한 선호도 등과 같이 피실험자의 의견이나 판단, 또는 평가를 나타내는 것이다. 주관적 척도를 고려할 때에는 특별히 주의해야 하는데 사람들은 나름대로 좋아하는 것, 싫어하는 것, 느낌 등에 대하여 여러 가지 편견을 가질 수 있기 때문이다. 말이나 질문의 순서, 응답 형식, 또는 측정 기기의 사용 설명서 등이 생소하면 피실험자의 응답도 달라질 수 있다.

예제 2.3 평가 척도

어느 병원의 효율을 평가하기 위한 척도에 관하여 생각하여 보자. 이 병원의 병상 수는 300개이고, 30명의 의사가 일하고 있다. 한 달 동안 1,500명의 환자가 입원하여 50억 원의 치료비를 지불하였고, 300명이 완치되어 퇴원하였다. 이 병원의 주인이 계산하여 본 결과 한 달 동안 5억 원의 순이익이 남았다. 이 병원에서 이용할 수 있는 평가 척도로는 ① 병상당 환자수, ② 병상당 완치 환자수, ③ 병상당 치료비, ④ 병상당 순이익, ⑤ 의사당 환자수, ⑥ 의사당 완치 환자수, ⑦ 의사당 치료비, ⑧ 의사당 순이익 등이 있다. 같은 시스템이라도 평가 척도가 여러 가지가 있을 수 있다는 것이다.

2.2 평가 척도의 요건

시스템의 평가 척도를 어떻게 정의하느냐 하는 문제는 시스템이 달성하고자 하는 목표에 기반을 두고 정해야 한다. 특히 사람이 관여한 시스템에서는 평가 척도를 어떤 것으로 정하느냐에 따라 시스템의 목표를 왜곡하는 방향으로 구성요소들이 작용할 수 있으므로 여러 가지 지수 중에서 어떤 지수로 평가 척도를 정할 것인가에 주의를 기울여야 한다. 시스템의 목표를 하나의 지수로 평가하기 어려운 경우에는 복수의 평가 척도들을 상호 보완적으로 사용할 수도 있다.

일반적으로 평가 척도는 다음과 같은 요건을 만족하여야 한다.

(1) **실제적 요건**(practical requirement)

평가 척도는 현실성을 가지고 있어야 하며, 실질적으로 이용하기가 용이하여야 한다. Meister(1985)는 기준 척도가 실제적이기 위한 6가지의 요건을 ① 객관적이고, ② 정량적이며, ③ 강요적이지 않고, ④ 수집이 쉬우며, ⑤ 자료 수집 기법이나 기기가 특수하지 않고, ⑥ 돈이나 실험자의 수고가 적게 드는 것이어야 한다고 하였다.

(2) **타당성**(validity), **적절성**(relevance)

측정하고자 하는 평가 척도가 시스템이 의도하는 바, 즉 시스템의 목표(goal)를 잘 반영하는가에 대한 것이다.

(3) **신뢰성**(repeatability)

신뢰성은 결과에 대한 반복성을 의미하는 것으로, 비슷한 환경에서 평가를 반복할 경우에 일정한 결과를 나타내야 함을 의미한다.

(4) **무오염성**(freedom from contamination)

무오염성은 측정하고자 하는 변수가 아닌 다른 외적 변수들에 의해 영향을 받지 않는 성질을 뜻한다.

(5) **측정의 민감도**(sensitivity of measurement)

측정의 민감도는 기대되는 차이에 적합한 정도의 단위로 측정이 가능해야 함을 의미한다. 즉, 차이에 비례하는 단위로 측정이 가능해야 한다.

예제 2.4 평가 척도 요건

결혼 적령기에 있는 '나홀로' 군은 결혼 상대자로 날씬하고 예쁜 여자를 구하는 것이 목적이다. '나홀로' 군이 정한 평가 척도는 '몸무게/키' 지수이다. 이 지수가 평가 척도의 요건에 적합한가를 살펴보자.

- 실제적 요건: 객관적 수치이며 구하기 쉬운 값으로 실제적임
- 적절성: 날씬한 것을 평가할 수 있지만 예쁜 것을 평가하는 데에는 적절하지 못함
- 신뢰성: 비슷한 체격조건에서는 일정한 결과 값을 나타냄
- 무오염성: 날씬한 것은 잘 나타내지만 예쁜 것은 다른 요인에 의해 영향을 받으므로 부적절함
- 측정의 민감도: 날씬한 정도는 측정 가능하나 예쁜 정도는 민감도가 떨어짐

연습문제

1. 다음 중 기준(criterion)이 가져야 할 요건이 아닌 것은?
   ① 의도된 목적에 대한 적절성
   ② 측정하려는 변수 외에 다른 변수에 의해서도 설명할 수 있어야 한다.
   ③ 실험 반복에 대한 일정한 결과
   ④ 측정시의 민감도

2. 기준이 갖추어야 할 요건 중에서 비슷한 환경 하에서 평가를 반복할 경우에 일정한 결과를 나타내야 하는 특성은?
   ① 적절성 ② 신뢰성
   ③ 실제적 요건 ④ 무오염성

3. 다음 중에서 시스템의 정의와 관련된 용어와 가장 거리가 먼 것은?
   ① 목표 ② 정보궤환 링크
   ③ 구성요소 ④ 개회로

4. 세탁기와 같이 일단 작동되면 더 이상 제어가 필요 없거나 제어할 수 없고, 정해진 절차에 의하여 작업이 진행되는 시스템은?
   ① open-loop system ② closed-loop system
   ③ mechanical system ④ manual system

연습문제 해답 : 1. ②, 2. ②, 3. ④, 4. ①

5. 인간-기계 시스템에서 인간과 기계 사이의 정보 흐름이 일어나는 창구로 인간이 감지하고 기계를 제어하는 부분을 무엇이라 하는가?

① 사용성　　② 인간-기계 인터페이스

③ 솔리드 인터페이스　　④ 시스템 기준

6. 다음 중에서 인간 기준(human criteria)에 해당되지 않는 것은?

① 성능 척도　　② 생리학적 지표

③ 주관적 반응　　④ 작업 성능

7. 휴대폰의 설계에서 인지적 특성을 고려하는 유저 인터페이스 요소에 해당하는 것은?

① 버튼의 크기　　② 휴대폰의 두께

③ 버튼의 간격　　④ 한글 입력 방식

8. 측정하고자 하는 평가 척도가 시스템이 의도하는 바인 시스템의 목표를 잘 반영하는 것을 무엇이라 하는가?

① 타당성　　② 신뢰성

③ 실제성　　④ 무오염성

연습문제 해답 : 5. ②, 6. ④, 7. ④, 8. ①

9. 다음 중에서 평가 척도의 요건에 대한 설명으로 맞는 것은?

① 실제성 : 비슷한 환경 하에서 일정한 평가 결과를 나타내야 한다.

② 타당성 : 현실적이고, 이용하기가 용이하여야 한다.

③ 신뢰성 : 시스템의 목표를 잘 반영하여야 한다.

④ 무오염성 : 측정하려는 변수 외에는 다른 변수에 의해 영향을 받지 않아야 한다.

10. 인간공학의 철학적 배경을 순서대로 나열한 것은?

① 기계 중심 철학 → 인간-기계 시스템 최적화 → 인간 중심 철학

② 인간-기계 시스템 최적화 → 기계 중심 철학 → 인간 중심 철학

③ 기계 중심 철학 → 인간 중심 철학 → 인간-기계 시스템 최적화

④ 인간 중심 철학 → 기계 중심 철학 → 인간-기계 시스템 최적화

11. 다음 시스템 중에서 폐회로 시스템에 속하는 것은?

① 자동차 운전　　　② 소총

③ 세탁기　　　④ 전자레인지

연습문제 해답 : 9. ④, 10. ③, 11. ①

실습문제

1. 시스템의 3요소와 네 가지 기본 기능에 대하여 설명하시오.

■ 해설 ■

1) 시스템의 3요소
   - 목적, 구성요소, 상호작용(또는 정보궤한 링크)

2) 네가지 기능
   - 감지, 정보보관, 정보처리 및 의사결정, 행동 기능

2. 사람이 공학용 계산기를 이용하여 계산값을 구하는 과정의 인간-기계 시스템을 block diagram으로 그려 설명하고, interface 설계상 고려되어야 할 신체특성요소와 인지특성요소에 대하여 서술하시오.

■ 해설 ■

1) 신체특성 고려 요소
   - 버튼의 크기: 손가락 크기
   - 버튼 눌리는 정도: 손가락 힘

2) 인지특성 고려 요소
   - 표시창의 글자표현: 가시성 높은 글자체, 크기
   - 버튼의 배치: 기존 숫자배치와의 일관성, 단축 버튼의 위치 및 표시방법

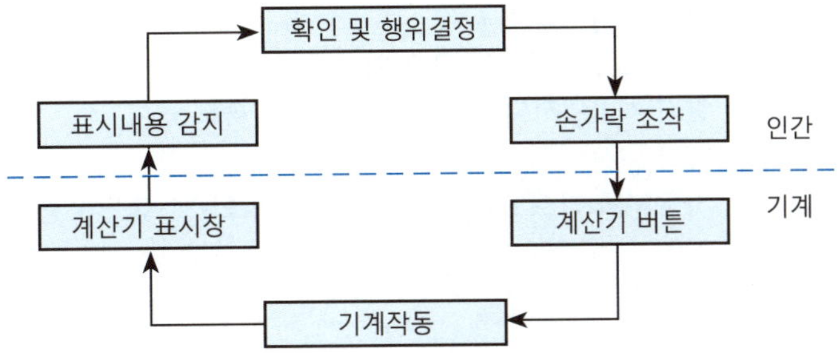

3. 기준(평가 척도)이 갖추어야 할 요건에 대하여 설명하시오.

■ 해설 ■

1) 실제적 요건: 현실성을 가져야 하며 실질적으로 이용하기 쉬어야 한다.
2) 타당성 및 적절성: 시스템의 목표(goal)를 잘 반영해야 한다.
3) 신뢰성: 비슷한 환경에서 평가를 반복할 경우에 일정한 결과를 나타내야 한다.
4) 무오염성: 측정하고자 하는 변수가 아닌 다른 변수들에 의해 영향을 받지 않아야 한다.
5) 측정의 민감도: 기대되는 차이에 적합한 정도의 단위로 측정이 가능해야 한다.

9. 기준(평가 척도)의 유형을 예를 들어 설명하시오.

■ 해설 ■

1) 시스템 기준: 시스템이 원래 의도하는 바를 얼마나 달성하는가를 나타내는 척도
   - 시스템의 성능이나 산출물에 관련된 기준
     예) 생산량, 수익률, 장치의 신뢰도 등
2) 작업성능 기준: 작업의 결과에 관한 효율 기준
   예) 출력의 양(ex, 시간당 글자입력 수), 출력의 질(ex, 오자 수), 작업시간 등
3) 인간기준: 작업 실행 중 인간의 행동과 응답을 다루는 기준
   - 성능 척도
     - 빈도 척도, 강도 척도, 지속성 척도
   - 생리학적 지표: 신체활동에 관한 육체적, 정신적 활동의 정도 측정
     - 심장활동 지표 : 심박수 , 혈압 등
     - 호흡 지표 : 호흡률, 산소소비량 등
     - 신경 지표 : 뇌전위, 근육 활동 등
     - 감각 지표 : 시력, 청력, 눈 깜박이는 속도 등
   - 주관적 반응
     - 사용자의 선호도와 같이 피실험자의 의견・판단・평가 지표

제 3 장

연구 절차 및 논문 작성법

1. 실험 및 조사 연구
2. 연구의 절차
3. 보고서 및 논문 작성법
4. 발표

1. 실험 및 조사 연구

일반적으로 연구는 실험 연구(experimental research)와 조사 연구(descriptive study)로 구분할 수 있다.

조사 연구는 집단의 속성에 관한 특성을 탐구하며, 실험 연구는 특정 현상을 보다 정확히 이해하고 예측하기 위하여 고안된 연구 방법이다.

일반적으로 실험 연구에서는 연구 목적상 관심이 있는 현상과 관련이 되는 요소들만을 선별하여 측정 조사함으로써 이들 사이의 인과관계를 분석한다. 즉, 실험 연구는 특정한 조건에서 행한 실험을 통하여 관심이 있는 현상을 관찰하고 정보를 획득하는 과학적 방법이라고 할 수 있다.

실험 연구는 수행되는 장소에 따라 현장 연구와 실험실 연구로 구분할 수 있다.

현장에서 수행하는 연구는 현실성이 있다는 장점이 있다. 따라서 현장 연구에서 얻어지는 결과는 일반화할 수 있는 경우가 많다. 그러나 현장의 실험에서는 생산 단위의 설비를 사용하므로 실험 단위가 크고, 실험당 시간이 많이 소요된다. 따라서 실험 비용이 많이 들기 때문에 많은 실험을 할 수 없는 단점이 있다. 또한, 현장의 실험에서는 실험조건을 균일하게 하는 것이 어려워 실험에 관련된 인자의 수가 많아지게 된다. 예를 들면, 현장에서는 생산 활동을 유지하면서 실험이 이루어지므로 실험조건을 특별히 조절하기가 어렵다. 한편, 현장 연구에서는 작업자의 작업 내용과 실험에서의 역할이 다를 수 있으므로 실험조건과 절차 등의 관리에 특별히 주의를 기울여야 한다.

실험실에서 이루어지는 연구는 실험조건을 제어할 수 있다는 기본적 장점이 있다. 즉, 많은 변수들을 조절하여, 연구자가 원하는 요인들만을 대상으로 실험을 할 수 있으므로, 실험이 용이하여 반복회수를 늘릴 수 있으며, 좀 더 정확한 자료를 수집할 수 있다. 그러나 제한된 실험조건에 의해 얻어진 결과는 현실성과 일반성이 떨어질 수 있다. 즉, 실험실 연구에서 얻은 결과는 일반화하거나 현실에 응용하기에 앞서서 연구의 한계점 및 현실 세계에서의 적용 가능성에 대한 검토가 선행되어야 한다.

최근에는 실험실 연구와 현장 연구의 장점을 모두 살리기 위하여 파일럿 플랜트(pilot plant)나 시뮬레이션 모형들을 사용하여 연구를 수행하는 일이 많다. 그러나 현실감을 높이기 위해서는 시스템을 정확히 이해하고 묘사하는 과정이 필요하며, 이는 비용과 시간, 노력에 의존한다고 볼 수 있다.

2. 연구의 절차

연구는 일반적으로 [그림 3.1]과 같이 ① 문제의 정의, ② 연구 계획/설계, ③ 자료 수집, ④ 자료 분석, ⑤ 결과 해석 및 보고의 다섯 단계로 구성된다. 연구가 효율적으로 수행되기 위해서는 각 단계별로 효과적인 관리가 이루어져야 한다.

그림 3.1 연구 절차

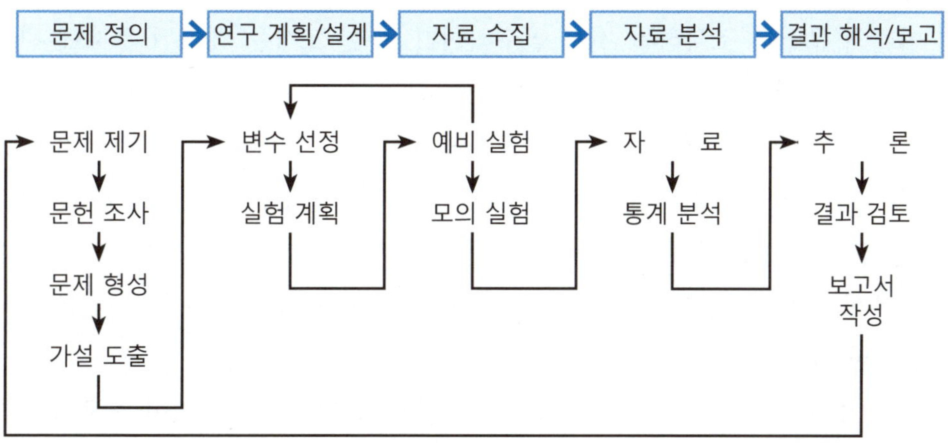

본서에서는 실험 연구를 중심으로 연구 절차를 서술하고자 한다. 조사 연구도 설문지 등의 관찰을 대상으로 한 자료 수집을 제외하고는 전반적인 과정이 위의 5단계 과정과 같다.

2.1 문제의 정의

문제의 정의는 전체적인 연구 방향을 설정하는 가장 중요한 단계이다. 일반적으로 연구 주제는 현존하는 지식으로는 특정 현상을 설명하기 힘들 경우에 제기된다. 그러나 문제가 정확하게 정의되지 못한다면 문제를 해결하는 데 도움을 주지 못할 뿐만 아니라 시간과 비용 그리고 노력의 낭비를 초래할 수 있다. 따라서 문제의 정의가 정확하게 선행되어야 효율적인 연구를 수행할 수 있으며, 문제 해결에도 도움을 줄 수 있다.

문제를 정의하기 위해서는 연구의 필요성과 목적, 범위 등이 검토되어야 한다. 즉, 올바른 연구 문제를 설정하기 위해서는 연구를 통하여 해결해야 할 문제 자체와 문제가 야기된 필요성 및 배경에 대한 분석이 병행되어야 한다. 이는 올바른 문제 설정뿐만 아니라, 문제 해결을 위해서도 필요하다.

문제가 제기되면 초기 단계에서 연구에 대한 아이디어와 통찰력을 얻기 위하여 기존의 문헌을 조사하는 것이 필수적이다. 문헌 조사는 제기된 문제에 관한 각종 서적, 학회 학술지, 학술 보고서, 상업 잡지, 통계 자료집 등의 다양한 자료를 조사하는 것이다. 연구자는 문헌 조사를 통하여 문제에 관한 현재의 지식 상태 및 과거 연구들의 결과들을 접할 수 있으므로 문제에 관한 안목을 넓힐 수 있다. 즉, 문헌 조사는 전체 연구에서 반 이상의 비중을 차지한다고 할 수 있을 정도로 문제의 방향, 연구 방법 등에 관한 체계적인 근거를 마련하는 데 기본이 되는 중요한 과정이라고 할 수 있다.

문헌 조사를 통하여 연구 과제가 설정되면 이를 해결하기 위하여 연구 문제를 체계적으로 분석하여야 한다. 즉, 연구 목적 및 내용을 가설 형태로 표현하여야 하며, 이에 따른 연구의 범위와 방법론 등이 결정되어야 한다. 가설은 아직 검증되지 않은 변수들 사이의 관계, 기존의 연구와 관찰된 현상, 개인적 경험 등으로 변수들 사이의 관계를 추론하여 정립한 것이다. 가설은 간단, 명료하게 표현되어야 하며 가설의 옳고 그름을 판정하는 것이 곧 연구 문제를 해결하는 것이어야 한다. 일반적으로 가설은 수많은 경험적인 검증을 거치고 다수에 의한 합의 과정을 통하여 이론으로 인정받게 된다. 이러한 과정을 통하여 특정 분야의 이론들은 정립되고 관련 학문은 발전하게 된다.

2.2 연구 계획/설계

연구 계획에서는 ① 규정된 문제의 종합적 검토, ② 연구 방법의 설정 및 연구 절차, 분석 기법 등에 대한 결정, ③ 예산의 편성과 연구 일정의 작성, ④ 연구의 신뢰성, 타당성, 결과의 일반화 가능성 등에 대한 검토 등이 이루어져야 한다.

연구 계획은 연구를 수행하고 통제하기 위한 청사진이라고 할 수 있다. 즉, 연구 계획은 시간과 비용을 절약하고 연구의 효율성을 높이는 데 필요한 과정으로, 연구의 신뢰성, 타당성, 결과의 일반화 가능성 등을 확보하기 위하여 필요한 단계이다. 연구 계획 단계에서는 연구에서 관심을 두고자 하는 변수와 실험 계획, 실험 조건, 실험 절차, 피실험자들을 정하게 된다.

연구에 사용되는 변수는 연구 목적이나 내용에 따라서 독립 변수(실험 변수), 종속 변수(기준), 통제 변수 3가지로 나눌 수 있다. 종속 변수는 평가 척도나 기준으로서 관심의 대상이 되는 변수이다. 독립 변수는 관찰하고자 하는 현상의 원인이라고 여겨지는 변수이다. 관심이 되는 중요한 변수(종속 변수)에 영향을 미칠 수 있는 요인들이 독립 변수가 되는 것이다. 실험 연구에서는 연구자가 변수의 값을 변화시키는 실험 변수가 독립 변수가 되며, 실험 변수의 값의 변화에 따라 일어난 영향을 측정하게 되는 결과 변수가 종속 변수가 된다.

실험 설계에서는 종속 변수에 영향을 미칠 수 있는 모든 변수를 고려하는 것은 아니며, 특히 관심이 있는 변수들만을 고려하게 된다. 이는 특정 변수의 효과만을 파악하기 위한 목적도 있지만 변수의 수를 줄임으로써 실험의 복잡함을 줄이려는 목적도 있다. 실험 설계에서 종속 변수에 영향을 미칠 수 있지만 독립 변수에 포함되지 않은 변수를 통제 변수라 하며, 연구에서는 통제 변수의 영향을 방지 또는 제거하기 위한 방안이 강구되어야 한다.

연구에 필요한 변수들과 실험 조건이 정해지면 실험 절차 및 피실험자들의 선정, 통계 분석 방법 등이 고려되어야 한다.

인간공학 연구는 피실험자(subject)를 대상으로 이루어지므로 피실험자 간 설계(between-subjects design)와 피실험자 내 설계(within-subjects design)가 대표적으로 고려된다.

피실험자 내 설계란 동일한 피실험자들이 모두 독립 변수의 모든 수준에서 실험을 수행하도록 설계된다. 반면 피실험자 간 설계는 독립 변수별로 다른 피실험자들이 집단별로 실험을 수행하도록 설계된다.

피실험자 내 설계는 고려하는 독립 변수의 수가 적은 경우에 유리하며 피실험자의 동질성이 보장되므로 적은 수의 피실험자 수가 요구된다. 피실험자 간 설계는 고려하는 독립 변수가 많은 경우에 사용하며 피실험자의 개인차를 고려하여 많은 수의 피실험자가 요구된다.

2.3 자료 수집(실험의 시행)

결정된 실험 방법과 절차에 의해 간단하게 실험을 시행하는 것(예를 들어, 소수의 피실험자들을 대상으로 함)을 예비 실험(pilot test)이라 한다. 계획된 실험에서 발생할지도 모르는 예기치 못한 문제점을 본 실험 전에 파악하여 사전에 해결함으로써, 실험 연구에서 얻어질 정보의 정확성과 실험의 효율성을 높이기 위해 필요한 절차이다. 예비 실험에서 문제점이 발견되면 연구자는 실험 방법 및 절차 등을 포함하여 연구 계획에서 고려되었던 내용을 다시 조정해야 한다.

본 실험의 자료 수집 과정에서는 실험 장비의 신뢰성을 유지하고, 적절한 실험 조건 및 방법이 유지될 수 있도록 실험을 진행하는 것이 요구된다. 이를 위해서는 장비의 눈금 조정(calibration) 및 실험 요원의 일관성 유지를 위한 교육이 선행되어야 한다.

2.4 자료 분석

자료의 분석은 실험에서 수집된 자료의 편집, 코딩, 통계 분석으로 구성된다.

자료의 편집은 연구 목적에 맞게 원자료를 수정 · 보완하는 작업이고, 코딩은 자료 분석을 용이하게 하기 위하여 관찰된 내용에 일정한 숫자를 부여하는 과정이다. 연구자는 코딩 후에 실험 계획에 따라 통계적 분석을 실시한다.

2.5 결과 해석 및 보고

수집한 자료들에 대한 분석이 이루어진 후에는 분석 결과에 대한 의미 있는 추론과 해석이 이루어져야 한다. 즉, 독립 변수와 종속 변수들 사이의 관계나 가설에 대한 통계적 추론을 통하여 결과를 해석하여야 한다. 실험으로 얻어진 동일한 결과를 가지고도 분석자에 따라 다르게 해석되어 상반된 결론이 유도될 수 있으므로 주의가 필요하다. 즉, 분석자의 통계 기법에 대한 이해와 분석 관점의 차이에 따라 결과의 해석이 달라질 수 있으므로, 연구자는 실험 계획과 통계 분석 기법에 대해서 명확하게 이해하고 있어야 한다.

자료 분석에 의해 도출된 결과는 일반화하기에 한계성을 지닐 수 있다. 실험 결과를 일반화하는 데 주의할 점들을 살펴본 후에, 결과의 적용성이나 응용성에 대한 검토가 이루어져야 한다.

마지막으로 수행된 연구에 대한 결과 보고서를 작성하게 된다.

지금까지 연구 절차에 대하여 개략적으로 살펴보았으나 각 단계가 항상 순차적으로 이루어지는 것은 아니고 특정 단계가 생략되거나 순서가 바뀌는 경우도 있다.

3. 보고서 및 논문 작성법

3.1 논문의 개념

'구슬이 서 말이라도 꿰어야 보배'라는 속담은 논문 작성에 대한 훌륭한 지침이다. 이 속담에서 '꿰다'가 곧 '정리'를 의미한다고 해석하면, 연구 결과를 정리하여 글로 표현한 것이 바로 논문이라는 논문의 본질을 잘 나타낸다고 할 수 있다. 즉, 논문 작성은 흩어진 개개의 구슬들을 꿰어 보배를 만드는 일과 근본적으로 다를 바 없다고 할 수 있다.

논문이나 보고서는 연구의 전반적인 내용과 결과를 글로 표현하여 다른 사람에게 알리고자 하는 데 목적이 있다.

실험 연구를 포함한 과학 논문은 다음과 같이 ① 독창성, ② 정확성, ③ 객관성, ④ 재현성, ⑤ 간결성 등이 요구된다.

독창성은 논문의 생명과 다름없다. 그러나 독창적이라는 것이 반드시 소재가 새로워야 함을 의미하지는 않는다. 이미 다룬 소재라도 연구의 각도, 또는 결론으로 이끄는 방법이 새로우면 독창적이라 할 수 있다. 연구의 결과가 남의 것과 비슷하더라도 이론상 새로운 해석을 제시한 것이면 역시 독창적이라 할 수 있다.

정확성이란, 연구 자체가 정확성을 지니고 있어야 할 뿐만 아니라, 논문의 작성도 아주 정확해야 함을 의미한다. 논문에 담기는 통계치, 인용 문헌, 고유명, 숫자 등의 자료에 대하여는 논문 집필자가 정확도에 관하여 충분한 자신을 가질 때까지 점검을 해야 한다.

논문의 객관성은 서술 내용이 사실과 증거가 뒷받침 되어야 하고, 집필자의 단순한 의견이나 주관적인 생각이 바탕이 되어서는 안 됨을 의미한다. 따라서 집필자의 의견을 서술할 때에는 연구 과정에서 얻은 자료가 증거로서 제시되어야 하고, 독자가 참고할 수 있도록 의견의 근거가 밝혀져야 한다.

논문의 재현성은 필요에 따라 어떤 사람이 어디서든지 다시 실험할 수 있도록 연구 내용을 상세히 서술해야 함을 의미한다. 따라서 연구에서 사용한 방법을 될 수 있는 대로 명확하고, 자세하게 설명해야 한다.

간결성은 필요한 모든 정보를 최소한의 문장이나 단어로 표현하는 것을 말한다. 동일한 의미를 갖고 있는 문장을 여러 번 부연 설명하는 것은 간결성에 위배된다.

3.2 논문의 종류

흔히 포괄적인 용어로 쓰이는 논문에는 몇 가지 유형이 있고, 유형에 따라 성격이나 특성이 다르다. 일반적으로 논문은 학술 논문, 학위 논문, 보고서 등으로 분류할 수 있다.

학술 논문은 전문 학술지에 발표되는 연구 논문을 뜻하며, 보고서는 연구 기관이나 용역 기관의 의뢰로 이루어진 연구자의 연구 결과에 관한 보고를 주요 내용으로 한다.

학술 논문과 보고서의 차이점은 학술 논문은 논리의 설명이나 이론적 고찰 또는 비평이 따르지만, 보고서는 조사, 관측, 수집, 실험 등으로 얻어진 사실이나 결과를 정리하여 보고하는 것으로 그친다는 점이다.

학위 논문은 학위 취득을 목적으로 작성된 논문으로 높은 연구 결과를 담은 것이라도 학술지에 발표되는 논문과는 구별된다. 학술지의 논문은 학문에 대한 기여가 강조되고, 제작상의 문제와 독자와 시간 절약이라는 관점에서 논문의 간결성이 크게 요구된다. 이에 반하여 학위 논문은 연구자의 능력 과시를 그 기능의 하나로 하기 때문에 완벽한 방증, 다루고 있는 주제에 대한 이론적 고찰, 충분한 자료의 제시 등이 요구된다.

특별히 학생들에게 부과되는 논문(또는 보고서)은 작성자의 지적 독립을 위한 훈련을 목적으로 한다. 즉, 자료의 수집에서 결론의 도출에 이르기까지 학생 스스로 작성하게 함으로써, 지적 독립을 가져오도록 하는 기초 훈련 과정이라 할 수 있다. 그래서 교수의 강의안이나 교과서가 잘 조리된 음식이라면, 학생에게 부과되는 논문이나 보고서는 시장에서 재료를 구입하여 스스로가 장만하는 음식이라고 비유할 수 있을 것이다. 비록 요리책을 보고 서투르게 준비하여 만든 음식이라 맛은 없다 하더라도, 이는 독자적으로 맛있는 요리를 할 수 있는 훌륭한 요리사가 되기 위한 기초 훈련 과정이라 할 수 있는 것이다.

3.3 논문의 형식 및 작성법

논문의 형식은 논문의 종류나 길이에 따라 다르지만, 일반적으로 다음과 같은 형식을 따른다.

- 제목
- 저자
- 초록
    1) 서론
    2) 연구 방법
    3) 연구 결과
    4) 결론 및 검토
    5) 참고 문헌

학위 논문이나 보고서 등과 같이 양이 방대할 경우에는 서론 앞에 목차(그림 및 표 목차 포함)를 두는 것이 일반적이다.

- 제목 : 제목은 논문의 내용을 대표하는 것이다. 따라서 논문의 제목은 간단, 명료하면서도 내용을 뚜렷하게 표현할 수 있어야 한다. 논문 제목이 국문인 경우에는 다음 행에 영문 제목을 표기한다.
- 저자 : 저자 이름과 소속을 표기한다. 저자가 여러 명인 경우에는 역할 정도에 따라 순차적으로 적는다.
- 초록(abstract) : 초록은 연구 논문의 내용을 요약하여 표현하는 것이다. 초록은 논문의 주제만이 아니라 전 과정을 압축, 표현하여야 하며 도출된 결론이 포함되어야 한다. 즉, 연구 목적, 연구 방법, 연구 결과와 결과의 응용 가능성 등을 간략하게 나타내어야 한다.
- 목차 : 본문의 순서에 따라 목차를 두며, 학술 논문이나 보고서인 경우에는 표와 그림 목차도 싣는다. 일반적으로 학회지 학술 논문의 경우에는 목차를 생략한다.
- 본문 : 본문은 서론으로 시작하여 결론 및 검토로 맺어지는 것이 일반적이며 '1. 서론', '2. 연구 방법' 등의 순으로 아라비아 숫자를 사용한다. 소단락으로 나눌 경우에는 '1.1 연구 목적 및 필요성' 등으로 진행한다. 참고 문헌은 번호를 붙이지 않는다.

(1) 서론 : 서론에서는 연구의 필요성 및 목적과 연구의 범위 등을 소개한다. 또한 연구에 관한 역사적 사실 및 이론적 배경을 근거로 자기 논문이 갖는 의의나 중요성, 독창성 등을 밝힌다.

(2) 연구 방법 : 연구 내용의 재현성을 확보하기 위하여 연구자가 사용한 실험 장비, 피실험자, 실험 절차, 실험 변수, 실험 계획, 자료 분석 방법 등을 상세하게 표현한다.

(3) 연구 결과 : 연구 결과는 가능한 한 간결하고, 풍부한 내용을 알기 쉽게 나

타내야 한다. 따라서 연구 결과를 표나 그림으로 요약하여 이해하기 쉽도록 서술하는 것이 중요하다.

일반적으로 표는 결과들을 종합하여 정확하게 표현할 때 주로 쓰이며, 그래프는 경향을 나타내거나 비교를 주목적으로 할 때 쓰인다. 표는 간략한 제목이 있어야 하며, 본문에서 내용을 설명해야 한다. 일반적으로 표의 제목은 표의 상단에 위치한다. 그림도 내용을 포함할 수 있는 간략한 제목을 써야 하며, 본문에서 그림의 내용을 설명하여야 한다. 그림의 제목은 그림 하단에 위치하여야 한다.

(4) 결론 및 검토 : 결론 및 검토에서는 연구 결과의 해석 및 고찰, 연구 결과의 적용 가능성 등을 서술한다. 연구에서 얻어진 결론은 주어진 연구 방법 및 조건에서만 타당할 수 있다. 따라서 연구 결과를 현실에 적용하기 위해서는 연구 내용이 갖는 한계성들이 검토되어야 한다. 또한, 연구 결과가 갖는 한계성에도 불구하고 어떤 의의를 가지고 있고, 어떤 곳에 응용할 수 있으며, 앞으로 어떤 방향으로 연구가 진척될 수 있는가가 서술되어야 한다.

(5) 참고 문헌 : 본문에 삽입되는 인용 문헌은 참고 문헌에 반드시 나타나야 한다. 기본적으로 본문에서 인용은 '정병용 등(2003)이 개발한'의 형태를 취하거나, 문장 끝에 '(정병용, 2003)' 형태를 취한다.

참고 문헌에 나타나는 문헌은 일반적으로 국문, 한문, 영문 순으로 배열하며, 가나다순과 알파벳순으로 작성한다. 또한 동일 저자가 발표한 서로 다른 논문을 인용할 때에는 연도순으로 배열한다.

학술 논문은 학술지에 따라 참고 문헌의 표기 형식이 다를 수 있으므로, 학술지에 발표할 논문을 준비하는 연구자는 학술지의 투고 양식을 따라야 한다.

일반적으로 참고 문헌은 다음과 같은 형식에 맞추어 작성한다.

- 정기 간행물, 학술지

Jeong, B.Y. and Park, K.S., "Sex differences in anthropometry for school furniture design", *Ergonomics*, Vol. 33, No. 12, pp. 1511-1521, 1990.

• 저서

Woodson, W.E., *Human Factors Design Handbook*, McGraw-Hill, Inc., 1981.

• 편집저서

Mital, A., "Industrial Ergonomics", In Weimer, J.(Ed), *Research Techniques in Human Engineering*, Prentice Hall, Inc., 1994.

• 학술 대회 발표 논문

Sanders, M., "HFS job description survey: Job dimensions, satisfaction and motivation," *Proceedings of the Human Factors Society 25th Annual Meeting*, Santa Monica, CA, Human Factors Society, pp. 682-686, 1982.

4. 발표

4.1 발표의 구성

발표는 도입부, 중심부, 결론부 등으로 나누어 구성한다. 도입부에서는 발표할 내용이 무엇인가에 대하여 개괄적으로 표현하며, 내용을 발표한 후에는 결론부에서 무엇을 발표했는가를 청중이 알 수 있도록 정리하여 주는 것이 필요하다. 발표는 청중들에게 어떻게 하면 오랫동안 기억되는가가 핵심이다. 따라서 청중들의 관심을 모으고 유지하기 위하여 청중과 눈을 맞추려고(eye contact) 노력하고, 청중들의 반응에 대하여 관심을 가져야 한다. 단지 말하는 것만으로는 기억되지 않는다. 발표자는 사실을 열거하여 읽는 것이 아니라 줄거리가 있는 이야기를 하듯이 효과적으로 발표 내용을 전달할 수 있도록 노력해야 한다.

발표 내용의 장기 기억은 단기 기억 내용, 듣고 읽은 것, 보여준 것의 함수로 표시된다.

$$\text{발표 내용의 장기 기억} = P(\text{단기 기억}) \times P(\text{듣고, 읽음}) \times P(\text{보여준 것})$$

[표 3.1]은 발표를 할 때 고려해야 하는 점검 사항 및 평가사항을 예시한 것이다.

4.2 PowerPoint 슬라이드의 작성

컴퓨터가 보편화되면서 PowerPoint를 이용한 발표도 일반화 되었다. 컴퓨터를 이용하면 발표 효과를 높이기 위한 시도를 자유롭게 할 수 있다는 장점이 있다.

PowerPoint를 이용하여 발표할 때에 슬라이드를 효과적으로 만드는 일반적인 원칙은 다음과 같다.

- 1분에 한 개 정도의 슬라이드를 이용하되 한 슬라이드에 너무 많은 내용을 넣지 말라. 한 슬라이드에는 한 개의 개념만을 유지하라. 한 슬라이드에는 5줄 정도가 적당하며 최대 9줄이 넘지 않도록 작성하라.
- 완전한 문장보다는 중요 단어를 이용하여 간략하게 약술하여 표현하라.
- 글자의 크기는 20에서 26points가 적당하며, 공간적인 여유가 있어야 읽기 편하다.
- 단순하면서 과도하지 않은 색을 사용하라. 하얀 바탕에는 진한 파란색 글자가 좋으며 노란색이나 빨간색 글씨는 가급적 피하라. 어두운 배경색에 밝은 글자의 사용도 좋다.
- 흥미를 돋울 수 있도록 그림이나 사례 예시와 같은 시각적 효과를 이용하라. 어떤 그림도 없이 글자만 있는 TV 뉴스가 얼마나 지루할 것인가를 상상하여 보라.

표 3.1 발표 평가표

<table>
<tr><td colspan="2">

발표 평가표

발표자 : ______ 팀(조) : _____ 시간 : _____ 성적 : _____

</td></tr>
<tr><td>발표 구성/내용</td><td>발표 태도/호응도</td></tr>
<tr><td>

1. 제목 슬라이드 점수(/)

☐ 제목, 날짜, 팀 구성원

2. 슬라이드 점수(/)

☐ 수치의 정확성
☐ 이해를 위한 도표 사용
☐ 문자의 가독성
☐ 적당한 프레임 수
☐ 색의 사용(없음, 양호, 과다)

3. 구성 점수(/)

☐ 서론/개관
☐ 내용
☐ 요약/결론

</td><td>

4. 발표 점수(/)

☐ 적합한 복장

☐ 발표 내용 지적
• 손가락 • 펜 • 포인터

☐ 눈 맞춤
• 의사 결정자 • 청중

☐ 발표 자세
• 스크린 • 청중

☐ 목소리 전달
• 다양 • 일정

☐ 말의 속도
• 느림 • 양호 • 빠름

☐ 팀 참석도

</td></tr>
<tr><td colspan="2">비고</td></tr>
</table>

- 표는 비교를 위하여 사용하므로 비교하기 쉽게 작성하여야 하며, 정확한 수치를 제공하여야 한다.
- 용도에 맞는 그래프를 이용하라.
  - 시간에 따른 변화의 경향을 나타낼 때에는 꺾은선 그래프를 이용하라.
  - X축의 자료가 이산형인 경우에는 막대그래프를 이용하라.
  - 전체의 구성을 나타낼 때에는 파이 차트를 이용하라.
- 한 슬라이드에는 3개 이상의 그림이나 그래프를 넣지 말라.
- 비교를 위해 뒤의 슬라이드로 가는 것보다는 중첩하여 비교하는 것이 좋다.

연습문제

1. 다음 중 실험실 연구와 비교하여 현장 연구의 특징으로 거리가 먼 것은?
   ① 결과를 일반화하기 쉽다.
   ② 실험변수의 조절이 쉽다.
   ③ 실험조건에 따른 정확한 자료를 수집하기가 어렵다.
   ④ 실험 비용이 많이 든다.

2. 연구에 사용되는 변수 중에서 평가 척도나 기준으로서 관심의 대상이 되는 변수를 무엇이라 하는가?
   ① 종속 변수　　② 독립 변수
   ③ 통제 변수　　④ 환경 변수

3. 다음 중에서 연구에 사용되는 변수에 대한 설명으로 적절하지 못한 것은?
   ① 종속 변수 : 관심이 되는 중요한 변수이다.
   ② 독립 변수 : 관찰하고자 하는 현상의 원인이 되는 변수이다.
   ③ 통제 변수 : 종속 변수에 영향을 미칠 수 있지만 독립 변수에 포함되지 않은 변수이다.
   ④ 종속 변수 : 실험 연구에서는 연구자가 변수의 값을 변화시키는 실험 변수가 해당된다.

4. 계획된 실험에서 발생할지도 모르는 예기치 못한 문제점을 파악하여 사전에 해결함으로써 실험 연구에서 얻어질 정보의 정확성과 실험의 효율성을 높이는 절차를 무엇이라 하는가?
   ① pilot test　② survey　③ calibration　④ coding

연습문제 해답 : 1. ②, 2. ①, 3. ④, 4. ①

실습문제

1. '고민해' 씨는 컨설팅 회사인 '팡팡' 회사의 인간공학 담당자이다. '나몰라' 회사로부터 종업원들의 근속연수, 성별, 하루 작업시간 정도에 따라 작업의 성능에 차이가 있는가를 조사하여 달라는 문의가 들어왔다.

   1) 작업의 성능을 평가할 수 있는 척도의 유형에 대하여 설명하시오.
   2) 이 문제에 대하여 종속 변수, 독립 변수를 설정하시오.

■ 해설 ■

1) 작업성능 척도
   - 출력의 양: 생산량
   - 출력의 질: 에러율, 불량률
2) 종속변수: 작업의 성능
   독립변수: 근속연수, 성별, 하루 작업시간

2. 작업자의 육체적인 작업 부하 정도를 산소 소비량을 이용하여 조사하려고 한다. 육체적 부하 정도는 성별, 나이, 작업내용에 의하여 영향을 받는다고 알려져 있으나, 작업자들의 대부분이 남자이기 때문에 연구조사는 남자만 고려한다. 이 연구에서 종속변수, 독립변수, 제어변수는 무엇인가?

■ 해설 ■

1) 종속변수: 산소소비량
2) 독립변수: 나이, 작업 내용
3) 제어변수: 성별

3. 피실험자 간 설계와 피실험자 내 설계를 예를 들어 설명하시오.

■ 해설 ■

1) 피실험자 간(between-subjects design) 설계

- 독립 변수별로 다른 피실험자들이 집단별로 실험을 수행, 많은 수의 피실험자 요구됨.

  예) A제약 회사의 신약을 복용한 그룹과 복용하지 않은 그룹을 비교

2) 피실험자 내(within-subjects design) 설계

- 독립변수별로 동일한 피실험자들이 실험을 수행, 적은 수의 피실험자 수가 요구됨.

  예) A제약 회사의 신약을 복용하기 전과 후의 효과를 비교

제 4 장

정보처리 과정

1. 인간의 정보처리 과정
2. 감지 능력과 정보처리 능력
3. 인간의 오류모형
4. 정보 이론

1. 인간의 정보처리 과정

1.1 정보처리와 제품

일상생활에서 우리는 많은 것을 기억해야 한다. 현금 카드의 비밀번호, 우리 집 전화번호, 주민등록번호, 자동차 번호, 통신 ID와 비밀번호, 식구들 생일, …… 여기에 우리가 사용하는 약 20,000여 개의 제품들이 존재한다. 1개 제품의 사용법을 배우는 데 1분만 걸려도 20,000분이 필요하고, 시간으로 환산하면 333시간이나 소요된다. 하루 24시간 동안 자지 않고 사용법을 배워도 2주나 걸린다. 게다가 제품의 사용법을 배우기도 쉽지는 않다. 비디오 예약 녹화는 어떻게 해야 하는가? 전자 손목시계의 시간 조정은 어떻게 하는가? 사람들에게는 제품의 사용법을 모르거나 사용법이 어려워서 제품의 사용을 꺼리는 경우가 많이 발생한다. 일상생활에서 기억해야 할 것이 너무 많은 것이다.

사람의 인지 특성을 고려하지 못한 잘못된 제품 디자인은 사용자에게 사용법을 이해할 수 없어 불만스러움을 느끼게 할 뿐만 아니라 실수를 하게 만든다 [그림 4.1]. 제품을 사용하는 사용자들이 자주 실수를 하는 경우에 사용자들은 본인의 능력 탓이나 본인의 성격 탓이라고 생각하기 쉬우나 실질적으로는 실수하기 쉬운 사용자들을 고려하지 못한 디자인의 잘못이라고 할 수 있다.

그림 4.1 잘못된 디자인과 사용자의 반응

그림 4.2 인간의 정보처리 과정

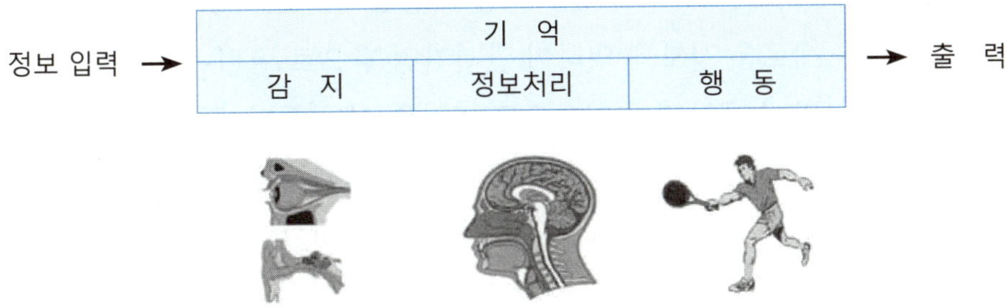

인간의 정보처리 과정을 요약하면 [그림 4.2]와 같다. 시각적, 청각적, 물리적 자극에 관한 정보가 신체의 감각 기관에 감지되면 인간은 이들 정보에 대한 해석을 통하여 의사결정을 하고, 신체활동기관에 명령하여 행동을 하게 한다. 물론 이들 과정 전반에서 기억이 상호 작용하여 영향을 미치게 된다.

1.2 인간의 기억체계

인간의 기억체계를 자세히 살펴보면 인간의 기억은 크게 감각보관(sensing storage), 단기기억(short-term memory), 장기기억(long-term memory)으로 구분된다.

감각보관이란 자극이 사라진 후에도 순간적으로 감각기관에 감각이 지속되는 것으로 시각(iconic)적 잔상이나, 청각(echoic)적인 잔상 등이 존재한다. 감각보관은 빠르게 사라지고 새로운 자극으로 대체된다. 시각적 잔상을 이용한 것이 만화 영화이다. 변화되는 동작을 각각의 장면마다 그려 놓은 다음에 잔상이 사라지기 전에 다른 장면으로 계속적으로 바꾸면 움직이는 동작이 되는 것이다.

단기기억이란 감각보관에서 주의 집중에 의해 기록된 방금 일어난 일에 대한 정보와 장기기억에서 인출된 관련 정보를 의미한다. 현재 또는 최근의 정보를 잠시 기억하는 것뿐만 아니라, 실제로 작업하는 데 필요한 일시적인 정보라는 의미로 작업기억(working memory)이라고도 한다. 사람의 단기기억 용량은 매우 한정되어 있다. 따라서 새로운 정보가 들어오면 저장될 수 있는 정보의 용량이 초과되어 기존 정보는 새로운 정보에 의하여 단기기억 밖으로 밀려나게 되는 것이다.

정보의 처리 용량이 제한되어 있으므로 일정한 시간 동안에 정보가 많이 주어진다고 정보가 많이 처리되는 것은 아니다. 정보전달의 효율성을 위해서는 정해진 시간에 최대한 많은 정보를 주는 것보다는 핵심적이고 중요한 정보만을 주는 것이 효과적이다.

단기기억을 장기기억으로 이전시키려면 입력된 정보를 마음에서 되뇌는 활동인 리허설(rehearsal)이 필요하다. 리허설이 충분히 되어 장기기억으로 이전된 기억은 영구히 저장되지만 그렇지 못한 정보들은 기억시스템에서 사라지게 된다.

장기기억은 단기기억이 암호화되어 저장된 영구적 기억이다. 장기기억은 저장된 정보가 평상시에는 의식으로부터 단절되어 있다가, 정보처리가 이루어질 때 관련된 정보가 의식수준으로 인출된다. 장기기억은 과거에 대한 기억으로 기억내용이 의미가 있거나 이미 알고 있는 것과 들어맞을 때 저장과 인출이 용이하다.

1.3 정보의 인출

정보의 인출은 사용자가 습득하여 저장한 장기기억 내의 정보를 의식수준으로 이끌어내는 과정이다.

장기기억의 특성은 기억 속에 있는 정보의 인출에 실패한 경우라도 기억의 보존에 실패한 것으로 단정지을 수는 없다는 것이다. 예를 들면, 특정 정보가 잘 기억나지 않을 경우에도 단서가 주어지면 정보를 쉽게 떠올릴 수도 있다. 기억을 하지 못하는 현상은 정확한 인출 전략을 찾지 못하는 데서 발생한다. 정보를 인출하는데 불필요한 기억부분을 탐색한다거나, 탐색시간이 부족한 경우 등이 예가 된다. 또한 복잡한 항목을 탐색하는 과정에서 단기기억의 제한적 용량 때문에 자신의 위치를 잃어버리는 경우도 발생한다.

정보인출은 무언가를 기억할 정보가 있다는 신호와 기억의 내용이 어떤 것인가에 관련된 메시지의 두 요소로 되어 있다. 정보인출을 도와주기 위하여 메모나 체크리스트를 만들어 놓거나 도움말(help) 기능을 제공하는 것이 바람직하다.

또한 사물 자체에 연상 작용을 연관시켜 기억의 인출을 도와주는 방법도 있다. 예를 들면, 책을 현관문 앞에 열쇠와 함께 놓아두면 아침에 반드시 현관문을 통과하여 출근을 할 것이므로 가져가야 될 물건을 잊어버리지 않을 수 있는 것이다.

2. 감지 능력과 정보처리 능력

2.1 인간의 감지 능력(human sensing capabilities)

감각 기관들의 감지 능력은 상대적 판단(relative discrimination)에 의하여 연구된다. 상대적 판단이란 한 감각을 대상으로 두 가지 이상의 신호가 동시에 제시되었을 때 같고 다름을 비교 · 판단하는 것이다.

특정 감각의 감지 능력은 두 자극 사이의 차이를 겨우 알아차릴 수 있는 변화감지역(JND : just noticeable difference)으로 표현된다. 변화감지역이란 자극 사이의 변화를 감지할 수 있는 두 자극 사이의 가장 작은 차이값을 의미하며, 변화감지역이 작을수록 감각의 변화를 검출하기 쉽다. 변화감지역은 사람이 50% 이상을 검출할 수 있는 자극차원의 최소변화 또는 차이로 구한다.

Weber는 특정 감각 기관의 기준 자극과 변화감지역과의 연관 관계 실험을 통하여 Weber의 법칙을 발견하였다. Weber의 법칙은 물리적 자극을 상대적으로 판단하는 데 있어 특정 감각의 변화감지역은 사용되는 기준 자극의 크기에 비례한다는 내용으로 다음 공식으로 표현한다.

Weber비 = 변화감지역 / 기준 자극 크기

표 4.1 Weber비

감 각	Weber비
시 각	1/60
무 게	1/50
청 각	1/10
후 각	1/4
미 각	1/3

Weber 법칙에 의하면 변화를 감지하기 위해 필요한 자극의 차이는 원래 제시된 자극의 수준에 비례하므로, 원래 자극의 강도가 클수록 변화 감지를 위한 자극의 변화량은 커지게 된다.

예를 들어, 무게 감지에 대한 Weber비가 0.02라면 100g이 기준일 때에 무게의 변화를 느끼려면 2g 정도면 되지만, 10kg의 무게를 기준으로 한 경우에는 200g이 되어야만 무게의 차이를 감지할 수 있다는 것이다.

Weber비는 감각의 감지에 대한 민감도를 나타낸다. Weber비가 작을수록 분별력이 뛰어난 감각이라 할 수 있다[표 4.1].

예제 4.1 Weber 법칙의 응용

Weber 법칙은 제품의 마케팅에서 응용될 수 있다. 예를 들면, 제품의 가격과 관련한 소비자들의 Weber비를 조사하여 변화감지역 내에서 제품가격을 인상한다면 소비자가 제품이 인상된 것을 쉽게 지각하지 못한다는 것이다.

Weber 법칙은 제품의 제조과정에서도 응용될 수 있다. 소비자들이 느끼는 맥주에 관한 입맛은 계절에 따라 달라질 수 있다. 맥주 제조업체들은 계절에 따라 원료의 점도와 효소의 양을 변화감지역의 범위 안에서 조절함으로써 소비자가 맥주의 맛이 사계절 동일하다고 느끼게 한다고 한다.

그림 4.3 맥주 맛과 Weber 법칙

2.2 인간의 정보처리 능력

인간의 정보처리 능력(human information processing capabilities)은 단기기억(short-term memory)에 대한 처리 능력으로 나타내며, 절대식별(absolute judgment) 능력으로 조사한다. 절대식별이란 여러 그룹으로 규정된 신호 중에서 특정 부류에 속하는 신호가 단독으로 제시되었을 때 이를 식별할 수 있는 능력을 의미한다. 상대적인 비교가 아니라 일시적으로 기억에 의해 신호를 구별하여야 하기 때문에 절대식별이라 한다.

일정한 시간 동안 사람이 기억할 수 있는 정보의 양은 한정되어 있다. 절대식별에 근거하여 정보를 신뢰성 있게 전달할 수 있는 최대 용량을 경로 용량(channel capacity)이라 한다. 즉, 단기기억에 의해 신뢰성 있게 정보 전달을 할 수 있는 자극 판별 수를 경로 용량이라 한다. 밀러(Miller)는 각각의 감각에 대한 경로 용량을 조사한 결과 '신비의 수(magical number) 7±2 (5~9)'를 발표하였다. 밀러의 결과에 의하면 인간의 절대적 판단에 의한 단일 자극의 판별 범위는 보통 다섯에서 아홉 가지이다. 즉, 인간이 신뢰성 있게 정보 전달을 할 수 있는 기억은 5가지 미만이며, 감각에 따라 정보를 신뢰성 있게 전달할 수 있는 한계 개수가 5~9가지라는 것이다.

그러나 단일 자극이 아니라 여러 차원을 조합하여 사용하는 경우에는 신뢰성 있게 전송할 수 있는 가지 수가 증가되는 것으로 나타났다. 예를 들면, 모양만 이용할 때보다 모양에 색을 달리하는 경우에 정보 전달의 신뢰성이 증가한다는 것이다.

2.3 시배분(time-sharing)

음악을 들으며 책을 읽는 것처럼 사람이 주의를 번갈아 가며 두 가지 이상을 돌보아야 하는 상황을 시배분이라고 한다. 인간이 동시에 여러 가지 일을 담당한 경우 동시에 주의를 기울일 수는 없으며, 사실은 주의를 번갈아가며 일을 행하고 있는 것이므로 인간의 작업 효율은 떨어지게 된다. 시배분 작업은 처리해야 하는 정보의 가지 수와 속도에 영향을 받는다.

청각과 시각이 시배분되는 경우에는 청각이 우월하다고 한다. 예를 들면, 귀에 이어폰을 끼고 책을 보는 경우에 책의 내용보다는 이어폰을 통하여 들리는 노래가 훨씬 잘 들어온다. 음악을 들으며 공부하면 공부가 잘 된다는 것은 청각과 시각의 시배분 문제에서 보면 잘못된 것이라고 볼 수 있다.

2.4 기억을 증진시키는 디자인

인간의 절대식별능력은 일반적으로 상대식별능력보다 떨어진다. 따라서 정보처리 과정에서 정보 전달의 신뢰성을 높이기 위해서는 가급적이면 절대식별을 줄이는 방향으로 설계하는 것이 좋다. Miller의 실험 결과에서와 같이 기억에 의해 판별하도록 하는 가지 수는 5가지 미만으로 하는 것이 좋으며, 단일 자극이 아니라 여러 차원을 조합하여 설계하는 것이 필요하다.

또한 인간의 기억 용량의 한계를 극복하기 위하여 몇 가지 입력 단위를 묶어서, 새로운 기억 단위로 암호화하면 기억용량이 늘어나는데 이를 chunking이라 한다. chunking이란 정보를 의미있는 단위인 청크(chunk)로 조직해나가는 과정이다. 예를 들어, 전화번호를 7604122로 기억하는 것보다는 760－4122로 두 개의 단위로 나누어 기억을 하면 쉽게 기억할 수 있다. 개별적인 정보가 효과적인 청크로 조직된다면 더욱 많은 정보가 처리되고 기억될 수 있는 것이다.

단순한 암기를 통하여 사용 방법을 외워야 하는 디자인은 상당한 시간과 노력을 요구하게 된다. 하지만 이미 머리 속에 있는 지식과 대응해서 적당한 해석을 통하여 이해될 수 있도록 논리적이면 배우기 쉽고 쓰기 쉬운 디자인이 되는 것이다.

예를 들면, 중국 음식점의 식탁에 올려져 있는 간장병과 식초병은 보통 모양이 동일해서 뚜껑을 열어 보거나 조금 쏟아 보아야만 알 수 있는 경우가 있다. 만일 검은 색은 간장병으로 하고 흰색 병은 식초병으로 한다면 사용자가 불필요하게 확인할 필요는 없지 않을까?

기억은 단서에 의해 인출되기가 용이하므로 관련 있는 단서의 제시가 기억의 회상을 촉진할 수 있다. 따라서 제품의 특성과 이미지에 맞는 디자인을 통하여 제품에 대한 단서를 제공하는 것이 필요하다.

예제 4.2 기억을 증진시키기 위한 광고

관련이 없는 숫자나 단어를 쉽게 기억시키기 위하여 광고에서는 두 가지 이상의 자극을 이용한다. 시각과 청각을 동시에 자극할 수 있는 것이 라디오나 잡지에 비해 TV가 가진 장점이다. 광고에서는 가능한 여러 감각을 총동원하는 것이 효과적이다. 현재까지는 주로 시각적인 요소와 청각적인 요소에 신경을 써 왔으나, 최근에는 향수나 화장품 광고에서 자기 제품의 냄새를 잡지 광고나 간지에 스며들게 하고 있다. 글과 사진과 함께 향기까지 더한 광고로 눈과 귀의 단계에서 발전하여 코의 감각을 자극하여 기억을 증진시켜보자는 의도이다.

3. 인간의 오류모형

인간은 하루에 약 20,000가지의 행위를 하는데 약 2건 정도의 실수를 한다고 한다. 일반적으로 이러한 실수는 80%는 감지되지만 20%는 감지되지 않는다고 한다. 또한 감지되지 않은 20%에서 25% 정도는 심각한 오류라고 한다. 이에 따르면 어느 회사에 1,000명의 근로자가 근무한다면 하루에 약 2,000번 정도의 실수를 하게 될 것이다. 이 2,000번의 실수 중에서 400번은 감지되지 않고 이 중에서 100번은 심각한 오류가 될 수 있는 것이다.

예제 4.3 알리바바와 40인의 도적에 나오는 기억의 실수

인간의 기억에 대한 실수가 심각한 결과를 초래하는 때도 있다. 아라비안 나이트의 '알리바바와 40인의 도적'에서 알리바바가 도적들의 동굴에서 금은보화를 가져온 것을 보고 알리바바의 형 카심은 '열려라 참깨' 주문을 열심히 외운 후 도적들의 동굴로 문을 열고 들어간다. 동굴 속의 번쩍이는 금은보화에 넋을 잃은 카심은 열심히 보석을 자루에 담아 동굴 밖으로 나오려고 한다. 그러나 이 때 그만 주문을 잊어버리고 만다. 이런 저런 갖가지 주문을 되뇌어도 기억을 되살리지 못한 카심은 결국 돌아온 도적들에게 목숨을 잃게 된다.

그림 4.4 알리바바와 40인의 도적에 나오는 기억실수의 예

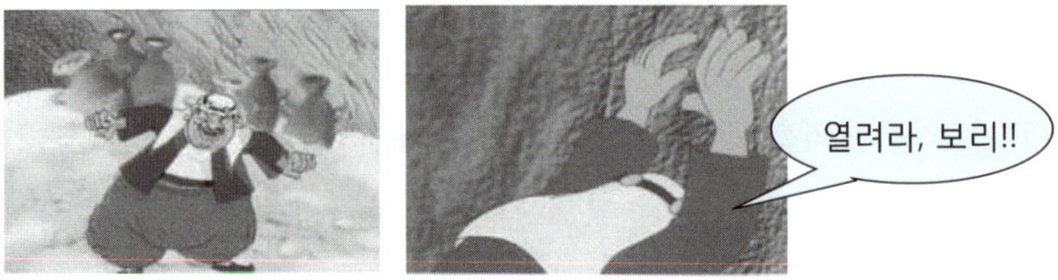

인간은 실수하는 존재이다. '오류를 범하는 것이 인간이다(To error is human)'라는 서양 속담도 있다.

인간 오류는 '요구되는 정확도, 순서, 혹은 정해진 시간 이내에 지정된 행위를 하지 못하는 것'을 뜻한다. 인간은 자신의 능력이나 신체적 한계, 경험 및 기대에 맞지 않은 일을 담당할 때 더욱 더 오류를 범하기가 쉬워진다.

인간 오류는 [그림 4.5]와 같이 착오, 실수, 건망증으로 분류할 수 있다.

그림 4.5 인간의 오류 모형

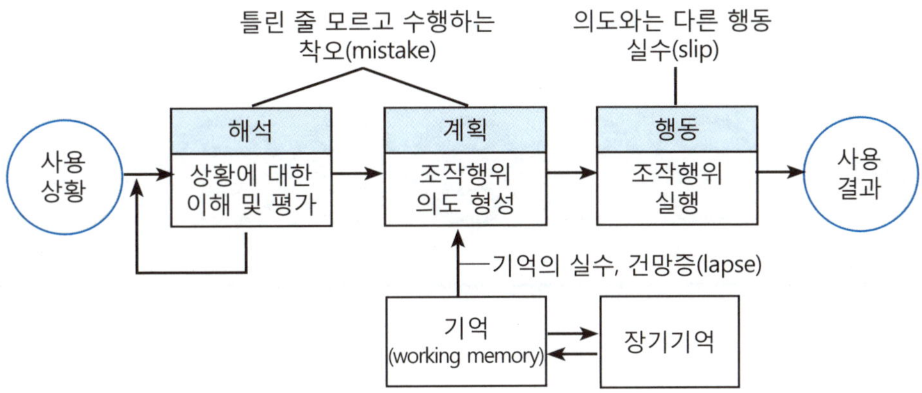

3.1 착오(mistake)

착오는 상황 해석을 잘못하거나 목표를 잘못 이해하고 착각하여 행하는 경우를 뜻한다. 즉, 틀린 줄을 모르고 행하는 오류를 의미한다. 착오는 주어진 정보가 불완전하거나 오해하는 경우에 주로 발생한다. 착오에 의한 오류는 틀린 줄을 모르고 발생하기 때문에 중대한 사건이 될 수 있을 뿐만 아니라 오류를 찾아내기도 힘들다.

예제 4.4 밸브의 위치와 착오

밸브 수리업자가 [그림 4.6]과 같이 배열된 밸브의 7번 밸브의 수리를 요청 받았다. 밸브 수리업자는 숫자를 확인하지 않고 제일 끝에 7번 밸브가 있다고 생각하고 제일 끝의 밸브를 수리하였다. 숫자 7번 밸브가 맞는지 일곱 번째인 6번 밸브가 맞는지 확인하지 않고 자신이 믿는대로 수리를 한다면 착오(mistake)를 범할 가능성이 존재하게 된다.

그림 4.6 7번 밸브는 어느 것인가?

3.2 실수(slip)

실수는 상황이나 목표의 해석은 제대로 하였으나 의도와는 다른 행동을 하는 경우에 발생하는 오류이다. 목표와 결과의 불일치로 쉽게 발견되나, 피드백이 있어야 오류의 발견이 가능하다. 실수는 주의 산만이나 주의 결핍에 의해 발생할 수 있으며, 잘못된 디자인이 원인이 되기도 한다.

레버를 당기려 했지만 너무 힘이 들어 제대로 당기지 못하거나, 전화번호를 잘못 누르는 경우가 실수의 예라고 할 수 있다.

3.3 건망증(lapse)

건망증은 여러 과정이 연계적으로 일어나는 행동 중에서 일부를 잊어버리고 안하거나 또는 기억의 실패에 의하여 발생하는 오류이다. 서류를 복사한 후 복사기에 원본을 두고 온다던가, 펜을 빌려서 사용한 후에 자신의 호주머니에 넣는 것이 건망증의 예이다.

예제 4.5 현금 자동지급기와 사용방법

은행의 현금 자동지급기를 사용하는 순서에 대하여 생각하여 보자[그림 4.7]. 현금카드를 지급기에 넣고 비밀번호와 액수를 입력하면 현금이 지급될 것이다. 이 때 현금카드를 빼는 것과 현금을 빼는 일 중에서 어떤 것을 먼저 하면 사람들이 실수를 적게 할 것인가를 생각하여 보자. 현금을 찾는 것이 목적이므로 현금을 놓고 오는 일은 적을 것이나 현금카드를 현금 지급기에 놓고 올 가능성은 상대적으로 크다고 볼 수 있다. 따라서 현금 지급기에서 현금카드를 먼저 빼고 나서 현금을 지급하도록 하는 것이 사용자의 실수를 줄이는 것이다.

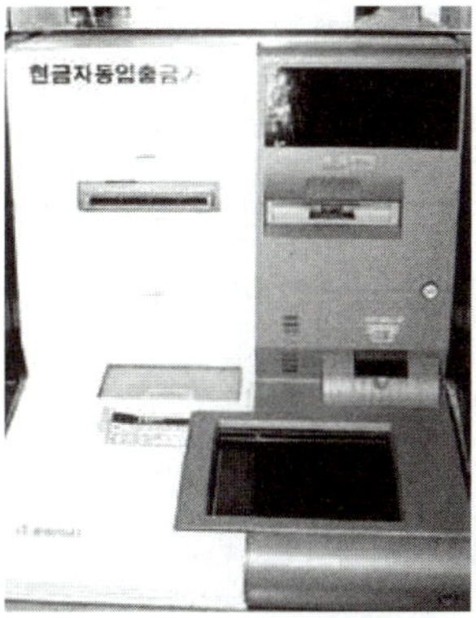

그림 4.7 현금 자동지급기

3.4 위반(violation)

위반(violation)은 정해진 규칙을 알고 있음에도 불구하고 고의로 따르지 않거나 무시하는 행위이다. 일반적으로 위반은 우연보다는 내적 이유가 존재하는데 개인의 고의적 행동이나, 잘못된 디자인, 부적당한 절차, 조직의 분위기와 관련되어 있다. 따라서 위반의 근본 원인을 발견하면 해결책을 제시할 수 있다.

4. 정보 이론

4.1 정보의 개념

정보 이론(information theory)에서는 여러 가지 상황에서의 정보 전달에 대하여 다룬다. 정보 이론에서 정보란 불확실성을 감소시켜주는 지식이나 소식을 의미한다. 자동차의 엔진온도경고등이 들어왔다면, 이것은 의심스러운 사건이기 때문에 많은 정보가 담겨 있다고 할 수 있다. 그러나 자동차의 시동을 켰을 때 안전띠를 착용하라고 울리는 경고음은 예상했던 일이므로 정보가 별로 담겨 있지 않다. 안전띠를 착용하라는 경고음은 중요하기는 하지만 자동차의 시동을 걸 때마다 나타나는 것이므로, 경고음이 울리리라는 예상을 확인하는 정도에 불과하기 때문에 정보 이론의 맥락에서는 정보를 거의 가지고 있지 않은 것이다.

정보 이론에서 정보량의 단위는 비트(bit: binary digit)를 이용한다. 1비트는 동일하게 나타날 수 있는 두 가지의 대안 중에서 한 가지 대안이 명시되었을 때 얻을 수 있는 정보량을 의미한다. 대안의 수가 n개이고, n개의 대안이 발생할 확률이 동일한 경우의 정보량 H는 다음과 같이 표현된다.

$$H = \log_2 n = \log_2 \frac{1}{p}, \quad p = \frac{1}{n}$$

대안이 두 가지이고 발생 확률이 동일할 경우에 정보량은 1.0비트이다($\log_2 2 = 1$). 예를 들면, 동전을 던진 후 앞쪽과 뒤쪽 중에서 어느 쪽이 나올 것인가를 알려주는 정보량(두 가지 가능성이 동일할 때)은 1비트이다. 네 가지 동일한 대안의 정보량은 2비트이다($\log_2 = 4$). 주사위의 6가지 숫자에서 무작위로 선택한 숫자가 전달하는 정보량은 2.6비트($\log_2 6 = 2.6$)이고, A~Z의 문자 집합에서 무작위로 선택한 문자가 가지는 정보는 4.7비트($\log_2 26 = 4.7$)이다.

n개의 대안이 발생할 가능성이 동일하지 않은 경우에 i 대안의 발생확률이 p_i인 경우의 정보량 h_i는

$$h_i = \log_2(1/p_i)$$

로 표현되고, 총평균정보량(H: total average information)은 각 대안으로부터 얻는 정보량에 각 대안의 발생 확률을 곱한 가중치들의 합으로 다음과 같이 나타낼 수 있다.

$$\begin{aligned} H &= \sum p_i h_i \\ &= \sum p_i \log_2(1/p_i) \\ &= -\sum p_i \log_2(p_i) \end{aligned}$$

p_i = 각 대안의 발생확률
h_i = 각 대안에 대한 정보량

두 대안의 발생 확률이 같을 때 총평균정보량은 1.0으로 최대가 된다. 대안의 발생 확률이 같을 때 정보량은 최대가 되며, 불확실성도 최대가 된다. 두 대안의 발생확률이 차이가 클수록 정보량은 최대량에서 줄어든다. 예를 들면, 두 대안의 발생 확률이 0.9와 0.1인 경우에 총평균정보량은 0.47비트이다. 여기에서 중복률(redundancy)의 개념이 생기는데, 대안의 발생 확률이 같지 않기 때문에 정보량의 최대치로부터 정보량이 감소하는 비율로 다음과 같이 표현된다.

중복률 = (1 − 총평균정보량 / 최대 정보량) × 100(%)

4.2 정보경로

인간의 정보 입력과 출력에 관한 정보처리 과정을 정보 이론에서는 [그림 4.8]과 같이 나타낸다.

자극과 관련된 정보가 입력되면 제대로 해석되어 올바른 반응이 되기도 하지만 입력 정보가 손실되어 출력에 반영되지 않거나, 불필요한 소음 정보가 추가되어 반응이 일어나기도 한다.

그림 4.8 정보경로(information channel)

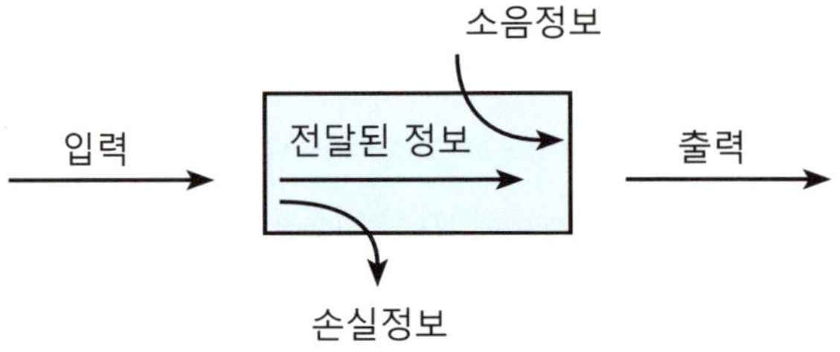

그림 4.9 자극과 반응에 관련된 정보량

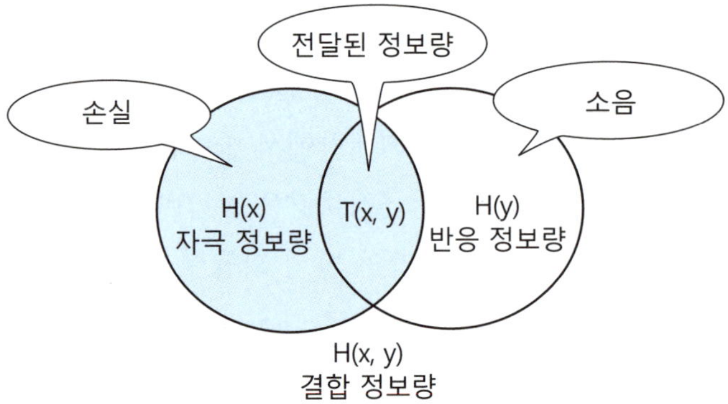

[그림 4.9]는 정보전달과 관련된 자극 정보량(stimulus information) 및 반응 정보량(response information)을 나타낸다. 자극 정보량을 H(x), 반응 정보량을 H(y), 자극과 반응 정보량의 합집합을 결합 정보량 H(x, y)라 하면 전달된 정보량(transmitted information) T(x, y), 소음 정보량과 손실 정보량은 다음 수식으로 표현된다.

$$T(x, y) = H(x) + H(y) - H(x, y)$$
$$\text{손실 정보량} = H(x) - T(x, y) = H(x, y) - H(y)$$
$$\text{소음 정보량} = H(y) - T(x, y) = H(x, y) - H(x)$$

제품의 사용과 관련된 정보 전달 체계에서는 손실 정보량과 소음 정보량을 줄이고 전달된 정보량을 늘릴 수 있도록 제품을 설계하여야 한다. [그림 4·9]에서 보면 자극 정보량과 반응 정보량이 일치하면 전달된 정보량도 이들 정보량과 같게 되고 손실과 소음 정보량은 없어진다.

정보 이론은 디자인 방법에 따라 전달된 정보량이 어떻게 다른가를 비교·분석하여 디자인 방법 등을 평가하는 데 이용할 수 있다.

예제 4.6 자극-반응 실험과 정보량

낮은 음이 들리면 빨강 버튼을 누르고, 중간 음은 노랑 버튼, 높은 음은 파랑 버튼을 누르도록 하는 자극-반응 실험을 총 100회 시행하여 결과를 [표 4·2]에 요약하였다. [표 4·2]에서 보면 낮은 음과 높은 음을 각각 33회씩 들려주었는데 모두 정확하게 반응하였으나, 중간 음에 대해서는 총 34번 시행에서 20번만 정확하게 반응하고, 14번은 빨강 버튼을 눌러 잘못 반응하였다. 자극-반응표를 이용하여 자극 정보량 $H(x)$, 반응 정보량 $H(y)$, 자극-반응 결합 정보량 $H(x, y)$, 전달된 정보량 $T(x, y)$, 손실 정보량, 소음 정보량을 구하시오.

$$H(x)=0.33\log_2(1/0.33)+0.34\log_2(1/0.34)+0.33\log_2(1/0.33)$$
$$=1.585\text{비트}$$
$$H(y)=0.47\log_2(1/0.47)+0.2\log_2(1/0.2)+0.33\log_2(1/0.33)$$
$$=1.504\text{비트}$$
$$H(x,\ y)=0.33\log_2(1/0.33)+0.14\log_2(1/0.14)+0.2\log_2(1/0.2)$$
$$+0.33\log_2(1/0.33)$$
$$=1.917\text{비트}$$
$$T(x,\ y)=1.585+1.504-1.917=1.172\text{비트}$$
$$\text{손실 정보량}=1.917-1.504=0.413\text{비트}$$
$$\text{소음 정보량}=1.917-1.585=0.332\text{비트}$$

표 4.2 자극-반응 실험 결과표

버튼 / 소리	Y			ΣX	
	빨강	노랑	파랑		
X	낮은 음	33	0	0	33
	중간 음	14	20	0	34
	높은 음	0	0	33	33
ΣY		47	20	33	100

4.3 신호검출 이론

인간은 잡음이나 소음(noise)이 있는 상황에서 제시된 자극을 감지하여 신호의 유무를 판단한다. 신호검출 이론(SDT : signal detection theory)은 잡음이 신호검출에 미치는 영향을 다룬다. 일반적으로 신호를 검출할 때에는 신호검출을 간섭하는 소음이 있으며, 공장의 소음처럼 사람의 외부에서 발생할 수도 있지만 사람

— 그림 4.10 신호검출 이론

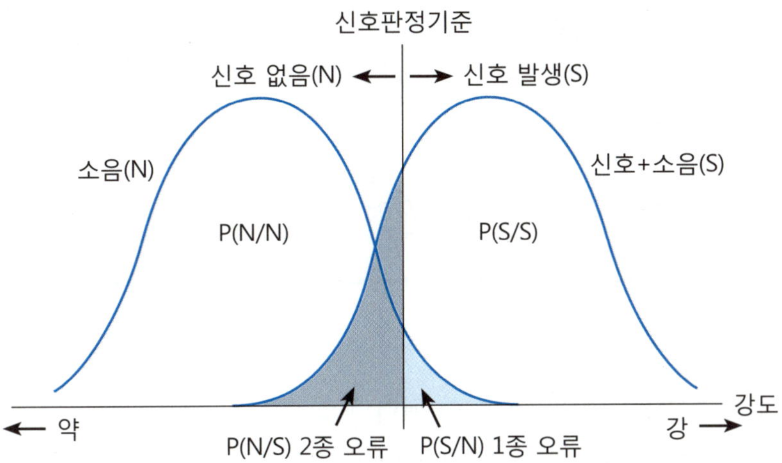

의 신경 활동처럼 내부적인 것도 있다.

신호검출 이론에서는 소음이 정규분포(normal distribution)를 따르고, '신호가 나타나면 신호의 강도는 소음의 강도에 추가된다고 가정한다[그림 4·10]. 사람은 제시된 자극이 소음뿐인지 소음과 신호가 합하여진 것인지를 판정해야 한다. 신호검출 이론에서는 사람이 신호의 유무를 판단할 때 판정기준을 정하여 판단한다고 보는데, 제시된 자극 수준이 판정기준 이상이면 신호가 있다고 말하고 판정기준 이하이면 신호가 없다고 판정한다고 본다.

일반적으로 신호 강도가 높거나, 소음 강도가 낮으면 신호의 유무에 대한 판단은 쉽다. 그러나 두 분포가 중첩된 부분에서는 신호의 유무를 판단하기가 어렵고 관측자의 판정은 [표 4·3]과 같이 네 가지의 결과가 될 수 있다. [표 4·3]에서 소음(N)만 있는 상황에서 신호(S)가 없다고 판정할 확률 P(N/N)이나 신호가 있는 상황에서 신호가 있다고 판정하는 확률 P(S/S)은 의사 결정을 제대로 한 확률이다. 신호가 없는데 신호가 있다고 판정하는 오류 P(S/N)는 허위 경보를 범할 확률(1종오류 확률)이 되며, 신호가 있는데 없다고 판정하는 오류 P(N/S)는 신호

표 4.3 신호검출 이론에서 신호의 판정과 오류

판정 \ 자극	소음(N)	소음+신호(S)
신호 없음(N)	적중 P(N/N)	신호검출 못함 2종 오류 P(N/S)
신호 발생(S)	허위 경보 1종 오류 P(S/N)	적중 P(S/S)

를 검출하지 못할 확률(2종오류 확률)이 된다.

신호검출 이론에서 신호를 소음으로부터 구분해내는 정도를 민감도(sensitivity) d'라 하고, 2종오류 확률과 1종오류 확률의 비를 반응편향(response bias) β라 한다.

민감도(sensitivity) d'는 신호의 평균(μ_S)과 소음의 평균(μ_N)의 차이가 클수록, 변동성(σ 표준편차)이 작을수록 민감하다. 민감도는 판정기준값과 소음과 신호 분포의 평균값을 이용한 표준정규분포값 Z_N과 Z_S를 이용하여 구할 수도 있다.

$$d' = \frac{|\mu_S - \mu_N|}{\sigma} = Z_N + Z_S$$

반응편향 β는 신호를 관측하는 관측자의 반응성향을 나타낸다. β가 1보다 작은 경우는 모험적인 의사결정을, 1보다 큰 경우에는 보수적인 의사결정의 경향을 나타낸다.

$$\beta = \frac{P(N/S)}{P(S/N)}$$

예제 4.7 신호검출 이론

소음(N)만의 분포가 정규분포(평균 = 60dB, 표준편차 = 10dB)를 따르고, 신호(S)의 분포도 정규분포(평균 = 80dB, 표준편차 = 5dB)를 따르는 작업장에서 작업자는 판정기준(70dB) 이상이면 신호가 있다고 판정한다.

1) 이 작업자의 1종오류 확률과 2종오류 확률은?

$$1\text{종오류 확률} = P(S/N) = P(N \geq 70) = P(Z \geq \frac{70-60}{10}) = P(Z \geq 1)$$

$$2\text{종오류 확률} = P(N/S) = P(S \leq 70) = P(Z \leq \frac{70-80}{5}) = P(Z \leq -2)$$

2) 신호검출의 민감도 d'는?

$$d' = \frac{|\mu_S - \mu_N|}{\sigma} = Z_N + Z_S = \frac{|70-60|}{10} + \frac{|70-80|}{5} = 3$$

3) 작업자의 반응편향은?

$\beta = P(N/S)/P(S/N) = P(Z \leq -2)/P(Z \geq 1) < 1$

따라서 작업자는 모험적인 의사결정자이다.

그림 4.11 신호검출 예제

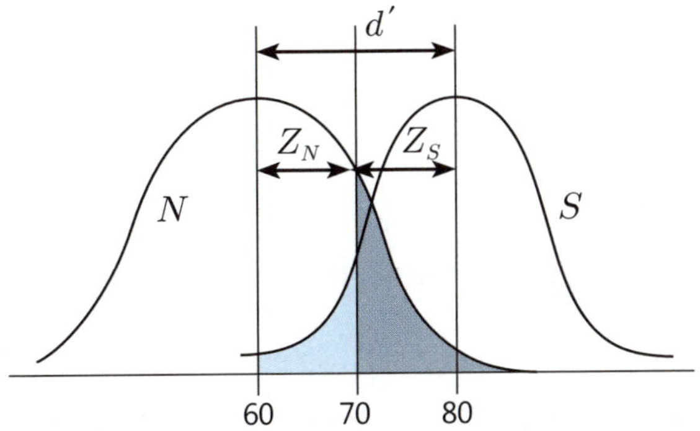

연습문제

1. 다음 중 효율적인 정보 전달과 관계가 있는 것은?
   ① 절대식별이 상대식별보다 우월하다.
   ② 자극의 차원을 줄이는 것이 우월하다.
   ③ chunking을 이용한다.
   ④ 시배분을 이용한다.

2. 상황해석을 잘못하거나 틀린 목표를 착각하여 행하는 인간의 실수는?
   ① slip ② lapse ③ mistake ④ sensing storage

3. 다음 용어들 중에서 서로 관련이 없는 것은?
   ① 절대식별 ② 경로 용량
   ③ 변화감지역 ④ Miller의 신비의 수

4. 기준자극 100에 대하여 최소 변화감지역이 2라면 Weber비는?
   ① 0.02 ② 50 ③ 2% ④ 50%

5. 자극이 사라진 후에도 순간적으로 감각기관에 감각이 지속되는 것과 관계 있는 용어는?
   ① sensing storage ② short-term memory
   ③ long-term memory ④ working memory

6. 과거에 대한 기억으로 기억 내용이 의미가 있거나 이미 알고 있는 것과 들어맞을 때 저장과 인출이 용이한 것은 어떤 것인가?
   ① sensing storage ② short-term memory
   ③ long-term memory ④ working memory

연습문제 해답 : 1. ③, 2. ③, 3. ③, 4. ①, 5. ①, 6. ③

7. 한 감각을 대상으로 두 가지 이상의 신호가 동시에 제시되었을 때 같고 다름을 비교 판단하는 것과 관련이 가장 깊은 용어는?

① 절대식별 ② 경로 용량 ③ 시배분 ④ 상대식별

8. 착오(mistake)에 대한 설명으로 올바르지 않은 것은?

① 상황 해석을 잘못 하거나 목표를 잘못 이해하고 착각하여 행하는 경우
② 틀린 줄을 모르고 행하는 오류
③ 주어진 정보가 불완전하거나 오해하는 경우에 발생
④ 목표와 결과의 불일치로 쉽게 발견 가능

9. 기억 용량의 한계를 극복하기 위하여 몇 가지 입력 단위를 묶어서 새로운 기억 단위로 암호화하는 것을 무엇이라 하는가?

① chunking ② 상대식별 ③ 변화감지역 ④ 경로 용량

10. 자극 사이의 변화를 감지할 수 있는 최소의 자극 범위와 가장 관계 있는 것은?

① 변화감지역 ② 절대식별 ③ 시배분 ④ 경로 용량

11. 아래 그림에서 H(x)를 자극 정보량, H(y)를 반응 정보량, H(x,y)를 결합 정보량이라고 하면 전달된 정보량은?

① H(x) + H(y) − H(x,y)
② H(x,y) − H(y)
③ H(x,y) − H(x)
④ H(x,y) − H(x) − H(y)

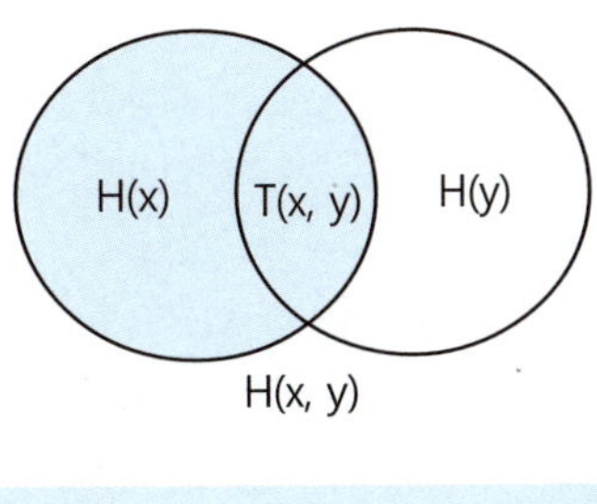

정답문제 해답 : 7. ④, 8. ④, 9. ①, 10. ①, 11. ①

12. 절대식별에 근거하여 정보를 신뢰성 있게 전달할 수 있는 최대 용량을 무엇이라 하는가?

① 경로 용량　② 장기기억　③ 변화감지역　④ chunking

13. 다음 중에서 성격이 다른 용어는?

① bit　② 정보량　③ 불확실성　④ Weber비

14. 다음 자극-반응 실험에 대한 결과에서 반응에 대한 정보량은 몇 bit인가?

① 0.5
② 1.0
③ 2.0
④ 3.0

	반응	
자극	0.4	0.1
	0.1	0.4

15. 절대식별에 근거한 Miller의 '신비의 수'가 의미하는 구간은?

① 7±2　② 5±2　③ 5±3　④ 7±3

16. 다음 신호검출 이론에 관한 표에서 허위경보에 관한 상황을 나타내는 것은?

① A
② B
③ C
④ D

판정 \ 자극	소음	소음+신호
신호 없음	A	B
신호 발생	C	D

연습문제 해답 : 12. ①, 13. ④, 14. ②, 15. ①, 16. ③

17. 다음 중에서 정보량에 대한 계산이 올바르지 않는 것은?

① 동전이 앞쪽과 뒤쪽 중에서 어느 쪽이 나올 것인가 : 1비트

② 네 가지 동일한 대안의 정보량 : 2비트

③ 주사위에서 무작위로 선택한 숫자가 전달하는 정보량 : $\log_2 6$비트

④ A~Z에서 무작위로 선택한 문자가 가지는 정보량 : $\log_2 24$비트

18. 주의를 번갈아가며 두 가지 이상의 일을 돌보아야 하는 상황은?

① 절대식별 ② 경로 용량 ③ 시배분 ④ 상대식별

19. 신호검출 이론에서 신호를 관측하는 관측자의 반응 성향은?(S신호, N소음으로 표현)

① $P(S/N)$ ② $P(N/S)$

③ $P(N/S)/P(S/N)$ ④ $P(S/N)/P(N/S)$

20. 계기판에 등이 8개가 있고, 하나에만 불이 켜지는 경우에 정보량은 몇 비트인가?

① 2 ② 3 ③ 4 ④ 8

연습문제 해답 : 17. ④, 18. ③, 19. ③, 20. ②

실습문제

1. 다음은 자극신호와 반응신호간의 짝진 실험 결과이다. 자극 정보량 H(x), 반응 정보량 H(y), 전달된 정보량 T(x,y), 손실 정보량, 소음 정보량을 구하시오. 실험 결과를 이용하여 정보이론의 맹점을 설명하시오.

		반응신호 y				계
		1	2	3	4	
자극신호 x	1	25				25
	2		25			25
	3			25		25
	4				25	25
합계		25	25	25	25	100

		반응신호 y				계
		1	2	3	4	
자극신호 x	1		25			25
	2	25				25
	3			25		25
	4				25	25
합계		25	25	25	25	100

■ 해설 ■

1) 자극정보량 $H(x) = 4 \times (1/4) \times \log_2(1/0.25) = 2$ bits
2) 반응정보량 $H(y) = 4 \times (1/4) \times \log_2(1/0.25) = 2$ bits
3) 결합정보량 $H(x, y) = 4 \times (1/4) \times \log_2(1/0.25) = 2$ bits
4) 전달된 정보량 $T(x, y) = 4 \times (1/4) \times \log_2(1/0.25) = 2$ bits
5) 손실 정보량 $Loss = H(x) - T(x, y) = 2 - 2 = 0$
6) 소음 정보량 $Noise = H(y) - T(x, y) = 2 - 2 = 0$

정보이론의 맹점: 완벽한 정보전달을 한 실험 1번과 신호를 일관되게 바꾸어서 반응한 실험 2번의 전달된 정보량 결과는 모두 같다. 이와 같이 일관되게 바꾸어서 반응을 한 경우에는 정보이론은 감지하지 못하는 맹점이 있다.

2. 신호검출 이론에서 소음만의 분포는 정규분포(평균 = 60dB, 표준편차 = 10dB)를 따르고, 신호는 20dB이 소음에 부가적인 형태로 주어진다고 한다. 관측자는 75dB 이상이면 신호가 있는 것으로 판단한다.

1) 신호 + 소음의 분포는 어떤 분포를 따른다고 할 수 있는가?
2) 신호검출의 민감도(d')는 얼마나 되는가?
3) 1종오류 확률과 2종오류 확률을 표준정규분포식으로 표현하시오.
4) 반응편향 β를 식으로 표현하고 관측자의 성향을 설명하시오.

■ 해설 ■

1) 소음만의 분포는 정규분포를 따르므로 20dB인 신호가 추가된소음 + 신호의 분포는 N+S~N(80, 10^2), 평균=80, 표준편차=10인 정규분포를 따름

2) $d' = |75-60|/10 + |75-80|/10 = 3/2 + 1/2 = 2$

3) 1종 오류= P(N>=75)=P(Z>=(75-60)/10)=P(Z>=1.5)
   2종 오류= P(S=<75)=P(Z=<(75-80)/10)=P(Z=<-0.5)

4) β = P(Z = < − 0.5) / P(Z> = 1.5) > 1, 보수적 관찰자

3. 동전 두 개를 던졌을 때 나타나는 앞면의 수 X를 자극정보라 정의하자.

1) X에 대한 확률분포를 구하시오.
2) X에 대한 자극정보량을 구하시오.

■ 해설 ■

1) X에 대한 확률분포

H(앞면), T(뒷면)이라 하면, 동전 두 개 던질 때의 표본공간 S = {HH, HT, TH, TT}
X = H수라 하면, X에 대한 확률분포는
P(X = 0) = 1/4, P(X = 1) = 1/2, P(X = 2) = 1/4

2) X에 대한 자극정보량

$H(y) = 1/4 \times \log_2(4) + 1/2 \times \log_2(2) + 1/4 \times \log_2(4) = 1.5$ bits

4. 다음은 정보처리과정과 오류 유형을 나타낸 것이다.

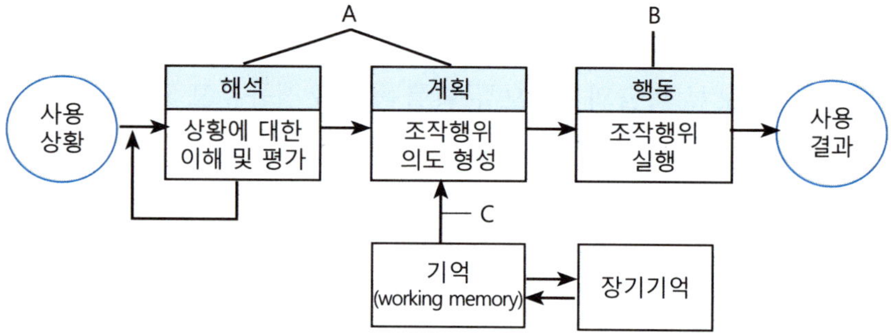

1) 오류 A, B, C에 대하여 설명하시오.

2) 경로용량에 대하여 설명하시오.

3) Miller의 'Magical number 7±2'에 대하여 설명하시오.

■ 해설 ■

1) 오류 유형

A mistake : 상황 해석을 잘못하거나 목표를 잘못 이해하고 착각하여 행하는 오류

B slip : 상황이나 목표의 해석은 제대로 하였으나 의도와는 다른 행동을 하는 오류

C lapse : 잊어버리고 안하거나 또는 기억의 실패에 의하여 발생하는 오류

2) 경로용량(channel capacity)

절대식별에 근거하여 정보를 신뢰성 있게 전달할 수 있는 최대 가지 수
단기기억에 의해 신뢰성 있게 정보를 전달할 수 있는 최대 가지 수

3) Miller의 'Magical number 7±2'

인간의 절대적 판단에 의한 단일 자극의 판별 범위는 다섯에서 아홉 가지이다.
감각에 따라 정보를 신뢰성 있게 전달할 수 있는 한계 개수는 5~9가지이다.

5. 기억을 증진시키기 위한 설계 방법을 3가지만 설명하시오.

■ 해설 ■

1) 절대식별보다는 상대식별을 사용하도록 설계한다.
2) 단일 자극이 아니라, 여러 차원을 조합해서 설계한다.
3) 의미덩이 만들기(chunking)를 사용한다.

6. 절대식별과 상대비교에 대하여 설명하시오.

■ 해설 ■

1) 절대식별
 - 여러 그룹으로 규정된 신호 중에서 특정 부류에 속하는 신호가 단독으로 제시되었을 때 이를 식별할 수 있는 능력을 의미.
 - 인간의 단기기억에 의해 신뢰성 있게 전달할 수 있는 단기기억 용량을 예측하는 데 이용됨.

2) 상대비교
 - 한 감각을 대상으로 두 가지 이상의 신호가 동시에 제시되었을 때 같고 다름을 판단하는 능력.
 - 상대비교에 의해 감각별 감지 능력을 분석하는 데 이용됨.

7. 시배분을 예를 들어 설명하시오.

■ 해설 ■

 - 사람이 주의를 번갈아 가며 두 가지 이상의 일을 동시에 수행해야 하는 상황.
 - 예를 들면 음악을 들으며 책을 읽는 상황으로, 시배분이 되면 작업성능은 떨어짐.

8. 언젠가부터 과자의 포장용지가 과자의 양에 상관없이 빵빵해진 것을 알 수 있다. 변화를 감지한다는 정보처리 관점에서 포장용지가 쭈글쭈글할 때와 빵빵할 때를 비교하여 설명하시오.

■ 해설 ■

1) 자극 차원이 2차원에서 1차원으로 감소됨

포장용지가 쭈글쭈글할 때는 양의 변화를 시각적으로 줄어든 부피와 무게로 감지할 수 있었으나, 빵빵해진 경우에는 시각 정보는 없이 무게 1차원만으로 감지해야함. 자극 차원이 2차원에서 1차원으로 줄어들므로 감지능력이 떨어지게 된다.

2) 시각과 무게의 Weber비는 무게가 더 크므로 시각이 무게 감지능력보다는 더 우월하다. 감지능력이 좋은 시각은 감지 못하도록 하고 상대적으로 감지능력이 떨어지는 무게만으로 식별하게 하여 소비자가 변화를 알지 못하는 효과를 가져온다.

9. 인간의 기억에 대해 1) 감각보관, 2) 단기기억, 3) 장기기억으로 분류하여 설명하시오.

■ 해설 ■

1) 감각보관: 자극이 사라진 후에도 순간적으로 감각기관에 감각이 지속되는 현상으로 빠르게 사라지고 새로운 자극으로 대체된다.

예) 영화는 시각적 잔상을 이용한 것임.

2) 단기기억: 주의 집중에 의해 기록된 방금 일어난 일에 대한 정보와 장기 기억에서 인출된 실제 작업을 수행 하는데 필요한 일시적 정보인 작업기억.

3) 장기기억: 단기기억이 암호화되어 저장된 영구적 기억. 단기기억은 반복기억에 의해 장기기억으로 이전됨.

10. Weber 법칙을 적용하면 상온과 고온에서 작업할 때 온도 변화를 어느 곳에서 감지하기 쉬운가를 설명하시오.

■ 해설 ■

Weber 비 = 변화 감지역 / 기준 자극의 크기
따라서, 기준 자극이 큰 고온에서는 온도변화를 느끼려면 더 많은 양의 온도변화가 있어야한 감지할 수 있으므로, 상온에서 온도변화를 감지하기가 쉽다.

11. 정보처리과정에서의 지각(perception)과 인지(cognition)에 대하여 설명하시오.

■ 해설 ■

1) 지각(perception)
   자극에 대한 해석과 의미를 파악하는 해석과정
2) 인지(cognition)
   지각된 정보를 바탕으로 어떻게 행동할 것인지 의사결정을 하는 과정

12. 밸브 수리업자가 아래 그림과 같이 배열된 밸브의 7번 밸브의 수리를 요청 받았다. 밸브 수리업자는 숫자를 확인하지 않고 제일 끝에 7번 밸브가 있다고 생각하고 제일 끝의 6번 밸브를 수리하였다.

1) 실제 요청된 밸브가 7번 밸브였다면 오류의 유형은?
2) 이 업체에 존재하는 문제를 시스템 측면에서 2가지만 설명하시오.

■ 해설 ■

1) 오류의 유형

mistake : 수리업자가 실제 주문과는 다른 6번 밸브를 7번 밸브라 생각하고 수리함

2) 이 업체에서 존재하는 문제

- 감시(모니터링) 시스템이 작동안함(원래 상태와 다른 상태를 파악하지 못함)
- 수리업자가 매뉴얼대로 작업안함(수리후에는 원래 상태로 복귀시켜야 함)

13. 다음은 Weber 실험에서 얻은 감각별 실험결과이다.

소리 강도 : 기준자극 - 60dB, 변화감지역 - 6dB
면적 크기 : 기준자극 - 60cm^2, 변화감지역 - 1cm^2
무게 크기 : 기준자극 - 200g, 변화감지역 - 4g

1) 가장 민감한 자극은?

2) 가장 판별력이 우수한 자극은?

■ 해설 ■

Weber 비 : 소리 - 1/10, 면적 - 1/60, 무게 - 1/50
Weber 비가 작을수록 민감하고 판별력이 우수한 자극

1) 가장 민감한 자극은 면적 크기
2) 가장 판별력이 우수한 자극은 면적 크기

14. 선택반응 실험에서 대안 수를 늘려가며 자극-반응 실험을 진행하여 도출한 전달된 정보량에 대한 실험결과가 다음 그림과 같다. 정보이론 측면에서 신뢰성 있게 정보전달할 수 있는 최대 가지수는?

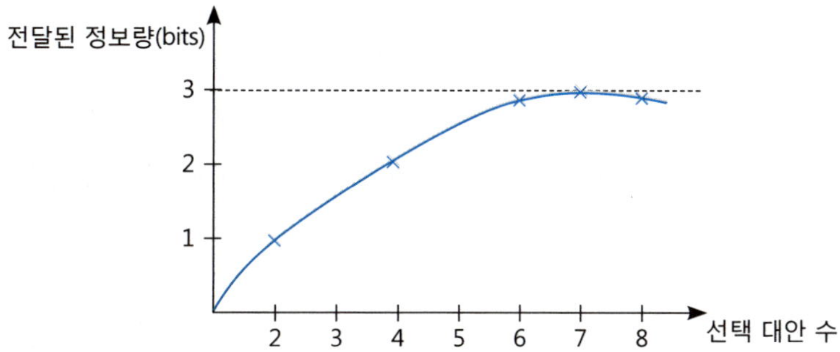

■ 해설 ■

경로용량 : 전달된 정보량의 수렴값이 3bits 이므로 3 bits
정보량 = $\log_2(N)=3$
N = 8, 따라서 최대 가지수는 8개

15. 경로용량(channel capacity)와 청킹(chunking)에 대하여 설명하시오.

■ 해설 ■

1) 경로용량: 단기기억에 의해 신뢰성 있게 정보전달을 할 수 있는 전달된 최대 정보량, 또는 자극 판별의 최대 수
2) 청킹: 기억용량의 한계를 극복하기 위하여 입력을 단위 묶음화하여 새로운 기억단위로 암호화 하는 것

16. 신호검출 이론에서 소음(N)만의 분포가 정규분포(평균 = 60dB, 표준편차 = 5dB)를 따르고, 신호(S)의 분포도 정규분포(평균 = 80dB, 표준편차 = 10dB)를 따르는 작업장에서 작업자는 판정기준 55dB 이상이면 신호가 있다고 판정한다.

1) 소음과 신호의 분포, 1종오차, 2종오차를 그림으로 나타내시오.

2) 신호검출의 민감도(d')는 얼마인가?

3) 1종오류 확률과 2종오류 확률을 표준정규분포식으로 표현하시오.

4) 반응편향 β를 식으로 표현하고 관측자의 성향을 설명하시오.

■ 해설 ■

1) 판정기준이 소음 분포의 평균보다 아래 있음을 유의하여 그려야 함.

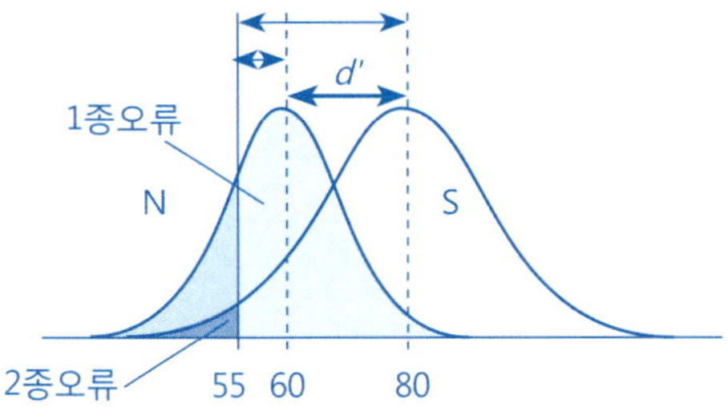

2) $d' = |55-80|/10 - |55-60|/5 = 2.5 - 1 = 1.5$

3) 1종 오류 = $P(N> = 55) = P(Z> = (55-60)/5) = P(Z> = -1.0)$

2종 오류 = $P(S = <55) = P(Z = <(55-80)/10) = P(Z = < -2.5)$

4) $\beta = P(Z = < -2.5)/P(Z> = -1.0) < 1$, 모험적 관찰자

제 5 장

인간의 감각기능

1. 시각 기능
2. 소리와 청각

1. 시각 기능

1.1 눈의 구조

[그림 5.1]은 25mm 정도의 크기를 가진 눈의 구조를 나타낸다. 물체에서 반사된 빛은 눈을 보호하는 투명한 각막(cornea)을 통하여 들어오며 각막과 동공 사이의 공간에 있는 맑은 액인 수양액(aqueous humor)을 지나간다. 원형의 동공(pupil)을 통과한 광선은 수정체(lens)에서 굴절되고, 안구에 차 있는 맑은 젤리 모양의 유리체(vitreous humor)를 통과하여 망막에 상이 맺히게 된다. 그리스어로 무지개란 뜻을 가진 홍채(iris) 근육은 빛의 양을 조절하기 위하여 수축과 팽창을 하며, 그에 따라 동공의 크기는 어두우면 커지고(지름 약 9mm 정도까지), 밝으면 작아진다(지름 약 1.5mm 정도까지). 홍채는 햇빛이 약한 곳에서는 파란색, 열대지방에서는 눈부심에 덜 민감한 갈색을 띠는 경향이 있다. 수정체의 조절작용(accommodation)은 망막(retina) 위에 물체의 초점을 맞추는 과정으로 물체가 가까우면 수정체에 붙어 있는 근육(모양체)이 수축하여 수정체가 볼록해지고, 물체가 멀면 모양체가 이완되어 수정체가 평평해져 초점을 맞춘다.

그림 5.1 눈의 구조와 시세포

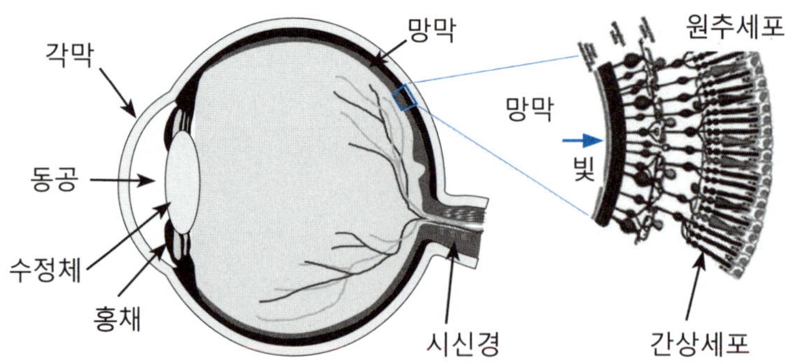

그림 5.2 망막에서의 시세포 분포

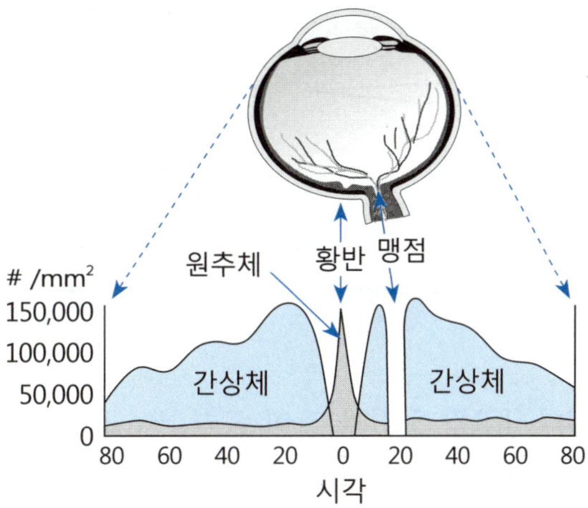

망막의 표면에는 빛을 감지하는 광수용기(photoreceptor)인 원추체(cone)와 간상체(rod)가 분포되어 있다[그림 5.2]. 원추체는 밝은 곳에서 기능을 발하며 색을 구별한다. 간상체는 조도 수준이 낮을 때 기능을 하며 흑백의 음영(shade)만을 구분한다. 원추체는 망막의 중심 부근인 황반(fovea)에 집중되어 있으며, 간상체는 황반으로부터 80° 까지 골고루 분포되어 있다. 망막에서 시세포가 없는 곳을 맹점이라고 하며, 맹점에 상이 맺히는 경우에는 순간적으로 물체를 인식할 수 없다. 간상체나 원추체가 빛을 흡수하면 화학반응이 일어나며, 신경 충동(neural impulse)을 일으켜서 시신경(optic nerve)을 거쳐 뇌로 전달한다. 뇌는 여러 신경 정보를 통합하여 외부 세계의 시각적 인상을 제공한다.

눈의 수정체가 망막에 초점을 맞추는 조절작용에서 눈이 초점을 맞출 수 있는 가장 가까운 거리를 근점(near point)이라 한다. 수정체는 어느 거리 이상에서는 초점을 맞출 수 없는데 이 거리를 원점(far point)이라 한다. 정상인에게는 대개 원점은 거의 무한하다. 수정체의 초점 조절작용 능력은 diopter(D) 값으로 나타내는데 '1/초점 거리'로 정의된다. D값이 클수록 초점거리는 가까워진다. 예컨대 1D는 1m, 2D는 0.5m, 3D는 0.33m이다. 수정체의 조절작용이 부적절하

그림 5.3 근시와 원시

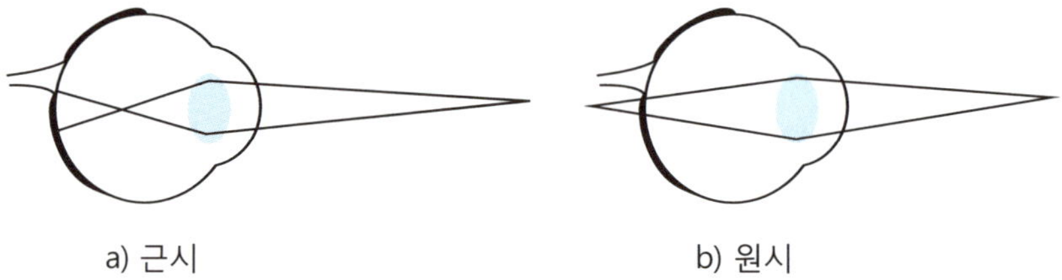

면 근시나 원시가 된다. [그림 5.3]과 같이 근시(nearsightedness)인 사람은 수정체가 두꺼워져 원점이 너무 가깝기 때문에 먼 물체를 분명히 볼 수 없고, 원시(farsightedness)인 사람은 수정체가 얇아져 근점이 너무 멀기 때문에 가까운 물체를 제대로 볼 수 없다.

어두운 영화관으로 들어가면 처음에는 스크린만 보이지만 동공이 확대되면

그림 5.4 간상체와 원추체의 민감도

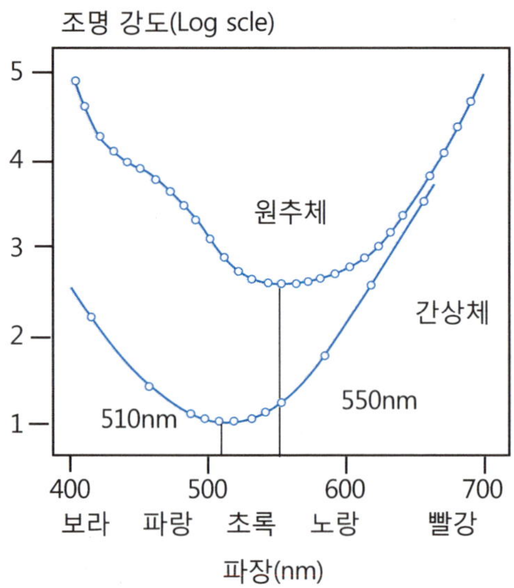

서, 빈자리가 보이고 사람의 얼굴을 알아볼 수 있게 된다. 이러한 빛에 대한 감도 변화를 조응(adaptation)이라 한다. 어둠 속에서의 암조응(dark adaptation) 과정은 두 단계로 일어난다. 첫 단계는 약 5분 정도 걸리는 원추체의 순응 단계이고, 둘째 단계는 약 30~35분 정도 걸리는 간상체의 순응 단계이다. 어두운 곳에서 밝은 곳으로 적응하는 명조응(light adaptation)은 암조응보다 빨리 진행되어 1분 정도에 끝난다.

[그림 5.4]는 원추체와 간상체의 빛에 따른 민감도를 나타낸다. 원추체는 파장이 555nm(yellow-green)인 부근에서 가장 민감하며, 간상체는 510nm(blue-green) 부근에서 가장 민감하다. 밤에 시내 전경을 볼 때 빨강색보다는 초록색이나 파란색이 잘 보이는 것은 이러한 이유 때문이다.

안구 근육들의 조절에 의해 두 눈의 망막에 맺힌 상이 하나의 물체로 느낄 수 있도록 수렴시키는 과정을 수렴작용(convergence)이라 한다. 사시는 수렴작용이 과다하거나 불충분한 경우이다.

1.2 시력

시력(visual acuity)을 정의하는 방법에는 몇 가지가 있으나, 가장 보편적으로 사용되는 시력 척도는 최소가분시력(minimum separable acuity)으로 눈이 파악할 수 있는 표적의 최소 특징 또는 표적 사이의 최소 공간을 말한다. 최소가분시력의 측정에는, [그림 5.5]에 예시한 것처럼, Landholt ring이나 Snellen letter와 같이 문자나 기하학적 형태로 된 표적들을 사용한다.

최소가분시력은 [그림 5.6]과 같이 최소로 구분할 수 있는 표적과 눈 사이에 생기는 시각(visual angle)의 역수로 정의한다. 이 때 시각은 분(′) 단위로 나타내며, 1° 는 60분, 1 radian은 57.3° 이다.

그림 5.5 Landholt ring과 Snellen letter

그림 5.6 최소가분시력의 정의

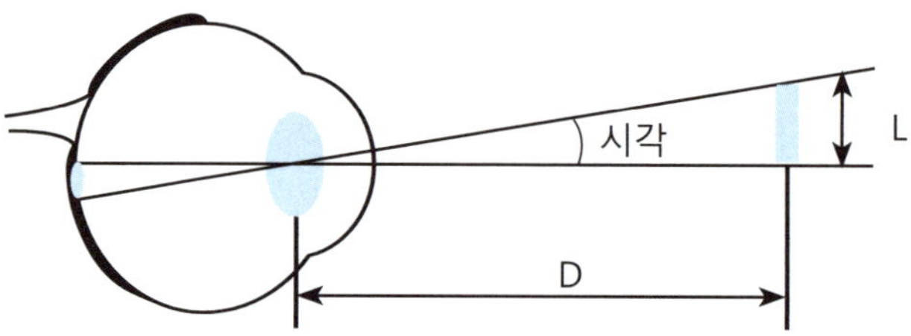

시각 = L/D(단위 rad)　　1 rad = 57.3°, 1° = 60′

　　= L × 57.3 × 60/D(단위′)

시력 = 1/시각

예제 5.1 정상 시력

[그림 5.7]과 같이 5m 거리에서 Landholt ring을 1.5mm까지 구분할 수 있는 사람의 시력은 1.0이며 정상 시력이라 한다.

시각 = 57.3 × 60 × 1.5/5000 = 1.0,

시력 = 1.0

그림 5.7 시력 1.0

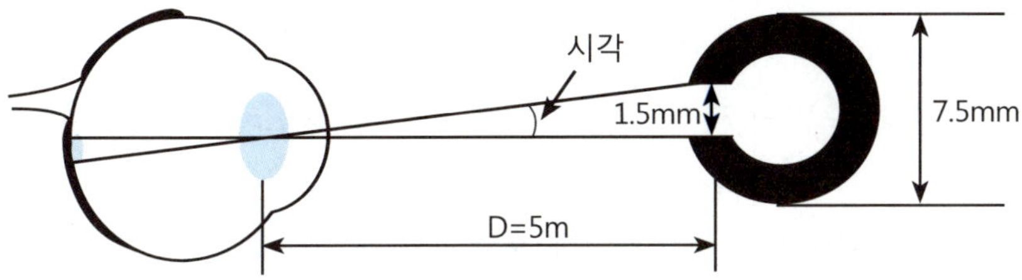

미국에서는 시력 검사에 Snellen letter를 이용하는데 20ft(6m) 떨어진 곳에서 시력 검사표(eye chart)를 보고 시력을 측정한다. 시력은 20/30처럼 비로 나타내는데 이를 Snellen 시력이라 한다. 시력 20/20은 정상 시력 1.0을 나타낸다. 시력 20/30은 정상 시력인 사람이 30ft 떨어져서 읽을 수 있는 것을 20ft에서 읽을 수 있다는 뜻으로 시력 0.6에 해당한다.

1.3 시식별 요소

시각 작업의 효율(visual performance)에 영향을 미치는 요인은 개인차(individual difference), 조명의 양(quantity of illumination), 조명의 질(quality of illumination), 작업 요구조건(task requirements) 등이다.

개인차는 개인별 시력의 차이를 의미하며, 연령이 높아지면서 시각적인 능력이 저하되므로 고령자의 작업장은 전체 조도를 높이거나 국소 조명으로 보완할 필요가 있다. 조명의 양은 광원의 밝기를 의미한다. 광량(luminous flux)은 광원으로부터 나오는 빛 에너지의 양으로 단위는 lumen(lm)을 이용한다. 조도(illuminance)는 어떤 물체나 표면에 도달하는 빛의 단위면적당 밀도로 빛을 받는 면의 밝기이며 단위는 lux이다. 조명의 질은 휘도(glare), 광원의 방향(orientation of lights), 미학(esthetics)적인 측면을 의미한다. 작업 요구조건은 대상물의 크기, 대비, 노출시간 등을 의미한다.

조명(illumination)의 단위와 정의는 다음과 같다.

광원에서 발하는 빛의 세기(luminous intensity)를 광도라 하며, 단위는 칸델라(cd)를 사용한다. 1 칸델라는 촛불 1개 정도의 빛의 세기에 해당한다. 빛의 진행 방향에 수직인 단위면적을 단위시간에 통과하는 빛에너지의 양을 광속(luminous flux)이라 하며, 단위는 루멘(lumen)을 사용한다. 1 루멘은 1 칸델라의 점광원을 중심으로 하여 1m 반경으로 그린 구면 위에 $1m^2$의 면적을 1초 동안 통과하는 빛에너지의 양이다. 광속의 개념으로 환산한 빛에너지의 총량을 광량이라 한다. 따라서 1 칸델라의 빛의 세기를 발하는 점광원의 광량은 4π 루멘이 된다. 조도(illuminance)는 빛을 받는 면의 단위면적이 단위시간에 받는 광량으로 단위는 lux를 사용한다. 1 칸델라 점광원으로부터 dm 떨어진 곳에서 받는 빛의 밀도인 조도는 다음과 같이 나타낼 수 있다.

$$\begin{aligned} \text{조도} &= \text{광량}/d\text{m에서의 구의 면적} \\ &= 1/d^2 \ (\text{lumen}/\text{m}^2) \end{aligned}$$

그림 5.8 lux와 fc

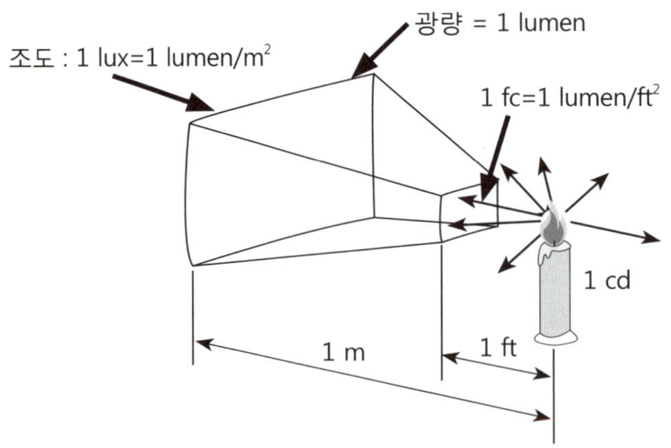

[그림 5.8]과 같이 1 candela 광원으로부터 1m 떨어진 곳의 조도는 1 lumen/m^2로 1 lux라 한다. 미국에서는 1 lumen/ft^2를 1 fc(foot-candle)라 한다.

휘도(luminance)는 단위면적당 표면에서 반사되는 광량을 뜻하며, 단위는 nits(candela/m^2) 또는 L(lambert)이 이용된다. 반사율(reflectance)은 표면으로부터 반사되는 비율로 추천 반사율은 천정은 80~90%, 벽은 40~60%, 가구는 25~45%, 바닥은 20~40%이다.

대비(contrast)는 배경과 표적 사이의 밝기 차를 비교하기 위한 정의로 학자마다 다른 정의를 사용하므로 주의해야 한다. 대비를 배경의 광도와 표적의 광도 차를 배경의 광도로 나눈 비율로 정의하면 아래 식과 같이 표현된다. 대비 값이 음수로 나타나면 표적이 밝은 것으로 표적에 대한 독해성이 좋다.

$$\begin{aligned} \text{대비(\%)} &= (L_b - L_t)/L_b, \quad L_b\text{: 배경의 광도,} \quad L_t\text{: 표적의 광도} \\ &= (R_b - R_t)/R_b, \quad R_b\text{: 배경의 반사율,} \quad R_t\text{: 표적의 반사율} \end{aligned}$$

1.4 색(Color)

색은 사람들의 관심을 끌고 시각적으로 흥미롭게 할 뿐만 아니라, 디자인의 미적 요소와 조화, 의미를 강조하는 데 사용된다. 반면에 색을 잘못 사용하면 디자인의 형식이나 기능을 훼손시킬 수도 있다.

색을 표현하는 체계는 Munsell 색체계(color system)와 CIE 체계가 통용된다. 1905년 Munsell에 의해 창안된 Munsell 색체계는 1931년 국제 조명위원회(CIE)와 1940년 미국의 광학협회(Optical Society of America)에서 보완되어 보급되었다. Munsell 색체계는 [그림 5.9]와 같이 색의 3 속성인 색상(H: hue), 명도(V: value), 채도(C: chroma)로 나타내며, H V/C 형식으로 표현한다. 예를 들면 5G 5/10은 '5G 5의 10'이라고 읽고 색상은 5G, 명도 5, 채도는 10인 순수 초록색을 나타낸다.

색상은 주파장으로 표현되며, 빨강(R), 노랑(Y), 초록(G), 파랑(B), 보라(P)를

그림 5.9 Munsell 색 체계

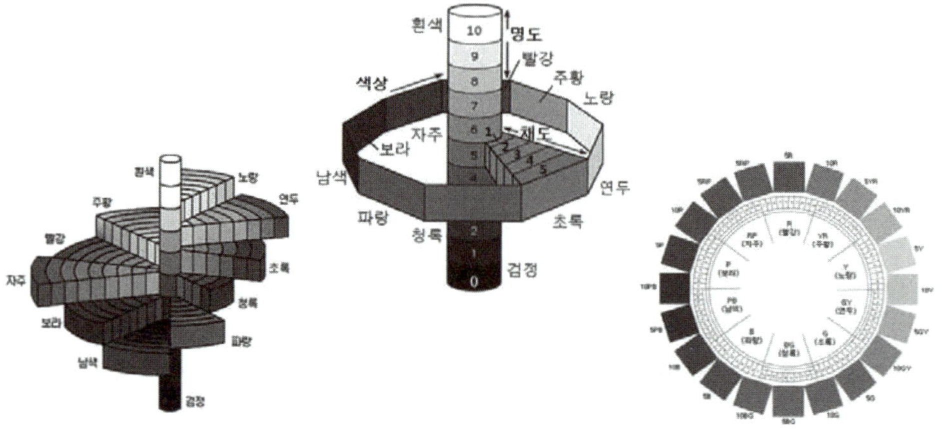

기본색으로 하고, 각각의 중간에 주황(YR), 연두(GY), 청록(BG), 남색(PB), 자주(RP)를 두어 10가지의 색상으로 나눈다. 10개의 각 색상 사이를 다시 또 10등분하여 번호를 붙인다. 예를 들면 빨강색은 1R부터 10R까지가 해당되며, 가장 빨강색다운 색상은 5R이 된다.

명도는 색의 밝고 어두운 정도를 나타내며, 색상의 흰색 함유량에 따라 표현된다(박경수, 2004). 흰색이 증가할수록 명도는 증가하며, 검정색(0)에서 흰색(10)까지를 11단계로 나타낸다.

채도는 색의 선명도, 순도 또는 진한 정도, 탁한 정도를 나타내며, 회색 함유량에 따라 표현된다. 중심축인 회색을 채도 0으로 하고, 회색 함유량이 감소할수록 채도가 증가되어 가장 순수한 색에서 채도 값이 최대가 된다. 그러나 각 색상에 따라 표현할 수 있는 색의 순도에 따라 최대 채도 값은 다르며, 빨강(5R)이 14단계로 채도 단계가 가장 많고, 청록(5BG)의 채도는 8단계로 적다. 관심을 끌 대상은 채도가 높은 순색을 사용한다.

Munsell 색체계는 한국 산업규격(KS), 미국(ASA), 일본(JIS) 등의 국가 표준 색체계로 사용되고 있다. 그러나 색상에 따라 채도 단계가 다르기 때문에 순색의 위치가 달라지므로 배색을 체계화하는 데 어려움이 있다.

컬러 프린터를 포함하여 편집과 인쇄 분야에서는 인쇄의 삼원색인 청녹색(C: Cyan), 분홍색(M: Magenta), 황색(Y: Yellow)과 이들을 혼합하면 만들어지는 검정색(K: blacK)을 이용한 CMYK 색채표기 방식을 이용한다. K는 Blue의 B와 구별하기 위해서 Black의 맨 마지막 글자인 K를 사용하며, 각 색상은 CMY 성분들의 차감에 의해 색을 구현한다.

예제 5.2 색상의 특성과 색의 대비

1) 색상의 특성: 버터는 식성을 유발하기 위하여 노랑색으로 만들어져야 하듯이 조명이나 제품의 색상은 인간의 감정에 영향을 준다. [표 5.1]은 색상에 따른 감정적 특성을 나타낸다.

2) 유사색의 대비: 색상환에서 서로 인접한 색들을 배치하면 자연스러운 느낌을 주는 배색관계가 된다. 안정감과 부드러운 느낌을 주지만, 강하게 시선을 끄는 대비가 없기 때문에 채도, 면적이나 명도 등의 적절한 대비가 활용된다.

3) 보색 대비: 색상환에서 서로 반대편에 위치하여 마주 보는 색을 보색이라 하고, 색상 차가 크므로 강한 대비를 이루며, 선명하고 화려하며 눈에 잘 띈다. 보색을 이용하면 강하고 활동적이며, 화려한 느낌을 주는 배색관계가 된다. 반면에 세련미는 떨어지고, 원시적이고 분열적인 느낌을 줄 수도 있다.

4) 정삼각형/사각형 대비: 색상환에서 정삼각형 또는 사각형의 꼭지점에 해당하는 위치의 색들을 결합하는 것을 의미한다. 색상환에서 동일한 간격으로 위치한 색상들을 말하며 조화로운 배색을 할 수 있다.

5) 한난 대비: 차가운 색과 따뜻한 색을 대비시키면 차가운 색은 더욱 차게 따뜻한 색은 더욱 따뜻하게 느껴진다. 차가운 색은 초록, 파랑, 남색 등이며, 차분하고 안정된 느낌을 준다. 따뜻한 색은 빨강, 주황, 노랑 등이며, 자극적이고 활동적인 느낌을 준다.

표 5.1 색상의 특성

색상	특성
노랑	• 높은 가시도 • 밝고 생동감, 행복과 독창성
오렌지	• 노랑색의 가시도와 빨강색의 강렬함의 조합 • 경쾌함, 주의력, 따뜻함
빨강	• 높은 가시도 • 열정, 강렬함과 활동성
파랑	• 낮은 가시도 • 평화, 차분함과 정교함
초록	• 낮은 가시도 • 휴식, 안정, 건강, 친밀함, 차가움
보라	• 낮은 가시도 • 부유, 위엄, 지성

CIE(Colorimetric system)는 빛의 삼원색인 빨강(R: Red), 초록(G: Green), 파랑(B: Blue)을 이용하여 수학적으로 색을 정의한 RGB 색체계이다. CIE는 모니터, 비디오, TV 등에 사용되는 색체계로 [그림 5.10]과 같이 빨강, 초록, 파랑 중에서 빨강과 초록의 비율 XY(X = 빨강 비율, Y = 초록 비율)로 색을 표현한다. XY(1, 0)은 빨강 색, XY(0, 1)은 초록 색을 의미하며, XY값이 정해지면 파랑비율은 자동적으로 정해지므로 XY(0,0)은 파랑 색이 된다. RGB 색체계는 섞을수록 명도가 높아지는 색이 되며, 세 가지 색을 모두 섞으면 흰색이 된다. CIE 1931은 초록색을 표현하는 부분은 길고, 파랑이나 빨강색은 길이가 좁아 색을 표현하기가 불편한 점을 개선하기 위하여, CIE 1976에서는 빨강, 초록, 파랑의 비율을 표현하는 변수의 변환을 통하여 빨강, 초록, 파랑 색의 길이를 비슷하게 색 체계를 개선하여 표현하고 있다.

그림 5.10 CIE(Colorimetric system)

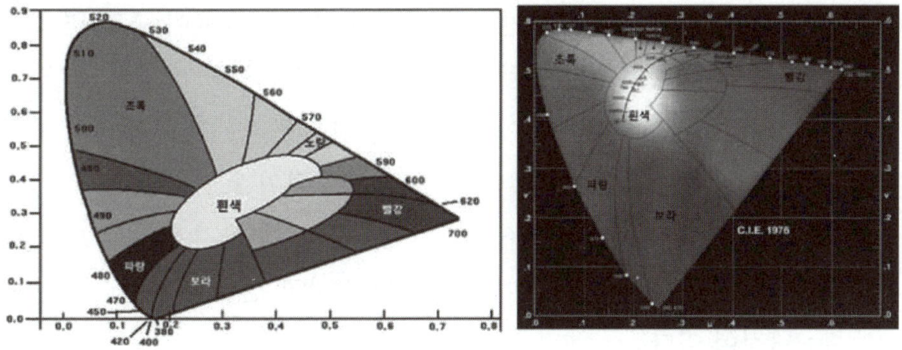

a) CIE 1931 b) CIE 1976

1.5 조명관리 및 추천 조도

일반적으로 조명 시스템이 시각의 안정을 위해 갖추어야 할 조건들은 다음과 같다.

조명의 분포는 섬광을 피하기 위해 국소화된 조명 대신에 전체 조명을 사용하는 것이 바람직하다. 조명이 균일하지 않은 구역들을 계속 왕복하면 눈의 피로를 일으키며, 시간이 지나면서 시력을 떨어뜨릴 수 있다.

눈부심은 빛의 발광원이 시야에 있을 때 생기며 사물에 대한 식별능력을 저하시킨다. 눈부심은 광원이 관찰자의 시선에서 45도 각도 이내에 있을 때 발생하며, 시야에 들어오는 물체 간에 휘도 차이가 클수록 눈부심이 더 많이 생기고 시각의 적응 과정의 효과로 인해 볼 수 있는 능력이 더 크게 저하된다. 최대의 권장 휘도 차이는, 작업:작업 표면 = 3:1, 작업:주위 = 10:1이다. 눈부심을 피하는 방법을 예로 든다면 광원 밑에 빛을 적절히 유도할 수 있는 씌우개가 있는 분산장치나 포물선 모양의 반사기를 사용하거나, 시각을 방해하지 않는 방법으로 광원을 설치하는 것이다.

조명방법은 다음과 같이 분류할 수 있다.

- **직접조명**: 조명기구가 간단하기 때문에 기구의 효율이 좋고 벽·천장의 색조에 의하여 좌우되지 않으며 설치비용이 저렴한 장점이 있다. 그러나 기구의 구조에 따라 눈이 부시게 하거나, 균일한 조도를 얻기 힘들기 때문에 물체에 강한 음영을 만드는 것이 단점이다.
- **간접조명**: 직접조명과 대조적으로 눈을 부시게 하지 않고 조도가 균일하지만 기구 효율이 나쁘며 설치가 복잡하고 실내의 입체감이 작아지는 단점이 있다.
- **전반조명**: 작업면에 균등한 조도를 얻기 위해 광원을 일정한 간격과 일정한 높이로 배치한 조명방식으로 공장 등에서 많이 사용된다.
- **국소조명**: 작업면상의 필요한 장소에만 높은 조도를 취하는 방법으로 일부만 밝게 한다. 밝고 어둠의 차이가 많아 눈부심을 일으켜 눈을 피로하게 한다.
- **전반과 국소조명의 혼합**: 작업면 전반에 걸쳐 적당한 조도를 제공하며, 필요한 장소에 높은 조도를 주는 조명방식이다.

IES(The Illuminating Engineering Society, 국제조명공학회)에서는 작업 내용과 작업자의 연령, 작업의 속도/정확성, 반사율 등에 따라 추천 조명수준을 달리하고 있다.

IES에서 추천하는 조명수준의 결정 절차는 다음과 같다.

[표 5.2]에서 작업 활동에 따른 조명수준의 등급을 정한다. 여기에서 일반조명은 작업이 지속적으로 일어나지 않는 일반적인 장소에 관한 조명수준 등급이며, 작업조명은 시각 작업을 필요로 하는 작업 공간에 대한 조명수준 등급이고, 혼합조명은 일반조명과 작업과 관련한 보조조명이 요구되는 형태의 조명수준을 의미한다. [표 5.3]에서 조명 영역별로 변수에 따른 Factor 합계 점수를 산정한 뒤, [표 5.2]에서 조명 영역과 Factor 합계 점수에 따른 추천 조명 값을 읽으면 된다.

표 5.2 IES의 추천 조명표

분류 영역	활동 유형	구분	추천 조명(lux)		
			factor 합계		
			-3, -2	-1, +1	+2, +3
일반조명	어두운 것이 허용되는 공공장소	A	20	30	50
	단기 방문객을 위한 장소	B	50	75	100
	시각 작업이 종종 수행되는 작업 공간	C	100	150	200
작업조명	높은 대비 또는 큰 문자의 시각 작업 (회의실, 거친 조립, 서가, VDT 작업)	D	200	300	500
	중간 대비 혹은 작은 크기의 시각 작업 (사무 작업, 미용실, 일반 조립/검사대)	E	500	750	1,000
	낮은 대비 또는 초소형 크기의 시각 작업 (그래픽 디자인, 세밀한 조립 및 검사)	F	1,000	1,500	2,000
	장기간 낮은 대비와 초소형 크기의 시각 작업 (해부, 의류 재봉, 정밀 가공/검사)	G	2,000	3,000	5,000
혼합조명	매우 장기간의 힘든 시각 작업 (치과, 외과 수술, 초정밀 검사)	H	5,000	7,500	10,000
	초저 대비, 초소형 크기의 특수한 시각 작업	I	10,000	15,000	20,000

표 5.3 IES의 조명 산정 Factor표

변 수	factor		
	-1	0	+1
일반조명(A, B, C 영역)			
대상 연령	40 미만	40~55	55 초과
평균 표면 반사율	70% 초과	30~70%	30% 미만
작업조명(D, E, F, G, H, I 영역)			
대상 연령	40 미만	40~55	55 초과
속도/정확도	중요하지 않음	중요	매우 중요
작업 배경 반사율	70% 초과	30~70%	30% 미만

예제 5.3 간단한 조립공정의 추천 조명

간단한 조립공정인 경우에는 [표 5.2] 분류표에서 '작업조명 영역 D'에 해당하고, [표 5.3]에서 작업자의 연령이 '40대 미만'이고, 속도/정확도는 '중요', 작업 배경 반사율은 '30~70%' 사이라면 Factor 값은 각각 －1, 0, 0이 되어 합계는 －1이 된다. [표 5.2]에서 조명 영역 D와 Factor 합계 －1이 만나는 곳을 읽으면 추천 조명 값은 300lux가 된다.

2. 소리와 청각

2.1 소리의 물리적 성질

우리가 듣는 소리는 음원의 진동에 의하여 발생되는 진동파이며, 일반적으로 단순 성분음들이 혼합된 복합음이다. 소리의 특성은 소리의 고저를 결정하는 주파수(frequency)와 소리의 세기를 결정하는 강도(intensity)로 구분된다. 소리의 높고 낮음과 관계되는 주파수는 단위시간 동안에 발생하는 압력 파동의 횟수로 정의되며, 단위로는 초당 사이클 수를 나타내는 Hz(Hertz: cycle/second)를 사용한다. 예를 들면, 60Hz는 1초 동안에 파동의 진동현상이 60회 발생한 것이다. 소리의 세기를 나타내는 강도(intensity)는 음압에 따른 파동의 진폭(소리발생원의 진폭)과 관계되어 있다.

예제 5.4 **물리적 소리의 높이와 세기**

[그림 5.11]은 1/500초 동안의 소리의 물리적 파형을 나타낸 것이다. 1/500초 동안에 파형이 각각 1회, 2회, 3회가 나타나므로, 성분음 1, 2, 3의 주파수는 각각 500Hz, 1,000Hz, 1,500Hz로 된다. 따라서 소리의 높이는 주파수가 가장 큰 3번음이 가장 높고, 주파수가 가장 낮은 1번음이 가장 낮은 음이다.

반면 파형의 진폭은 1번음이 가장 높고, 2번음, 3번음 순이다. 따라서 음의 강도는 1번음 > 2번음 > 3번음 순이 된다.

그림 5.11 **소리의 높이와 세기**

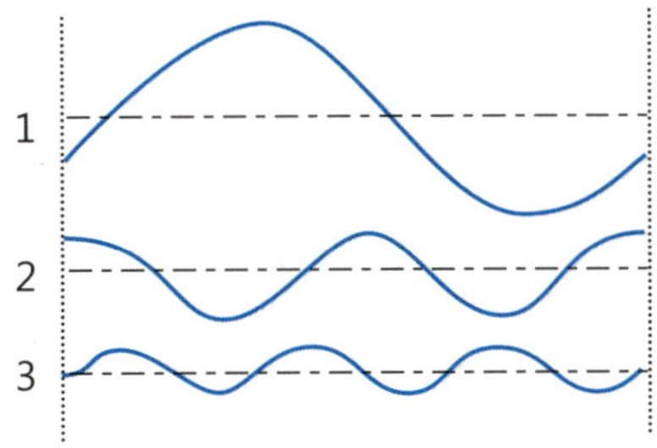

사람이 들을 수 있는 주파수 영역의 소리를 가청 주파수라 하며 가청 주파수 영역은 20Hz에서 20,000Hz 사이이다. 가청 주파 영역은 크게 3영역으로 나눌 수 있다. 즉, 250Hz 이하의 저주파 음역, 250~3,000Hz 범위의 회화주파 음역, 4,000Hz 이상의 고주파 음역으로 분류된다. 회화주파 음역은 사람의 소리를 구성하는 주파수 구간으로, 음성통신에 대한 청력상실이 일상 활동에 가장 큰 영향을 미치므로 가장 중요한 주파수 범위이다.

소리의 강도(intensity)를 나타내는 음압(sound pressure)은 단위면적당 힘의 단위로 표시(단위: N/m^2)한다. 음압에 대한 인간의 청력역치는 1,000Hz 주파수에서 0.00002N/m^{2}인데, 이 압력에 인간의 고막은 불과 0.000000001cm 정도 움직이는 것으로 알려지고 있다. 음원에서 단위시간당 나오는 음향에너지를 W라고 하면 거리 d_1 만큼 떨어진 곳에서의 음압 P_1과 단위시간당 단위면적당 음에너지의 세기 I_1(단위: W/m^2)은 다음과 같은 관계식으로 표현된다.

$$I_1 = \frac{W}{d_1\text{에서의 구의 표면적}} = \frac{W}{4\pi d_1^{\,2}} \quad , \quad I_1 \propto P_1^{\,2}$$

음압수준(SPL: sound pressure level)이나 음에너지수준(SIL: sound intensity level)으로 나타내는 물리적 음의 세기는 dB(decibel)을 사용한다. dB은 다음과 같이 정의된다.

$$\begin{aligned} \text{dB} &= 10\log_{10}(P_1/P_0)^2 = 20\log_{10}(P_1/P_0) \\ &= 10\log_{10}(I_1/I_0) \end{aligned}$$

P_1 : 주어진 음의 음압,

P_0 : 표준치(1,000Hz 가청최소 음의 음압 : 20uN/m^2)

I_1 : 주어진 음의 음에너지수준

사람이 들을 수 있는 가청최소 음은 0dB이 된다. 거리 d_1떨어진 곳의 음압수준이 dB_1인 음의 d_1지점에서의 음압수준 dB_2는 다음과 같이 구한다.

$$\begin{aligned} \text{dB}_2 - \text{dB}_1 &= 10\log_{10}((W/4\pi d_2 2)/I_0) - 10\log_{10}((W/4\pi d_1 2)/I_0) \\ &= 10\log_{10}(d_1/d_2)2 \\ &= -20\log_{10}(d_2/d_1) \end{aligned}$$

따라서, 음원으로부터 거리가 2배 멀어지면, 단위면적당 음에너지의 세기(I)는 거리 역제곱의 법칙에 의해 1/4로 줄어들고, 음압수준(SPL)의 음의 세기는 약 6dB(= $-20\log_{10}(2)$) 정도씩 감소한다.

예제 5.5 피아노 음의 높이와 강도

[그림 5.12]의 피아노 건반에 표시된 각 음에 해당하는 주파수를 보면 기본 '도'는 256Hz이다. 오케스트라에서 음을 맞추기 위한 절대음정은 피아노의 중앙 건반에 해당하는 440Hz의 A(라) 음(●표시)으로 정해져 있다. 건반에 해당하는 주파수(Hz) 값이 커짐에 따라 음의 높이는 높아지며, 기본 '도' 256Hz에서 1 옥타브(octave)가 올라가면 512Hz로 주파수가 두 배가 되는 것을 볼 수 있다. 옥타브 = $\log_2(f_1/f_0)$로 정의된다.

반면 피아노의 건반 중에서 하나를 센 압력으로 누르느냐, 약하게 누르냐에 따라 피아노에서 나오는 음의 세기는 달라진다. 즉, 피아노에서 나오는 음은 어느 주파수에 해당하는 건반을 누르느냐에 따라 음의 높이가 달라지고, 얼마나 센 압력으로 누르느냐에 따라 음의 세기가 달라진다.

그림 5.12 피아노의 음계와 주파수

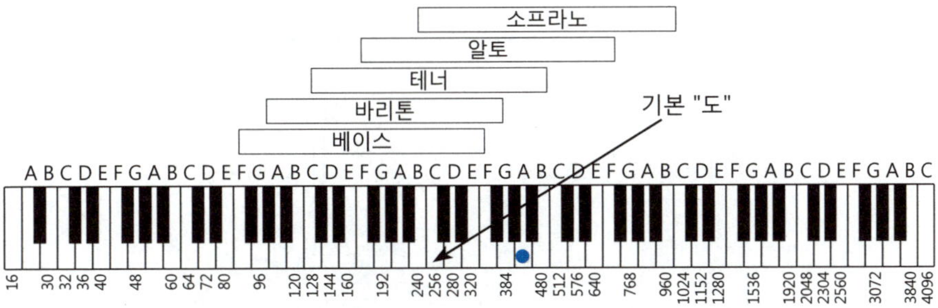

2.2 청각 과정

귀는 [그림 5.13]과 같이 외이(external ear), 중이(middle ear), 내이(inner ear)의 3부분으로 구성되어 있다. 외이는 귓바퀴, 이도, 고막으로 이루어져 있으며, 중이는 추골, 침골, 등골로 구성되며, 내이는 달팽이관과 기저막, 청신경 등으로 구성되어 있다.

청각 과정은 공기전도, 액체전도, 신경전도의 3단계를 거쳐 이루어진다.

공기전도는 공기의 파동이 기계적인 진동으로 바뀌는 단계이다. 외이의 이도(auditory canal)를 통하여 들어온 음 에너지는 고막(eardrum)을 진동시키며, 고막의 진동은 중이의 추골(hammer), 침골(anvil), 등골(stapes)에 의해 난원창(oval window)에 전달된다. 고막의 큰 표면적과 추골, 침골, 등골의 지레 작용 때문에 난원창에 미치는 등골의 압력은 음파가 직접 난원창에 미칠 경우에 비해 22배 정도 증폭된다. 유스타키오관은 중이의 기압을 조정하여 고막이 쉽게 진동할 수 있도록 한다.

그림 5.13 귀의 구조

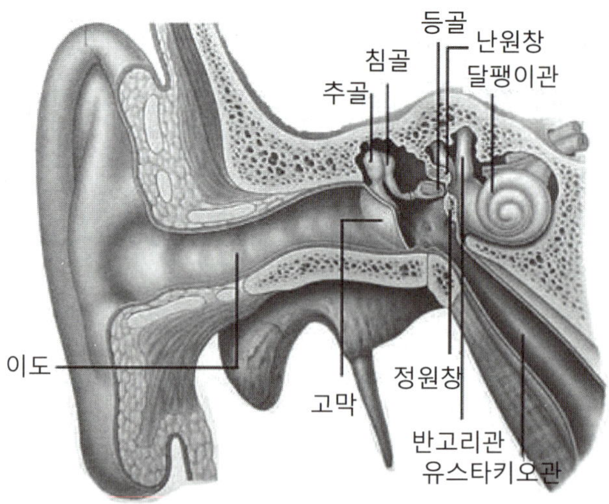

액체전도는 기계적인 진동이 액체의 파동으로 바뀌는 단계이다. 내이의 달팽이관(cochlea)은 달팽이를 닮은 나선형인데 펴면 길이가 약 30mm가 되며 가장 넓은 단면인 난원창 부근은 5~6mm 정도이다. 달팽이관 안에는 임파액이 차 있으며 등골이 음압의 변화에 반응하여 난원창에 피스톤처럼 전후로 움직이면서 달팽이관 안의 임파액에 파동으로 전달한다.

신경전도는 액체의 파동이 신경자극으로 바뀌는 단계이다. 임파액의 파동은 달팽이관 안의 기저막(basilar membrane)을 움직이며 이 진동이 Corti 기관에 전달되어 청세포의 신경충동을 일으키고, 청신경(auditory nerve)을 거쳐 뇌에 전달되어 해석된다. 소리의 크기는 기저막의 진동하는 진폭에 비례하며, 고저는 기저막이 자극받는 위치에 따라 식별된다.

2.3 청력 범위

[그림 5.14]는 사람들의 가청영역(audible field)을 주파수에 따라 나타낸 것이다(Fastl, 1997). 사람이 들을 수 있는 주파수 영역의 소리를 가청주파수라 하며 가청주파수 영역은 20Hz에서 20,000Hz 사이이다. 사람의 가청 범위는 주파수에 따라 변한다. [그림 5.14]에서 보면 사람이 들을 수 있는 최소한의 소리 크기인 최소가청역치(threshold of hearing)는 주파수에 따라 달라지는데, 낮은 주파수와 매우 높은 주파수에서는 둔감하고 약 3,900~4,000Hz 정도에서 가장 민감함을 알 수 있다. 그러나 음압수준(SPL)에 의한 음의 세기를 정의하는 dB은 1,000Hz에서의 가청최소역치의 음압에 해당하는 20uN/m^{2}을 기준으로 정의하고 있다.

소리의 크기가 매우 커지게 되면 사람에게 해로운 영향을 주며, 음압수준이 약 140 dB에 이르게 되면 고통을 주게 되는데 이를 고통역치(threshold of pain)라 한다. 고통역치보다 더 큰 160 dB의 큰 음압수준에 노출되면 청각에 손상을 주게 된다. [그림 5.14]에서와 같이 고통역치보다는 작은 음압수준이지만 장시간 노출되면 영구 청력손실이 올 수 있는 수준을 손상위험한계(limit of damage risk)라 한다.

그림 5.14 청력 범위

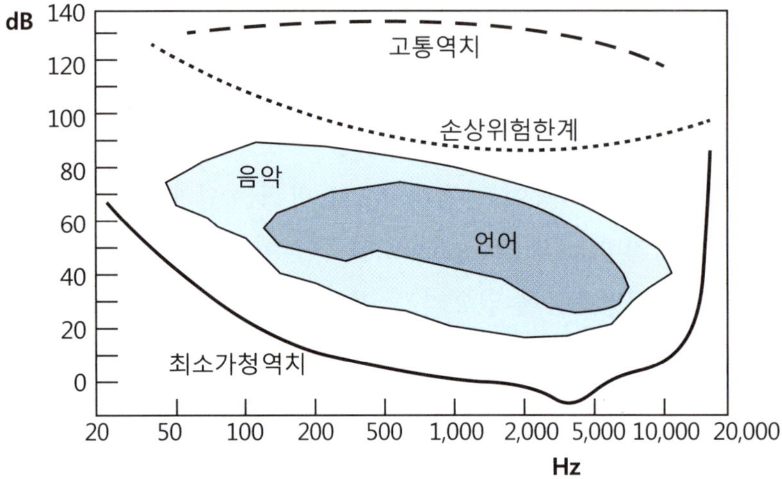

2.4 음량(loudness)의 측정

사람은 2차원(높이와 세기)의 특성을 가진 물리적 소리를 성분별로 정확하게 구분하지 못하고, 두 음이 같은가 다른가를 주관적으로 판단하여 어느 음이 더 큰 소리라고 판단하게 된다. 즉, 물리적인 소리는 주파수와 강도의 두 가지 성분을 가지고 있으므로 사람의 귀가 느끼는 소리를 측정하기 위해서는 두 가지 물리적인 성분을 하나로 통합한 척도가 필요하며 이를 음의 감각적 척도 또는 음량이라 한다.

사람이 느끼는 소리의 크고 작음은 주로 강도의 함수이며 주파수에 의해 영향을 받는다. 음량을 나타내기 위하여 사용되는 척도들로는 phon, sone 등이 있다.

phon은 특정 음과 같은 크기로 들리는 1000Hz 순음의 음압수준(dB) 값으로 정의된다. [그림 5.15]는 정상 청력을 가진 18~25세의 사람을 대상으로 1,000Hz의 기준 음압수준(dB) 값에 해당하는 소리와 같게 들리는 소리를 주파수대별로 dB값을 변화시켜 가면서 얻은 실험결과이다. [그림 5.15]에서 같은 곡선위에 위치하는 음들은 사람에게는 모두 같은 크기로 들리게 되므로 등음량 곡선이라 한다. 예를 들면 50Hz, 65dB인 음과 1000Hz, 40dB의 음은 같은 곡선위에 위치하므로 사람에게 같은 크기로 들리는 소리이며, 정의에 의해 40phon이 된다. phon 값은 1,000Hz 주파수를 기준으로 값을 정하였으므로 주파수 보정 효과는 있으나, 음이 몇 배나 큰 지에 관한 상대적인 크기는 나타내지 못한다. 즉 40phon이 20phon 보다 큰 음이지만 2배 큰 음이라고는 할 수 없다.

sone은 음의 상대적인 주관적 크기를 표시하며, 기준음보다 몇 배 크기인가를 나타낸다. 예를 들면, 2sone은 1sone의 2배 크기인 음이다. sone의 정의는 다음과 같다.

$$\text{sone 치} = 2^{(\text{phon}-40)/10}$$

식에서 보면 10phon의 증가는 sone값을 2배 증가시킴을 볼 수 있다. 예를 들면 1000Hz, 60dB인 음은 60phon이며 4sone이고, 1000Hz, 40dB인 음은 40phon으로 1sone이 된다. 따라서 1,000Hz, 60dB인 음은 1,000Hz, 40dB인 음보다 4배 큰 음이라고 할 수 있다.

그림 5.15 phon 곡선

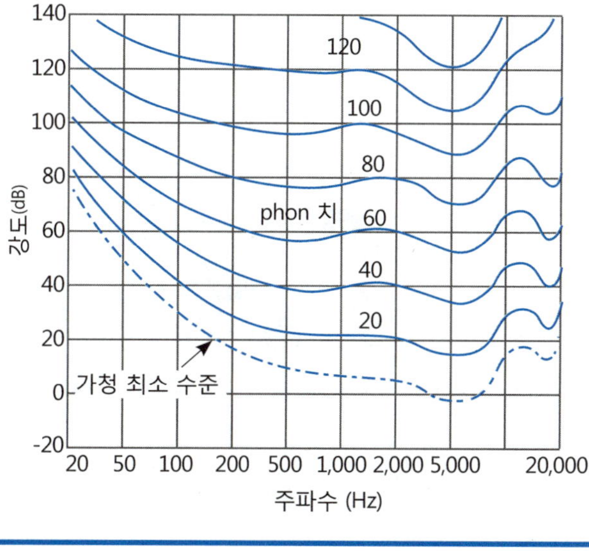

예제 5.6 물리적 음과 음량

물리적 음 A, B, C를 1/500 초 동안에 각각 분석하였더니 주기와 음압이 [표 5.4]와 같이 나타났다. 주파수(Hz)는 1초당 주기 회수이므로 1/500초의 주기에 500을 곱하여 구할 수 있다. 따라서 성분음 A는 1/500초의 주기가 1번이므로 500을 곱하면 500Hz가 되며, 성분음 B는 2회 주기가 나타났으므로 1,000Hz, 성분음 C는 2/5회 주기가 나타났으므로 200Hz가 된다.

표 5.4 예제 5.6 성분음의 주파수와 강도

성분음	주기	음압(진폭)
A	1	$10P_0$
B	2	$100P_0$
C	2/5	$1,000P_0$

그림 5.16 예제 5.6 Phon 값 표시하기

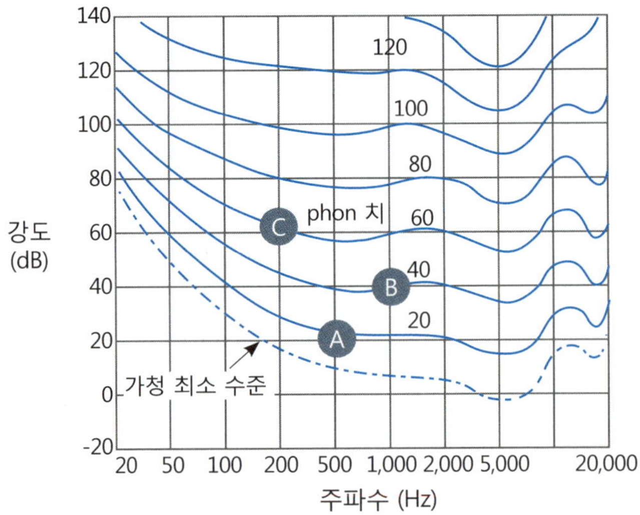

강도(dB)값은 $dB = 20\log_{10}(P_1/P_0)$ 식을 이용하여 구할 수 있다. 성분음 A는 $20\log_{10}(10P_0/P_0) = 20dB$, 성분음 B는 $20\log_{10}(100P_0/P_0) = 40dB$, 성분음 C는 $20\log_{10}(1{,}000P_0/P_0) = 60dB$이 된다.

따라서 물리적으로 음의 높이가 가장 높은 음은 1,000Hz의 B음이고, 음의 강도가 가장 센 음은 60dB의 C음이 된다.

A, B, C 음을 각각 [그림 5.16]의 등음량곡선도에 {(x, y) = (주파수, 강도)} 값에 따라 표시하면 A 음은 20phon, B 음은 40phon, C 음은 60phon이다. phon 값을 이용하여 sone 값으로 표현하면, C 음은 4sone의 음량을 갖으며 A 음은 1/4sone의 음량을 갖는다. 따라서 C음은 A음보다 16배 큰 음량이다.

평상시 잘 들리던 TV 소리가 에어콘을 틀면 잘 들리지 않는다. 에어콘에서 나는 소리가 TV의 소리를 방해하기 때문에 평상시보다 TV 볼륨을 높여야 잘 들을 수 있는 것이다. 이런 현상은 일상생활에서도 발견된다. 조용한 도서관에서 이어폰을 귀에 꽂고 mp3로 음악을 들을 때 친구가 말을 거는 상황을 연상해보자. 이어폰을 빼지 않았다면 응답하는 목소리는 음악 소리 때문에 훨씬 커질 수밖에 없다. 자연히 응답하는 목소리는 주위를 놀라게 하는 정도로 큰 소리가 되는 것이다. 물론 음악 소리가 커질수록 기준자극이 커지므로 Weber법칙에 의해 변화감지역은 커지고 상대적으로 목소리도 더 커질 것이다. 지하철에서 음악을 듣는 경우에도 지하철의 소음이 크기 때문에 mp3의 볼륨은 상대적으로 매우 커질 수밖에 없다. 이와 같이 듣고자 하는 어떤 소리(목적음: maskee)의 최소 가청임계값이 원하지 않는 소리(방해음: masker)에 의해서 상승하는 현상을 은폐효과(masking effect) 또는 차폐효과라 한다. 이때 가청임계값의 증가량을 마스킹 양이라 하며, 방해음의 크기가 커질수록 마스킹 양은 커진다. 마스킹 양은 원하지 않는 음과 듣고자 하는 목적음의 주파수가 가까울수록 커진다. 한편, 저음으로 고음을 마스크하기는 쉬운 반면, 고음으로 저음을 마스크하기는 어렵다. 호텔이나 차내, 작업장 등에서 배경음악을 틀어놓는 이유는 마스킹 효과를 이용하여 주위의 소음을 인식하지 못하게 하려는 의도이다.

2.5 소음수준과 측정

소음이란 주어진 작업의 존재나 완수와는 무관한, 원하지 않는 청각적 자극으로 물리적인 면에서는 불규칙적이고 비주기적이며 고주파 음역의 특성을 나타내는 음이다. 소음의 종류는 하루 종일 같은 크기의 소리가 발생되는 연속음(continuous noise), 1초보다 큰 간격으로 발생되는 단속음(interrupted noise), 다이너마이트 폭발과 같이 일시에 나타나는 충격음(impulse noise)으로 구분된다.

소음 측정 기구로는 주파수를 분석하지 않고 총 음압수준을 측정하는 보통 소음계(sound level meter), 소음에 폭로되는 노출량을 측정하는 계기인 소음 노출량

표 5.5 소음수준의 예

dB(A) 수준	소리 예
30	조용한 속삭임, 조용한 도서관
40	거실, 침실
50	조용한 사무실, 일상 대화
60	에어컨 소리, 재봉틀 소리
70	진공청소기, 헤어드라이어, 시끄러운 레스토랑
80	보통 교통 소음
90	지하철, 시끄러운 교통 소음
100	착암기 소리, 쓰레기 트럭 소리, 전기톱 소리
120	록 음악 공연, 천둥소리
140	제트 엔진 소음, 총소리
180	로케트 엔진 소음

계(noise dose meter) 등이 있다. 소음의 주파수별 에너지 분포 상태를 알기 위해서는 주파수 분석기(frequency analyzer)가 이용된다.

소음계의 소음수준은 dB(A), dB(B), dB(C) 값으로 표시한다. dB(A)는 40phon의 등음량 곡선과 비슷하게 주파수에 따른 반응을 보정하여 측정한 음압수준으로, 귀의 응답 특성과 가까워 작업환경측정법에서는 dB(A)를 이용한다. dB(B) 및 dB(C) 값은 각각 70phon과 100phon의 등음량 곡선과 비슷하게 보정하여 측정한 값을 말한다. [표 5.5]는 소음수준의 예를 dB(A) 값으로 표시한 것이다.

2.6 소음 노출기준

소음의 노출기준은 각 나라마다 소음의 크기(dB)와 높낮이(Hz), 소음의 지속시간, 소음 작업의 근무년수, 개인의 감수성 등을 고려하여 정하고 있다.

[표 5.6]은 유럽 EC의 SCENIHR(Scientific Committee on Emerging and Newly Identified Health Risks)과 미국의 OSHA(occupational safety and health association)

표 5.6 소음 노출수준에 따른 허용시간 비교

미국 기준 dB(A)		허용시간/일	유럽 기준[3] dB(A)		
OSHA[1]	ACGIH[2]		예방기준	권고기준	최대노출기준
90	85	8시간	80	85	87
95	90	4시간	83	88	90
100	95	2시간	86	91	93
105	100	1시간	89	94	96
110	105	30분	92	97	99
115	110	15분	95	100	102

[1] OSHA(Occupational Safety and Health Administration)
[2] ACGIH (American Congress of Governmental Industrial Hygienists)
[3] SCENIHR(Scientific Committee on Emerging and Newly Identified Health Risks)

와 ACGIH(American congress of governmental industrial hygienists)에서 제시한 연속음에 대한 소음수준별 허용되는 노출시간의 예방기준, 권고기준, 법적기준 등을 나타낸다.

미국의 OSHA 기준치는 소음수준별 1일 최대로 허용되는 노출시간에 대한 법적기준으로 90dB(A)에서 8시간을 제시하고 있다. OSHA에서는 소음수준이 5dB(A)이 증가할 때마다 노출시간의 한계는 1/2로 줄어드는 5dB(A) 법칙이 적용되고 있다. ACGIH에서는 근로자들이 반복하여 노출되어도 청력장애를 입지 않도록 보호하기 위한 권고기준으로 85dB(A)에서 1일 8시간을 노출시간으로 권고하고 있다.

유럽 EC의 SCENIHR에서는 1일 8시간 허용노출시간에 대한 소음수준으로 예방기준으로는 80dB(A), 권고기준으로는 85dB(A), 법적 최대노출기준으로는 87dB(A)로 설정하고 있다. SCENIHR에서는 소음수준이 3dB(A) 증가할 때마다 허용노출시간은 1/2로 줄어드는 3dB(A) 법칙이 적용되고 있다.

우리나라의 소음 노출기준은 노동부고시에 명시되어 있으며, [표 5.6]의 OSHA 기준과 같다. 소음 노출기준은 소음 강도 90dB(A)에서 8시간을 허용 기준선으로 정하고 있으며, 8시간을 기준으로 하여 5dB(A) 증가할 때에 허용시간은 1/2로 감소되는 5dB(A) 법칙이 적용되고 있다. 또한, 소음 폭로 기준이 115dB(A)를 초과해서는 안 된다고 규정하고 있다.

충격음에 대한 우리나라의 노출기준은 [표 5.7]과 같으며, 최대 음압수준이 140dB(A)를 초과하는 충격소음에 노출되어서는 안 된다고 규정하고 있다.

표 5.7 충격소음의 노출기준

1일 노출회수	충격소음의 강도 dB(A)
100	140
1,000	130
10,000	120

예제 5.7 음향기기에 관한 최대음량 문제

최근에 음향기기의 과도한 사용으로 인한 난청환자의 비율이 급속히 높아지고 있다. 미국의 10대 청소년 중에서 20%가 소리를 잘 못듣는 난청 증상을 보이고 있어 10대 청소년의 소음성 난청의 심각성을 알 수 있다. 스마트폰이나 MP3 등 휴대용 음향기기가 보편화하면서, 이미 10대 청소년들에게는 이어폰으로 음악을 듣는 것이 생활화 되어 있다고 볼 수 있다. 소음성 난청이 5년~10년에 걸쳐 진행되는 것을 고려한다면 현재의 10대들이 20대 청년이 되었을 때는 음향기기 사용에 따른 소음성 난청환자의 비율은 더 심각해질 수 있다고 보여 진다.

유럽 국가들은 휴대용 음향기기의 최대음량을 제조단계부터 100dB(A)로 제한하는 규제(CENELEC의 규격 EN50332-1과 EN50332-2)를 시행 중이며, 유럽의 SCENIHR에서는 휴대용 MP3 플레이어의 최대음량을 85dB(A)이하로 규제하는 방안을 검토하고 있다. 미국 Apple사도 최대 115dB(A)까지 올라가는 출력이 사용자의 난청을 유발할 수 있다는 소비자들의 불만을 수용해 iPOD의 최대음량을 100dB(A)로 낮추는 기능을 첨가하였다.

휴대용 음향기기의 최대음량의 기준 설정 문제는 소음 권장 기준을 상회하도록 허용하면 소음성 난청에 노출될 수 있는 가능성이 커지는 반면, 소음 허용 노출 수준 정도로 낮추면 기본 소음이 평균 90dB(A) 정도 되는 시끄러운 곳에서는 사용할 수가 없는 문제가 존재한다. 따라서, 휴대용 음향기기에 대한 최대음량 권고기준의 마련과 함께 소비자의 청력보호를 위한 선택권을 인정하는 방안이 필요하다.

음압수준이 다른 여러 종류의 소음에 여러 시간 동안 복합적으로 노출된 경우에는 소음 노출지수(exposure index)를 이용한다.

$$소음\ 노출지수(\%) = (C_1/T_1) + (C_2/T_2) + \cdots + (C_n/T_n)$$

C_i : 특정 소음대에 노출된 총시간

T_i : 특정 소음대의 허용 노출기준

소음 노출지수가 100%를 넘으면 허용 노출기준을 초과하는 작업장으로 평가된다. 소음 노출지수(%)를 이용하면 시간가중 평균지수(TWA: time-weighted average)를 구할 수 있다. TWA 값은 누적소음 노출지수를 8시간 동안의 평균 소음수준 dB(A)값으로 변환한 것이다.

소음 노출지수를 D(%)라 할 때 TWA는 다음 식에 의하여 구할 수 있다.

$$TWA(dB(A)) = 16.61\log(D/100) + 90$$

예제 5.8 소음 노출지수

어느 작업장에서의 8시간 작업 동안 발생한 소음수준과 발생시간은 다음과 같다.

85dB(A): 4.0시간, 95dB(A): 3.5시간, 105dB(A): 0.5시간

소음 노출지수를 구하고 평가하여 보자.

$$소음\ 노출지수 = (4.0/16 + 3.5/4.0 + 0.5/1.0) \times 100 = 163.5\%$$

허용기준을 초과한다.

$$TWA = 16.61\log(163.5/100) + 90 = 93.55\ (dB(A))$$

즉, 이 작업장은 8시간 동안 93.55dB(A) 정도의 소음수준에 노출되었다고 할 수 있다. 따라서 소음 노출기준을 초과하므로 소음 개선 노력을 하여야 한다.

2.6 소음의 영향 및 방지대책

소음은 회화 방해, 불쾌감과 수면장애, 작업 능률의 저해, 청력손실 등을 일으킬 수 있는 것으로 알려져 있다.

1) **회화 방해**

소음 작업장에서는 전화 소리가 잘 안 들리고, 작업지시 내용 등을 알아듣기가 어렵다. 예를 들면 음성의 크기가 75dB일 때 소음의 강도가 65dB이라면 낱말의 이해도는 82%이상으로 회화에 지장이 없으나, 소음이 75dB이면 이해도는 65%로 떨어지게 되며, 소음이 95dB이면 낱말을 알아듣지 못하게 된다. 일반적으로 소음 60dB(A) 정도에서는 1.3m의 거리에서 보통 대화가 가능하지만, 80dB(A)가 되면 전화 대화가 곤란해지며, 90dB(A)에서는 대화가 곤란한 수준이 된다.

2) **생리적 영향**

강렬한 소음은 교감신경과 내분비계통을 흥분시킴으로써 혈압을 상승시키고, 맥박, 신진대사를 증가시키며 발한을 촉진하고, 타액이나 위액, 위장관 운동을 억제시키기도 한다. 그러나 소음에 대하여 적응하여 습관화되면 없어지는 경향이 있다.

3) **청력의 손실**

강렬한 소음에 폭로된 직후에는 일시적으로 청력이 저하되는 것이 보통이다. 이것을 일시성 청력손실(TTS: temporary threshold shift)이라 한다. 일시적 청력손실은 휴식하면 회복되며, 4,000Hz와 6,000Hz에서 가장 많이 발생한다. 소음에 의하여 청신경의 피로가 축적되면 신경세포는 비가역적인 변성을 일으키거나 파괴되어 영구적으로 회복할 수가 없는 청력손실을 일으킬 수 있다. 이를 영구성 청력손실(PTS: permanent threshold shift)이라고 하며, 영구성 난청 또는 소음성 난청이라 부른다. 소음성 난청은 초기에는 [그림 5.17]과 같이 3,000Hz에서 6,000Hz 사이에 발생하며, 4,000Hz 부근의 음에 대한

그림 5.17 C5-dip 현상

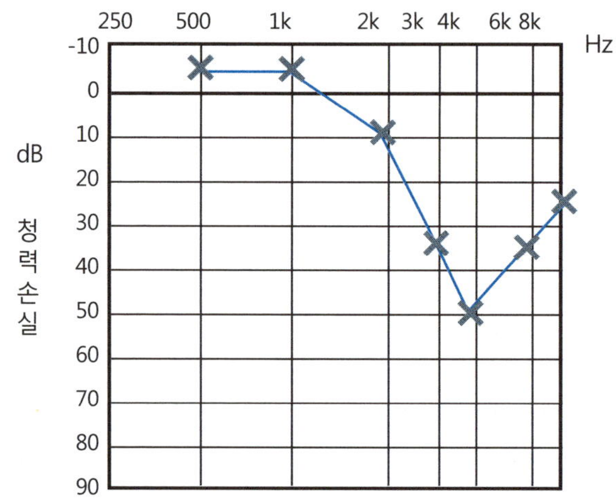

청력저하가 가장 심하게 생기게 되는데 이것을 C5-dip 현상이라고 한다. 일반적으로 회화에 사용되어지는 음은 300~3,000Hz 정도이므로 초기 소음성 청력손실은 회화 범위 이상의 주파수에서 생겨서 회화에 장해를 느끼지 못한다. 그러나 이후에 다른 주파수까지 진행되므로, 회화중에 잘 알아듣지 못할 정도의 청력손실이 있는 경우에는 난청이 많이 진행된 상태라고 볼 수 있다.

2.7 소음방지 대책

소음방지 대책은 [표 5.8]과 같이 소음원 대책, 전파경로 대책, 수음자 대책으로 분류된다.

표 5.8 소음방지 대책

분 류	방 법	예 시
소음원 대책	발생원인의 제거 발생원의 저소음화 차음(遮音) 소음(消音) 방진(防振) 제진(制振) 능동제어 운전방법의 개선	부조합 조정, 부품 교환 저소음형 기계의 사용 방음커버 소음기, 흡음 덕트 방진고무 사용 제진재 장착 소음기, 덕트, 차음벽의 활용 자동화, 변경배치
전파경로 대책	거리감쇠 차폐효과 흡음(吸音) 능동제어	변경배치 차폐물, 방음창, 방음실 건물내부 흡음처리 소음기, 덕트, 차음벽의 이용
수음자 대책	차음 작업방법의 개선 귀의 보호	방음감시실 작업스케줄의 조정, 원격조작 귀마개, 귀덮개

연습문제

1. 5m 거리에서 Landholt ring을 높이 1.5cm에 두께 3mm까지 인식할 수 있는 사람의 시력을 구하는 내용과 관계가 없는 것은?
   ① 최소가분시력　② 시각은 2 radian
   ③ 시력은 0.5　④ 시각 = 표적두께/표적까지 거리

2. 다음 중 서로 관계가 있는 내용을 짝지어 놓은 것은?
   ① 근시 – 수정체가 얇아진 상태
   ② 암조응 – 동공 축소, 30~40분 소요
   ③ 원추체 – 색 구별, 황반에 밀집
   ④ 망막 – 두께 조절로 초점을 맞춤

3. 작업장의 추천 반사율이 순서대로 올바르게 나열된 것은?
   ① 천정〉벽면〉바닥　② 바닥〉벽면〉천정
   ③ 벽면〉천정〉바닥　④ 천정〉바닥〉벽면

4. 다음 설명 중, 거리가 먼 한 단어는?
   ① 시각　② 수렴작용　③ 시력　④ 최소가분공간

5. 작업장 내에서 점광원에서 3m 떨어진 곳의 조도가 50 lux라면 5m 떨어진 곳의 조도는 얼마인가 ?
   ① 18 lux　② 20.35 lux　③ 36 lux　④ 44.44 lux

6. 다음 용어 중에서 성격이 다른 용어는?
   ① 광량　② 조도
   ③ 대비　④ 가청 최소 음압

연습문제 해답 : 1. ②, 2. ③, 3. ①, 4. ②, 5. ①, 6. ④

7. 1cd 점광원으로부터 1m 떨어진 곡면의 $1m^2$가 받는 광량은 몇 lumen인가?

① 0.5 lumen ② 1 lumen ③ 2 lumen ④ 4 lumen

8. 1cd 점광원으로부터 1m 떨어진 곡면의 $0.5m^2$가 받는 광량은 몇 lumen인가?

① 0.5 lumen ② 1 lumen ③ 2 lumen ④ 4 lumen

9. 1cd 점광원으로부터 1m 떨어진 곡면의 $1m^2$에 비추는 조도는 얼마인가?

① 0.5 lux ② 1 lux ③ 2 lux ④ 4 lux

10. 1cd 점광원으로부터 1m 떨어진 곡면의 $0.5m^2$에 비추는 조도는 얼마인가?

① 0.5 lux ② 1 lux ③ 2 lux ④ 4 lux

11. 소리의 물리적 특성 중에서 소리의 높낮이와 가장 관계가 깊은 것은?

① 진폭 ② 진동수 ③ dB ④ dB(A)

12. 1000Hz, 60dB인 음은 1000Hz, 40dB인 음보다 몇 배나 큰 음인가?

① 2 ② 4 ③ 8 ④ 16

13. 다음은 1/1000초 동안 발생한 3개의 음파를 나타낸 것이다. 음의 높이와 세기가 가장 큰 음은?

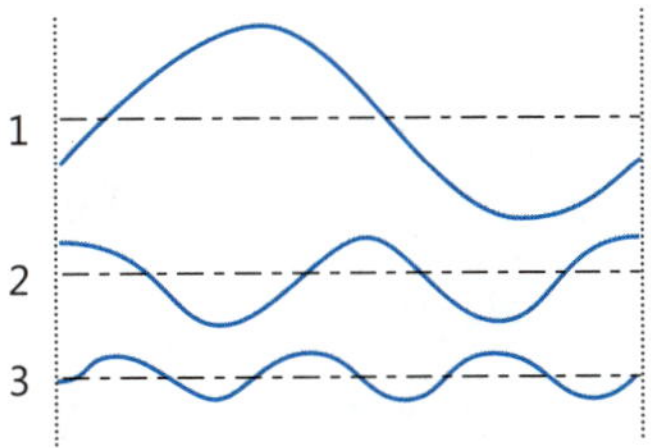

① 1, 1

② 3, 3

③ 1, 3

④ 3, 1

연습문제 해답 : 7. ②, 8. ①, 9. ②, 10. ②, 11. ②, 12. ②, 13. ④

14. 귀의 청각 과정에 대한 내용이 순서대로 올바르게 서술된 것은?

① 공기전도 → 액체전도 → 신경전도

② 공기전도 → 신경전도 → 액체전도

③ 신경전도 → 공기전도 → 액체전도

④ 액체전도 → 공기전도 → 신경전도

15. 눈의 원추체는 밝기가 어느 정도 이상의 파장에서 가장 민감한가?

① 450nm ② 510nm ③ 550nm ④ 600nm

16. 1000Hz, 40dB은 1______이다. 빈 칸에 알맞은 단위는?

① Sone ② Phon ③ dB ④ dB(A)

17. 다음 중에서 중이에 속하지 않는 것은?

① 등골 ② 청신경 ③ 난원창 ④ 추골

18. 다음 중에서 내이에 속하지 않는 것은?

① 청신경 ② 기저막 ③ 달팽이관 ④ 고막

19. 다음 중, 가청 주파수 영역을 올바르게 나타낸 것은?

① 20~20,000Hz ② 2,000~5,000Hz

③ 300~700Hz ④ 20~10,000Hz

20. 빨강, 초록, 파랑의 상대적인 비율로 색을 나타내는 방법과 관계있는 용어는?

① 명도 ② CIE ③ 채도 ④ Munsell

연습문제 해답 : 14. ①, 15. ③, 16. ①, 17. ②, 18. ④, 19. ①, 20. ②

21. 다음 중 작업면의 필요한 곳에만 높은 조도를 취하는 조명방법은?

① 직접조명 ② 국소조명 ③ 간접조명 ④ 전반조명

22. 소음에 의한 청력손실이 가장 크게 일어나는 주파수대는?

① 500Hz ② 1,000Hz ③ 2,000Hz ④ 4,000Hz

23. 다음 중에서 인간이 느끼는 소리의 시끄러움에 관한 척도와 가장 거리가 먼 것은?

① phon ② sone ③ dB(A) ④ dB

24. 어느 작업장에서 8시간 동안 소음 측정을 한 결과 85dB(A)에서 2시간, 90dB(A)에서 4시간, 95dB(A)에서 2시간 동안 노출되었다면 이 작업장의 누적소음 노출지수는?

① 88.5% ② 100% ③ 112.5% ④ 125%

25. 다음 중 소리의 특성에 관한 설명으로 올바르지 않은 것은?

① 한 음의 가청 역치가 다른 음 때문에 높아지는 현상을 은폐(masking)라 한다.

② 소음에 의한 청력손실이 가장 먼저 일어나는 주파수대는 1,000Hz대이다.

③ 외이와 중이는 고막에 의해 분리된다.

④ dB(A)값은 사람 귀의 특성과 비슷하게 40phon으로 주파수가 보정된 것이다.

연습문제 해답 : 21. ②, 22. ④, 23. ④, 24. ③, 25. ②

26. 작업장 소음 측정 및 평가에 관한 설명으로 맞는 내용은?

① 90dB(A)에서 8시간까지를 청력손실 기준으로 정하고 있다.

② 소음이 5dB(A) 증가함에 따라 허용시간은 1/4배로 줄어든다.

③ 소음노출 수준이 100% 이하이면 소음 감소 대책을 실시하여야 한다.

④ TWA값은 4시간 동안의 가중 평균 소음수준이다.

27. 소음방지 대책 가운데 가장 효과적인 방법은?

① 소음원의 제거 및 억제 ② 실내에 흡음재료 사용

③ 장해물에 의한 차음효과 ④ 소음기의 이용

28. 소음성 난청의 초기단계인 C5-dip 현상이 잘 일어나는 주파수는 어느 것인가?

① 20,000Hz ② 4,000Hz ③ 1,000Hz ④ 100Hz

연습문제 해답 : , 26. ①, 27. ①, 28. ②

실습문제

1. 다음은 눈의구조, 시세포의 유형, 망막에서 시세포의 분포를 나타낸다 .

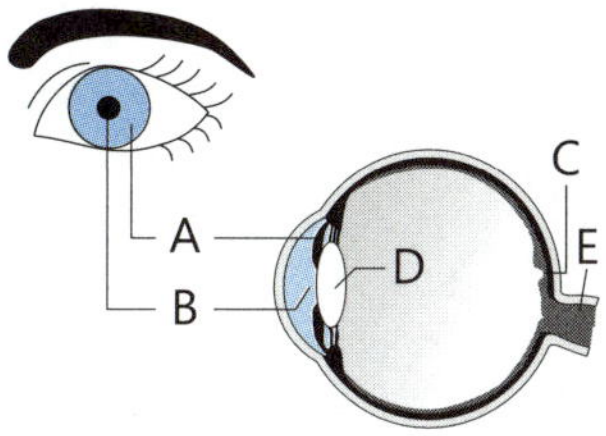

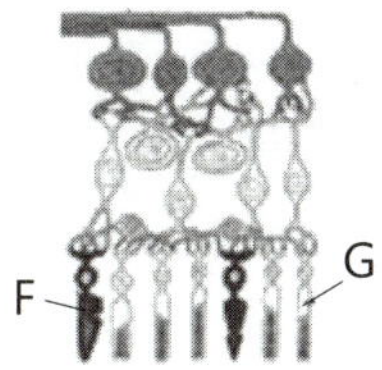

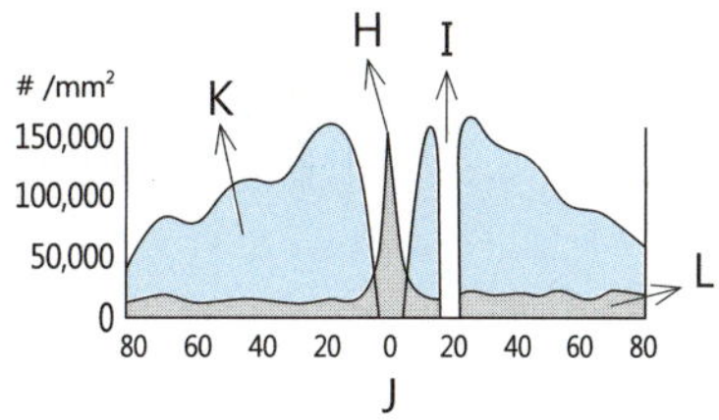

1) 카메라 렌즈에 해당하는 부위를 왼쪽 그림에서 찾아 영문 기호와 명칭을 적고 근시와 연관지어 설명하시오.

2) B의 명칭을 적으시오. 밝은 곳에서 어두운 곳으로 들어갈 때와 관련 있는 영문 기호를 모두 찾고, B와 연관지어 설명하시오.

■ 해설 ■

1) D : 수정체

근시는 수정체가 두꺼지워진 상태로 먼 거리의 물체를 식별하기 어렵다.

2) B : 동공.

G, K, 암조응의 경우에는 빛을 많이 받아들이기 위해 동공(B)이 커진다.
암조응의 경우에는 어두운 곳에서 기능을 작동하는 간상세포(G)가 기능을 작동한다. 오른쪽 그림은 시각(J)에 따른 간상세포(K)와 원추세포(L)의 분포를 나타낸다. 원추세포가 집중적으로 모여있는 위치를 황반(H)이라 하고, 시세포가 위치하지 않는 곳을 맹점(I)이라 한다.

2. 운전 중 어두운 터널로 들어갈 때, 밝은 낮과 어두운 밤 중에서 어느 때가 더 위험한가를 암조응과 명조응을 이용하여 설명하고, 터널의 조명설계에 대해 설명하시오.

■ 해설 ■

밝은 곳에서 어두운곳으로 들어가는 암조응이 시간이 훨씬 많이 걸리므로 밝은 낮이 더 위험하다.
터널 입구를 밝은 낮에는 조명이 밝도록 설계하고, 어두운 밤에는 조명 밝기를 상대적으로 낮보다 낮게 설계한다.

3. 5m 거리에서 Landholt ring을 1.5mm까지 구분할 수 있는 사람의 시력은?

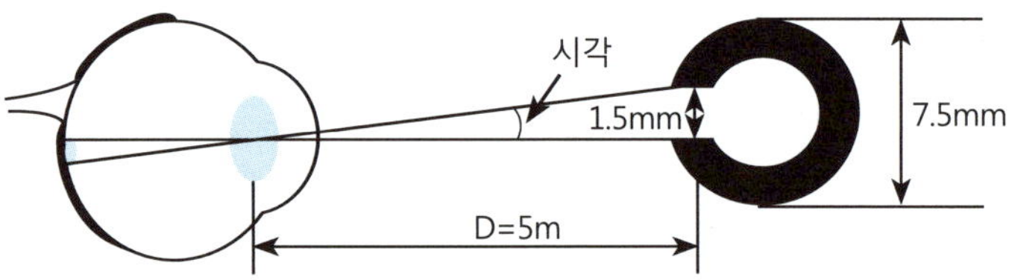

■ 해설 ■

시각 = 57.3 × 60 × 1.5 / 5000 = 1.0
시력 = 1.0

4. 점광원에서 3m 떨어진 곳의 조도가 200 lux로 측정되었다.

1) 3m 떨어진 곳의 $4m^2$이 받는 광량은?

2) 4m 떨어진 곳에서 $2m^2$이 받는 조도는?

■ 해설 ■

조도 = 광량 / 구의 표면적 = 광량/($4\pi * d^2$)

1) 200 lux = 200 lumen/m^2, 따라서 $4m^2$이 받는 광량 = 4 * 200 = 800 (lumen)

2) 3m 에서의 조도 = 200 lux = 광량/(4π * 9)이므로, 광량 = 1800 * 4π(lumen)
4m 에서의 조도 = 1800*4π / (4π * 16)=112.5 (lux)

5. 암조응과 명조응을 시세포와 연관하여 설명하시오.

■ 해설 ■

1) 암순응과 간상세포

- 암순응은 밝은 곳에서 어두운 곳으로 들어갈 때의 적응으로 동공이 확대되어 빛의 양을 늘리며, 암순응에는 20~30분이 걸림.
- 간상세포는 막대 모양으로 어두울 때 기능이 작동되며, 명암을 구분함.

2) 명순응과 원추세포

- 명순응은 어두운 곳에서 밝은 곳으로 들어갈 때의 적응으로 동공이 축소되어 빛의 양을 줄이며, 명순응에는 2~3분이 걸림.
- 원추세포는 원추 모양으로 밝은 때 기능이 작동되며, 색을 감지 구분함.

6. Munsell 색체계와 CIE 색체계에 대하여 설명하시오.

■ 해설 ■

1) Munsell 색체계

색의 3 속성인 색상, 명도, 채도에 의해 색을 색상 명도/채도(예 5G 5/10) 형식으로 표현함.
색상은 주파장으로 색의 종류, 명도는 색의 밝은 정도, 채도는 색의 선명도 또는 순도를 나타냄.
색상을 원둘레로 X축 방향을 채도, Y축 방향을 명도로 사용하여 표현함.
색상마다 순색을 나타내는 채도값의 위치가 일정하지 않아 체계적으로 표현하는 데 어려움.

2) CIE 색체계

빛의 삼원색인 RGB(빨강, 초록, 파랑)을 이용하여 수학적으로 색을 표현한 RGB 색체계.
X축은 빨강색 비율, Y축은 초록색 비율로 색체계로 나타냄. (0,0)은 파랑색을 표현함.

7. Munsell 색상환에서 유사색 대비와 보색 대비에 대하여 설명하시오.

■ 해설 ■

1) 유사색 대비

색상환에서 서로 인접한 색을 배치하는 방식
자연스러움, 안정감, 부드러운 느낌을 주지만 강한 느낌을 주지 못함.

2) 보색 대비

색상환에서 서로 반대 방향에 있는 마주보는 색으로 배치하는 방식
강하고 화려한 느낌을 주지만, 세련미는 떨어질 수 있음.

8. 빛 에너지의 관점에서 광량과 조도를 거리와 연관지어 설명하시오.

■ 해설 ■

광원에서 나오는 빛 에너지의 총량을 광량이라하고 함.
빛은 에너지 보존의 법칙에 의해 특정 거리에서 퍼진 빛에너지 양은 같다.
따라서 거리가 멀어지면 빛에너지가 퍼지는 표면적이 거리제곱에 비례하여 커지므로 나누어 비추는 빛에너지양은 거리제곱에 반비례하여 적어진다.
조도는 빛 에너지양이 표면적에 나누어져 비추는 빛의 밀도 개념으로 거리가 멀어지면 빛의 밝기를 나타내는 밀도는 거리제곱에 반비례하여 줄어든다.

9. 다음은 1/1000초 동안 발생한 3개의 소리 파형을 나타낸 것이다.

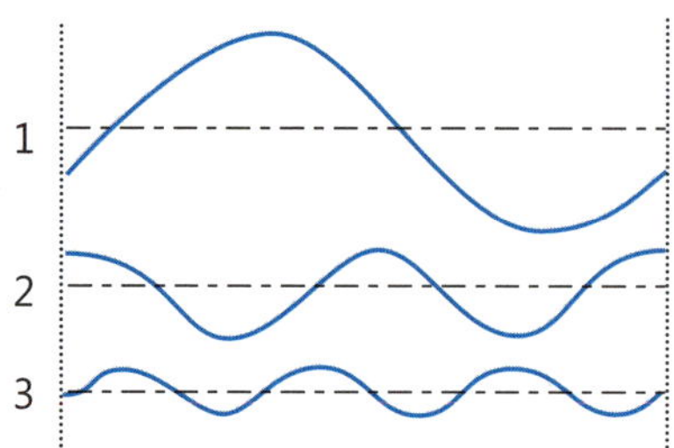

1) 1, 2, 3번 음은 각각 주파수가 어떻게 되는가?

2) 음의 높이 순대로 나열하시오.

3) 음의 세기 순대로 나열하시오.

■ 해설 ■

1) 주파수

1 : 1/1000 초에 주기가 1번 나타나므로 1,000Hz

2 : 2,000 Hz

3 : 3,000 Hz

2) 음의 높이 순서

주파수가 크면 높은 음이므로 3>2>1

3) 음의 세기 순서

파형의 높이(진폭)가 높으면 센 음이므로 1>2> 3

10. 음의 물리적 속성인 높이와 세기에 대하여 설명하시오.

■ 해설 ■

소리는 공기를 매개로 한 파동

음의 높이: 파형의 주파수가 크면 높은 음의 속성 가짐

음의 세기: 파형의 진폭 높이가 높으면 센 음의 속성 가짐

11. 다음 그림은 단순음의 주파수(Hz)와 강도(dB)에 따른 음의 감각적 척도인 음량을 나타낸다. (단, $dB = 20\log_{10}(P_1/P_0)$, Sone값 $= 2^{(\text{phon값}-40)/10}$)

1) 음의 높이가 가장 높은 음은 (   )이고 이 음은 (   )phon, (   )sone이다.
2) 고주파음은 (   )이고, C음은 B음보다 (   ) 옥타브 높은 음이다.
3) B음은 D음보다 (   ) 배 큰 음이다.

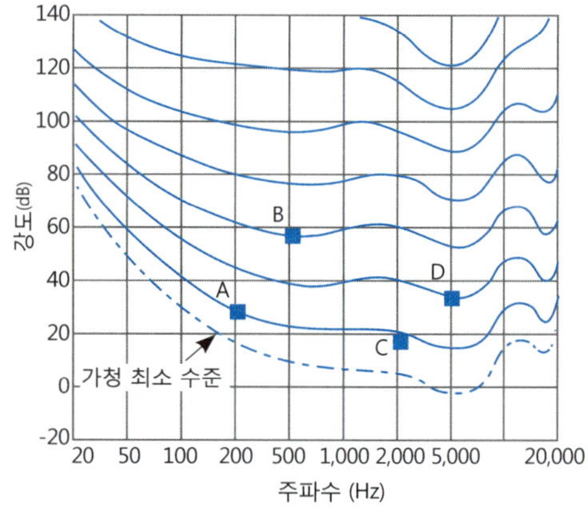

■ 해설 ■

1) 음의 높이가 가장 높은 음은 주파수가 가장 높은 (D)이고, 이음은 그림에서 1,000Hz의 dB값을 읽으면 (40)phon 이며, Sone값 = $2^{(40-40)/10}$ 이므로 (1)sone 이다.
2) 4,000Hz 넘는 고주파음은 (D)이고, C음(2,000Hz)은 B(500Hz)음보다(2)옥타브 높은 음이다.(옥타브 = $\log_2(2,000/500)$)
3) B음은 40 phon이므로 4sone이고, D음은 1 sone 이므로 (4) 배 큰 음이다.

12. 어느 작업자가 100 dBA 소음 작업장에서 귀마개를 하지 않은 채 스피커를 통하여 나오는 오디오의 품질 검사를 하고 있다.

1) 이 작업장에서 109 dBA로 검사 소리를 들려준다면 작업자는 검사 소리를 들을 수 있겠는가? 단, Weber의 법칙이 적용되고, 청력에 대한 변화감지역은 40 dBA 기준 자극에 4 dBA라 한다.
2) 만일 이 소음 작업장에서 귀마개를 하지 않고, 100dBA 소음에서 들을 수 있는 dBA 값으로, 오디오 품질검사 소리에 계속 노출된다면 우리나라의 산업안전보건법상으로 최대로 허용되는 노출시간은 얼마나 되는가?

3) 소리를 20 dBA 만큼 줄여주는 귀마개를 끼고 작업한다면, 109 dBA로 오디오 품질검사를 했을 때 이론적으로 작업자는 오디오 품질 검사 소리를 들을 수 있는지 설명하시오.

■ 해설 ■

1) Weber 비 = 4/40 = 0.1

100 dBA에서는 10dBA 이상 차이가 나야 들을 수 있으므로 109dBA 소리는 듣지 못한다.

2) 110dBA에 계속 노출되면 허용시간은 30분임.

3) 귀마개가 20dBA를 줄여주면 작업장 소음은 80dBA, 품질검사 소리는 89dBA가 된다.

Weber 비가 0.1이므로 8dBA이상 차이가 나는 89dBA는 들을 수 있다.

13. 다음은 청력의 손실과 관련된 그림이다. ( )안의 적절한 단어를 선택하고, 물음에 답하시오.

1) 왼쪽 그림은 (A초기, B중기, C말기)의 청력손실의 상태를 나타낸 그림으로, (　　　　) 현상을 표현한 것이다.

2) 이 그림에서 청력 손실은 (　) Hz 주파수에서 제일 크게 발생할 수 있으며, 이 단계의 청력 손실단계에선 사람의 대화나 TV소리를 (A.크지 않으면 잘못 알아 듣는다, B. 지장이 없이 잘 알아 듣는다).

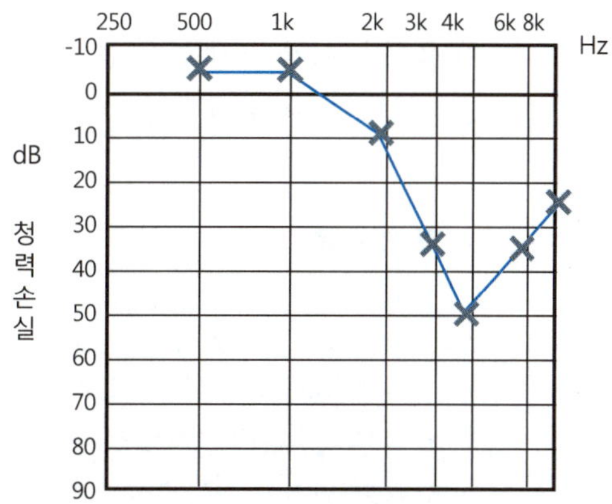

■ 해설 ■

1) 왼쪽 그림은 (A초기)의 청력 손실의 상태를 나타낸 그림으로 (C5-dip)현상을 표현한 것이다.
2) 이 그림에서 청력 손실은 (1,000)Hz 주파수에서 제일 크게 발생할 수 있으며, 이 단계의 청력 손실단계에선 사람의 대화나 TV소리를 (B. 지장이 없이 잘 알아듣는다)

14. 1/500 초 동안에 성분음 3가지를 각각 분석하였더니 다음과 같이 표현되었다. 성분음 C는 40dB로 측정 되었고, $dB = 20\ \log_{10}(P_1 / P_0)$ 로 표현된다.

성분음	주기	음압(진폭)
A	1/2	100P
B	1	P
C	2	10P

1) A, B, C 음의 높이와 세기는 얼마인가?

2) 음의 높이가 가장 높은 음은 몇 손(sone)인가?

3) 음의 세기가 가장 약한 음은?

■ 해설 ■

1) 음의 높이 A = 225Hz, B = 500Hz, C = 1,000Hz
음의 세기 $C=20\ \log_{10}(10P / P_0) = 40dB$, $P = 10P_0$, $A = 20\ \log_{10}(1{,}000P_0 / P_0) = 60dB$, $B=20\ \log_{10}(10P_0 / P_0) = 20dB$
2) 가장 높은 음은 1000Hz, 40dB인 C음으로 1손(sone)
3) 음의 세기가 가장 약한 음은 주파수가 가장 낮은 B음

15. 지하철 소음에서의 대화를 예로 들어 은폐효과를 설명하시오.

■ 해설 ■

은폐효과(masking effect)는 듣고자 하는 소리의 가청 임계값이 원하지 않는 소리에 의해서 상승하는 현상임. 조용한 곳에서의 대화는 작은 소리로도 의사소통이 가능하다. 지하철에서 소음이 있는 상황에서는 소음 자극의 크기가 크므로, Weber 비에 의해 변화감지역이 커지게 된다. 따라서, 조용한 곳에서 대화할 때 보다 지하철 소음 속에서의 가청임계치는 커지게 된다. 즉, 지하철 소음에 의해 대화 소통을 위한 소리의 크기가 커지는 현상이다.

16. 청각과정에서 고막과 중이의 공기전도에 대하여 설명하시오.

■ 해설 ■

공기의 파동이 기계적 진동으로 바뀌는 단계로, 소리의 파동이 고막을 진동시키면 중이의 뼈들이 지레 작용을 하여 음파가 직접 난원창에 도달하는 것보다 22배 정도 증폭시키는 역할을 한다.

17. 소리의 단위인 Hz, dB과 phon, sone에 대하여 비교하여 설명하시오.

■ 해설 ■

- 물리적 소리의 특성은 높이와 세기로 정해지며, 높이는 Hz, 세기는 dB로 표현된다.
- 사람이 느끼는 주관적인 소리의 크기인 phon은 물리적인 소리의 Hz와 dB 값이 다른 소리라도 사람에게 동일한 시끄러움으로 들리는 주관적인 크기를 나타낸다. phon은 주관적인 소리의 시끄러움은 나타내지만 주관적으로 크고 작은 서열만 나타내는 척도이다.
- sone은 phon 값을 이용하여 사람이 느끼는 시끄러움이 주관적으로 몇 배나 큰가를 나타내는 단위이다.

18. 어느 작업장에서 8시간 작업동안 85dBA에서 4시간, 90dBA에서 2시간, 100dBA에서 2시간이 노출된 작업자의 소음 노출지수와 소음 개선이 필요한지를 평가하시오.

■ 해설 ■

- 소음 노출지수 : 4/16 + 2/8 + 2/2 = 150%
- 100%가 넘으므로 소음 개선이 필요한 작업장이다.

제 6 장

인지특성을 고려한 설계원리

1. 좋은 개념 모형을 제공하라
2. 단순하게 하라
3. 가시성(visibility)
4. 피드백(feedback)의 원칙
5. 양립성(compatiblity)의 원칙
6. 제약과 행동유도성
7. 오류방지를 위한 강제적 기능
8. 안전 설계 원리

사용자가 제품을 쉽고 편하게 사용하기 위해서는 제품을 설계하는 사람이 사용자의 특성에 관한 지식을 반영하는 것이 필요하다. 즉, 사용자의 심리적, 인지적 특성을 고려한 사용자 중심의 설계가 제품을 사용할 때 편리성을 높이고 인적 오류를 줄이는 데 중요한 역할을 한다. 인지특성을 고려한 사용자 중심의 설계 철학은 Norman의 'The Psychology of Everyday Things'에서 주장된 개념으로, 본 교재에서는 Norman의 내용을 중심으로 저자의 관점에서 편집하여 서술한다.

1. 좋은 개념 모형을 제공하라

제품을 설계하는 디자이너들은 나름대로 제품을 통하여 의도하는 바가 있으나 사용자에게 직접적으로 설명할 기회는 주어지지 않으므로 제품의 외관이나 표시장치, 조종장치 또는 사용설명서 등을 통해서만 사용자에게 개념을 제공할 수 있다. 사용자는 주로 경험과 훈련, 지시 등을 통하여 얻은 개념으로 제품에 대한 개념 모형을 형성하게 된다. 따라서 [그림 6.1]의 개념 모형들 중에서 디자이너와 사용자의 모형이 일치할 때 제품을 사용하는 사용자는 실수를 하지 않게 되는 것이다.

그림 6.1 개념 모형의 종류

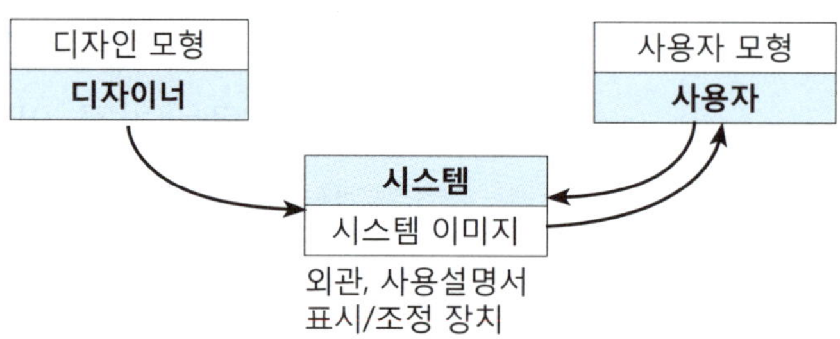

예제 6.1 온도 조절과 개념 모형

방에 설치된 보일러의 온도 조절기를 사용한다고 생각하여 보자. 추운 겨울날 방으로 들어가면 빨리 방의 온도를 높이고 싶을 것이다. 그러면 온도 조절기의 온도를 높인다고 과연 빨리 방이 더워질 것인가? 온도 조절기 설계자들은 밸브의 양을 조절하는 것이 아니라 동일한 열량을 얼마의 시간 동안 유지하느냐로 온도를 조절하도록 설계하였으나, 사용자들은 온도 조절기를 높이면 밸브의 열량이 커지는 것으로 이해하고 있다. 따라서 설계자와 사용자간에는 제품 사용에 관한 개념의 차이가 존재함으로 인해 실수를 할 가능성이 큰 것이다.

반면에 전자레인지의 타이머는 사용자가 혼란을 가져올 수 있는 부분을 조작장치의 올바른 선정에 의하여 혼동을 줄이도록 하였다. 전자레인지에서는 온도 조절이라는 개념이 없다. 그래서 단순히 아기의 우유를 데우기 위해서는 20초를 선택하여야 하고, 국을 데우기 위해서는 2분을 선택해야 된다는 것과 같이 온도 조절을 타이머 조정 개념으로 모두 바꿔서 사용자들이 가져올 수 있는 혼동을 줄인 것이다.

2. 단순하게 하라

제품의 사용 방법은 체계적으로 구성하면 단순화 될 수 있으며, 작업 내용이 단순화되면 사용자의 부담은 줄어든다. 무관한 항목들 5개 이상을 한 번에 기억하도록 요구해서는 안되며, 기억해야 할 것을 도와주는 기능을 두어 기억의 부담을 줄인다. 기술적 보조물을 이용하여 기능의 종류를 근본적으로 쉽게 전환하여 주는 것이 필요하며, 깊고 넓은 구조를 더 좁고 얕은 구조로 작업의 성격을 변화시키는 것이 좋다.

예를 들면, Velcro사의 찍찍이(hook-and-loop) 신발은 끈을 매어 발을 고정시키는 기능을 간단하게 찍찍이를 붙였다 떼었다 하도록 하여 어린 아이들이 쉽게 이용할 수 있도록 하였다.

예제 6.2 가스레인지의 조절장치 설계

[그림 6.2]와 같이 가스레인지에 4개의 불판과 조절장치들의 위치를 설계하는 것을 생각하여 보자. 가스레인지의 불판 크기가 정해져 있다는 조건 하에서 어떻게 조절장치를 배치하느냐에 따라 사용자의 작업은 혼란을 가중시킬 수도, 단순화될 수도 있다. [그림 6.2.a]와 같이 조절장치를 배열하는 경우에는 불판과 조절장치를 할당하는 가지 수가 24가지나 된다. 어떻게 배치하더라도 사용자는 사용 매뉴얼이나 설명을 들어야 올바르게 작동할 수 있으며, 사용자는 불판과 조절장치의 관계를 외워야 할 것이다. [그림 6.2.b]는 조절장치를 두 개씩 오른쪽과 왼쪽에 할당함으로써 불판과 조절장치를 배열하는 방법을 4가지로 단순화시켰다. [그림 6.2.c]는 사용자들에게 각 불판이 어느 조절장치를 사용하면 될 것인가에 대한 암시를 준다. 작업의 내용은 사용자를 배려하는 데에서 단순화될 수 있는 것이다.

그림 6.2 가스레인지의 불판과 조절장치의 설계

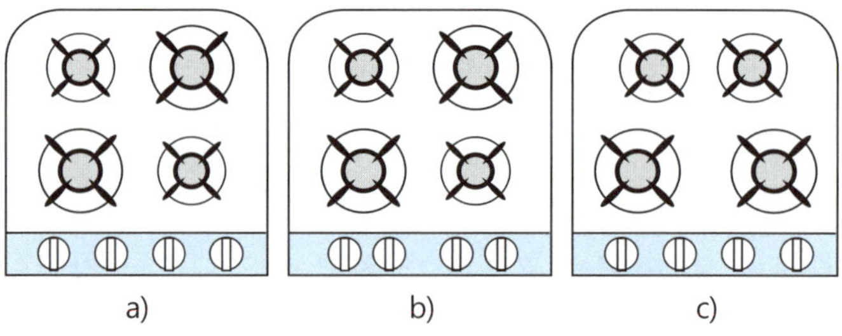

3. 가시성(visibility)

사용자가 제품의 작동상태나 작동방법 등을 쉽게 파악할 수 있도록 중요 기능을 노출하는 것을 가시성(visibility)이라 한다.

제품에서 살펴야 할 중요한 부분과 행위 결과에 대한 정보를 나타내면 무엇이 가능하고 무엇을 해야 하는지에 관한 단서를 제공하여 준다.

야간에 자동차의 창문 조절장치 버튼의 위치를 알려주기 위해 버튼에 불이 들어오도록 설계한다던가, 휴대용 카세트의 충전 상태를 나타내주는 에너지 테스터는 가시성을 이용하여 사용자에게 도움을 주는 예이다.

그림 6.3 자동차와 휴대용 카세트의 가시성 예

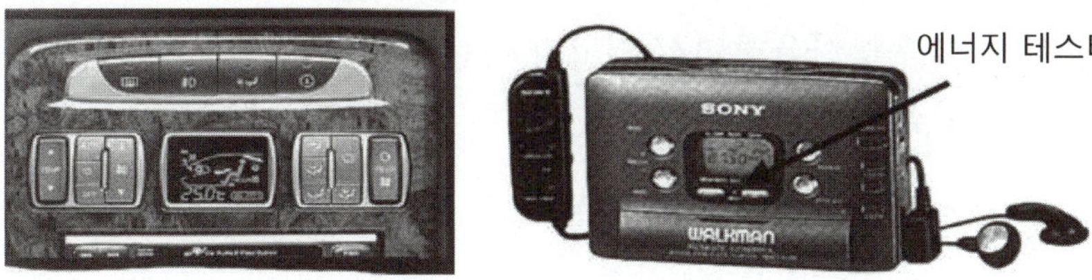

예제 6.3 건전지와 가시성

건전지를 사용하면서 가장 흔히 접하는 문제는 건전지 용량이 얼마나 남아 있는가를 파악하는 것이다. 건전지를 사용하는 전자제품이 갑자기 작동하지 않을 때에 '건전지가 다 떨어져서 제품이 작동하지 않는가?' 또는 '제품이 고장 난 것인가'를 파악하는 것이 문제가 되는 경우가 많았다. 이러한 문제는 [그림 6.4]와 같이 건전지 용량을 파악할 수 있는 검지기 띠에 의해 간단히 해결될 수 있다.

그림 6.4 건전지와 가시성

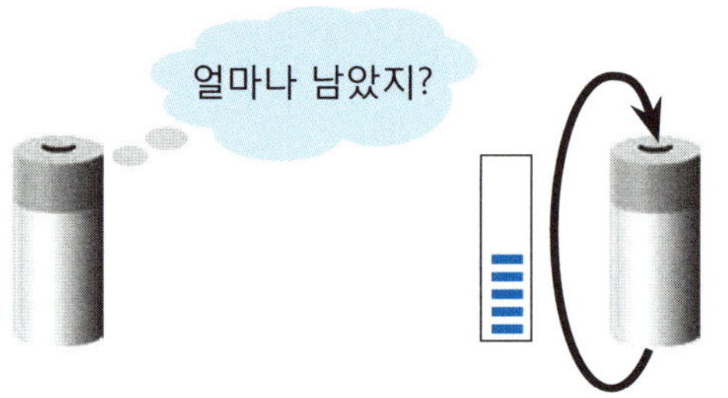

4. 피드백(feedback)의 원칙

피드백이란 제품의 작동결과에 관한 정보를 사용자에게 알려주는 것을 의미한다. 사용자가 제품을 사용하면서 얻고자 하는 목표를 얻기 위해서는 조작에 대한 결과가 피드백 되어야 한다.

예제 6.4 전화기와 청각적 피드백 신호

전화기의 수화기를 들었을 경우 '삐' 소리가 나면서 입력 대기 상태가 되고, 번호 버튼을 하나하나 누를 때마다 눌리는 소리가 역시 사용자에게 피드백 된다. 또한 번호를 모두 누르면 신호음이 통화 중인지, 연결되는 중인지를 나타내 준다. 상대편이 수화기를 들면 신호음은 없어지고 통화 가능 상태가 된다. 그러나 만일 전화기에서 작동 결과나 상태가 피드백되지 않는다면 어떤 결과가 올지를 검토하여 보자. 통화 가능 상태인지, 상대방이 어떤 상태인지, 전화가 제대로 걸렸는지 정확히 알 수가 없어서 아마도 통화가 엉망이 될 것이다. 전화기에서 피드백이 얼마나 중요한 기능인가를 나타내 주는 예이다.

제품 설계시에는 가능한 사용자의 입력에 대한 피드백 기능을 두는 것이 필요하다. 피드백의 방법에는 경고등, 점멸, 문자, 강조 등의 시각적 표시장치를 이용하거나, 음향(sidetone)이나 음성표시, 촉각적 표시 등을 이용할 수 있다.

5. 양립성(compatibility)의 원칙

제품 작동에는 조작과 반응과의 관계, 실제 시스템의 내부 상태와 사용자가 지각하는 상태와의 관계, 사용자의 의도와 실제 반응과의 관계, 조절장치와 작동 결과에 관한 관계 등이 존재한다. 이러한 관계에서 사람들이 기대하는 바와 일치하는 관계를 양립성(compatibility)이라 한다.

양립성은 운동 양립성, 공간 양립성과 개념 양립성으로 분류할 수 있다[그림 6.5]. 운동 양립성은 조작장치의 방향과 표시장치의 움직이는 방향이 사용자의 기대와 일치하는 것이다. 조종장치를 오른쪽으로 돌리면 표시장치의 지침이 오른쪽으로 이동하는 것이 전형적인 운동 방향에 관한 양립성에 일치하는 설계의 예이다. 공간 양립성은 물리적 형태나 공간적인 배치가 사용자의 기대와 일치하

그림 6.5 **양립성의 종류**

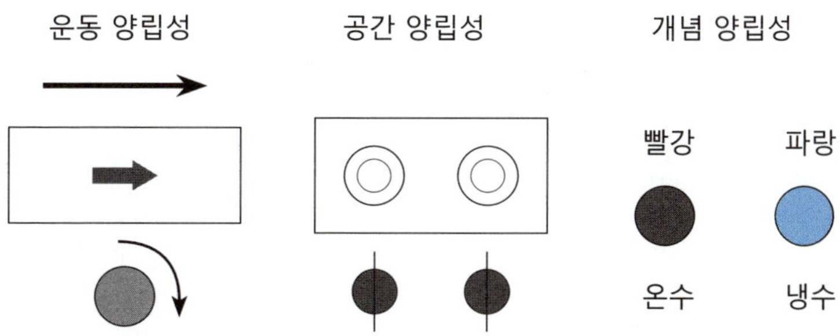

는 것을 의미한다. 가스버너에서 오른쪽 조리대는 오른쪽 조절장치로, 왼쪽 조리대는 왼쪽 조절장치로 조정하도록 배치하는 것이 예이다. 개념 양립성은 사람들이 가지고 있는 개념적 연상에 관한 기대와 일치하는 것이다. 예로 냉온수기에서 빨간색은 온수, 파란색은 냉수가 나오도록 설계하는 것을 의미한다.

양립성은 두 가지 요인에서 기인한다. 첫 번째는 본질적으로 습득하여 갖게 되는 관계를 생각할 수 있다. 자동차의 핸들을 오른쪽으로 돌리면 우회전하고, 왼쪽으로 돌리면 좌회전하는 것은 태어나면서부터 본질적으로 갖게 되는 관계라고 할 수 있다. 두 번째는 자라면서 환경 속에서 얻게 되는 문화적 습득을 들 수 있다. 세면대에서 아래, 위쪽 방향으로 조작하는 수도꼭지를 보면 미국 회사 제품은 위로 올리면 물이 나오고, 일본 회사 제품은 아래로 내리면 물이 나오게 된다. 미국 사회에서는 스위치를 위쪽으로 올리면 작동 상태가 되고, 일본 사회에서는 스위치를 아래쪽으로 내리면 작동 상태가 된다. 자동차의 통행이 일본은 좌측통행이고, 우리나라와 미국은 우측통행인 것도 문화적 차이라 할 수 있다.

그렇다면 양립성에 위배되도록 설계한 경우에는 어떻게 되겠는가? 사용자의 기대와 일치하지 않을 경우에는 당연히 제품의 작동방법을 배우는 데 시간이 많이 걸릴 것이며, 조작시간도 많이 걸릴 수밖에 없고, 실수도 많을 수밖에 없다. 사용자가 불평할 것도 당연하다. 그러나 가장 큰 문제는 아무리 연습을 하여 억지로 작동방법을 배웠다 하더라도 긴박한 상황에서는 원래 사람이 기대했던 대로 행동이 나타난다는 것이다. 따라서 인간의 기대와 일치하도록 설계하는 양립성의 개념은 인간의 실수를 줄이기 위하여 무엇보다도 필요한 원리라고 할 수 있다.

6. 제약과 행동유도성

사람들은 사물의 특성에 관한 해석을 하면서 어떻게 조작하거나 행동할 것인가에 대하여 추측을 하게 된다. 즉, 사물의 특성은 사물을 어떻게 다룰 것인가에 대한 단서를 제공하여 준다.

예제 6.5 호텔문과 행동유도성

[그림 6.6]은 어느 호텔에 있는 출입문을 나타낸다. 문을 열고 들어가려는 방문객은 일시적으로 왼쪽으로 열어야 할까, 아니면 오른쪽으로 열어야 할까 고민을 하게 될 것이다. 이 문의 손잡이에서 사용자에게 문을 여는 것에 대하여 제공하고 있는 단서는 아무 것도 없기 때문이다. 만일 손잡이 부분을 그림과 같이 옆으로 달아 놓는 것이 아니라 열어야 될 쪽에 위치시켜 상하 방향으로 달아 놓았다면 왼쪽이냐 오른쪽이냐를 놓고 고민할 필요가 없을 것이다.

그림 6.6 **출입문과 행동유도성**

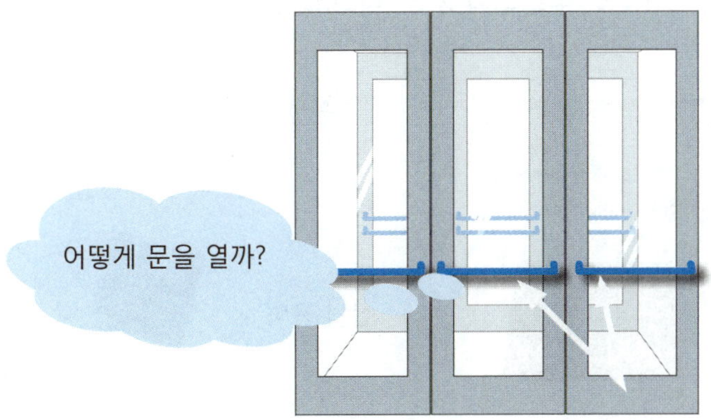

물건에 물리적, 또는 의미적인 특성을 부여하여 사용자의 행동에 관한 단서를 제공하는 것을 행동유도성(affordance)이라 한다. 제품에 사용상 제약을 주어 사용 방법을 유인하는 것도 바로 행동유도성에 관련되는 것이다. 좋은 행동유도성을 가진 디자인은 그림이나 설명이 필요없이 사용자가 단지 보기만 하여도 무엇을 해야 할지 알 수 있도록 설계되어 있는 것이다.

이러한 행동유도성은 행동에 제약을 가하도록 사물을 설계함으로써 특정한 행동만이 가능하도록 유도하는 데서 온다. 물리적 특성에 의존하여 한정된 행위만이 가능하도록 하는 물리적 제약이나, 주어진 상황의 의미나 문화적 관습에 따라 해석이 가능하도록 하는 제약 등이 제품 설계에서 주로 이용된다.

예제 6.6 3.5′ 디스크 드라이브의 설계 원리

3.5′ 디스크 드라이브는 5.25′ 디스크 드라이브보다 획기적으로 사용성을 증가시킨 디자인이다([그림 6.7]). 우선 5.25′보다 용량이 대폭 늘었으며, 디스켓 보관이 용이하도록 크기도 작아지고 외부도 튼튼해졌다. 뿐만 아니라, 5.25′보다 두께가 두꺼워져 드라이브에 삽입하기가 쉬워졌으며, 정사각형이

그림 6.7 5.25′ 디스크와 3.5′ 디스크의 비교

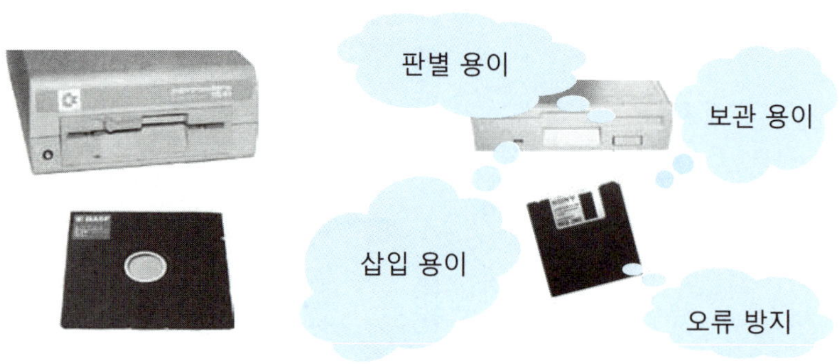

아니라 정확하게 한 방향으로만 쉽게 삽입할 수 있도록 설계하여 잘못 삽입하는 오류를 줄였다. 또한 일단 디스켓을 끼우면 누름 단자가 튀어나와 디스켓이 드라이브 안에 들어 있는지를 판별하기 쉬워지도록 하였다. 사용자를 고려한 훌륭한 디자인이라고 볼 수 있다.

예제 6.7 레고 블럭 오토바이의 전등색

레고 블럭을 가지고 오토바이를 만들었다. 최종적으로 오토바이에 노란색과 빨간색 전등이 남아 있다면 앞과 뒤의 전등 자리에 각각 어느 색깔의 전등을 붙이는 것이 옳을까?

7. 오류방지를 위한 강제적 기능

어떠한 단계에서 실패가 발생하면 다음 단계로 넘어가는 것이 차단되도록 행동이 제약되는 상황을 오류방지를 위한 강제적 기능이라고 한다. 이 강제적 기능은 잘못된 행위를 발견하기 쉽게 만드는 강력한 물리적 제약 중의 하나로 오류를 범하게 되면 안전이나 시스템에 막대한 영향을 줄 가능성이 있을 때에 안전성을 확보하기 위하여 사용하는 방법의 하나이다. 일반적으로 제품에 강제적 기능을 부여하면 사용하는 데에 불편함을 초래할 수 있다. 따라서 사용시의 불편을 최소화하며, 안전성을 확보할 수 있는 강제적 기능을 가진 디자인이 필요하다.

예제 6.8 자동차 안전벨트와 강제적 기능

미국에서는 자동차 운행을 할 때 운전석과 조수석 모두에 안전벨트를 착용하는 것을 의무화한 적이 있었다. 법적으로 운전석과 조수석에 안전벨트를 착용하지 않은 상태에서 시동을 걸면 소리가 나고 시동이 걸리지 않도록 한 것이다. 당연히 운전자들은 불편할 수밖에 없었다. 안전벨트가 고장나면 자동차의 엔진은 정지되었으며, 조수석에 짐을 실은 경우에도 승객으로 감지하여 안전벨트를 채우지 않으면 시동은 걸리지 않았다. 그래서 불편한 운전자들이 정비공장에서 안전벨트의 기능을 떼어버리는 경우가 많이 발생하였다. 결국은 시동이 걸리지 않도록 하는 강제적 기능은 취소되었으며, 조수석의 안전벨트 미착용에 대한 경고음도 울리지 않도록 설계가 변경되고 말았다. 강제적 기능에 의한 안전성 확보는 사용시의 불편함과 반작용 관계에 있을 경우가 많은데 이를 단적으로 나타내주는 예이다.

강제적 기능 장치는 크게 맞잠금(interlock), 안잠금(lockin), 바깥잠금(lockout)으로 분류된다. 맞잠금(interlock)은 조작들이 올바른 순서대로 일어나도록 강제하는 장치로 안전을 확보하기 위하여 갖추어져야 할 조건들이 모두 만족되는 경우에만 작동이 되도록 하는 강제적 기능이다.

예제 6.9 전자레인지와 interlock 기능

[그림 6.8]과 같은 전자레인지는 시간조절기로 시간을 예약하고 작동을 시킨다. 전자레인지가 작동되는 중에 어린 아이가 와서 작동중인 전자레인지의 문을 열고 손을 집어넣고 장난을 한다면 어떻게 될 것인가? 당연히 계속

작동 중이라면 위험에 처할 것이다. 다행히 이들 제품을 설계한 사람들은 이러한 조건에서는 작동이 멈추도록 하는 강제적 기능을 부여하여 놓았다.

그림 6.8 전자레인지와 interlock 기능

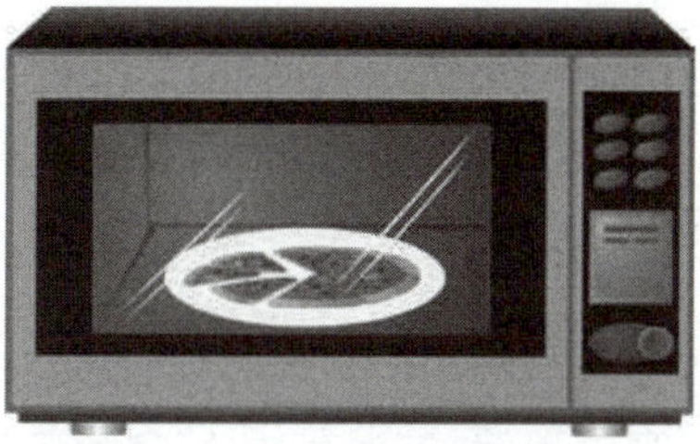

작동하던 제품의 작동을 계속 유지시킴으로써 작동이 멈춤으로 오는 피해를 막기 위한 예방 개념을 안잠금(lockin)이라 한다. 안잠금은 컴퓨터 사용자가 사용하던 프로그램을 저장하지 않고 종료 버튼을 선택할 경우에 점검해서 저장할 것이냐고 친절하게 물어보기까지 실질적인 작동을 유지시킴으로써 피해를 예방하고자 하는 것이 해당된다.

또 하나의 강제적 기능의 유형은 바깥잠금(lockout)이다. 바깥잠금은 위험한 상태로 들어가거나 사건이 일어나는 것을 방지하기 위하여 들어가는 것을 제한 또는 예방하는 개념이다. 예를 들면, 백화점 같은 대형 건물의 에스컬레이터를 설계할 때에 지상 1층까지는 바로 연결되게 배치하다가, 지하로 내려갈 때에는 이제까지의 방향과는 달리 다른 곳으로 돌아서 내려가도록 위치시키는 것이 해당된다. 이는 건물에 화재가 나는 등의 위급한 상황에서 사람들이 1층까지 내려온 뒤에 더 이상 지하로 내려가지 않도록 진행을 방해하는 개념으로 설계한 강제적 개념이다.

8. 안전 설계 원리

8.1 fool proof

사용자가 조작 실수를 하더라도 사용자에게 피해를 주지 않도록 하는 설계 개념을 fool proof라 한다. 초보자나 미숙련자가 잘 모르고 제품을 사용하더라도 고장이 나지 않도록 하거나 작동하지 않도록 하여 안전을 확보하는 개념이다. 예를 들어, 극성이 정해져 있는 전원 커넥터를 사용할 때에 극성이 다르게 삽입되는 것을 방지하기 위하여 커넥터의 모양을 비대칭적으로 하여 극성이 올바르게 맞는 경우에만 삽입될 수 있도록 설계하여 놓는 경우이다. 프레스에 설치된 안전장치도 대표적인 fool proof 설계의 하나이다.

예제 6.10 자동변속기의 fool proof 설계

자동변속기를 가진 자동차에 어린 아이가 타서 시동 열쇠를 꽂고 시동을 건다고 상상하여 보자. 만일 주행 모드인 D자에 놓인 상태로 시동이 걸린다면 자동차는 어떻게 될 것인가? 자동차는 움직이기 시작하고 놀란 어린 아이는 속수무책일 것이다. 자동차 설계자들은 주행 모드에서는 시동이 걸리지 않도록 설계하여 놓았다. 잘 모르고 실수할 가능성이 있는 것을 대비하여 미리 설계 단계에서 고려한 것이다.

8.2 fail safe

고장이 발생한 경우라도 피해가 확대되지 않고 단순 고장이나 한시적으로 운영이 계속 되도록 하여 안전을 확보하는 설계 개념을 fail safe라 한다. 과전압이 흐르면 내려지는 차단기나 퓨즈 등이 fail safe의 예이다. 고가의 장비에서 병렬 부품을 사용하여 부품 하나가 고장이 나더라도 나머지 부품이 작동하여 시스템이 작동하도록 설계된 것도 fail safe의 개념이다.

예제 6.11 철도 차단기와 fail safe 설계

철도 차단기는 기차가 오는 것을 센서가 감지하여 경고음과 함께 차단기가 내려지도록 설계되어 있다. 만일, 철도 차단기가 고장나면 어떻게 되겠는가? 대형 충돌 사고가 우려된다. 그러나 철도 차단기 설계자는 fail safe 개념을 이용하여 차단기 자체가 고장난 경우에도 경고음이 울리도록 설계하였다. 차단기가 고장이 났을 때에는 빨리 수리하여 안전을 확보하도록 한 것이다.

8.3 tamper proof

프레스 작업에서 작업자들은 작업 속도가 느려지고 불편하다는 이유를 들어 고의로 안전장치를 제거하거나 무용지물로 만드는 경우가 종종 있다. 일반적으로 안전장치를 고려할 정도면 안전장치가 제거되는 경우에 사고가 발생할 가능성이 아주 높다고 할 수 있다. 그래서 제품 설계자는 고의로 안전장치를 제거하는 데에도 대비하여야 한다. 이러한 예방 설계 개념을 tamper proof라 한다. 예를 들면, 위험설비의 안전장치를 제거하는 경우에는 제품이 작동되지 않도록 설계하는 개념이다.

예제 6.12 약의 포장과 tamper proof 설계

얇은 막을 이용하여 약을 개별 포장하는 기술에는 tamper proof 개념이 적용되어 있다. 제약회사에서 약에 이물질이 들어가는 것을 방지하기 위하여 약마다 안전막을 이용한 개별 포장을 하고, 소비자에게는 얇은 안전막이 손상된 경우에는 안전을 확보할 수 없으므로 사용하지 말라고 광고함으로써 사용자의 안전까지 확보하려 한 것이다.

연습문제

1. 사물의 특성에서 자연스러운 제약을 통하여 행위에 관한 정보를 제공하는 것을 무엇이라 하는가?
   ① visibility　② affordance　③ fool proof　④ lock in

2. 제품의 중요 기능, 작동상태, 작동결과 등을 제품에 나타나도록 하는 설계 개념은?
   ① affordance　② visibility　③ feedback　④ conceptual model

3. 사용자가 실수를 하더라도 고장이 나지 않거나 피해를 주지 않도록 하는 설계 개념은?
   ① fool proof　② fail safe　③ tamper proof　④ lock out

4. 손잡이를 어떤 모양으로 어떤 위치에 부착하느냐에 따라 문을 여는 방향과 밀고 당기는 여부를 알 수 있는 것은 다음 중 무엇과 관계가 있는가?
   ① visibility　② affordance　③ fool proof　④ feedback

5. 핸드폰 액정을 보면 충전지가 얼마나 남아 있는지를 알 수 있는 것은 다음 중에서 무엇과 관계가 있는가?
   ① visibility　② affordance　③ fool proof　④ feedback

6. '다나아' 약의 포장은 얇은 안전막을 제거하면 안전을 확보할 수 없으므로 사용하지 말라고 광고한다. 다음 중에서 무엇과 관계가 있는가?
   ① tamper proof　② fail safe　③ fool proof　④ lock out

연습문제 해답 : 1. ②, 2. ②, 3. ①, 4. ②, 5. ①, 6. ①

7. 백화점의 에스컬레이터는 화재시를 대비하여 1층에서 지하로 내려가는 것은 바로 연결이 되지 않고 돌아가야 한다. 다음 중에서 무엇과 관계가 있는가?

① tamper proof ② fail safe ③ fool proof ④ lock out

8. 어린 아이가 자동차 안에서 시동키를 돌리더라도 Drive 모드에서는 시동이 걸리지 않는다. 다음 중에서 무엇과 관계가 있는가?

① tamper proof ② fail safe ③ fool proof ④ lock out

9. 어린 아이가 작동 중인 전자레인지의 문을 열면 전자레인지는 꺼진다. 다음 중에서 무엇과 관계가 있는가?

① affordance ② fail safe ③ lock out ④ interlock

10. 냉온수기의 뜨거운 물이 나오는 꼭지는 왼쪽에 빨간색으로 되어 있기를 기대 한다. 다음 중에서 무엇과 관계가 있는가?

① compatability ② fail safe ③ lock out ④ lock in

11. 다음 중에서 좋은 개념 모형에 대한 설명으로 가장 적절한 것은?

① 디자이너와 사용자의 개념 모형이 일치하는 것

② 사용자의 심리적, 인지적 특성을 고려하여 설계하는 것

③ 자연스러운 제약을 통하여 행위에 관한 정보를 주는 설계

④ 제품을 쉽고 편하게 사용하도록 하는 설계

연습문제 해답 : 7. ④, 8. ③, 9. ④, 10. ①, 11. ①

12. 다음 중에서 양립성의 유형이 아닌 것은?

① 개념 ② 공간 ③ 운동 ④ 인지

13. 다음 중에서 양립성에 맞춰 설계하는 경우의 효과가 아닌 것은?

① 학습이 빠르다.

② 사용자의 만족도가 높다.

③ 위급상황에서의 대처능력은 떨어진다.

④ 조작 실수가 적다.

14. 냉온수기에 적용된 양립성의 유형으로 가장 옳은 것은?

① 개념 양립성 ② 공간 양립성

③ 운동 양립성 ④ 개념 양립성과 공간 양립성

연습문제 해답 : 12. ④, 13. ③, 14. ④

실습문제

1. 냉온수기에 적용된 양립성의 원리에 대하여 설명하시오.

■ 해설 ■

개념 양립성 : 뜨거운 물은 빨간색, 차가운 물은 파란색으로 표시
공간 양립성 : 뜨거운 물은 왼쪽, 차가운 물은 오른쪽에 배치

2. 어떤 작업자가 급하게 출입문을 향해 뛰어가 출입문의 오른쪽을 밀고 나가려 하였다. 그러나 출입문은 열리지 않았고, 작업자의 손목이 젖혀졌다. 출입문에는 어떠한 표시 및 방향지시가 없었다. 이 출입문은 문제점이 있다고 판단하고, 개선을 계획하고 있다. 개선에 적용될 설계원칙은 무엇이며, 개선 방법은 무엇인지 서술하시오.

■ 해설 ■

1) 설계원칙

행동유도성을 고려한 설계원리

2) 개선 방법

출입문의 열어야 할 방향 쪽에 당기는 손잡이나 미는 표시판을 위치시켜 사용자에게 행동에 관한 단서로서 행동을 유도함.

3. 가시성의 원리가 적용된 사례를 다섯 가지만 찾아서 설명하시오.

■ 해설 ■

1) 휴대폰은 휴대폰의 베터리가 얼마나 남아있는지 알 수 있도록 설계되었다.
2) 공중화장실에서 사용자가 사용 중인지 알 수 있게 표시하였다.
3) 지하철 전광판은 지하철이 어느 역에 정차하고 있는지 실시간으로 보여준다.
4) 신호등은 남은 시간이 몇 초인지를 알려준다.
5) 자판기는 불이 들어오면 음료가 나오고 있는 중이라고 알려준다.

4. 맞잠금(interlock) 설계를 두 가지만 예를 들어 설명하시오.

■ 해설 ■

맞잠금 : 안전을 확보하기 위하여 운전조건이 만족되는 경우에만 작동하도록 설계 개념

1) 전자레인지 : 가열하는 동안 손을 넣을 수 없도록 문이 닫혀 있는 조건에서만 작동됨.

2) 세탁기 : 모터가 돌아가는 동안에는 손을 넣을 수 없도록 문을 열면 모터가 멈춤.

5. 중국 음식집에서 식초와 간장이 동일한 모양과 색상의 용기에 담겨져 있어 실수를 하는 경우가 종종 있다. 이러한 경우 고려되지 않은 인간공학적 디자인 원리에 대하여 설명하고, 개선 방법을 서술하시오.

■ 해설 ■

1) 문제점

의미를 바르게 전달할 수 있는 가시성이 결여되어 있다.

2) 개선방법

- 식초와 간장의 용기재질을 속이 보이는 재질로 바꾸어주어 가시성을 높여준다.
- 식초의 용기는 식초를 연상케 하는 흰색, 간장의 용기는 간장을 연상하게 하는 검은색으로 바꾸어 주어 가시성을 높여준다.

6. 실내전등의 밝기에 따라 "High, Low, Off"를 전환하기 위한 스위치가 다음과 같이 설계 되어 있다면, 위배된 인간공학적 디자인 설계 원리에 대하여 설명하고 개선방안을 제시하시오.

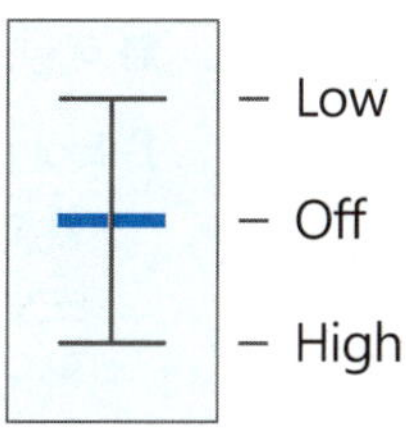

■ 해설 ■

1) 문제점

양립성이 결여되어 있다.

2) 개선 방법

밝기의 순으로 High, Low, Off 순으로 위에서 아래로 배열하여 위로 올라갈수록 밝기가 높아지도록 설계한다.

7. 밀어서 이용하는 출입문에 그림과 같이 PUSH 라고 쓰여 있다면, 위배된 인간공학적 디자인 설계 원리에 대하여 설명하고 개선방안을 제시하시오.

■ 해설 ■

1) 문제점

일반적으로 미는 경우에는 손잡이를 잡고 밀지 않으므로 행동 유도성에 위배됨

2) 개선 방법

출입문에서 손잡이를 제거하고 밀기 용이하게 납작한 판을 붙임밝기가 높아지도록 설계한다.

8. fool proof와 fail safe 설계에 대하여 예를 들어 설명하시오.

■ 해설 ■

1) fool proof

자동차가 D(주행) 모드에서 출발이 되지 않도록 시동이 걸리지 않는 것 처럼, 초보자나 미숙련자가 사용상 실수를 하더라도 안전이 확보되고, 고장이 나지 않도록 설계하는 개념.

2) fail safe

고장이 발생 하거나 외부 요인에 의해 작동이 멈추더라도 피해가 확대되지 않고 안전을 확보하도록 하는 설계 개념.
과전류가 흐르련 퓨즈가 나가거나, 전원이 나가는 것을 대비하여 자동 전기공급장치가 작동되는 설비의 설계.

9. tamper proof와 lock out 설계에 대하여 예를 들어 설명하시오.

■ 해설 ■

1) tamper proof

안전장치가 작동되지 않으면 기능이 작동 되지 않도록 설계하는 개념.
프레스 기계의 안전장치를 고의로 제거하면 기계가 작동되지 않도록 함.

2) lock out

위험한 상태나 사건이 일어나지 않도록 예방적인 개념으로 설치하는 바깥잠금 안전 설계.
윗층에서 1층까지 에스컬레이터를 타고 내려갈 때는 바로 연결되는 방향이지만, 1층에서 지하로 내려갈 때 방향은 화재시를 고려하여 내려가기 어렵게 돌아가서 내려가도록 함.

제 7 장

인체측정 및 응용

1. 인체 측정치의 다양성
2. 인체 측정치의 응용 원칙
3. 인체 특성을 고려한 설계
4. 인체 측정치의 적용 절차
5. 작업 공간 설계

1. 인체 측정치의 다양성

1.1 인체 측정

일상생활에서 사용하는 도구나 설비를 설계할 때 인체 측정치를 이용하게 된다. 신체의 다양한 치수를 비롯하여 신체 부위의 부피, 질량, 무게중심 등의 물리적 특성을 다루는 학문을 인체측정학(anthropometry)이라 한다.

우리나라에서 길이를 측정하는 데 사용하였던 자, 마, 길 등의 단위나 서양에서 사용하고 있는 야드, 피트, 인치 등이 모두 신체 부위를 기준으로 정의될 정도로 인체 치수는 제품 설계에서 중요한 의미를 가진다.

인체 치수는 고정자세에서 측정하는 구조적 인체 치수와 움직이는 활동자세에서 측정하는 기능적 인체 치수로 분류된다. 기능적 인체 치수를 측정하는 이유는 신체적 기능을 수행할 때 각 신체 부위가 독립적으로 움직이는 것이 아니라 조화를 이루어 움직이기 때문이다.

인체 측정은 마틴식 인체 측정기를 사용하여 인체 치수를 직접 측정하는 직접 인체 측정법과 사진이나 3차원 촬영 등을 이용하는 간접 인체 측정법으로 분류된다.

1.2 인체 측정치의 분포

제품 설계에 필요한 인체 측정치들은 대부분 [그림 7.1]과 같은 종 모양의 정규분포를 따른다. 예를 들어, 많은 사람들을 대상으로 키를 조사하였다면 평균을 중심으로 많이 분포되며, 평균에서 떨어질수록 빈도가 작게 나타난다. 정규분포는 평균과 표준편차에 의하여 특징이 정해진다. 평균은 종 모양이 어느 쪽으로 치우쳐 있는가를 나타내며, 표준편차는 종의 퍼진 정도를 나타낸다. 즉, 표준편

그림 7.1 정규분포의 평균과 표준편차

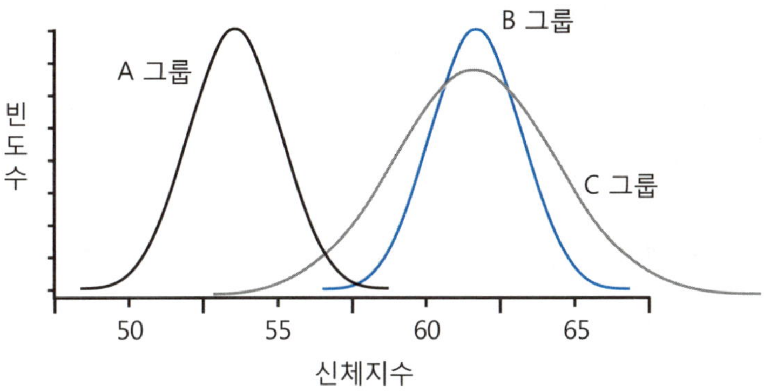

차는 자료가 얼마나 널리 퍼져서 분포되어 있는가를 나타낸다.

[그림 7.1]은 A, B, C 세 그룹에 속한 사람들의 몸무게 분포를 나타낸다. 세 그룹의 몸무게 분포를 보면, B 그룹과 C 그룹은 평균이 같고, A 그룹은 B, C 그룹들보다 평균이 작음을 알 수 있다. 또한, 표준편차는 A 그룹과 B 그룹이 같으며, C 그룹은 A, B 그룹보다 퍼진 정도가 넓으므로 표준편차가 더 큼을 알 수 있다.

1.3 정규분포의 퍼센타일과 특성치의 표현

제품이나 작업장 설계에 필요한 인체 특성치를 측정하는 경우에 일반적으로 특성치는 정규분포를 따르므로 인체 측정 결과를 주로 평균과 표준편차로 표시한다. 제품 설계에서 많은 사람들로 구성된 사용자 그룹의 특성을 표현하는 데에는 퍼센타일(percentile: 백분위수) 개념이 이용된다. 퍼센타일이란 측정한 특성치를 순서대로 나열하였을 때 백분율로 나타낸 순서 수 개념이다. 예를 들면, 10퍼센타일이란 순서대로 나열하였을 때 100명 중 10번째에 해당하는 수치를 의미한다.

인체 치수가 정규분포를 따르는 경우에 퍼센타일 인체 치수 값은 인체 치수의 평균, 표준편차와 퍼센타일 계수에 의해 다음과 같이 표현된다. 즉, 평균과 표준편차를 알면 원하는 퍼센타일 값을 구할 수 있다.

$$\%\text{tile 인체치수} = \text{평균치수} \pm \text{표준편차} \times \text{퍼센타일 계수}$$

[표 7.1]은 퍼센타일 계수표이다. [표 7.1]에서 보면 정규분포는 대칭 모양이므로 평균(50퍼센타일)을 중심으로 같은 거리에 있는 5퍼센타일과 95퍼센타일의 계수는 같은 크기로 부호만 반대임을 확인할 수 있다.

표 7.1 퍼센타일 계수표

퍼센타일		계수	퍼센타일		계수
1	99	2.326	23	75	0.674
2	98	2.054	30	70	0.524
3	97	1.881	35	65	0.385
5	95	1.645	40	60	0.253
10	90	1.282	45	55	0.126
15	85	1.036	50	50	0.000
20	80	0.842			

사용자 그룹을 표현할 때 작은 사람은 주로 5퍼센타일 값을 이용하며, 큰 사람은 95퍼센타일을 이용한다. 또한 평균 값은 50퍼센타일과 같은 값으로 보통 사람을 대표한다([그림 7.2] 참조). 5퍼센타일 값과 95퍼센타일 값은 다음 식들에 의해 구할 수 있다.

$$5\%\text{tile 값} = \text{평균} - 1.645 \times \text{표준편차}$$
$$95\%\text{tile 값} = \text{평균} + 1.645 \times \text{표준편차}$$

그림 7.2 사용자 그룹의 표현

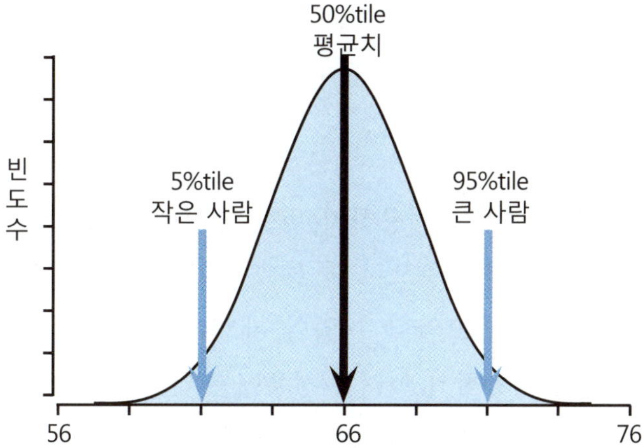

1.4 평균치의 모순(average person fallacy)

인체 측정치를 이용하여 제품을 설계할 때 흔히 평균치가 만병통치약인 것처럼 생각할 수 있다. 그러나 인체 측정치의 응용시 생각해야 될 중요한 개념은 평균치 인간은 존재하지 않는다는 것이다.

Daniels과 Churchill이 미공군 4,000명을 대상으로 10개 부위 치수를 측정한 조사에 의하면, 각 치수의 평균을 중심으로 상하 15% 범위를 그 치수의 평균 범위라고 하였을 때, 키 하나만 평균 범위에 드는 사람의 비율은 26%였으며, 키와 몸무게가 둘 다 평균 범위에 드는 사람의 비율은 7.4%, 키, 몸무게, 가슴둘레 모두가 평균 범위에 드는 사람의 비율은 3.5%, 키, 몸무게, 가슴둘레, 무릎높이가 모두 포함되는 비율은 1.8% 밖에 되지 않았다. 즉, 모든 치수가 평균 범위에 드는 평균치 인간은 존재하지 않는 것이다. 따라서 평균치가 제품 설계를 위한 만병통치약은 아닌 것이다.

2. 인체 측정치의 응용 원칙

2.1 인체 측정치의 응용 원리

인체 측정치를 제품 설계에 적용하기 위한 원리로는 조절식 설계, 극단치를 기준으로 한 설계, 평균치를 기준으로 한 설계 등이 이용된다. 설계 원리들의 적용 과정은 [그림 7.3]과 같이 요약할 수 있다. 제일 먼저 고려할 개념이 조절식 개념으로, 조절식 개념을 적용하기 어려울 경우에는 극단치를 이용한 설계를 고려한다. 극단치를 이용할 수 없는 경우에는 할 수 없이 평균치를 이용한 설계 기준을 적용한다. 즉, 평균치를 이용한 설계는 다른 기준이 적용되기 어려운 경우에 마지막으로 적용되는 기준이라고 할 수 있다.

그림 7.3 인체 측정치의 응용 원리 및 절차

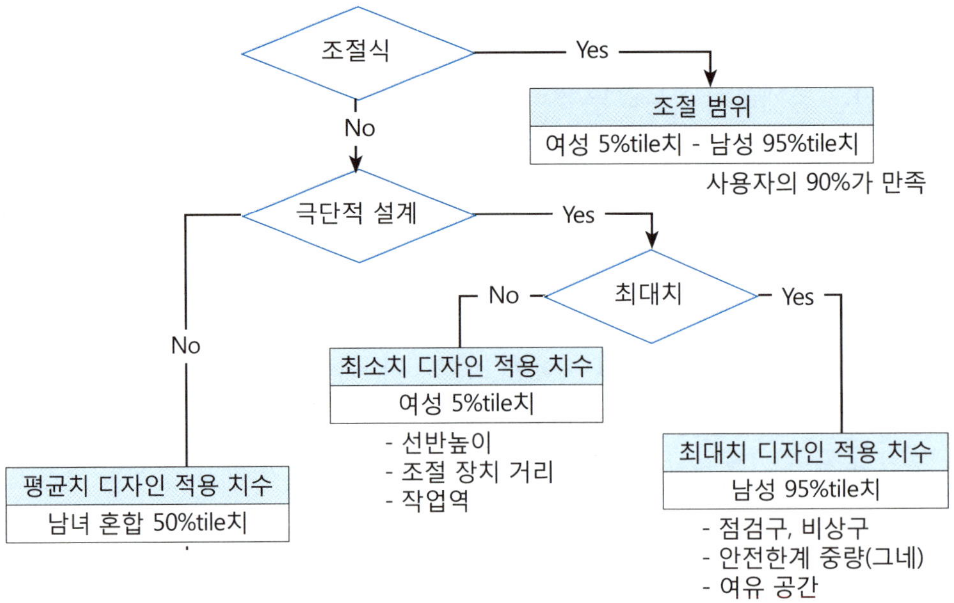

2.2 조절식 설계

제품이나 작업장 설계에서 가장 바람직한 설계 기준은 조절식 설계 개념이다. 즉, 체격이 다른 여러 사용자가 자신에 맞게 직접 크기를 조절할 수 있도록 조절식으로 만드는 것이 바람직하다. 조절식 설계 개념에 의한 설계 치수는 사용자 그룹 중에서 작은 사람의 치수에서 큰 사람의 치수까지를 포함할 수 있도록 5퍼센타일에서 95퍼센타일 값을 조절 범위로 사용한다.

그러나 제품을 조절식으로 만들면 제품의 단가가 높아지거나 제품의 견고성이 떨어지는 경우가 있다.

2.3 극단치를 이용한 설계

특정 설비를 설계할 때에 어떤 인체 측정 특성의 한 극단에 속하는 사람을 대상으로 설계하면 거의 모든 사람을 수용할 수 있는 경우에는 극단치를 이용한 설계를 한다.

극단치를 이용한 설계는 최소 치수를 이용하거나 최대 치수를 이용하는 방법으로 분류된다. 예를 들면, 전철이나 버스의 손잡이 높이를 고려하여 보자. 아마도 키가 큰 사람들은 굳이 고리 모양의 손잡이를 잡지 않고 철봉 손잡이를 잡아도 될 것이다. 그러나 키가 작은 사람들은 고리 모양의 손잡이를 잡고 동동 매달려 있거나, 이리저리 흔들거리는 경우가 많았을 것이다. 이것은 키가 작은 사람을 배려하지 않은 경우로 만일 고리 모양의 손잡이 높이를 키가 작은 사람을 기준으로 정했더라면 대다수의 사람들이 만족했을 것이다.

한편, 시외버스나 고속버스를 탈 경우에 의자와 다음 의자 사이의 간격을 생각하여 보자. 의자간의 좁은 간격으로 다리를 뻗지 못하여 고생한 경험을 갖고 있는 사람은 큰 사람을 기준으로 설계 개념을 적용하였더라면 대다수의 사람들이 고생하지 않았을 텐데 하는 생각을 가졌을 것이다. 또한 그네의 하중이나 출입문의 크기 등도 큰 사람을 기준으로 한 설계의 적용 예가 된다.

작은 사람을 기준으로 한 설계의 경우에는 대표치로 주로 5퍼센타일 값을 이용하고, 큰 사람을 기준으로 한 설계 개념에서는 95퍼센타일 값을 이용한다.

2.4 평균치를 기준으로 한 설계

조절식으로 적용하기도 불가능하고, 최대 치수나 최소 치수를 기준으로 설계하기도 부적절한 경우에는 평균치를 기준으로 한 설계 개념을 적용한다. 인체 치수들이 정규분포를 따르므로 주위에 분포하는 사람들의 빈도가 높은 평균을 이용하는 것이다.

3. 인체 특성을 고려한 설계

일반적으로 남성의 신체 치수는 여성의 신체 치수보다 큰 것으로 알려져 있다. 그러나 같은 키의 남녀를 비교하면 여자의 엉덩이 너비와 둘레는 남자보다 큰 특징을 갖고 있다. 또한, 여성의 평균 근력은 남성의 2/3 정도로 알려져 있다. 근력의 연령별 특성을 살펴보면 일반적으로 25~35세에서 최대 근력을 보이는데, 50대에서는 80% 정도로 감소되는 것으로 나타난다. 이렇게 연령별, 성별 인체 특성에는 차이가 존재하므로 이러한 신체적 특성을 고려하여 설계하는 것이 중요하다.

예제 7.1 자세별, 남녀별 미는 힘과 당기는 힘

[그림 7.4]는 앉은 자세와 선 자세에서의 미는 힘과 당기는 힘에 대한 남녀별 특성을 나타낸다. 앉은 자세에서는 남녀 모두 당기는 힘이 미는 힘보다 센 것을 알 수 있다. 반면에 선 자세에서는 남녀 모두 미는 힘이 당기는 힘보다 크다. 그렇다면, 힘을 필요로 하는 작업이라면 앉은 자세에서는 당기도록, 선 자세에서는 밀도록 설계하는 것이 바람직하다. 또한, 남자보다 여자가 모두 근력이 상대적으로 적으므로 근력을 이용한 작업에서는 근력이 작은 여자의 5퍼센타일을 기준으로 설계한다면 나머지 대부분의 사람들은 무리하게 힘을 쓰지 않아도 될 것이다.

그림 7.4 자세별, 남녀별 미는 힘과 당기는 힘

(단위:N)

앉은 자세에서 미는 힘				앉은 자세에서 끄는 힘				선 자세에서 미는 힘				선 자세에서 끄는 힘			
%tile	10%	50%	90%	%tile	10%	50%	90%	%tile	10%	50%	90%	%tile	10%	50%	90%
남자	262	302	334	남자	434	479	518	남자	258	356	454	남자	240	311	387
여자	179	199	216	여자	258	289	310	여자	151	205	258	여자	137	200	262

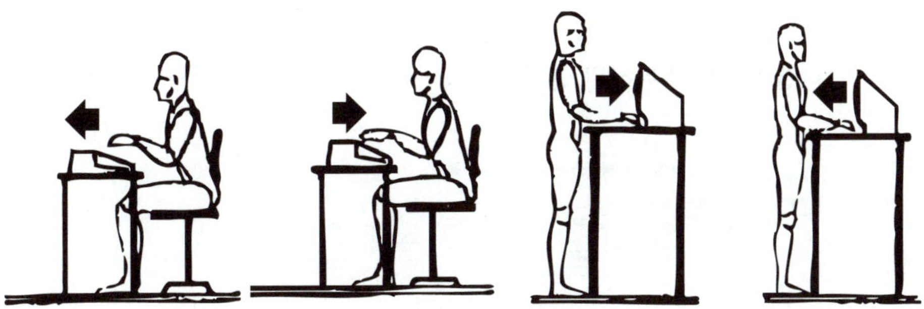

그림 7.5 선 자세에서의 높이에 따른 동작 난이도

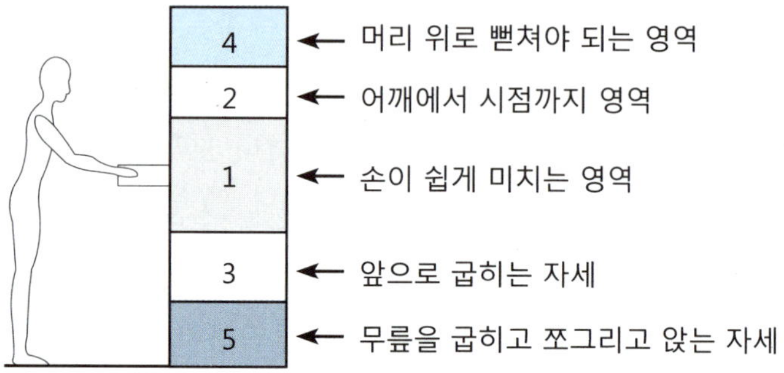

[그림 7.5]는 선 자세에서의 높이에 따른 동작의 난이도를 나타낸다. 인체 특성상 높이에 따라 동작의 난이도가 달라지는데 손이 쉽게 미치는 영역이 제일 편하므로 이 높이에서 작업을 배치하는 것이 가장 적합하다. 다음으로 어깨에서 시점까지의 영역, 앞으로 굽히는 자세, 머리 위로 뻗쳐야 되는 영역, 무릎을 굽히고 쪼그리고 앉는 자세 순으로 불편함이 가중된다.

예제 7.2 스위치의 설계

[그림 7.6]은 슬라이드 스위치를 나타낸다. 슬라이드 스위치를 설계할 때 고려할 인체 치수와 적용할 인체 치수 응용 원칙을 검토하여 보시오.

그림 7.6 슬라이드 스위치의 설계 요소

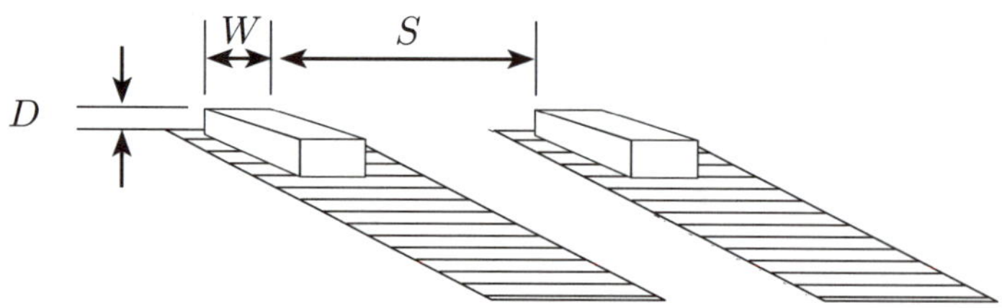

4. 인체 측정치의 적용 절차

제품 설계에 인체 측정치를 적용하는 절차 과정을 [그림 7.7]에 나타냈다.

인체 측정치 응용 절차를 살펴보면 우선 설계에 필요한 인체 부위를 정해야 한다. 예를 들면, 적절한 부품 상자의 손잡이 크기는 손바닥의 너비와 손의 두께, 손으로 잡았을 때의 여유 공간 등을 필요로 한다.

설계에 필요한 신체 부위는 필요한 인체 치수가 정해지면 어떤 사용자 계층을 위한 제품인가에 따라 사용자 집단을 정의하여야 한다. 성인을 위한 것인지 아동용인지, 또는 여성용인지 등을 고려하여야 한다.

사용 집단이 정의되면 설계요소별 적용할 인체 자료의 응용 원리를 결정하여 적절한 인체 측정 자료를 선택한다. 최소치 또는 최대치, 평균치 등의 설계에 필

그림 7.7 **인체 측정치의 적용 절차**

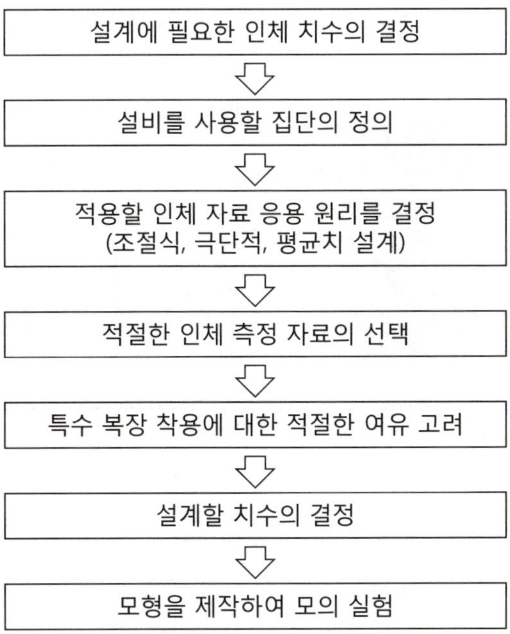

요한 치수를 구하기 위하여 설계에 필요한 부위의 평균과 표준편차를 이용하여 퍼센타일 값을 계산하여 이용한다.

설계 요소 값이 구해지면 사용환경에 따른 적절한 여유를 고려하여 제품 설계 치수를 정한다. 예를 들어, 안전화, 안전모, 장갑 등을 착용하는지에 따라 여유 공간을 고려하여 제공하여야 한다.

마지막으로 설계 치수가 정해지면 모형을 제작하여 사용성 평가를 통하여 제품 치수를 결정하게 된다.

예제 7.3 책상과 의자의 설계

[그림 7.8]은 책상과 의자에 관련된 주요 설계 요소로 책상과 의자에 관한 설계 절차를 고려하여 보자.

그림 7.8 책상과 의자의 설계 요소와 인체 부위

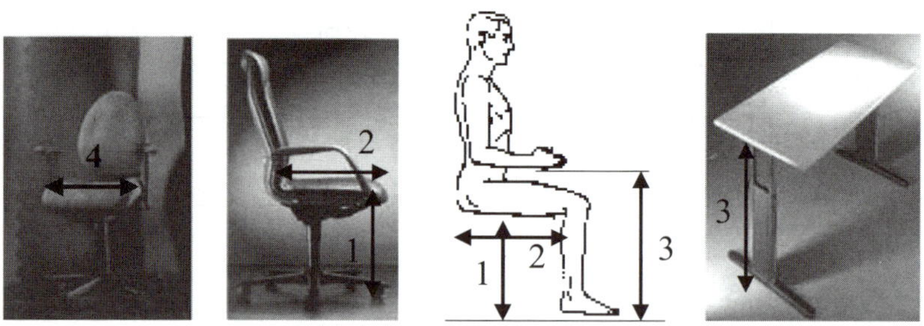

가. 설계에 필요한 인체 치수의 결정

① 의자 높이(seat height): 오금 높이[그림 7.8-1] 기준으로 설계

② 의자 깊이(seat depth): 엉덩이에서 무릎 뒤까지 길이([그림 7.8-2])

③ 책상 높이(desk height): 지면에서 앉은 팔꿈치 높이([그림 7.8-3])

④ 의자 너비(seat width): 엉덩이 너비([그림 7.8-4])

나. 설비를 사용할 집단의 정의

학생용 책걸상인지 성인용 책걸상인지를 정의한다.

다. 적용할 인체 자료 응용 원리를 결정

① 의자 높이: 조절식 설계

② 의자 깊이: 작은 사람을 기준으로 설계(5퍼센타일 값)

③ 책상 높이: 조절식 설계

④ 의자 너비: 큰 사람을 기준으로 설계(95퍼센타일 값)

라. 적절한 인체 측정 자료의 선택

사용자 집단의 설계에 필요한 인체 치수 자료를 선택하여 평균과 표준편차를 추출한다. 추출한 평균과 표준편차를 이용하여 적당한 퍼센타일 값을 구한다.

마. 적절한 여유 고려

구두를 신고 사용하는 경우에 의자와 책상 높이는 구두 높이를 고려한다.

바. 설계할 치수의 결정

예제 7.4 Size Korea 인체 측정치

한국인의 인체 치수 측정사업인 Size Korea 사업은 1972년부터 시작되어 5~7년의 시간적 간격을 두고 꾸준히 진행되고 있다. 설계에 필요한 인체 치수는 기술표준원 홈페이지(http://sizekorea.kats.go.kr/)에서 얻을 수 있다.

5. 작업 공간 설계

5.1 작업 공간

사람이 작업을 하는 데 사용하는 공간을 작업 공간 포락면(work-space envelope)이라 한다. 작업 공간 포락면은 사람이 몸을 앞으로 구부리거나 구부리지 않고 도달할 수 있는 전방의 3차원 공간으로 도달 포락면(reach envelope) 개념이다.

수평 작업면 영역에서는 팔 뻗치는 동작에 의한 도달 영역으로 정상 작업역(normal area)과 최대 작업역(maximum area)이라는 개념을 이용한다. 정상 작업역은 상완을 자연스럽게 몸에 붙인 채로 전완을 움직일 때 도달하는 영역이며, 최대 작업역은 어깨에서부터 팔을 뻗쳐 도달하는 최대 영역을 뜻한다. [그림 7.9]는 Barnes와 Squires가 제안한 정상 작업역과 최대 작업역을 나타낸다. 정상 작

그림 7.9 책상과 의자의 설계 요소와 인체 부위

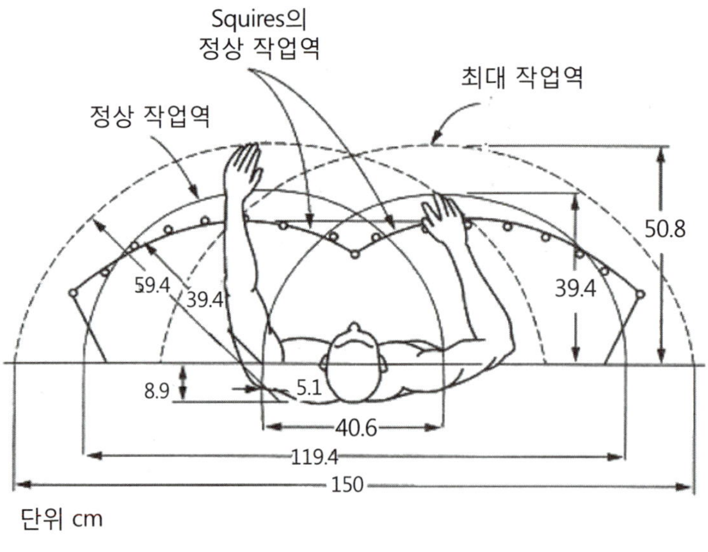

업역을 정의할 때 Barnes는 팔꿈치가 특정 지점에 고정되어 있다고 가정했으나, Squires(1956)에 의한 정상 작업역은 고정된 팔꿈치 가정을 하지 않았다.

일반적으로 즉각적으로 혹은 빈번하게 취급해야 하는 물건은 정상 작업역 안에 위치해야 하며, 그렇지 않은 물건들은 최대 작업역 안에 위치하면 된다. 작업자가 최대 작업역 밖에 물건을 위치시키면 몸을 굽히거나 뻗쳐야 하므로 빈번하거나 정기적으로 발생하는 작업은 적어도 최대 작업역 내에 위치하는 것이 바람직하다.

실행하는 작업의 유형에 따라 작업 공간 포락면의 경계는 달라진다. 예를 들어, 단순히 누름단추나 토글스위치를 작동시키는 일이면 '손 끝(fingertip)' 측정치가 적절할 것이지만, 노브를 사용하거나 레버를 잡아야 할 경우에는 '엄지 끝(thumb tip)' 측정치를 사용해야 하는데 손 끝과 엄지 끝 측정치는 5~6cm 정도의 차이가 있다. 한편 쥐기(hand-grasp action)와 같은 경우에서는 '그립 센터' 측정치를 사용하는데, 이때는 미치는 거리가 5cm 정도 더 줄어든다(Bullock, 1974).

작업장에서 작업자들은 손으로 작동하는 장치들까지 팔을 뻗어 조작해야 하거나, 발 조작 페달(foot pedal)을 작동시키기 위해 발을 뻗어야 할 때가 있다. 부적절한 도달 거리는 작업자의 안락감이나 생산성을 감소시킬 수 있으므로 접근 가능 거리는 체구가 가장 작은 사용자들의 팔이나 손 뻗침 능력에 기초하여 결정되어야 한다. 따라서 접근 가능 거리에 관한 설계는 설계에 필요한 인체 치수의 5퍼센타일 치수를 이용하는 것이 바람직하다.

여유 공간(clearance)은 작업장 설계에서 가장 자주 접하게 되는 중요한 문제 중의 하나이다. 충분한 여유 공간이 제공되지 않으면 체구가 큰 작업자들은 특정한 작업 영역까지 접근할 수 없을 것이다. 또한 여유 공간이 있다 해도 부적절하게 제공된다면 어떤 작업자들은 불편한 자세로 작업해야 할 것이고 이것은 불편함을 야기하고 생산성을 감소시킬 것이다. 여유 공간은 작업장을 사용하는 사람들 중에서 체구가 가장 큰 작업자에게도 적합해야 하므로 설계에 해당되는 인체 측정 치수는 95퍼센타일 값을 이용하는 것이 바람직하다.

5.2 공간의 배치 원리

작업장 설계자들은 특정한 물리적 공간 안에 디스플레이와 제어장치들, 장비와 도구들 또는 부품이나 장치들을 어떻게 배치할 것인가에 관한 문제에 부딪히게 된다. 사용자나 과제의 특성에 따라 최적의 상태로 배열한다면 사용자들은 쉽고 원활하게 각각의 물리적 요소들에 접근하여 사용할 수 있지만, 그렇지 못한 경우에는 사용자들을 혼동시켜 작업을 더 어렵게 만들 수 있을 것이다. 효율적인 배치를 위해서는 다음과 같은 원리들이 적용되어야 한다.

(1) 사용빈도의 원리

가장 빈번하게 사용되는 요소들은 가장 사용하기 편리한 곳에 배치되어야 한다. 빈번하게 사용되는 공구들은 잘 쓰는 손과 가까운 지점에 놓여 있어야 하고 빈번하게 사용되는 페달은 오른발과 가까운 곳에 위치해야 한다.

(2) 중요도 원리

시스템의 목적을 달성하는 데 상대적으로 더 중요한 요소들은 사용하기 편리한 지점에 위치해야 한다. ([그림 7.10])

(3) 사용 순서의 원리

연속해서 사용하여야 하는 구성요소들은 서로 옆에 놓여야 하고, 조작의 순서를 반영하여 배열한다.

(4) 일관성 원리

동일한 구성요소들은 기억이나 찾는 것을 줄이기 위하여 같은 지점에 위치해야 한다.

(5) 조종장치와 표시장치의 양립성 원리

조종장치와 관련된 표시장치들이 근접하여 위치해야 하고, 여러 개의 조종장치와 표시장치들이 사용되는 경우에는 조종장치와 표시장치들의 관계

그림 7.10 앉은 자세에서 바람직한 조종장치의 위치

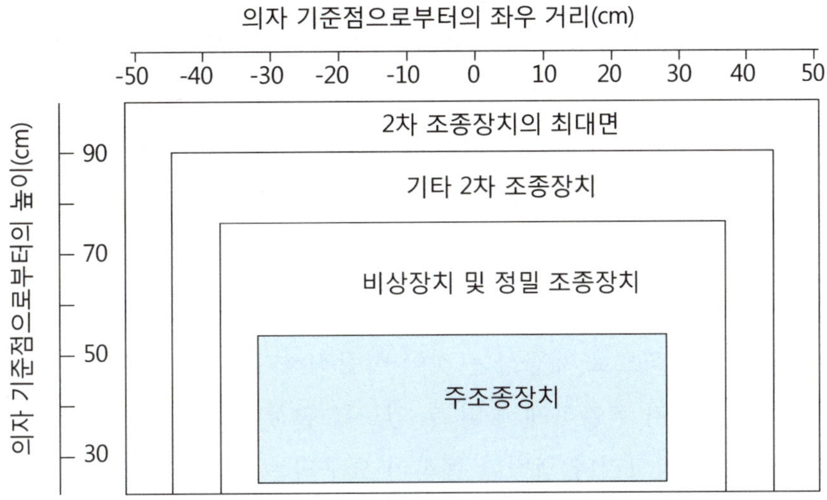

를 쉽게 알아볼 수 있도록 배열 형태를 반영해야 한다.

(6) 기능성 원리

비슷한 기능을 갖는 구성요소들끼리 한데 모아서 서로 가까운 곳에 위치시켜야 한다. 관련 요소들끼리 서로 집단화되어 있으면 더 쉽고 더 분명하게 확인할 수 있으며, 상이한 색채나 형태를 사용하거나 혹은 집단 사이의 경계를 분리함으로써 집단들을 구분할 수 있다.

5.3 작업 자세와 작업대 높이

작업장에서 작업자들은 서서 작업하거나 앉아서 작업한다. 서서 작업하는 경우는 작업자들이 자주 돌아다녀야 하거나, 매우 크거나 무거운 중량물을 취급하는 경우 또는 손으로 큰 힘을 써야 하는 경우에 사용된다. 장시간 서서 작업을 하는 경우에는 입식용 의자를 제공하고, 바닥에 매트를 깔거나 쿠션이 좋은 신발을 착용하면 작업자의 피로를 줄일 수 있다.

앉아서 작업을 하면 팔을 좀 더 정확하게 움직일 수 있고 신체적 안정감이 증가되어 정밀한 작업을 하는 경우에는 앉는 자세가 바람직하다. 그러나 장시간 앉아서 작업하는 경우에는 허리에 무리를 줄 수 있으므로 작업자의 신체 치수에 따라 높이를 조절할 수 있는 의자와 발판이 제공되어야 하며, 작업자의 발이나 무릎이 움직일 수 있는 여유 공간을 제공하여야 한다.

작업대의 높이나 의자의 높이는 가능하다면 다양한 신체 크기를 갖는 작업자들에게 맞도록 조절식으로 제공하는 것이 바람직하다. [그림 7.11]과 같이 작업대의 높이는 팔꿈치가 편안하게 놓일 수 있도록 팔꿈치 높이를 기준으로 설계하는 것이 일반적이다. 그러나 정밀한 동작이 요구되는 작업인 경우에는 작업자들이 허리를 앞으로 굽히지 않고도 작업면을 볼 수 있도록 팔꿈치 높이보다 높게 설계하며, 큰 힘을 주거나 중량물을 취급하는 경우에는 취급하는 중량물 높이를 감안하여 팔꿈치 높이보다 낮게 설계하는 것이 바람직하다.

그림 7.11 선 자세에서의 작업대 높이

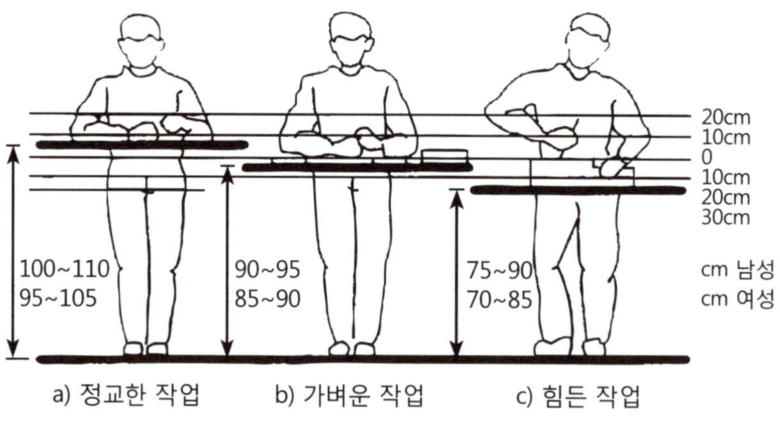

5.4 중량물 취급 작업의 설계

중량물 취급 작업을 설계할 때는 위치에 따른 중량물 취급 허용 한계선을 검토하여 설계해야 한다. [그림 7.12]는 영국의 산업안전보건청(HSE, 2004)에서 제시한 남녀 자세 위치별 개인의 중량물 취급 작업에서의 허용 중량에 대한 한계선을 표현한 것이다. 중량물 취급은 가능한 좋은 자세로 팔꿈치 높이에서 취급하는 것이 가장 효율적이며, 중량물 취급에 관한 허용 기준은 좋지 않은 조건에서 작업할 때를 기준으로 중량물 취급 허용한계를 정하는 것이 예방 측면에서 의의가 있다고 할 수 있다. 예를 들면 작업대 위에 있는 중량물을 어깨 위의 선반 위에 올려놓는 작업자라면 어깨 위로 뻗쳐서 중량물을 취급하는 자세를 기준으로 잡고 [그림 7.12]를 이용하여 남자만 작업하는 경우에는 5kg이하로 여자와 남자가 같이 작업하는 경우에는 3kg이하로 기준을 선정하는 것이 요통 예방을 위하여 바람직한 철학이라 할 수 있다.

그림 7.12 중량물의 취급 권장 한계선

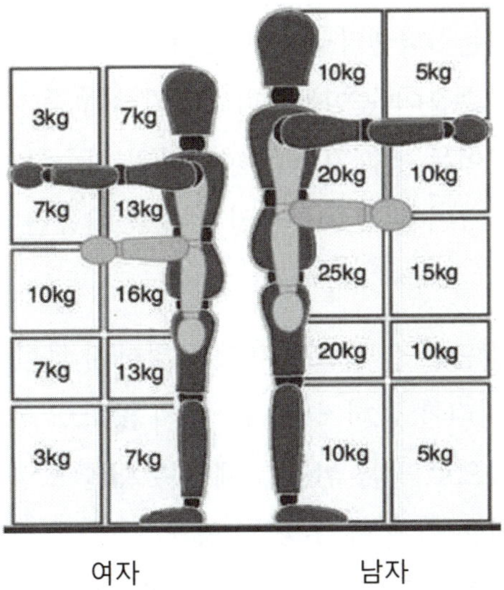

연습문제

1. 다음 중 인체 측정치의 응용 원칙과 관계가 먼 것은?

① 조절식 범위를 이용한 설계　② 기능적 치수를 이용한 설계
③ 평균치를 이용한 설계　④ 극단치를 이용한 설계

2. 다음 설계 요소 중에서 적용할 인체 측정치의 응용 원칙이 다른 하나는?

① 버스 좌석간의 거리　② 의자의 깊이
③ 의자의 너비　④ 그네의 중량 한계

3. 조절 범위를 이용한 인체 측정치의 응용 원리를 적용해야 할 것은?

① 버스 손잡이의 두께　② 의자의 높이
③ 수화기의 손잡이 크기　④ 마우스의 크기

4. 인체 측정치의 응용 원칙에 관한 설명으로 적절하지 못한 것은?

① 의자 높이는 5퍼센타일에서 95퍼센타일 범위의 조절식으로 한다.
② 지하철의 손잡이 높이는 5퍼센타일 치수를 이용한다.
③ 의자의 깊이는 평균치인 50퍼센타일 치수를 이용한다.
④ 출입문의 크기는 95퍼센타일 치수를 이용한다.

5. 최대 작업역에 관한 설명으로 가장 적절하지 못한 것은?

① 작업 중 허리를 굽히거나 이동하지 않고도 작업을 할 수 있는 영역
② 어깨를 축으로 팔을 휘두를 때의 부채꼴 모양의 원호 내부 지역
③ 양손 작업을 쉽게 할 수 있는 영역
④ 작업자가 쉽게 동작할 수 있는 최대 작업 공간 영역

연습문제 해답 : 1. ②, 2. ②, 3. ②, 4. ③, 5. ③

6. 작업자가 작업 중 허리를 굽히거나 이동하지 않고 작업을 할 수 있는 최대 영역은?

① 최소 작업역 ② 정상 작업역
③ 최대 작업역 ④ 임계 작업역

7. 다음 중에서 제품 설계에서 많은 사람들로 구성된 사용자 그룹의 특성을 표현하는 데 사용하는 개념은?

① 퍼센타일 ② 평균
③ 중앙값 ④ 표준편차

8. 다음 중에서 인체 측정치에 대한 5퍼센타일의 개념을 잘못 설명한 것은?

① 100명 중 5번째에 해당하는 수치
② 작은 사람을 대변하는 수치이다.
③ 평균, 표준편차로 구할 수 있다.
④ 그네의 하중을 설계할 때 적용하는 치수이다.

9. 다음 중에서 평균치의 모순(average person fallacy)에 대한 설명으로 가장 적절한 것은?

① 모든 치수가 평균 범위에 드는 평균치 인간은 존재하지 않는다.
② 평균치는 제품 설계에서 제일 먼저 적용하는 설계 치수이다.
③ 평균은 분포의 치우침을 나타낸다.
④ 신체 치수는 평균 주위에 많이 분포한다.

연습문제 해답 : 6. ③, 7. ①, 8. ④, 9. ①

10. 다음 중에서 작업 공간에 대한 설명으로 부적절한 것은?

① 작업을 하는 데 사용하는 공간을 작업 공간 포락면이라 한다.

② 정상 작업역은 상완을 자연스럽게 몸에 붙인 채로 전완을 움직일 때 도달하는 영역이다.

③ 최대 작업역은 어깨에서부터 팔을 뻗쳐 도달하는 최대 영역이다.

④ 접근 가능 거리는 필요한 인체 치수의 95퍼센타일 치수를 이용하는 것이 바람직하다.

11. 정적 인체 치수(static dimensions)는 어떤 자세에서 측정한 것을 의미하는가?

① 선 자세 ② 앉은 자세

③ 고정된 자세 ④ 휴식 자세

12. 서서 하는 작업장의 출입문을 설계할 때 적용하는 설계 치수는?

① 5%tile ② 50%tile

③ 95%tile ④ 75%tile

13. 힘을 가하여 작동시키는 조종장치의 설계에 필요한 힘에 관한 수치는?

① 5%tile 여자 ② 5%tile 남자

③ 95%tile 여자 ④ 95%tile 남자

14. 조종장치의 배치 설계 원리에 대한 설명으로 부적절한 것은?

① 사용빈도의 원리 ② 중요도 원리

③ 사용 순서의 원리 ④ 가독성의 원리

연습문제 해답 : 10. ④, 11. ③, 12. ③, 13. ①, 14. ④

15. 정교한 작업, 힘든 작업, 가벼운 작업 중에서 작업대 높이가 가장 높게 설계되어야 하는 곳은?

① 정교한 작업　　② 힘든 작업

③ 가벼운 작업　　④ 모두 같다.

16. 자동차 설계에 필요한 인체 치수와 같이 움직이는 자세에서 측정한 인체 치수는?

① 구조적 인체 치수　　② 기능적 인체 치수

③ 정적 인체 치수　　④ 직접 인체 치수

17. 작업공간의 구성요소 배치에 대한 원칙측면에서 볼 때, 자동차의 속도계가 계기판 중앙에 위치하여 운전자가 보기 쉽도록 한 것은 다음 중 어떤 원칙에 해당되는가?

① 중요도의 원칙　　② 기능성의 원칙

③ 사용 순서의 원칙　　④ 양립성의 원칙

18. 다음 중 인체측정의 정적 치수 측정에 관한 설명으로 틀린 것은?

① 형태학적 측정을 의미한다.

② 상지나 하지의 운동범위를 측정한다.

③ 고정된 표준 자세에서 측정을 원칙으로 한다.

④ 마틴식 인체측정 장치를 사용한다.

연습문제 해답 : 15. ①, 16. ②, 17. ①, 18. ②

실습문제

1. 성인용 책상과 의자 설계에 필요한 인체 측정 치수들이 다음과 같이 주어져 있을 때 설계 치수들을 구하시오.

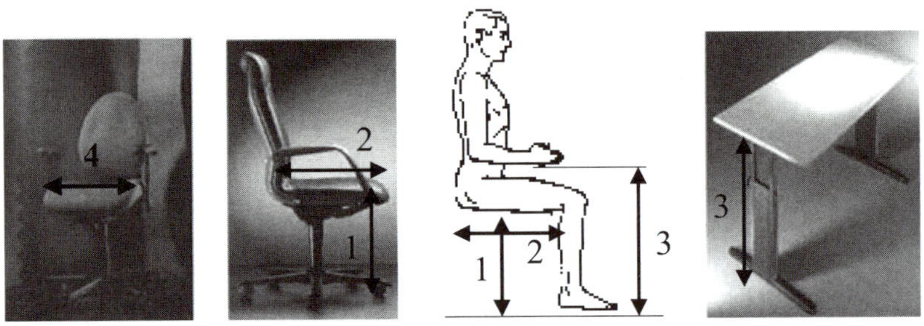

		1. 오금 높이	2. 무릎 뒤 길이	3. 지면 팔꿈치 높이	4. 엉덩이 너비
남자	평균	41.3cm	45.9cm	67.3cm	33.5cm
	표준편차	1.9cm	2.4cm	2.3cm	1.9cm
여자	평균	38.0cm	44.4cm	63.2cm	33.7cm
	표준편차	1.7cm	2.1cm	2.1cm	1.9cm

■ 해설 ■

1) 의자 높이 : 오금높이를 기준으로 조절식 설계를 적용한다.

여자5%tile값 : $38 - 1.645 \times 1.7 = 35.2$cm
남자95%tile값 : $41.3 + 1.645 \times 1.9 = 44.4$cm
35.2cm~44.4cm 범위에서 조절이 가능하도록 설계

2) 의자 깊이 : 무릎뒤길이를 기준으로 최소치 설계를 적용한다.

여자5%tile값 : $44.4 - 1.645 \times 2.1 = 40.9$cm

3) 책상 높이 : 지면 팔꿈치 높이를 기준으로 조절식 설계를 적용해야 한다.

여자5%tile값 : $63.2 - 1.645 \times 2.1 = 59.7$cm
남자95%tile값 : $67.3 + 1.645 \times 2.3 = 71.1$cm
59.7cm~71.1cm 범위에서 조절이 가능하도록 설계 치수 결정

4) 의자 너비 : 엉덩이 너비를 기준으로 극단치 설계 중 최대치 설계를 적용해야 한다.

여자95%tile값 : $33.7 + 1.645 \times 1.9 = 36.8$
남녀 엉덩비 너비 95%tile 중 큰 여자 치수를 선택하여 36.6cm로 설계 치수 결정

2. 드라이버 조립작업에 사용되는 나사를 담는 부품상자의 깊이를 설계하고자 한다. 남자의 손길이(평균 = 19.5cm, 표준편차 = 1.33cm), 여자의 손길이(평균 = 17.5cm, 표준편차 = 1.09cm) 치수를 이용하여 적절한 부품상자의 깊이를 제시하시오.(5퍼센타일 계수는 1.645)

■ 해설 ■

부품상자의 깊이는 최소치를 이용하여야 손이 작은 사람도 이용하기가 쉽다.
손길이가 작은 여자 5퍼센타일의 치수를 토대로 부품상자를 설계.
적절한 부품상자의 깊이 = 17.5 − (1.09 × 1.645) = 15.71(cm)

3. 인체 측정치 응용 원리를 예를 들어 설명하시오.

■ 해설 ■

1) 조절식 설계

사용자의 크기에 맞춰 조절할 수 있도록 작은 사람(5퍼센타일)부터 큰 사람(95퍼센타일)까지의 포함되는 범위로 조절식으로 설계함.
예) 조절식 의자 높이

2) 극단치를 이용한 설계원칙

인체측정치 특성의 한 극단에 속하는 사람을 대상으로 설계하면 거의 모든 사람을 수용할 수 있는 경우에 적용한다.

- 최대치에 의한 설계
  큰 사람(95퍼센타일)을 기준으로 하면 작은 사람들이 수용되는 경우에 적용
  예) 여유공간, 기차의 의자 좌석과 좌석과의 간격
- 최소치에 의한 설계
  작은 사람(5퍼센타일)을 기준으로 하면 큰 사람들이 수용되는 경우에 적용
  예) 조정장치까지의 거리

3) 평균치를 이용한 설계원칙

조절식으로도 불가능하고, 최대치나 최소치를 기준으로 설계하기도 부적절한 경우에는 평균치를 이용하여 설계한다. 인체측정치들이 정규분포를 따르므로 평균치 주변에 사람들이 많이 분포한다.
예) 은행의 계산대

4. 적재 선반을 설계하려고 한다. 선반의 최대 적재 높이는 작업자의 어깨 높이, 최소 적재 높이는 무릎 높이, 선반의 깊이는 팔꿈치까지의 길이를 기준으로 설계 한다. 이 회사의 '잘몰라' 대리는 인간공학적 설계에 대한 지식이 부족하여 다음과 같이 설계를 하였다. 이를 수정하여 올바르게 설계하시오. (단, $Z_{0.05} = -1.65$, $Z_{0.95} = 1.65$)

■ 인체치수

		어깨 높이	무릎 높이	팔꿈치까지의 길이
남자	평균	138.71cm	44.03cm	32.64cm
	표준편차	5.03cm	2.36cm	1.68cm
여자	평균	127.51cm	40.06cm	29.90cm
	표준편차	4.38cm	2.06cm	1.53cm

■ 잘몰라 대리의 설계

	설계원리	설계치수
선반의 최대 높이	남자 50퍼센타일	138.71cm
선반의 최소 높이	여자 50퍼센타일	40.06cm
선반의 깊이	남자 50퍼센타일	32.64cm

■ 해설 ■

수정 설계

- 선반의 최대 높이 = 여자 어깨높이 5%tile = 127.51 − 1.645 * 4.38 = 120.28
- 선반의 최소 높이 = 남자 무릎높이 95%tile = 44.03 + 1.645 * 2.36 = 47.92
- 선반의 깊이 = 여자 팔꿈치 길이 5%tile = 29.90 − 1.645 * 1.53 = 27.38

	설계원리	설계치수
선반의 최대 높이	여자 5퍼센타일	120.88cm
선반의 최소 높이	남자 95퍼센타일	47.92cm
선반의 깊이	여자 5퍼센타일	27.38cm

5. 정상 작업역과 최대 작업역을 비교하여 설명하시오.

■ 해설 ■

1) 정상작업역

- 상완을 자연스럽게 몸에 붙인 채로 전완을 움직일 때 도달하는 영역.
- 편하게 작업할 수 있는 영역으로 빈번한 작업을 배치함.
- 양손 작업을 쉽게 할 수 있는 영역은 양손의 정상 작업역에 대한 공동 영역이다.

2) 최대작업역

- 작업 중 허리를 굽히거나 이동하지 않고도 작업을 할 수 있는 최대 작업 공간 영역.
- 어깨를 축으로 팔을 휘두를 때의 부채꼴 모양의 원호 내부 지역으로 정의됨.

6. 구조적 인체치수와 기능적 인체치수를 설명하고 각각의 예를 드시오.

■ 해설 ■

1) 구조적 인체치수

- 움직이지 않는 표준 고정자세에서 마틴식 인체측정기를 이용하여 측정한 자료

2) 기능적 인체치수

- 실제 작업 조건에서 작업을 하며 사진이나 3차원 측정 장비로 측정한 자료.
- 동적측정이 필요한 이유는 신체적 기능을 수행할 때 각 신체 부위가 독립적으로 움직이는 것이 아니라 조화를 이루어 움직이기 때문이다.
  예) 기능적 인체치수를 응용하여 자동차 운전석 설계

7. 작업장에서 작업 자세를 설계할 때 좌식 작업과 입식 작업에 유리한 경우를 예를 들어 설명하시오.

■ 해설 ■

1) 좌식 작업이 유리한 경우
   - 장시간의 작업을 요하는 경우
   - 정밀도가 요구되는 작업
   - 양발의 조작이 필요한 경우

2) 입식 작업이 유리한 경우
   - 걷는 작업이 필요한 경우
   - 매우 큰 물건이나 중량물을 취급하는 경우
   - 작업중 높은 자세, 낮은 자세 등의 자세를 변경해야 하는 경우

8. 12kg 무게의 박스를 적재대에서 운반용 대차로 하루 종일 옮겨야 하는 작업을 남녀가 같이 하고 있다. 적재대의 깊이는 60cm로 2단으로 적재하고 있다. (단, $Z_{0.05} = -1.65$, $Z_{0.95} = 1.65$)
   아래의 남녀 중량물 취급한계 지침 그림을 이용하여 적재대의 깊이(팔꿈치 길이 기준)를 평가하고, 부적합한 경우에는 이유를 설명하시오. 또한 부적합경우에는 권장 적재대의 깊이를 제시하시오.

■ 인체치수

		팔꿈치까지의 길이
남자	평균	32.64cm
	표준편차	1.68cm
여자	평균	29.90cm
	표준편차	1.53cm

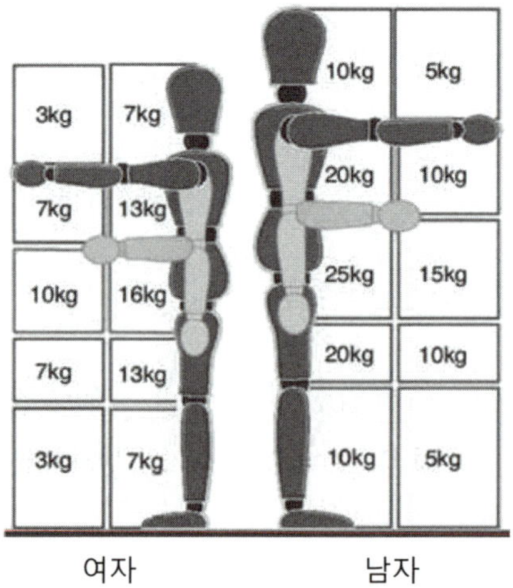

■ 해설 ■

1) 적합여부 및 이유

여자 작업자가 12kg 중량물을 안전하게 취급하기 위한 구간은 팔꿈치 이내의 무릎에서 어깨까지 구간이다. 따라서 2단 적재대는 부적합하고 1단으로 설계해야 한다.

2) 권장 치수

설계 원리 : 최소치 원리 (여자 팔꿈치 길이 5 퍼센타일 이용)
권장 치수 = 29.9 – 1.645 * 1.53 = 27.38 (cm).

제 8 장

표시장치

1. 정보와 표시장치
2. 시각적 표시장치
3. 청각, 촉각 및 후각 표시장치

1. 정보와 표시장치

인간은 시각, 청각, 촉각, 후각 등의 감각기관을 통하여 다양한 정보를 받아들인다. 교통 신호등의 불빛을 감지하고, 경고음을 들으며, 휴대폰의 진동을 느끼고, 참외가 잘 익었는지 냄새를 맡기도 한다.

인간-기계 시스템에서 사용하는 표시장치(display)는 감각기관의 특성과 전하고자 하는 정보의 특성과 역할을 고려하여 설계하여야 한다.

[그림 8.1]은 시각적 표시장치와 청각적 표시장치를 사용하기 적절한 상황을 나타낸다. 시각 표시장치는 전하고자 하는 정보가 복잡하거나 언제든지 다시 확인이 필요한 경우, 즉각적 행동을 요구하지 않는 경우나 시끄러운 곳과 자주 움직이지 않는 경우에 이용될 수 있다. 반면에 청각적 표시장치는 전하려는 정보가 간단하고 즉각적인 행동이 요구되는 경우나 자주 움직이는 사람을 대상으로 하는 정보, 어두운 곳 등에서 이용할 수 있다.

[그림 8.2]는 표시장치를 설계할 때 고려하여야 할 정보의 특성으로 감각기관의 종류, 정보의 중요성, 정보의 복잡한 정도, 정보의 양과 정밀도, 예측의 필요성, 정보의 형태 등을 고려하여야 한다.

그림 8.1 **시각과 청각 표시장치의 비교**

1. 전언이 복잡
2. 전언이 재참조 가능
3. 즉각적 행동이 아닌 경우
4. 한 곳에 머무르는 경우
5. 시끄러운 곳

1. 전언이 간단
2. 전언 재참조 불가능
3. 즉각적 행동이 요구되는 경우
4. 자주 움직이는 경우
5. 어두운 곳, 너무 밝은 곳

그림 8.2 표시정보의 특성

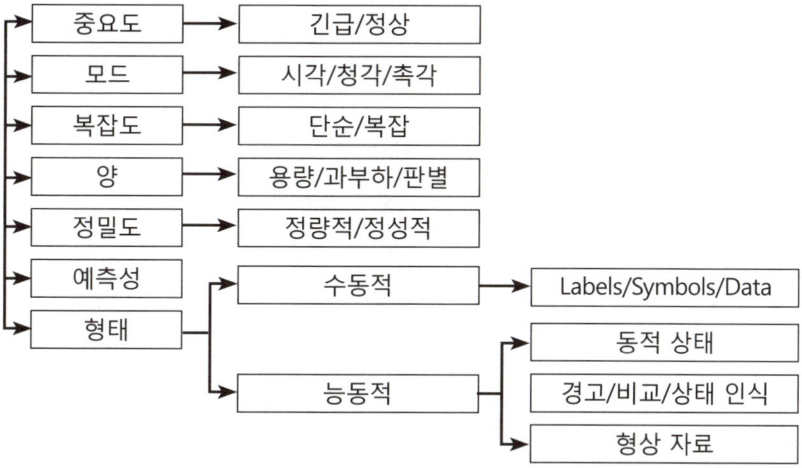

[그림 8.3]은 표시장치를 설계할 때 고려하여야 할 정보의 역할을 인간의 정보처리 측면에서 나타낸 것으로 감각기관과 조종장치와의 배치, 표시장치의 눈금 표시 방법 등을 고려하여야 한다.

그림 8.3 정보처리 과정과 표시정보의 역할

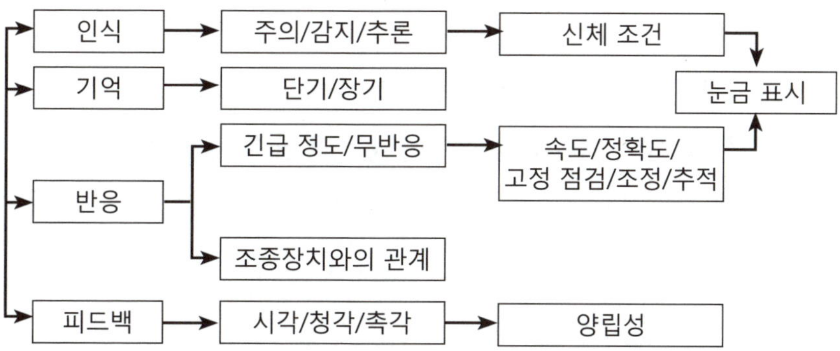

[그림 8.4]는 감각기관과 정보의 특성에 따른 표시장치의 유형을 나타낸 것이다.

그림 8.4 감각과 표시장치의 종류

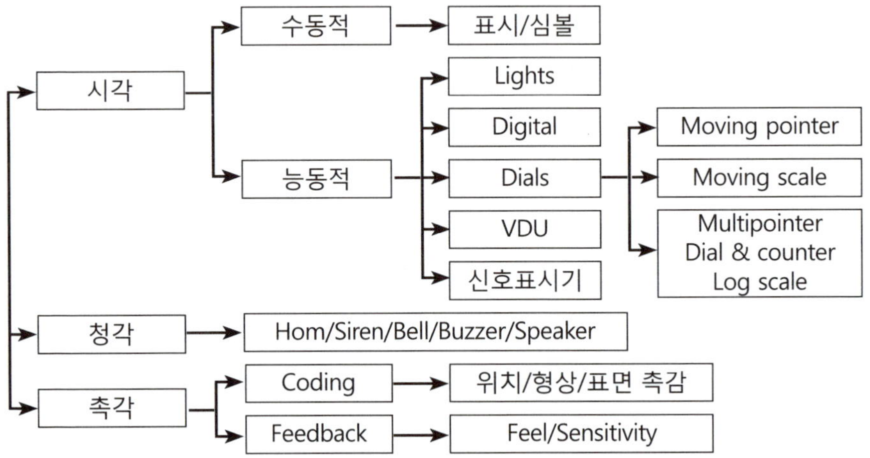

2. 시각적 표시장치

시각적 표시장치는 표시되는 정보의 특성에 따라 정량적 표시장치(quantitative display), 정성적 표시장치(qualitative display), 묘사적 표시장치(representational display)로 분류할 수 있다.

2.1 정량적 표시장치

정량적 표시장치는 정확한 계량치를 제공하는 것이 목적이며, 읽기 쉽도록 설계되어야 한다.

정량적 표시장치는 기계식과 전자식으로 구분되며, 기계식 표시장치는 원형, 수평형, 수직형 등의 아날로그 표시장치(analog display)와 디지털 표시장치(digital display)로 구분된다([그림 8.5]). 아날로그 표시장치는 눈금(scale)이 고정되고 지침(pointer)이 움직이는 동침(moving pointer)형과 지침이 고정되고 눈금이 움직이는 동목(moving scale)형으로 구분할 수 있다.

일반적으로 표시 값을 정확하게 충분히 읽을 수 있는 경우에는 디지털 표시장치가 아날로그 표시장치보다 우수하다. 그러나 표시 값이 계속 변하는 경우나 변화 방향이나 변화 속도를 관찰할 필요가 있는 경우에는 아날로그 표시장치가 유

그림 8.5 정량적 표시장치의 유형

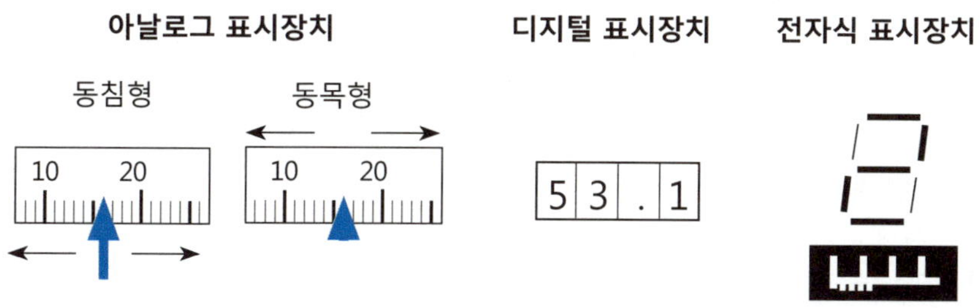

그림 8.6 정상 가시거리에서의 권장 눈금간격

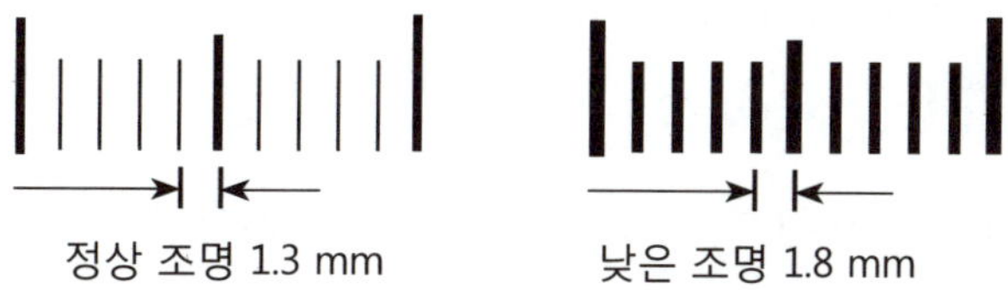

용하다. 또한 아날로그 표시장치에서는 일반적으로 고정 눈금에 지침이 움직이는 동침형이 눈금이 움직이는 동목형보다 우수하다.

아날로그 표시장치에서 눈금간의 간격인 눈금단위(scale unit) 길이는 정상 가시거리(viewing distance)인 71cm(28inch)를 기준으로 정상 조명에서는 1.3mm, 낮은 조명에서는 1.8mm 이상이 권장된다([그림 8.6]). 시력이 나쁜 사람이나 조명이 낮은 곳 또는 시간에 쫓기는 상황에서 계기를 사용할 때에는 눈금단위 길이를 크게 하는 편이 좋다.

낮은 조명하에서 Xm 떨어진 곳에서 눈금간격을 분별할 수 있는 최소 거리는 ymm로 다음 식에 의하여 구할 수 있다.

$$1.8\text{mm} : 0.71\text{m} = y\text{mm} : X\text{m}$$
$$y = 1.8 \times X/0.71$$

예제 8.1 시계의 눈금과 직경 구하기

정상 조명하에서 10m 거리에서 볼 수 있는 시계를 설계하고자 한다. 시계의 눈금단위를 1분 간격으로 표시하여 분별하고 싶은 경우에 눈금단위 길이와 문자판의 직경을 구하시오.

[해설] [그림 8.7]과 같이 1분 간격의 눈금단위 길이를 X라 하면

$$1.3\text{mm} : 0.71\text{m} = X\text{mm} : 10\text{m}$$
$$X = 1.3 \times 10/0.71 = 18.31\ (\text{mm})$$

시계의 지름은 로 표시되며, 원의 둘레와 직경은 과 1.831×60으로 표시할 수 있다. 따라서

$$\text{시계의 지름}(2R) = 2\pi R/\pi = 1.831 \times 60/\pi$$
$$= 35\ (\text{cm})$$

그림 8.7 눈금간격 구하기

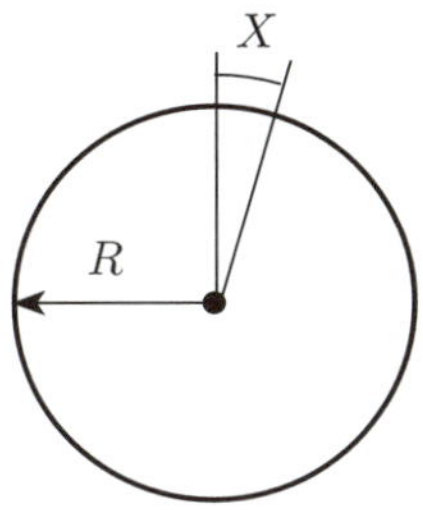

2.2 정성적 표시장치

정성적 표시장치는 정량적 자료를 정성적으로 판단하거나 상태를 점검하는 데에 이용된다[그림 8.8]. 정량적 자료를 정성적으로 판단하는 경우는 자동차 온도계의 고온, 보통, 저온의 설정 범위에서 온도가 어떤 상태에 있는가를 식별하거나, 바람직한 범위를 유지하는 경우 또는 변화 추세나 변화율에 관심을 가질 때 이용한다.

정성적 표시장치에서는 정량적 자료를 범위에 따라 눈금으로 분류하거나, 영역에 따라 각 범위를 색이나 형상으로 코드화하여 나타내며, 눈금에 수치를 표시하는 경우에는 정량적인 수치도 얻을 수 있다.

그림 8.8 정성적 표시장치의 유형

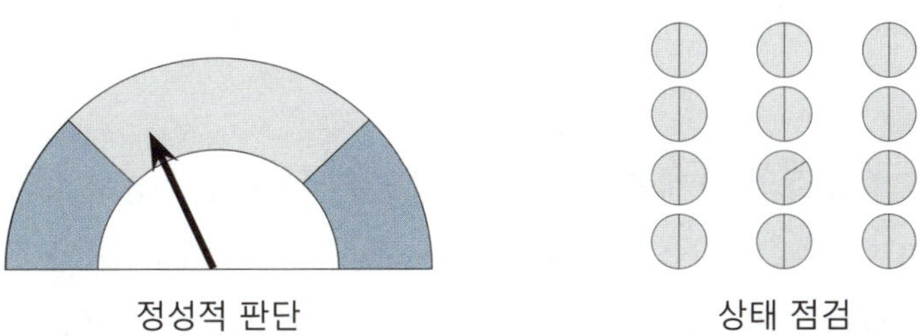

2.3 묘사적 표시장치

묘사적 표시장치는 항공기 표시장치와 게임 시뮬레이터의 3차원 표현장치 등과 같이 배경에 변화되는 상황을 중첩하여 나타내는 표시장치로 상황을 효과적으로 파악하는 데에 목적이 있다. 대표적인 묘사적 표시장치는 항공기 이동 표시장치와 추적 표시장치를 들 수 있다.

항공기 표시장치는 [그림 8.9]와 같이 지평선을 고정한 상태에서 항공기가 이동하는 항공기 이동형(moving-aircraft)과 항공기를 고정한 상태에서 지평선이 이동하는 지평선 이동형(moving-horizon)으로 구분된다. 항공기 이동형은 항공기 밖에서 안을 보는 외견형(outside-in)이며, bird's eye 표시라고도 한다. 지평선 이동형은 조종사가 항공기 안에서 항공기 밖을 바라보는 내견형(inside-out)으로 pilot's eye 표시라고 하며, 대부분의 항공기들이 표시하는 방법이다.

그림 8.9 **항공기 이동형과 지평선 이동형 표시장치**

outside-in(외견형)
항공기 이동형

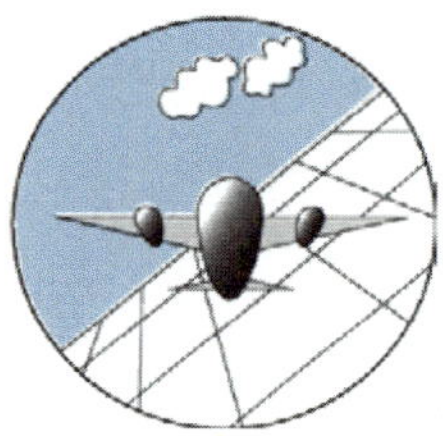

inside-out(내견형)
지평선 이동형

목표와 추종요소의 관계를 표시하는 방법은 목표와 추종요소의 상대적 위치의 오차만 표시하는 보정추적표시장치(compensatory tracking)와 목표와 추종요소의 이동을 모두 공통 좌표계에 표시하는 추종추적표시장치(pursuit tracking)로 분류할 수 있다. 일반적으로는 추종추적표시장치가 보정추적표시장치보다 우월하다([그림 8.10]).

그림 8.10 **추적표시장치의 유형**

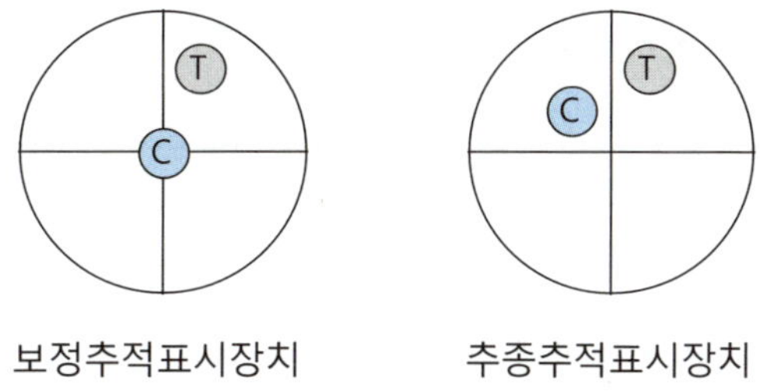

2.4 안내 표지와 색

여러 가지 시각적 상징(symbol)과 표지(sign)를 이용하여 의미를 전달하고자 하는 경우에는 많은 사람들이 이해할 수 있어야 하므로 표준화하여 특정 상징 표지는 항상 동일한 의미를 갖도록 하여야 한다. 대표적 표지로 도로표지판과 안전표지판을 들 수 있다.

[그림 8.11]의 안전표지판에서는 도형과 색으로 내용을 표시하고 있는데, 빨강은 금지, 노랑은 경고, 파랑은 지시, 녹색은 안내를 나타낸다. 금지를 나타내는 표지판은 원에 사선을 빨강색으로 나타내고 금지를 나타내는 대상은 검정색으로 표현하며, 바탕색은 흰색을 이용한다. 경고를 나타내는 표지판은 삼각형으로 나타내며 경고 내용과 테두리 색은 검정으로 나타내고 노랑색은 바탕색으로 표현된다. 지시를 나타내는 표지판은 파랑색의 원으로 표현하며 지시의 내용은 흰색으로 나타낸다. 안내 표지판에서 동그라미와 십자 모양은 녹색으로 바탕색은 흰색으로 표시한다.

그림 8.11 안전표지판

빨강 : 금지 　 노랑 : 경고 　 파랑 : 지시 　 녹색 : 안내

문자 표지판에서는 글자체(typography)와 글자의 높이와 너비, 획 굵기(stroke width) 등이 글자의 가독성에 영향을 미친다. 일반적으로 글자 너비 대 높이의 비인 종횡비는 영문자와 숫자는 3:5, 한글은 1:1이 일반적이다. 글자의 획 굵기와 글자 높이의 비는 흰 바탕에 검은 글씨(양각)는 1:6에서 1:8이 권장되며, 검은 바탕에 흰 글씨(음각)는 1:8에서 1:10이 권장된다. 검은 바탕의 흰 글씨는 흰색이 주위의 검은 배경으로 번져 보이는 광삼현상(irradiation) 때문에 더 가늘어도 된다.

그림 8.12 음각과 양각 글씨

ABCD　검은 바탕의 흰 글씨(음각)

ABCD　흰 바탕의 검은 글씨(양각)

문자 표지판에서 글자색과 바탕색은 가독성이 좋은 배합을 사용하여야 한다. [그림 8.13]은 글자색과 바탕색과의 가독성 관계를 나타낸다.

그림 8.13 글자색과 바탕색의 가독성 관계

바탕색 \ 글자색	검정	초록	파랑	빨강	주황	노랑	흰색
흰색	6	4	3	3	2	-	-
노랑	4	3	2	3	1	-	-
주황	2	1	1	1	-	1	1
빨강	2	1	-	-	-	1	2
파랑	-	-	1	1	1	2	3
초록	-	-	1	1	1	2	3
검정	-	-	1	1	2	3	4

5 : 매우 가독성 좋음, 4 : 좋음, 3: 적절,
2 : 부적합, 1 : 가독성 떨어짐, - : 사용금지

3. 청각, 촉각 및 후각 표시장치

3.1 청각 표시장치

청각적 표시장치는 청각에 의한 정보 전달을 목적으로 한다. 청각에 의한 정보 전달에서 청각 메시지는 짧고 간단한 것으로 제한하는 것이 바람직한데 사람들의 단기기억 용량이 제한적이기 때문이다. 청각에 의한 신호는 소음 속에서 전달되므로 신호의 검출(detection), 인접한 두 가지 이상의 신호에 대한 상대적 판별(relative discrimination), 단독으로 존재하는 신호의 절대적 식별(absolute identification), 신호가 오는 방향의 위치 인식(localization) 등의 특수한 문제가 존재한다.

일반적으로 청각 표시장치에서 권장되는 가이드라인은 다음과 같다.

(1) 신호음은 배경 소음과는 다른 주파수를 이용한다.
(2) 신호를 최소한 0.5~1초 동안 지속시킨다.
(3) 소음은 양쪽 귀에, 신호는 한쪽 귀에만 들리게 한다.
(4) 주변 소음은 주로 저주파이므로 은폐효과를 막기 위해 500~1000Hz의 신호를 사용하면 좋으며, 적어도 30dB 이상 차이가 나야 한다.
(5) 300m 이상 멀리 보내는 신호에는 1000Hz 이하의 주파수를, 큰 장애물이나 칸막이를 넘어가야 하는 신호는 500Hz 이하의 주파수를 사용한다. 높은 주파수는 멀리 이동하지 않기 때문이다.

3.2 피부감각과 촉각 표시장치

피부에는 압력 수용(pressure reception), 고통(pain), 온도 변화에 반응하는 감각 계통이 있으며, 신경 말단 사이의 복잡한 상호작용을 통하여 만짐(touch), 접촉(contact), 간지럼(tickle), 누름(pressure) 등을 느낀다.

촉각적 표시장치(tactual display)에서는 기계적 진동(mechanical vibration)이나 전기적 자극(electric impulse)을 이용한다. 기계적 진동장치는 진동의 위치, 주파수, 세기, 지속시간과 같은 물리적 매개변수에 의해 정보를 전달하며, 전기적 자극은 전극의 위치, 자극 속도, 지속시간, 강도, 위상 등으로 코드화할 수 있다.

3.3 후각 및 후각 표시장치

코는 냄새를 맡는 데에 민감하지만 민감도는 자극 물질과 개인에 따라 다르다. 후각적 표시장치(olfactory display)는 널리 응용되지 않는데 냄새의 분산을 제어하기가 힘들며, 사람마다 냄새에 대한 민감도가 다르고, 코가 막히면 민감도가 떨어지며, 시간이 지나면 냄새에 순응되어 냄새를 맡을 수 없게 되기 때문이다. 후각에 의한 정보 전달의 예로는 천연가스에 냄새나는 물질을 첨가하여 가스가 누출되는 것을 감지하거나, 지하 갱도에 있는 광부들에게 긴급 대피 상황이 발생하는 경우에 악취를 환기구로 주입함으로써 긴급용 정보 전달 수단으로 사용하기도 한다.

연습문제

1. 안전표지판에 이용되는 색깔과 용도가 올바르게 연결된 것은?

   ① 검정 – 금지　② 노랑 – 경고　③ 파랑 – 안내　④ 녹색 – 지시

2. 검은 바탕에 흰 글씨가 주위로 번져 보이는 현상과 관계 있는 것은?

   ① 광삼현상　② chunking　③ 수렴작용　④ 경로 용량

3. 다음 중에서 표시장치에 관한 설명으로 적절하지 않은 것은?

   ① 정확한 수치 – 정량적 표시장치

   ② 바람직한 범위값 유지 – 정성적 표시장치

   ③ 신호등, 건전지 상태 – 상태 표시기

   ④ 정량적 정보의 변화율 파악 – 계수형 표시장치

4. 다음 중 추종추적표시장치에 관한 설명으로 옳은 것은?

   ① 고정된 눈금 좌표계에 이동 부분의 영상을 나타냄

   ② 상호 관련된 정보는 공통 표시장치계에 나타냄

   ③ 추종요소를 원점으로 목표의 상대적인 위치를 좌표계에 표시

   ④ 공통 좌표계에 목표와 추종요소의 이동을 각각 표시

5. 다음 중 광삼현상(irradiation)에 관한 설명으로 가장 적절한 것은?

   ① 검은 바탕에 흰 글씨는 주위로 번져 보인다.

   ② 흰 바탕에 검은 글씨는 검은 바탕의 흰 글씨보다 더 가늘게 써야 한다.

   ③ 행간 간격을 넓히면 문장의 이해가 쉬워진다.

   ④ 숫자 글자의 폭과 높이 비는 3:5가 적당하다.

연습문제 해답 : 1. ②, 2. ①, 3. ④, 4. ④, 5. ①

6. 연속적으로 변화하는 변수의 대략적인 값이나 변화 추세 등을 표시하는 데 가장 적절한 표시장치의 유형은?

① 정량적 표시장치　② 정성적 표시장치
③ 추종추적표시장치　④ 묘사적 표시장치

7. 청각 장치보다 시각 장치를 사용하는 것이 우월한 경우는?

① 전언이 시간적 사상인 경우
② 전언이 복잡하고 긴 경우
③ 즉각적 행동이 요구되는 경우
④ 직무상 자주 움직이는 경우

8. 다음 중 청각적 표시장치가 바람직하지 않은 상황은?

① 너무 어두울 경우
② 업무가 한 장소에서 유지될 때
③ 정보가 간결할 때
④ 즉각적인 행동이 요구되는 경우

9. 다음 중 정성적 표시장치와 관계가 없는 것은?

① 온도를 고온, 보통, 저온의 설정 범위로 식별
② 상태 점검
③ 변화 추세나 변화율에 관심
④ 항공기 표시장치

연습문제 해답 : 6. ②, 7. ②, 8. ②, 9. ④

10. 청각에 의한 정보 전달에 대한 설명으로 거리가 먼 것은?

① 배경 소음과 다른 주파수의 신호를 이용한다.

② 소음은 양쪽 귀에, 신호는 한쪽 귀에만 들리게 한다.

③ 신호를 멀리 보낼 경우에는 높은 주파수를 이용한다.

④ 신호를 최소한 0.5~1초 동안 지속시킨다.

11. 후각적 표시장치에 관한 설명으로 적절하지 않은 것은?

① 냄새의 분산을 제어하기가 힘들다.

② 사람마다 냄새에 대한 민감도가 다르다.

③ 시간이 지나면 냄새에 민감해진다.

④ 코가 막히면 민감도가 떨어진다.

12. 다음 중 온도, 압력, 속도와 같이 연속적으로 변하는 변수의 대략적인 값이나 추세 등을 알고자 할 경우 가장 적절한 표시장치는?

① 묘사적 표시장치　　② 추상적 표시장치

③ 정량적 표시장치　　④ 정성적 표시장치

연습문제 해답 : 10. ③, 11. ③, 12. ④

실습문제

1. 정보 기기의 도움없이 시각이나 청각 표시장치 만으로 정보를 전달하기 유리한 상황을 시각과 청각을 비교하여 설명하시오.

■ 해설 ■

1) 시각

- 전언이 복잡할 때,
- 전언이 재참조 가능할 때
- 즉각적 행동이 아닌 경우
- 한 곳에 머무르는 경우
- 시끄러운 곳에 있을 때

2) 청각

- 전언이 간단할 때
- 전언이 재참조 불가능할 때
- 즉각적 행동이 요구되는 경우
- 자주 움직이는 경우
- 어두운 곳, 너무 밝은 곳에 있을 때

2. 다음 그림을 보고 표시장치와 관련된 인간의 특성을 설명하고, 설계시 고려할 사항을 설명하시오.

■ 해설 ■

1) 관련 특성

광삼현상: 흰 모양이 주위의 검은 배경으로 번져 보이는 현상.

2) 설계 원리

짙은 바탕에 흰 글씨를 사용하면 더 잘보임.
칠판(짙은 초록 색)에 흰색 분필을 사용하면 흰 글씨가 퍼져 보여 잘 보임.
검은 바탕에 흰 글자의 획폭은 흰 바탕에 검은 글자보다 가늘어도 됨.

3. 다음과 같이 설계된 온도계에서 비인간공학적인 요소 2가지를 찾고, 설계 원리에 맞게 개선하시오

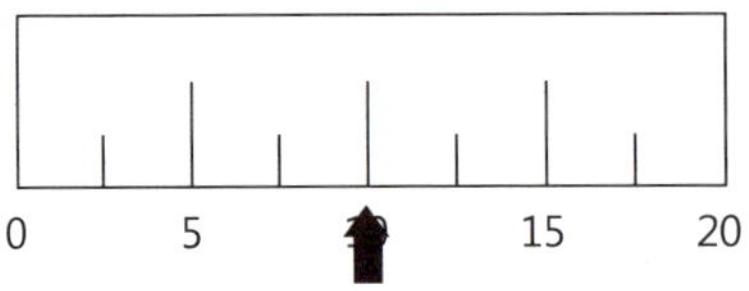

■ 해설 ■

1) 비인간공학적 설계요소

- 가시성이 떨어짐
  . 온도계의 바늘이 온도계의 수치를 가림
- 양립성이 떨어짐
  . 눈금표시가 일반적인 배치와 달라 생각해야 읽을 수 있도록 표시됨.
  . 온도의 높고 낮음이 세로 방향이 아닌 가로 방향으로 설계됨.

2) 개선된 온도계

- 뾰쪽한 지침으로 지침의 끝은 눈금면과 밀착시킴.
- 눈금의 표시는 일반적인 10단위 눈금계의 배치와 일치시키고, 숫자는 눈금 안쪽으로 배치 시킴.
- 온도의 높고 낮음은 세로로 설계하여 운동 양립성을 반영

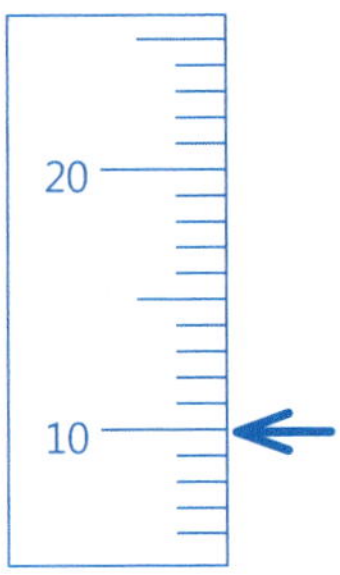

4. '잘몰라' 사원이 귀마개 착용을 지시하는 표지판을 검은 색으로 아래 그림과 같이 만들었다. 표지판의 문제점을 찾고, 설계원리에 맞게 개선하시오

■ 해설 ■

1) 문제점

- 지시 표지판은 원형으로 파란색으로 구성해야 함.

2) 개선된 표지판

- 오른쪽 그림과 같이 원형으로 파란색으로 만듬.

5. 다음 두 비행자세 표시장치의 차이점을 비교하여 설명하시오.

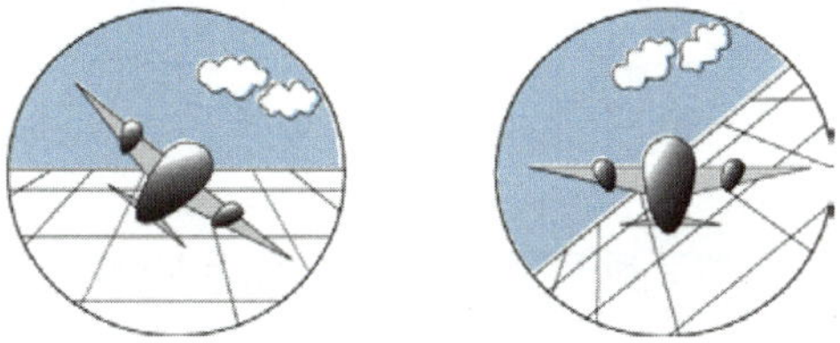

■ 해설 ■

1) 왼쪽 : 항공기 이동형

- 지평선을 기준으로 항공기의 변화를 표현하는 방식.
- 항공기 밖에서 항공기를 보면서 표현하는 방법.

2) 오른쪽 : 지평선 이동형

- 항공기를 기준으로 지평선의 변화를 표현하는 방식.
- 조종사가 항공기 안에서 밖을 바라보는 관점.
- 실제 운전을 담당하는 조종자 관점에서 표현하므로 효과적임 .

6. 다음 그림의 적산전력계의 눈금을 읽고, 인간공학적 측면에서 평가하여 개선안을 제시하시오.

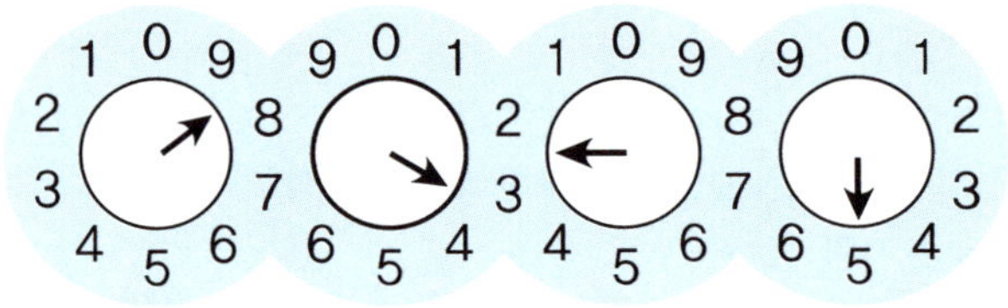

■ 해설 ■

1) 눈금 : 8325

2) 문제점

- 첫째, 셋째 눈금은 인간이 예측하는 시계방향과 반대방향으로 되어 있어 양립성에 위배됨.
- 읽는데 시간도 많이 걸리고 오류도 발생.

3) 개선안

- 디지탈 눈금계로 바꾸거나, 아날로그를 유지하는 경우에는 아래 그림과 같이 바꾼다.

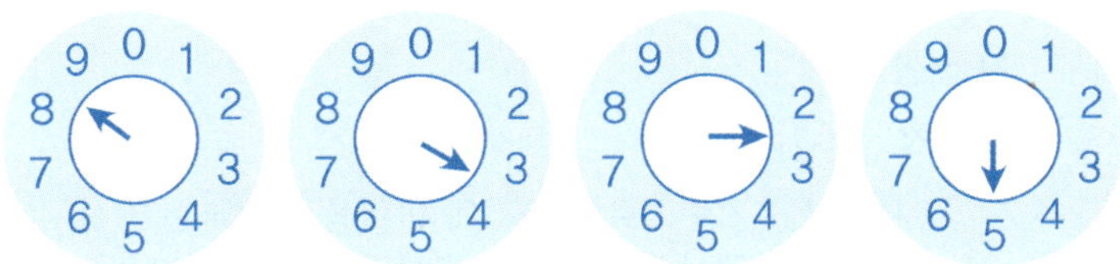

제 9 장

조종장치

1. 제어와 조종장치
2. 조종장치의 설계
3. 조종장치와 반응동작

1. 제어와 조종장치

1.1 정보의 제어 유형

현대 사회를 살아가는 사람들은 다양한 제품이나 기계 등의 조종장치(control)들을 제어하며 살아간다. 휴대폰을 이용하여 문자를 보내고, 마우스를 이용하여 웹서핑을 하거나 출입문의 비밀번호를 누르기도 한다. 손과 발을 이용한 조종장치 등과 자료 입력장치 등이 사용되고 있으며, 눈을 이용한 마우스 등 새로운 조종장치 등이 시도되고 있다. 일반적으로 조종장치에 의해 전달된 정보는 표시장치나 시스템 응답 특성으로 표시되지만 기술의 발전으로 인해 조종장치와 표시장치의 구분은 점점 희미해져 가고 있다.

인간-기계 시스템에서 기계의 작동상태를 제어하기 위한 조종장치는 사용자가 의도하는 기능을 효과적으로 수행할 수 있도록 인간의 신체적, 인지적 특성을 고려하여 설계하여야 한다.

그림 9.1 제어 변수의 유형

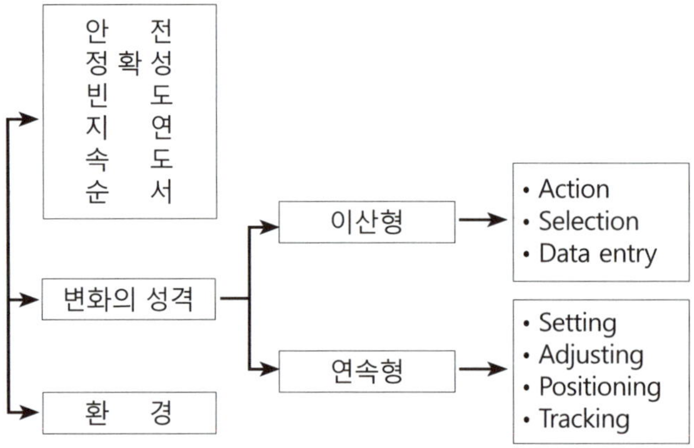

조종장치를 이용하여 제어하고자 하는 정보의 제어 유형은 [그림 9.1]과 같이 이산형 정보(discrete information)와 연속형 정보(continuous information)의 제어로 분류할 수 있다. 이산형 정보의 제어는 작동/멈춤이나 개폐 등과 같이 운전(action), 여러 조건 중에서의 선택(selection), 자료 입력(data entry) 등의 형태로 분류되며, 연속형 정보 제어는 정량적 정보의 조절(setting), 조정(adjusting), 위치 조정(positioning), 추적(tracking) 형태로 분류된다.

1.2 조종장치의 유형

현재 사용되는 조종장치는 [그림 9.2]와 같이 여러 종류가 있지만 정보의 종류(이산형, 연속형), 조작에 필요한 힘 정도, 조작 범위나 형태(선형, 회전형) 등에 따라 [표 9.1]과 같이 분류할 수 있다.

[표 9.1]에서 보면 ON/OFF, 개폐 등 작동 상태를 제어할 때에는 push button, toggle switch, rocker switch, slide switch 등이 사용되고, 정량적 경계

그림 9.2 조종장치의 유형

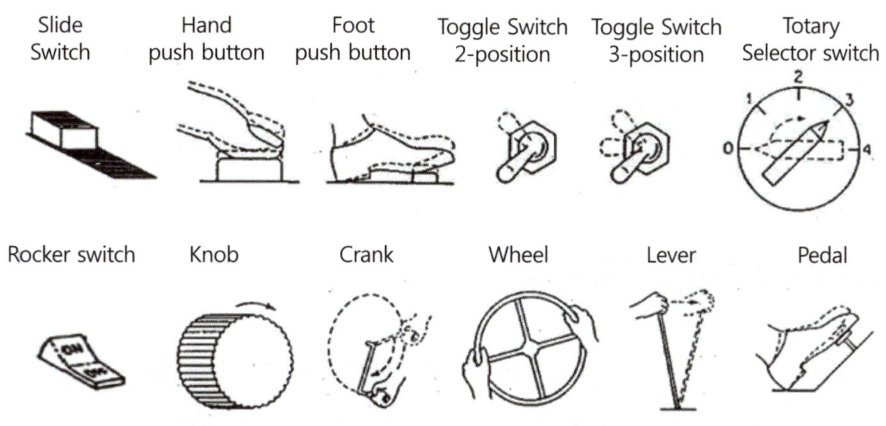

표 9.1 정보 유형 및 조작 유형에 따른 조종장치의 분류

이산형 조종장치

2-Position		Multi-Position	
선형	회전형	선형	회전형
Push button(소) Toggle switch(소) Rocker switch(소) Slide switch(소) Foot push button(대)		Step key(소) Keyboard(소)	Rotary Selector(소) Discrete thumbwheel(소)

연속형 조종장치

작은 범위		큰 범위	
선형	회전형	선형	회전형
Sliding control(소) Small lever(소)	Rotary knob(소) Small crank(소) Thumbwheel(소)	Large lever(대)	Multirotation knob(소) Large crank(대) Handwheels(대)

* (소): 조작에 작은 힘 필요, (대): 조작에 큰 힘 필요

나 상태 등의 이산 정보를 제어할 때에는 toggle switch, rotary selector switch, thumbwheel 등이 사용되며, 정량적 정보를 연속적으로 제어하는 데에는 knob, thumbwheel, crank, wheel, lever, pedal 등이 사용된다.

2. 조종장치의 설계

2.1 조종장치의 설계요소

조종장치는 어떤 곳에 위치시키며, 얼마만큼 힘을 가하면 작동하고, 어느 정도로 정확하게 제어할 것인가와 비슷한 조종장치들끼리 어떻게 구분하는가, 표

그림 9.3 조종장치의 설계요소

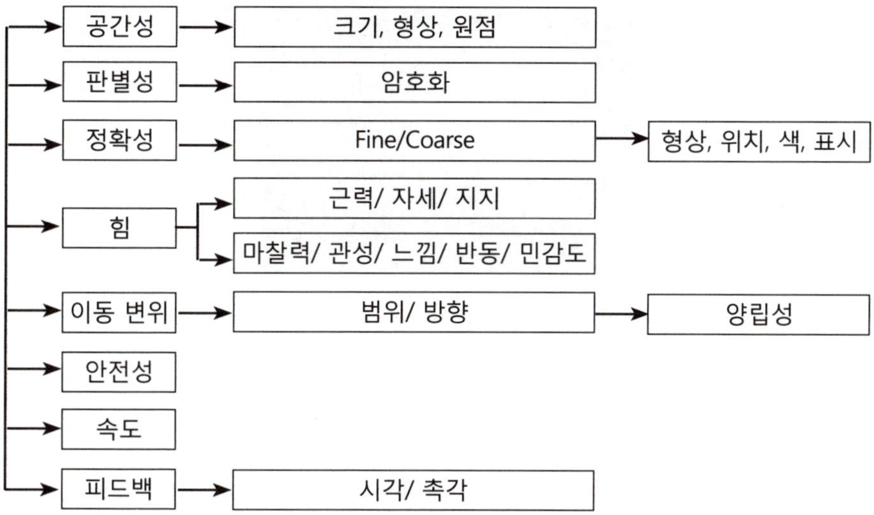

시장치와의 운동 및 배치 관계 등은 어떻게 하는가 등을 고려하여 설계해야 한다. [그림 9.3]은 조종장치의 설계요소를 나타낸다.

조종장치의 설계요소 중에서 판별성은 빠르고 신속하게 조종장치를 식별할 수 있는 용이성을 나타낸다. 제2차 대전 중에 발생한 군용기 사고의 원인조사에 의하면 400건 이상이 조종사들이 착륙 조종장치와 이륙 조종장치를 혼동한 데에 원인이 있었다고 한다(McFarland).

조종장치는 모양, 표면 촉감, 크기, 위치, 조작법, 색, 표시(label) 등으로 암호화(coding)함으로써 판별성이 증가될 수 있다([그림 9.4]).

정확한 식별이 필요한 경우에는 하나의 조종장치를 모양과 색깔로 동시에 구분하도록 하는 중복 암호화(redundant code)가 유용하다. 조종장치를 암호화할 때에는 표준화하는 것이 필요하며, 조종장치가 손상되었을 때 표준화된 암호화 방법으로 유지시켜 주기 위한 지속적인 관리가 요구된다. 장비마다 암호화가 다르므로 암호화된 조종장치가 손상되었을 때에 보수 유지가 제대로 되지 않는 경우

그림 9.4 조종장치의 암호화 예

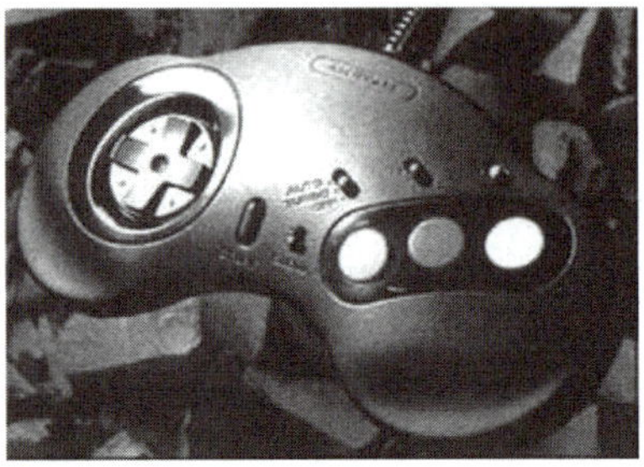

에는 휴먼 에러가 발생할 가능성이 높기 때문이다.

조종장치의 정확성은 조작의 민감도와 관련된 조종-반응 비율(C/R비: control-response ratio)로 나타내며, 조작할 때 느끼는 조종장치의 피드백 느낌은 가한 힘의 크기와 움직이는 변화량과의 관계, 마찰력이나 관성 등의 저항(resistance)에 좌우된다.

2.2 조종-반응 비율

조종-반응 비율(C/R비)은 조종-표시장치 이동비율(C/D비: control-display ratio)을 확장한 개념으로 선형 조종장치와 표시장치는 조종장치의 움직인 거리의 비로써 나타낸다.

$$\text{C/R비} = \frac{\text{조종장치의 움직인 거리}}{\text{표시장치의 반응 거리}}$$

회전운동을 하는 lever([그림 9.5])의 C/R비는

$$\text{레버의 C/R비} = \frac{(a°/360°) * 2\pi L}{\text{표시장치의 반응 거리}}$$

로 표현되며, knob의 C/R비는 손잡이 1회전시 움직이는 표시장치 이동거리의 역수로 나타낸다.

C/R비가 작으면 상대적으로 조종장치의 움직임에 따른 반응 거리가 커지므로 민감한 제어장치이다.

그림 9.5 레버와 knob의 C/R비

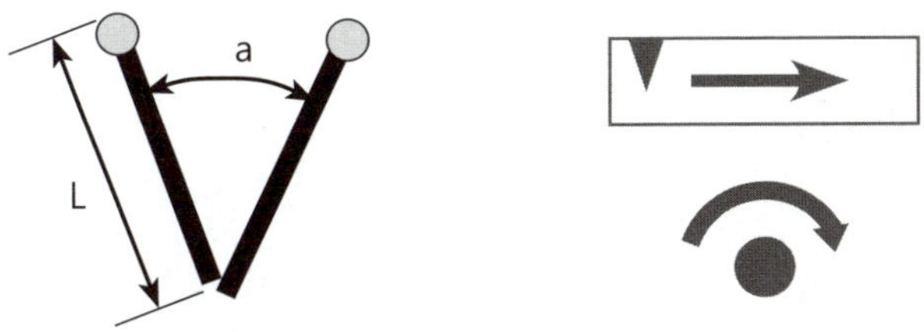

그림 9.6 C/R비와 조종 및 이동시간

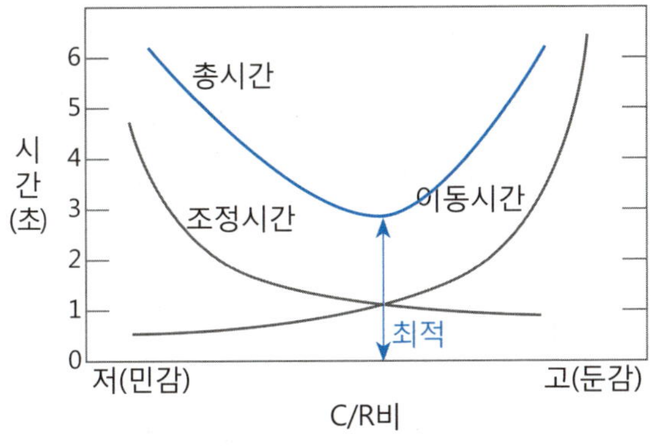

[그림 9.6]에서와 같이 C/R비가 작으면 조종장치를 조금만 움직여도 표시장치의 지침이 많이 움직이므로 이동시간은 작아지지만, 상대적으로 조심스럽게 제어하여야 하므로 조종시간은 많이 걸린다. 반면에 C/R비가 크면 표시장

치의 지침을 조금 이동시키기 위해 조종장치를 여러 번 돌려야 하므로 이동시간이 많이 걸리지만 특정 위치에 지나침이 없이 곧바로 잘 맞출 수 있으므로 조종시간은 적게 걸린다. 이동시간과 조종시간의 합을 최소화시키는 최적 C/R비 값은 제어장치의 종류나 표시장치의 크기, 제어 허용오차 및 지연시간 등에 의해 달라진다. 실험에 의하여 알려진 최적 C/R비는 knob의 경우 0.2~0.8, lever는 2.5~4.0(Chapanis and Kinkade, 1972) 정도로 알려져 있다.

2.3 자료 입력장치

컴퓨터, 타자기, 계산기, 휴대폰 등은 문자와 숫자 정보를 입력하여 자료를 입력한다. 키보드의 영문자 배열은 자주 사용되는 철자는 튼튼한 손가락에 배열하고, 연이어 자주 나오는 글자 배열은 양손을 이용할 수 있도록 양쪽으로 나누어 배열하는 것이 효율성을 높일 수 있으나, 현재 사용되는 QWERTY 영문 자판은 자주 나오는 글자들이 약하고 느린 손가락에 배열되었으며, 'ER', 'TY' 등과 같이 자주 발생하는 글자 조합은 같은 손 쪽에 배열되어 있다. 이것은 키보드의 원형인 기계식 타자기를 사용할 때에는 활자들의 엉킴을 방지하기 위하여 의도적으로 타자 속도를 늦추도록 자판을 배열하였기 때문이다.

Dvorak은

A O E U I　D H T N S

와 같이 모음을 좌측 중간에, 흔히 쓰이는 자음을 우측 중간에 배열하여 양손을 번갈아 사용할 수 있도록 자판 배열을 고안하였다. Dvorak 자판은 QWERTY 자판보다 성능이 우월하다는 평가를 받고 있으며, 미국 표준협회에서도 사무용 키보드 배열로 인정하고 있으나(ANSI X4.22-1983) 이미 기존의 QWERTY 자판을 사용하고 있는 수백만 명을 재훈련시키기에는 역부족이라고 할 수 있다.

[그림 9.7]과 같이 숫자 입력장치는 3가지가 표준으로 이용된다. 전화기는 위

그림 9.7 커서 위치 조종장치의 속도와 정확도

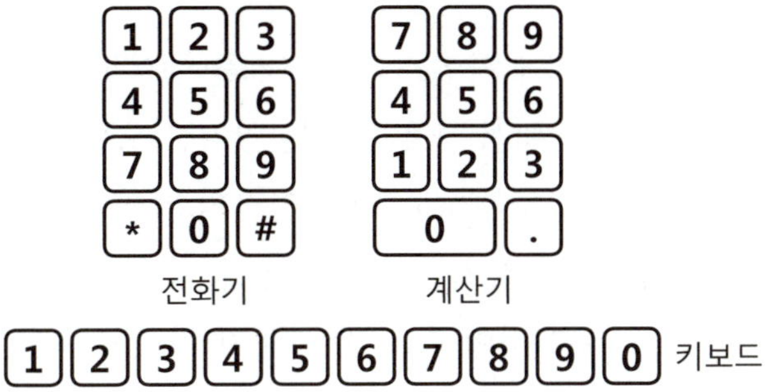

쪽에 1-2-3 버튼을 위치시키고, 계산기는 아래쪽에 1-2-3 버튼을 위치시킨다. 컴퓨터 키보드 입력장치의 숫자 키는 일렬로 배치한다. 숫자 입력장치의 유형은 행하려는 작업의 특성을 고려하여 세 가지 중에서 가장 논리적이고 혼란을 최소화 시킬 수 있는 배치를 선택하여야 한다.

그림 9.8 커서 위치 조종장치의 속도와 정확도

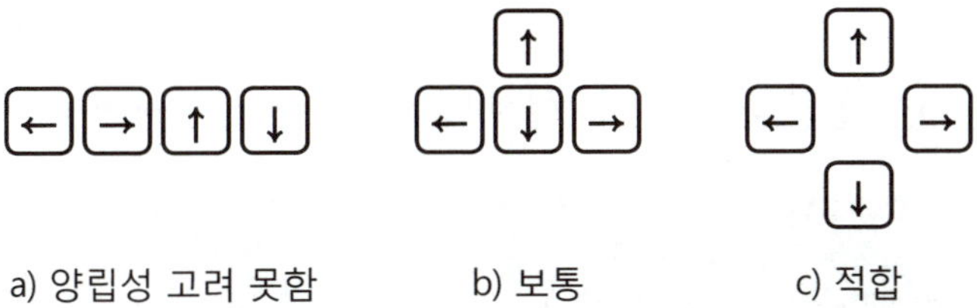

[그림 9.8]과 같이 방향 키의 배치는 세 가지 방법을 생각할 수 있다. a)는 한 줄로 방향을 나타내어 공간은 적게 차지할 수 있으나 양립성 측면에서 충분히 반영하지 못하는 단점이 있다. b)는 양립성을 일부 반영하고 있으며, c)는 가장 양립성을 잘 반영하고 있는 방향 키 배치방법이라고 할 수 있다.

2.4 조종장치의 배치

사람은 장치를 사용할 때에 자연스러운 관계를 예상하게 된다. 그러나 기대하고 있는 예상을 벗어나면 배워서 사용할 수는 있지만 오류나 실수를 유발시킬 가능성이 높아진다. 양립성(compatibility)이란 인간의 기대와 일치하는 특성으로 양립성에 맞게 조종장치와 반응장치를 설계하면 ① 학습시간이 단축되고, ② 반응시간이 줄어들며, ③ 오류가 적어지고, ④ 사용자 만족도가 좋아지며, ⑤ 위급상황에서의 대처 능력이 우수하다.

예제 9.1 공간적 양립성

[그림 9.9]의 카세트 플레이어는 CD와 Tape를 작동시킬 수 있는 기능을 갖고 있으나, CD 작동 버튼이 Tape 투입구와 가까이 있는 반면에 Tape 버튼은 CD 투입구와 가까이 있어서 사용자가 실수하기 쉽다. 근접해 있는 요소들이 서로 연관되어 있으리라는 공간적 양립성을 위반한 설계이다.

그림 9.9 공간적 양립성을 위반한 설계 예

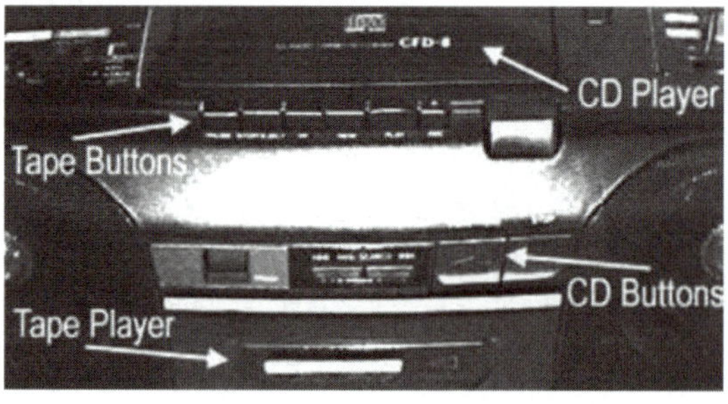

예제 9.2 운동 양립성

[그림 9.10]과 같이 위아래 배열의 ON/OFF 스위치를 위로 올리면 미국에서는 ON, 영국이나 일본은 OFF의 양립성을 갖으며, 좌우 배치에서는 오른쪽이 ON의 양립성을 갖는다. 또한 나사는 시계 방향으로 돌리면 들어가는 방향으로 진행될 것으로 예상되며, 동일면에서 회전형 조종장치가 선형 표시장치와 가까이 있는 경우에는 표시장치의 지침이 지침과 가까운 조종장치와 같은 방향으로 움직일 것이라고 예상하는 Warrick 원리를 따른다.

그림 9.10 운동 방향에 관한 양립성

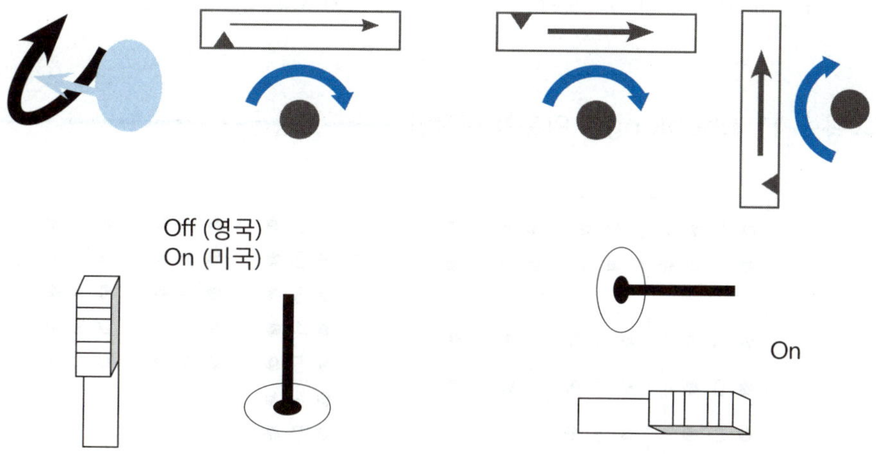

표시장치와 조종장치 사이에서 나타나는 강한 양립성 관계를 스테레오타입(stereotype)이라 한다. 특정한 사물이나 집단에 대하여 사람들이 공통으로 가지는 고정된 견해와 사고를 뜻하는 의미에서 유래한 용어라 할 수 있다.

개별적인 정보가 효과적인 단위 묶음으로 조직화되는 chunking(단위 묶음화)를 이용하면 더 많은 정보가 처리되고 기억될 수 있다. 단기 기억에 의해 효율적으로 처리할 수 있는 묶음의 최대 수는 4±1로 알려져 있다(Cowan, 2001).

예제 9.3 단위 묶음화를 이용한 디자인

표시장치나 조정장치에서 문자열 배열에 대한 효율성을 살펴보자. [그림 9.11]에서 왼쪽 문자열 배치는 위쪽의 숫자 배치와 아래 쪽 배치가 분리되어 인식된다. 아래쪽의 왼쪽은 처음 알파벳과 오른쪽의 나중 알파벳이 배치되고 가운데는 숫자가 배치되어, 단위 묶음화와 배치가 잘되어 억지로 외우지 않아도 쉽게 인지할 수 있다. 반면 오른쪽 배치는 열심히 외워야하고, 잘 외워지지도 않는 배치라고 할 수 있다(U.S. Departmentof Energy, 2001).

그림 9.11 chunking을 이용한 디자인

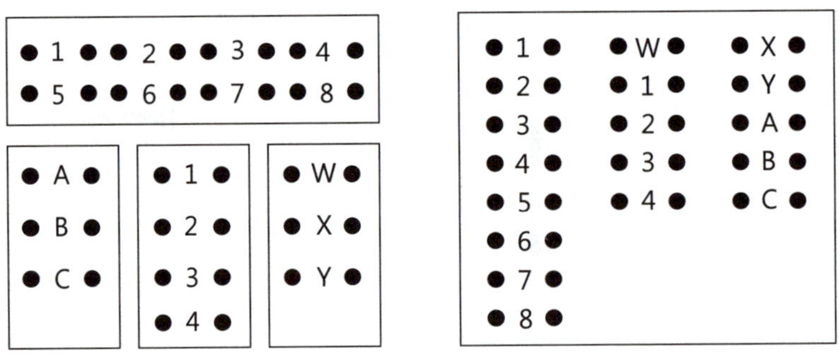

3. 조종장치와 반응동작

3.1 반응시간과 Hick's law

표시장치의 신호를 확인하고 조종장치에 조작을 마칠 때까지의 응답시간(response time)은 반응시간과 동작시간으로 구성된다.

어떤 자극에 대하여 반응이 발생하기까지의 소요시간을 반응시간(RT: reaction time)이라 한다. 1800년대 독일의 학자인 Donders는 반응시간을 [그림 9.12]와 같이 단순 반응시간(A: simple reaction time), 선택 반응시간(B: choice reaction time), 인지 반응시간(C: recognition reaction time) 등으로 분류하였다(Konz and Johnson, 2000).

단순 반응시간은 하나의 특정 자극에 대하여 반응하는 시간으로 자극 특성, 연령, 개인차에 의해 달라지지만 약 0.2초 정도의 시간이 소요된다.

선택 반응시간은 여러 개의 자극에 대한 짝진 반응을 정의한 후에 자극이 제시되어 선택적으로 반응할 때까지의 시간을 의미한다. Hick(1952)은 선택 반응시간은 일반적으로 선택 대안의 수(N)가 증가할수록 비례하며, 다음과 같이 표현되는 식을 Hick의 법칙(Hick's law)한다.

$$RT(\text{선택 반응시간}) = a + b\log_2 N$$

그림 9.12 반응시간의 유형

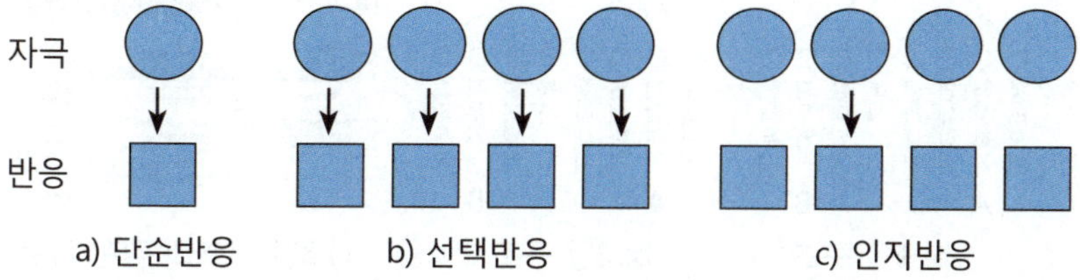

인지 반응시간은 여러 가지의 자극이 주어지고 이 중에서 특정한 신호에 대해서만 반응할 때 소요되는 시간을 의미한다.

Hick의 법칙에 따르면 선택반응시간은 선택 대안의 수(N)가 늘어날수록 증가하게 되므로, 작업수행에 필요한 선택 대안 수를 최소화하는 것이 효율적이다. 디자인의 단순화(simplicity)를 강조하는 원리라고 할 수 있다. Hick의 법칙에 의하면 대형 할인매장에서 40여개 종류의 잼을 진열하여 파는 것보다 3~4가지 종류만 진열하여 판매하는 것이 고객의 선택을 단순화시켜 선택을 용이하게 할 수 있다.

예제 9.4 Hick의 법칙과 메뉴디자인

Hick의 법칙을 적용하면 2단 구조보다는 1단 구조로 메뉴를 디자인하는 것이 반응시간이 적게 걸리게 된다.

[그림 9.13]의 a)와 같이 8가지의 선택 대안을 갖는 경우에 1단으로 8개를 나열하면 대안 A나 B를 선택하는데 소요되는 반응시간은 $a + b\log_2 8 = a + 3b$가 되지만, b)처럼 2단으로 설계한 경우에는 A 또는 B를 선택하는 데 소요되는 반응시간은 상단의 2가지 중에서의 선택과 하단에서의 선택 과정을 거치므로 $(a + b\log_2 2) + (a + b\log_2 4) = 2a + 3b$가 걸리게 된다. 따라서 c)와 같은 다단 구조를 갖는 메뉴 디자인은 가능한 피해야 한다.

그림 9.13 chunking을 이용한 디자인

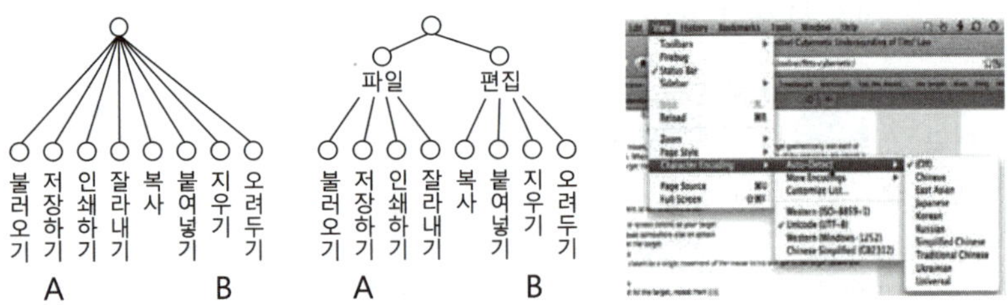

a) 1단 구조 b) 2단 구조 c) 3단 구조의 깊은 메뉴

3.2 동작시간과 Fitts 법칙

동작시간(MT: movement time)은 신호에 따라 손을 움직여서 동작을 실제로 실행하는 데에 걸리는 시간으로, 동작의 종류와 거리에 따라 다르지만 최소한 0.3초는 걸린다. Fitts는 이동 거리(A)와 목표물의 너비(W)를 변화시키면서 실험을 한 결과 다음과 같은 동작시간에 관한 예측시간 식을 얻었으며 이를 Fitts의 법칙(Fitts' law)이라한다.

$$\text{MT(동작시간)} = a + b\log_2(2A / W)$$

[그림 9.14]와 같이 구멍(지름 R_1)에 원형 막대기(지름 R_2)를 꽂는 경우에 목표물의 너비(W)는 $R_1 - R_2$로 표현된다. Fitts의 법칙에 의하면 거리(A)가 가까울수록, 목표물의 폭(W)이 넓을수록 동작시간이 적게 걸리는 것을 알 수 있다.

그림 9.14 Fitts의 법칙과 동작시간

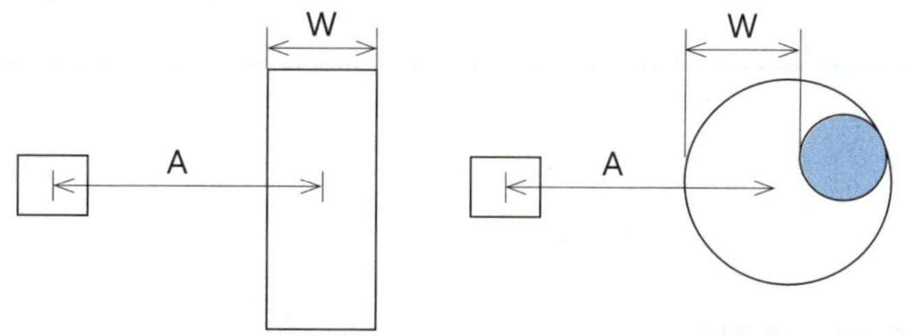

Hick의 법칙과 Fitts의 법칙을 적용하면 신호를 확인하고 동작을 하기까지의 응답시간(response time)은 반응시간과 동작시간의 합으로 모델링하여 구할 수 있으며, 사람은 최소한 약 0.5초 정도의 응답시간이 걸린다.

예제 9.5 Fitts 법칙과 화면 설계

Fitts의 법칙에 의하면 화면의 버튼은 가능한 선택의 폭은 넓히고 거리를 가깝게 설계하여야 한다.

[그림 9.15]의 라디오 버튼형은 직접 원에 클릭을 해야만 클릭되는 a)보다는 원 뿐만 아니라 설명 문자에만 올려놓고 클릭할 수 있도록 설계된 b)가 시간이 적게 걸리도록 도와주는 디자인이라고 할 수 있다. 클릭을 위한 버튼에서도 설명 문자에만 클릭할 수 있는 a)보다는 면적 전체가 활성화되는 b)가 우수한 디자인이라고 할 수 있다.

그림 9.15 Fitts의 법칙과 화면설계

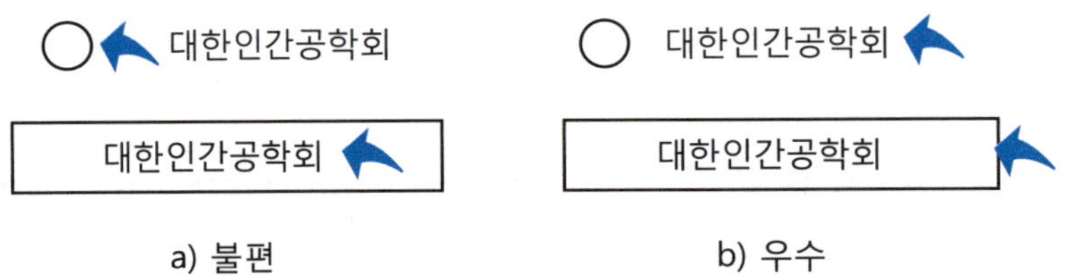

예제 9.6 리스트 메뉴 디자인

화면의 크기나 선택 항목의 개수에 따라 메뉴 디자인은 선택폭이 달라질수 있다. 그러나 가능한 선택 항목을 줄이고 이동거리를 줄이려는 노력이 필요하다. 웹 화면에서 리스트 메뉴의 디자인을 고려해 보자.

[그림 9.16]의 a)는 오른 쪽의 바를 이용하여 메뉴 창에 펼쳐지는 항목 범위를 조정한 후에 원하는 항목을 마우스로 클릭하면 메뉴가 선택된다. b)는

메뉴 선택의 창의 크기를 줄여 선택 항목을 11개에서 9개(Miller의 이론 고려)로 줄임으로써 선택 반응 시간을 줄이는 효과가 있다.

그러나 바를 이용하여 움직이고 마우스로 선택하여 클릭함으로써 이동시간이 존재한다. c)는 마우스를 선택항목에 올려놓으면 현재 선택 항목이 음영으로 나타나고, 마우스를 아래로 움직이면 선택 항목도 이동하도록 하는 방법이다. 그리고 원하는 항목을 더블 클릭하여 선택한다. 선택과 이동에 소요되는 총 응답시간을 줄이는 디자인이라고 할 수 있다.

그림 9.16 리스트 메뉴 디자인

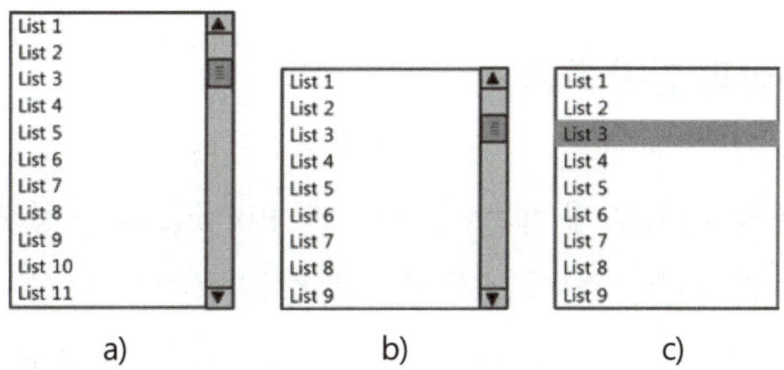

예제 9.7 리스트 메뉴와 파이 메뉴

[그림 9.17]은 리스트 메뉴와 파이 메뉴를 보여준다. [그림 9.17]의 b)와 같은 파이 메뉴는 이론적으로 a)와 같은 리스트 메뉴보다는 이동거리가 적고, 선택 면적이 크기 때문에 우수한 디자인이라고 할 수 있다. 애플은 iPOD 모델 등에 파이 메뉴 방식의 조종장치를 선택함으로써 사용 편의성을 증가시켰다고 할 수 있다.

그림 9.17 리스트 메뉴와 파이 메뉴

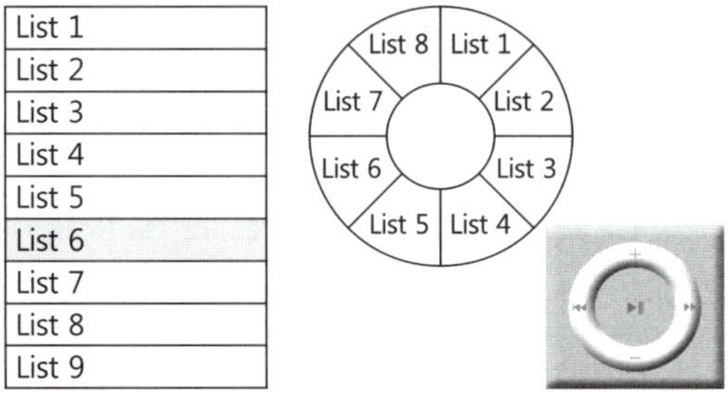

a) 리스트 메뉴 b) 파이 메뉴

3.3 위치 동작과 범위 효과

손을 뻗어 특정 위치로 옮기는 동작을 위치(positioning) 동작이라 한다. 눈으로 다른 것을 보면서 손을 뻗어 조종장치를 잡는 동작과 같이 눈으로 보지 않으면서 행하는 동작을 맹목(盲目; blind) 동작이라 한다. 운전대를 잡고 운전을 하면서 오른 손으로 무엇인가를 조작하기 위해 손을 뻗치는 동작은 맹목 위치 동작이 된다.

눈으로 확인하지 않으면서 손을 수평선상으로 움직이는 경우에는 가까운 거리는 의도한 곳보다 지나치고, 먼 거리는 의도한 곳보다 못 미치는 경향이 있다. 이를 범위 효과(range effect) 또는 사정(射程) 효과라 한다.

Fitts의 실험에 의하면 맹목 위치 동작은 정면의 방향이 가장 정확하고, 측면이 가장 부정확한 것으로 나타났으며, 표적의 높이는 하단이 가장 정확하고, 상단이 가장 부정확한 것으로 나타났다(박경수, 2004). 일반적으로 눈으로 보지 않고 손을 뻗어서 조작하여야하는 조종장치는 정면에 가깝게, 어깨보다 낮은 높이에 배치하는 것이 바람직하다.

연습문제

1. 조종장치 5회전시, 표시장치는 20cm 움직이는 경우의 C/R ratio는?

   ① 1/4 ② 4 ③ 1/4cm ④ 4cm

2. 다음 중 직선형 통제 조종장치에 해당되지 않는 것은?

   ① slide switch ② knob ③ toggle switch ④ push button

3. 다음 중 이산형 위치 조절장치가 아닌 것은?

   ① push button ② crank ③ toggle switch ④ rocker switch

4. 통제기기에서 변위를 15mm 움직여서 표시계의 지침이 25mm 움직였다면 이 기기의 조종-반응 비율(C/R ratio)은 얼마인가?

   ① 15/25 ② 25/15 ③ 0.5 ④ 0.7

5. 조종-반응 비율(C/R ratio)에 관한 설명으로 올바른 것은?

   ① C/R비가 작으면 둔감한 장치이다.

   ② C/R비가 큰 경우에는 조종장치의 조종시간이 많이 필요하다.

   ③ C/R비는 반응장치의 움직인 거리를 조종장치의 움직인 거리로 나눈 값이다.

   ④ C/R비가 감소함에 따라 이동시간은 감소하고 조종시간은 증가한다.

6. 다음 중에서 이산형 정보의 제어와 가장 거리가 먼 것은?

   ① 작동/멈춤(action) ② 선택(selection)

   ③ 자료 입력(data entry) ④ 조정(adjusting)

연습문제 해답 : 1. ①, 2. ②, 3. ②, 4. ①, 5. ④, 6. ④

7. 다음 중에서 이산형 정보의 제어와 가장 거리가 먼 것은?

① slide switch ② trackball ③ toggle switch ④ push button

8. 다음 중에서 연속형 정보의 제어와 가장 거리가 먼 것은?

① 조정(adjusting) ② 선택(selection)
③ 위치 조정(positioning) ④ 추적(tracking)

9. 다음 중에서 나사는 시계 방향으로 돌리면 들어가는 방향으로 진행될 것으로 예상되는 Warrick의 원리와 관계있는 것은?

① 양립성 ② 피드백 ③ 행동유도성 ④ 가시성

10. 다음 중에서 양립성에 맞게 조종장치와 반응장치를 설계하면 얻는 효과로서 거리가 먼 것은?

① 학습시간의 단축 ② 반응시간의 감소
③ 사용자 만족도 향상 ④ 휴먼 에러 증가

11. 다음 중 조종장치의 암호화에 관한 설명으로 올바르지 않은 것은?

① 모양, 표면 촉감, 크기, 위치 등으로 암호화
② 중복 암호화는 판별성을 감소시킨다.
③ 표준화하는 것이 필요하다.
④ 암호화의 유지관리가 안되면 휴먼 에러가 증가한다.

연습문제 해답 : 7. ②, 8. ②, 9. ①, 10. ④, 11. ②

12. 많은 동작들이, 바뀌는 신호등이나 청각적 경계 신호와 같은 외부 자극을 계기로 하여 개시된다. 자극이 있은 후 동작을 개시하기까지 걸리는 시간을 무엇이라 하는가?

① 동작시간　② 반응시간　③ 감지시간　④ 정보처리시간

13. 다음 중 선택 반응시간(Hick의 법칙)과 동작시간(Fitts의 법칙)에 영향을 미치는 요인에 대한 설명으로 옳은 것은?

$$선택반응시간 = a + b\log_2 N,\ 동작시간 = a + b\log_2(2A/W)$$

① N: 자극과 반응 수, A: 목표물 너비, W: 움직인 거리
② N: 자극과 반응 수, A: 움직인 거리, W: 목표물 너비
③ N: 감각기관의 수, A: 목표물 너비, W: 움직인 거리
④ N: 감각기관의 수, A: 움직인 거리, W: 목표물 너비

14. 다음 중 Fitts의 법칙에 관한 설명으로 옳은 것은?

① 표적이 작을수록, 이동거리가 길수록 작업의 난이도와 동작 시간이 증가한다.
② 표적이 클수록, 이동거리가 길수록 작업의 난이도와 동작시간이 증가한다.
③ 표적과 이동거리는 작업의 난이도와 소요 동작시간과 무관하다.
④ 표적이 클수록, 이동거리가 짧을수록 작업의 난이도와 소요 동작시간이증가한다.

연습문제 해답 : 12. ②, 13. ②, 14. ①

실습문제

1. Warrick의 원리를 예를 들어 설명하시오.

■ 해설 ■

동일면에서 회전형 조종장치가 선형 표시장치와 가까이 있는 경우에는 표시장치의 지침 이동 방향이 조종장치의 이동방향과 가까운 방향으로 움직일 것이라고 기대하는 특성(운동 양립성).

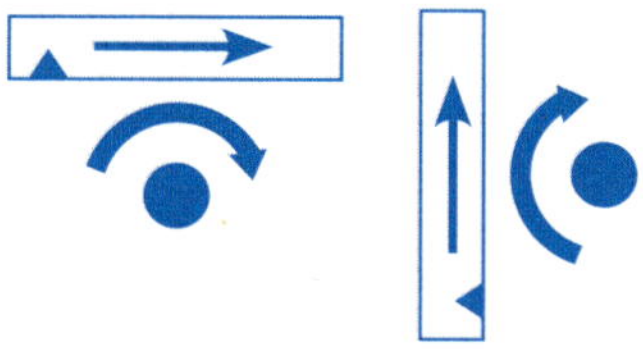

2. 다음 두 경우의 조종장치와 표시장치에 대한 C/R비를 구하시오.

1) 길이가 10cm인 조이스틱을 36° 움직였더니 화면의 위치가 3cm 움직였다.

2) 놉(knob)을 2회전하였더니 표시장치가 10cm 움직였다.

■ 해설 ■

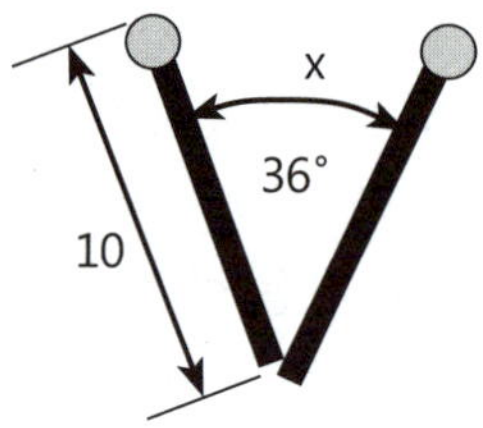

1) 조이스틱의 이동거리 x

$(2\pi \times 10) : 360° = x : 36°$

$$x = \left(\frac{36°}{360°}\right) \times 2\pi \times 10$$

$$\text{조이스틱의 C/R비} = \frac{x}{\text{표시장치의 이동거리}} = 2.09$$

2) 놉의 C/R비 = 1/1회전시 움직이는 표시장치 이동거리
= 1/5 = 0.2

3. 다음은 조종장치 움직임 각도에 따라 표시장치의 이동거리를 나타낸 것이다. 두 시스템의 C/R비, 민감도와 이동시간, 조정시간을 비교하여 설명하시오.

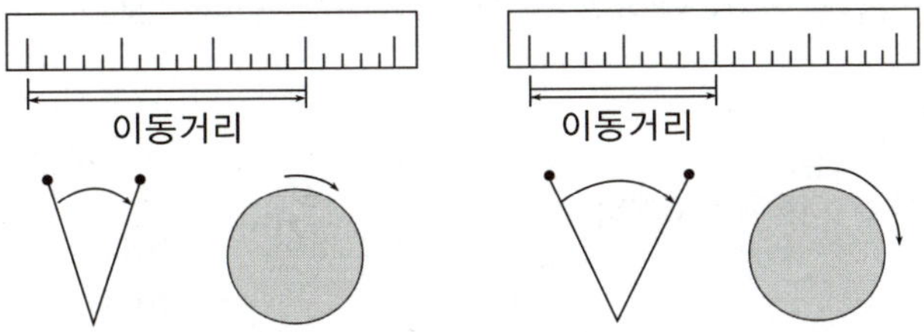

■ 해설 ■

C/R비가 작으면 조종장치를 조금만 움직여도 표시장치의 지침이 많이 움직이므로 이동시간은 작아지지만, 상대적으로 조심스럽게 제어하여야 하므로 조종시간은 많이 걸린다.

	A	B
C/R비	작다	크다
민감도	민감하다	둔감하다
조종시간	길다	짧다
이동시간	짧다	길다

4. 선택반응시간(Hick 법칙)과 동작시간(Fitts 법칙)에 대하여 설명하시오.

■ 해설 ■

1) 선택반응시간

자극이 있은 후 동작을 개시하기까지 걸리는 반응 시간

선택반응시간 = $a + b\log_2 N$, N : 자극과 반응의 수

2) 동작시간

자극에 반응하여 손을 움직여 동작을 실제로 실행하는데 소요되는 시간

동작시간 = $a + b\log_2(2A/W)$, A : 움직인 거리, W : 목표물 너비

5. 아래의 표는 조그 다이얼을 이용하여 표시장치의 특정 위치에서 특정 위치까지 이동시키기 위하여 조작한 조그 다이얼의 회전수와 표시장치의 이동거리, 이동시간과 조정시간을 조사한 실험결과이다. 실험자료를 이용하여 총시간을 최소화하는 최적 C/R비를 구하시오.

회전수	표시장치 이동거리 (cm)	C/R비	조정 시간 (초)	이동 시간 (초)	총 시간
6	3		0.1	0.7	
5	4		0.2	0.4	
4	5		0.3	0.2	
3	6		0.6	0.1	

a) 실험 자료

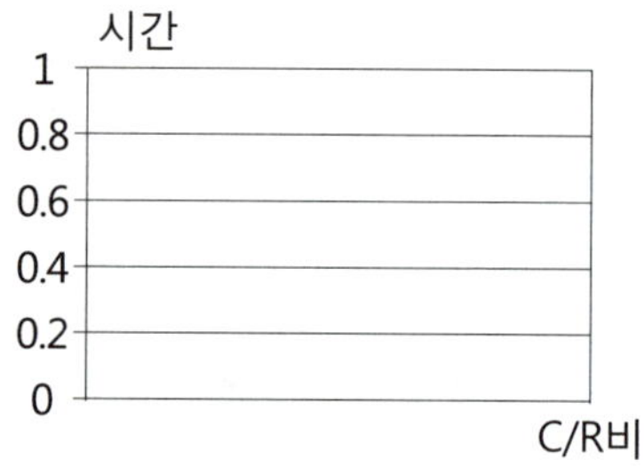

b) 최적 C/R비 구하기

■ 해설 ■

C/R비 = 회전수 / 표시장치 이동거리, 총시간 = 이동시간 + 조정시간으로 구할 수 있다.
총시간을 최소화하는 최적 C/R비 = 0.8

회전수	표시장치 이동거리 (cm)	C/R비	조정 시간 (초)	이동 시간 (초)	총 시간
6	3	2	0.1	0.7	0.8
5	4	1.25	0.2	0.4	0.6
4	5	0.8	0.3	0.2	0.5
3	6	0.5	0.6	0.1	0.7

a) 실험 자료

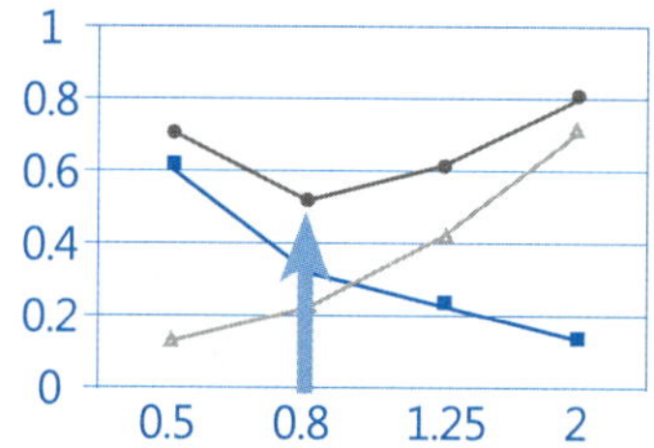

b) 최적 C/R비 구하기

6. 두 작업자 A, B의 반응시간($RT = a + b\log_2 N$)을 비교하시오.

작업자 A : 양품과 불량품을 판별하며 불량률은 50%로 알려짐

작업자 B : 양품의 등급을 4등급으로 분류, 각 등급의 비율은 25%로 동일

■ 해설 ■

1) 작업자 A : 양품과 불량품, N은 2, $RT = a + b\log_2 2 = a + b$

2) 작업자 B : 양품의 등급이 4등급이므로 대안의 수는 4, $RT = a + b\log_2 4 = a + 2b$

작업자 B가 반응시간이 더 걸린다.

7. 다음 경우에 대한 동작시간을 Fitts 법칙을 이용하여 구하시오.

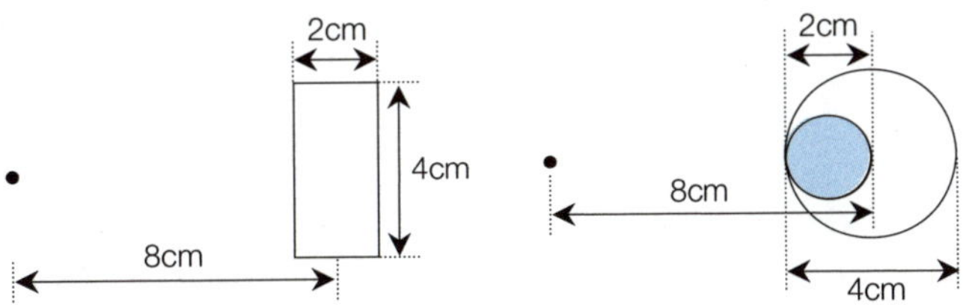

■ 해설 ■

1) $A = 8$, $W = 2$, 동작시간 $= a + b\log_2(2A/W) = a + b\log_2(2*8/2) = a + 3b$

2) $A = 8$, $W = 4 - 2 = 2$, 동작시간 $= a + b\log_2(2A/W) = a + b\log_2(2*8/2) = a + 3b$

제 10 장

사용자 중심의 제품개발

1. 인간중심설계 프로세스
2. 디자인과 인터페이스 설계
3. 감성공학
4. 유니버설 디자인

1. 인간중심설계 프로세스

제품개발 프로세스나 디자인 프로세스는 개발 제품에 따라 일반적인 신제품의 개발에 초점을 맞춘 제품개발 프로세스, 제품 디자인에 초점을 맞춘 디자인 프로세스, 작업 개선 및 새로운 문제 해결에 초점을 맞춘 문제해결 프로세스, 사용자 중심의 제품개발에 초점을 맞춘 인간중심설계 프로세스 등으로 구분되고 있다. [표 10.1]은 각 프로세스의 단계별 절차를 나타낸 것이다.

표 10.1 제품개발 프로세스 및 디자인 프로세스

<table>
<tr><th rowspan="2">방법
분류</th><th colspan="7">프로세스 단계</th></tr>
<tr><th>1</th><th>2</th><th>3</th><th>4</th><th>5</th><th>6</th><th>7</th></tr>
<tr><td>제품개발
프로세스</td><td>구상</td><td colspan="2">계획</td><td>개발</td><td>평가</td><td>제품
출하</td><td>라이프
사이클</td></tr>
<tr><td>디자인
프로세스</td><td>시장
정의</td><td>사용자
정보 이해</td><td>컨셉
디자인</td><td>상세
디자인</td><td>디자인
평가, 검증</td><td>시장
평가</td><td></td></tr>
<tr><td rowspan="2">인간중심설계
프로세스</td><td colspan="2">사용환경의
이해와 명시</td><td colspan="2">디자인 해결안 도출</td><td></td><td rowspan="2"></td><td rowspan="2"></td></tr>
<tr><td></td><td colspan="2">사용자 요구사항 명시</td><td colspan="2">요구사항에 대한
디자인 평가</td></tr>
</table>

제품개발 프로세스의 각 단계별 주요 활동은 다음과 같다.

(1) **구상**: 제품개발 개요 정의

(2) **계획**: 개발 계획 작성 및 예산 취득

(3) **개발**: 설계, 시작품 제작, 기능 평가

(4) **평가**: 평가 시험 및 양산 준비

(5) **라이프 사이클**: 생산 및 계획 달성 평가

디자인 프로세스의 각 단계별 주요 활동은 다음과 같다.

(1) **시장 정의**: 개발 목표와 활동 계획 정의

(2) **사용자 정보 이해**: 사용자는 무엇을 원하는가와 경쟁력 분석

(3) **컨셉 디자인**: 디자인 전략과 컨셉의 시각화

(4) **상세 디자인**: 설계와 평가의 반복으로 설계 완성도 제고

(5) **디자인 평가, 검증**: 사용자의 평가와 검증

(6) **시장 평가**: 사용자 평가를 반영하여 향후 개발에 활용

[표 10.1]에서 인간중심설계 프로세스는 ISO 9241-210(2010)에서 규정된 절차이다. ISO 9241-210에서 규정한 인간중심설계 프로세스는 다음의 5가지 설계 원칙을 기준으로 한다.

(1) 개발 프로세스에 사용자의 적극적인 참여

(2) 사용자와 업무의 명확한 이해

(3) 사용자와 기술과의 적절한 기능 분배

(4) 반복 설계에 의한 해결안 개선

(5) 다양한 직종으로 구성된 팀에 의한 설계

[그림 10.1]은 인간중심설계 프로세스 절차를 나타낸다(ISO 9241-210, 2010).

그림 10.1 인간중심설계 프로세스

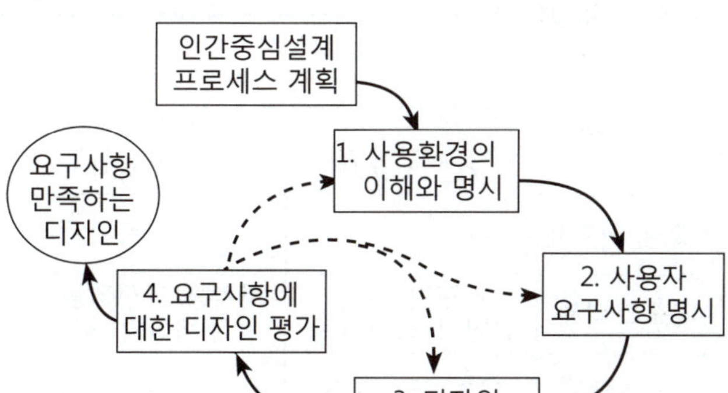

1.1 사용환경의 이해와 명시

목표를 구체화하고 개발 계획을 세운다. '누가 무엇을 위해 제품을 사용할 것인가'를 구체적으로 정의한다. 개발하는 제품의 서비스를 구체화하고 대상 사용자 및 경쟁 제품을 파악한다.

(1) 개발 제품의 구체화

어떤 제품 서비스를 개발하려고 하는가를 명확하게 구체화한다. 제품 시장을 규정하고 제품 및 서비스의 목표, 제공하는 기능, 시장에서의 성숙도 등을 파악하여 정리한다.

[표 10.2]는 디자인의 대상을 사용자와 제품의 특성에 따라 분류한 것이다.

일반적으로 도로나 광장, 도서관, 구청 등과 같은 공공 공간은 개인이 사용하는 소모품과는 다르다. 대다수 사용자들이 이용하는 사회적 자본재 특성의 공공 기관의 설계에서는 어떠한 사용자도 쉽고 편하게 사용할 수 있는 유니버설 디자인의 개념이 강조되는 방면, 소모품에 대한 개인용품 개발자는 시장 논리에 입각하여 대다수의 사용자가 어떤 사용자인가를 고려하여 설계하게 된다.

표 10.2 디자인 대상의 분류

제품 분류 \ 사용자		사용자		
		개인 사용자	가족 사용자	공공 사용자
시간적 지속성	사회적 자본재	-	주택 등	공공 건축물 등
	내구 소비재	자전거, 의자, 전화기, 복합기 등	자가용, 가전제품, 주택기기 등	지하철, 버스, 택시 등
	소모품	양복, 문방구 등	-	-

(2) 사용자의 정의

어떤 사용자를 대상으로 한 제품 및 서비스인가를 정의한다. 사용자는 어떤 특성(성별, 연령, 경험 등)을 갖고 있는가, 어느 지역 사용자인가 등을 조사한다.

- 사용자층의 정의: 살고 있는 지역, 연령, 성별, 직업, 신체장애 등 조사
- 사용자 수준의 정의: 교육 수준, 숙련도, 사용 경험 등 조사

(3) 경쟁 제품의 조사

시장에서의 경쟁 상품을 조사한다. 경쟁 상품의 시장 점유율, 대상 사용자층, 경쟁 상태 등을 바탕으로 주 경쟁 제품을 선정한다.

(4) 개발 목표의 정의

조사 내용을 토대로 목표를 정의한다. 목표는 '~을 더 ~할 수 있다'와 같이 구체적으로 정의한다.

(5) 개발 계획 기획

선정된 목표를 달성하기 위한 개발 절차를 기획한다.

1.2 사용자의 요구사항 명시

사용자의 요구사항은 제품이나 서비스에 대한 사용자로부터의 요구사항이다. 제품은 사용 환경 조건이나 법령에 따른 규격 등의 다양한 요구사항이 존재한다. 그러나 제품에 대한 사용자의 필요성, 이용 상황, 문제점, 사용자의 취향 등에 관한 사용자의 요구사항이 제품개발 측면에서 가장 중요한 사항이다.

(1) 사용자 정보의 이해

제공하는 제품의 서비스가 어떤 상황에서 어떤 작업을 지원하는 것인가

를 파악한다. 사용자는 어떤 작업을 어떤 순서로 수행하는지, 작업의 목적은 무엇인지, 현재 제품의 사용상의 문제점은 무엇인지, 어떻게 변하기를 기대하는가 등을 조사한다. 작업 내용, 작업 자세, 작업시간 등에 대한 조사도 포함된다. 작업 분석(task analysis)이나 인터뷰, 현장 조사, 설문 조사 등을 이용한다.

(2) 사용자 시나리오 작성

사용자 시나리오는 사용자가 제품을 어떤 상황에서 어떤 목적을 위해 무엇을 어떻게 하는가를 대표적인 작업을 기준으로 구체적으로 기술한 것이다. 시나리오는 매뉴얼이나 지침서 등을 작성하는 데에도 이용할 수 있다.

(3) 경쟁 제품과의 장단점 평가

현재의 제품 서비스를 평가하고 요구사항 등의 정보를 수집한다. 또한, 경쟁 제품은 사용자의 행위를 어떻게 지원하고 있는가를 조사한다. 단순한 기능 비교표가 아니라 사용자 시나리오를 기초로 숙련된 사용자를 관찰하거나 인터뷰를 통해서 장단점을 조사한다. 사용성 평가, 인터뷰 등이 대표적인 방법이다.

1.3 디자인 해결안 도출

요구사항을 고려하여 구체적인 디자인 대안들을 도출하고 최적 대안을 선택한다. 즉, 사용자 정보 및 요구사항을 근거로 설계안을 선택하여 결정한다.

(1) 디자인 설계요소 도출

사용자 요구사항을 기초로 디자인 설계요소를 도출하여 시각적으로 표현한다. 설계요소 디자인 매트릭스 등을 이용하여 사용자의 요구사항이나 문제점에 관한 정보를 정리하고 검토사항을 정리한다.

(2) 디자인 설계요소 도출 및 프로토타입 제작

각각의 설계요소에 대하여 검토 중인 디자인 안을 프로토타입으로 제작한다. 각 안에 대하여 비교 평가를 반복하여 상세한 프로토타입을 만들어 설계 완성도를 높인다.

(3) 최적 설계안의 선택

상세한 프로토타입에 대한 평가 결과 등을 이용하여 설계에 대한 사양을 결정한다.

1.4 요구사항에 대한 디자인 평가

최적 설계안은 보다 광범위한 사용자를 대상으로 평가를 실시하여 원래 의도한 목표를 달성하였는가를 평가한다. 인간중심설계 프로세스는 사용자의 요구수준을 어느 정도 달성하면 되는 것이 아니라 조금이라도 더 많은 사용자들에게 편리함을 제공할 수 있도록 지속적으로 개선을 수행하여야 한다.

2. 디자인과 인터페이스 설계

2.1 제품개발과 디자인 설계요소

시계의 가치를 '시간을 얼마나 정확하게 맞추는가'로 판단하던 시대에는 최고의 가공기술을 내세우며 정확성을 무기로 삼은 스위스의 시계가 최고였다. 그러나 거리의 가판대에서 파는 몇 천 원짜리의 시계와 백화점에서 파는 수십만 원짜리 시계가 시간을 측정하는 기능에는 별 차이가 없어짐에 따라 시계를 구입하는 사람들은 시계의 디자인이 마음에 드는지, 무엇을 할 때 착용하면 좋을지, 사용하기 편한가를 고려하여 구입하게 되었다. 정확성이라는 기능 중심에서 디자인과 사용하기 편리한가의 여부로 구입의 기준이 바뀐 것이다.

디자인은 성능, 외관, 사용 용이성, 제조 방법 등 제품에 특성을 부여하는 재료, 요소, 부품의 조합이라는 의미로부터 인공물에 심미적, 실용적, 경제적, 문화적 가치를 부여하기 위해 고도로 복합적인 요소들을 종합하여 가장 합당한 특성을 창출하는 지적 조형 활동 등으로 정의되고 있다(정경원, 2006).

제품개발 과정은 다양한 분야의 지식을 통합하여 바람직한 해결안을 창출해 내야 하기 때문에 학제적 특성을 갖고 있다. 기본적으로 인간적 요소(환경, 인간공학, 인체측정학), 공학(기능, 구조, 생산), 마케팅(시장, 구매자, 사용자) 등에 관심을 가져야 한다. 제품개발에 있어서 디자인의 주요 요소도 심미성으로부터 시장성, 기술성, 사회성, 문화성으로 변화되어 가고 있다.

[그림 10.2]와 [표 10.3]은 일반적인 제품개발에서 평가되는 디자인 설계 요소 특성들을 나타낸다(정경원, 2006).

그림 10.2 디자인 설계요소의 평가

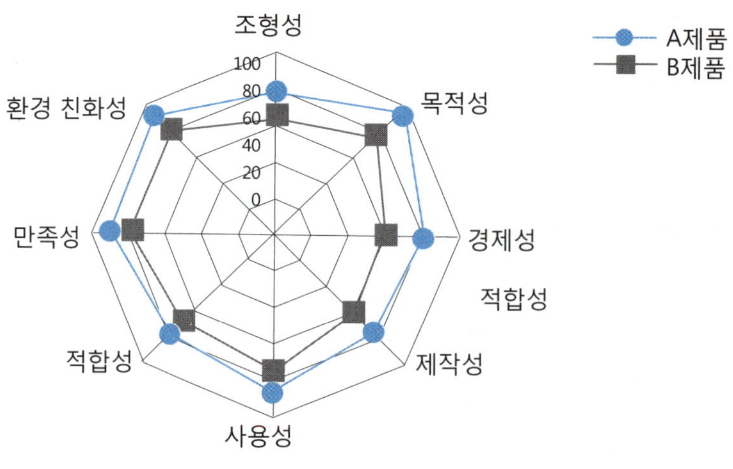

표 10.3 디자인 요소 평가표

디자인 요소	평가 항목	가중치	대안 A	대안 B	대안 C	대안 D	대안 E	비고
조형성	심미성							
	독창성							
	예술성							
	조화성							
목적성	효율성							
	안전성							
	기능성							
	유효성							
경제성	가 격							
	시장성							
	이 윤							
	시장의 선도							
제작성	제조 용이성							
	재료 적합성							
	구조의 안전성							
	신뢰성 및 내구성							
사용성	조작 편리성							
	가시성							
	신체조건 고려							
	오류 예방							
적합성	기업 문화							
	추세와 변화							
	관습 및 법규							
만족성	사용자 요구사항							
	경영진 요구사항							
	이해집단 요구사항							
환경 친화성	환경 영향 및 오염							
	자원 및 에너지 절약							
	재활용							
합 계	점수×가중치 / 점수							

(1) **조형성** : 외관, 형태, 심미성, 디자인, 독창성, 예술성 등

(2) **목적성** : 성능, 기술, 기능 등

(3) **경제성** : 가격, 시장성, 이윤, 시장 선도 등

(4) **제작성** : 적절한 소재 및 재료 선정, 제조 용이성 등

(5) **사용성** : 오류 예방, 조작 편리성, 가시성, 신체조건 고려 등

(6) **적합성** : 기업 문화, 추세와 변화, 법규 및 규제 등

(7) **만족성** : 사용자 요구사항, 경영진 요구사항, 이해집단 요구사항 등

(8) **환경 친화성** : 환경 영향 및 오염, 자원 절약 및 재활용, 오염 등

2.2 사용자 인터페이스 설계

다른 사람의 은행구좌에 송금하는 일을 생각하여 보자. 현금지급기를 사용하는 경우에는 자신의 카드를 현금지급기에 넣고 화면에서 지시하는 대로 행동을 하면 된다. 인터넷뱅킹을 이용하는 경우에는 은행사이트의 홈페이지에 접속하여 모니터를 보면서 안내에 따라 마우스나 키보드를 이용하게 된다. 이와 같이 사용자가 장비를 이용하여 특정한 작업을 수행할 때 사용자가 보고 조작하는 정보의 상호전달이 이루어지는 부분을 사용자 인터페이스(user interface)라 한다.

기술의 발달은 인간을 보다 적극적이고 능동적인 정보 수용의 주체로 변화시켰으며, 인간의 창조성을 기반으로 한 인간과 도구 사이의 상호작용인 인터랙션(interaction) 디자인에 대한 관심을 높였다. 특히 도구 디자인에서는 문제를 해결하는 수량적이고 공학적인 측면의 개선지향적 접근 방법을 통하여 다양한 관계에 대한 연구가 진행되고 있다. 인터페이스(interface)의 사전적 의미는 '계면, 즉 인간과 도구와의 사이'를 말하며 서로의 관계에서의 공유영역 혹은 커뮤니케이션 통로를 뜻한다. 사용자 인터페이스란 사람과 시스템간의 접점, 또는 사용자와 시스템 사이에서 정보 전달이 일어나는 정보 교환의 창구로 정의된다. 인터페이스는 인터랙션이 일어나는 개념적이고 구체적인 장소를 의미하며, 인터랙션은

인간과 도구 사이에서 수행할 수 있는 커뮤니케이션을 목적으로 일어나는 일련의 활동으로 인간에게 영향을 미치는 물리적 기구나 환경을 대상으로 하는 시공간적 개념을 포함하고 있다. 사용자 인터페이스 설계(user interface design)는 보다 사용하기 편한 시스템을 만들기 위해 사용자와 시스템 사이의 상호 정보 교환의 문제점을 신체적, 인지적 측면에서 밝혀내고 이를 체계화하여 설계, 디자인하고 평가하는 것을 의미한다. 사용자와 장비가 서로 정보를 교환하는 사용자 인터페이스를 어떻게 설계하느냐에 따라 사용자들은 원하는 작업을 쉽게 할 수도 있고, 수많은 실수와 불편을 호소하게 될 수도 있다.

사용자 인터페이스를 '사용하기 쉽다, 어렵다'는 말로 표현할 때에는 사용성 또는 유저빌리티(usability)라는 용어를 사용한다. 사용성, 사용편리성, 사용편의성이라는 단어로 사용되는 사용성(usability)은 사용하기에 어떠한가 라는 의미를 갖고 있다. 사용성이란 사용자가 사용하고자 하는 조건에서 사용자가 의도한대로 제품을 효과적이며 효율적으로, 또한 주관적으로 만족하면서 사용하는가를 나타내는 정도이다. 국제표준화기구(ISO)가 정의한 사용성은 '특정한 사용자가 특정한 과업을 특정한 환경에서 수행할 때의 효과(effectiveness), 효율(efficiency)과 만족(satisfaction)의 정도'로 표현된다(ISO 9241-11, 1998).

Jacob Nielsen(1993)은 사용성을 학습용이성, 효율성, 기억용이성, 에러 빈도 및 정도, 그리고 주관적 만족도로 정의하였다. 학습용이성(learnability)은 사용자가 제품의 사용법을 배우기 쉬운가를 나타낸다. 효율성(efficiency)은 효율적으로 사용할 수 있는가를 나타내는 척도로 어느 정도 익숙한 사용자가 얼마나 빨리 원하는 일을 수행할 수 있는가를 나타낸다. 효율성은 경험자들을 대상으로 다양한 과제를 수행하게 한 후, 정해진 시간 내에 최소의 수행 단계를 거쳐 성공적으로 과제가 수행되었는지를 평가하여 측정한다. 기억용이성(memorability)은 기억하기 쉬운가를 나타내는 척도로 몇 주 정도의 비교적 긴 시간을 두고 간헐적으로 제품을 사용하는 부정기적 사용자(casual users)들을 대상으로 제품에 대한 사용방법을 얼마나 기억하고 있는가를 측정하여 나타낸다. 에러 빈도 및 정도(error frequency and severity)는 사용자가 실수를 얼마나 자주 하는가와 실수의 정도가 큰지 작은지 여부, 그리고 실수를 쉽게 만회할 수 있는지를 나타낸다. 주관적 만족도(subjective satisfaction)는 제품에 대해 사용자들이 얼마나 만족하고 있는가를 나타낸다.

컴퓨터가 우리 생활의 많은 부분을 차지함에 따라 컴퓨터와 인간 사이의 인터페이스는 무엇보다도 중요한 문제로 대두되고 있으며, 이를 위한 연구의 한 영역으로 인간-컴퓨터 상호작용(HCI: human-computer interaction) 분야가 탄생하게 되었다. HCI는 인간과 컴퓨터 기술이 서로에게 미치는 상호작용을 연구하는 학문이다. HCI의 기본적인 개념들은 제록스사의 기술진들이 개발자 중심이 아닌 사용자 중심의 컴퓨터 시스템을 개발하는 과정에서 구체화 되었고, 인간공학, 컴퓨터공학, 인공지능, 음향공학, 영상, 가상현실, 통신공학, 신호처리, 패턴인식, 감성공학 등 여러 학문이 참여하게 되면서 점차 전문화 및 세분화되어 발전하고 있다. 사용자 중심의 시스템을 만들기 위해 개발자들은 사용자들이 무엇을 요구하고 가치기준은 무엇이며, 주로 하는 작업이 어떤 것인지를 파악하여 시스템을 보다 사용하기 쉽고, 안전하고, 기능적으로 만들고자 한다. HCI는 제품 개발 방법론이자 기술인 동시에 인간과 컴퓨터 간의 상호작용을 연구하는 학문인 것이다.

2.3 인터페이스 설계

일반적으로 인터페이스 설계요소를 살펴보면 디바이스, 조작 방법, 스크린, 이용자 안내, 출력 포맷 등으로 구분할 수 있다. [그림 10.3]은 인터페이스 설계요소와 하부 요소를 나타낸다.

인터페이스 디자인은 추상화된 정보를 구체적인 표시 또는 조작 정보로 변환하는 과정으로써 1) 정보의 파악, 2) 정보의 구조화, 3) 정보의 가시화, 4) 평가로 나누어 볼 수 있다[그림 10.4](일본인간공학회, 2003).

그림 10.3 인터페이스 설계 항목

1. 디바이스	- 표시 디바이스 - 입력 디바이스 - 문자 입력 디바이스
2. 조작 방법	- 시스템 조작 순서 - 각 어플리케이션 조작 순서
3. 스크린	- 화면 구성, 레이아웃 - 메뉴, 버튼, 아이콘, 커서 - 폰트, 컬러, 시각/음향 효과
4. 이용자 안내	- 메뉴/버튼 용어 - 메시지, 가이드라인 - 도움말, 매뉴얼
5. 출력 포맷	- 화면 표시기 - 표시 가능한 문자 수 - 프린트 출력기

그림 10.4 인터페이스 설계 절차

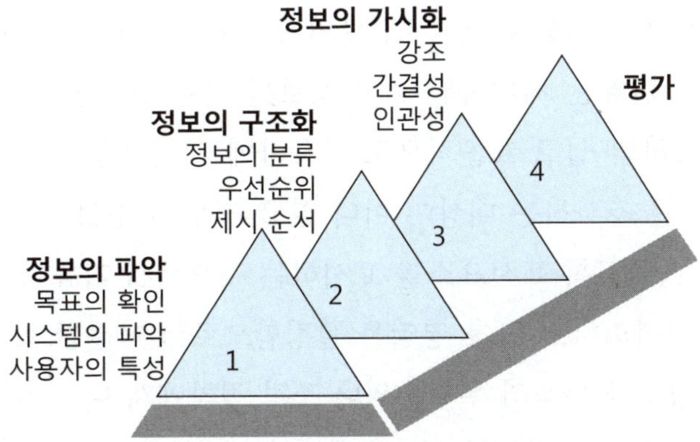

그림 10.5 정보의 구조와 설계요소

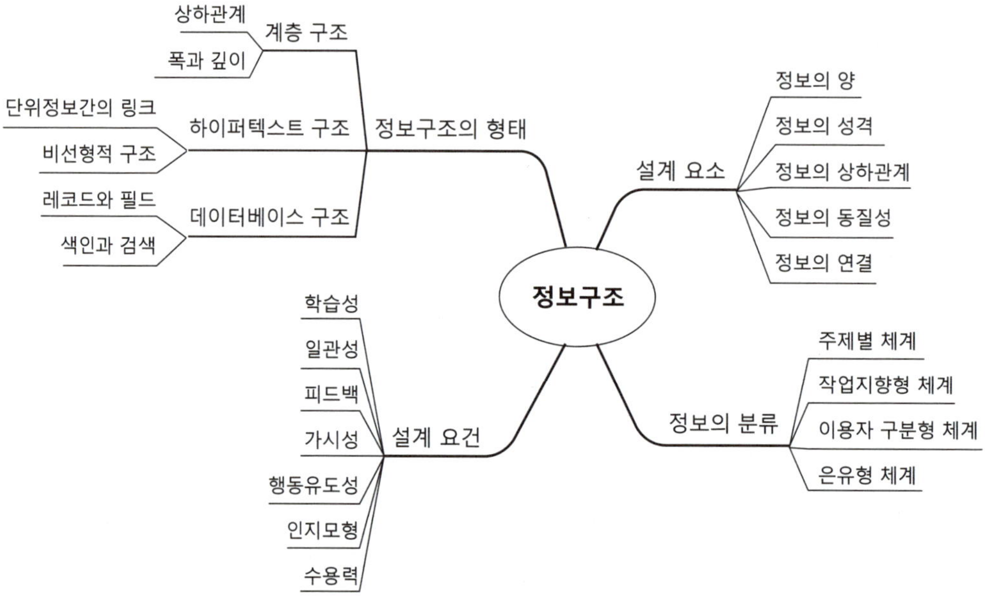

정보의 파악 단계에서는 시스템의 목표 확인과 더불어 사용자의 특성을 파악한다. 누가, 언제, 어디서, 무엇을, 어떻게 하는가를 명확하게 하는 과정이다.

정보의 구조화 단계에서는 정보를 분류하고, 우선순위와 제시순서를 결정한다. 정보를 어떻게 체계화하는가가 기본적인 검토과제이며, 이를 위하여 정보를 구조화시키는 것이다. [그림 10.5]는 정보의 구조와 설계요소를 나타낸 것이다.

정보의 가시화 단계는 체계화된 제시 정보를 간결성, 강조성 및 일관성 원칙을 바탕으로 가능하면 쉽고 효율적으로 사용자에게 전달할 수 있도록 나타내는 과정이다. 간결성은 조사하는 대상이 어디 있고, 볼만한 정보가 어디에 있는가를 한 눈에 이해할 수 있도록 표시요소를 표시하는 것으로서 기능이나 역할 또는 정보 내용에 의해 그룹화하고 그룹 영역을 설정함으로써 간결한 화면을 구성할 수 있다. 강조성은 정보나 부품의 우선순위나 조작 절차에서 더 중요한 정보나 이용자의 시선 유도를 위하여 필요한 정보를 시각적으로 강조하는 것으로서, 배치순서, 대비, 크기, 색, 형상 등의 시각적인 특성을 복합적으로 이용할 수 있다. 일관성은 같은 역할을 하는 정보의 위치나 조작, 운동, 개념에 관한 특성을 일관되게 표시하는 것으로 위치 뿐만 아니라 색, 용어 등에도 전체적으로 필요하다.

2.4 인간-기계 시스템의 상호작용 모형

2.4.1 행위의 7단계 모형

인지심리학자인 Norman(1989)은 인터페이스를 통하여 시스템과 상호작용하는 사용자는 7단계의 인지과정을 거친다고 생각하고, 다음과 같은 행위의 7단계 모형을 제안하였다.

1. 목표 설정
2. 의도의 형성
3. 행위의 명세화
4. 행위의 실행
5. 시스템 상태의 변화 지각
6. 변화된 상태의 해석
7. 목표나 의도의 관점에서 시스템 상태를 평가

사용자들은 처음에 무엇을 할 것인가에 관한 목표를 설정한다. 사용자의 목표가 행위로 옮겨가는 형태는 [그림 10.6]에 표현되어 있다.

사용자의 목표와 물리적 시스템은 일종의 '만(gulf)'의 형태를 형성하며 사용자의 목표를 실행으로 옮기는 '실행의 다리교각(execution bridge)'에 의해 연결되어 있다.

잘 설계된 인터페이스는 사용자들의 목표와 물리적 시스템을 잘 연결지어 줌으로써 두 상태 사이의 전환이 쉽고 분명하도록 해준다. 반면 열악하게 설계된 인터페이스는 이러한 전환에 필요한 지식이나 신체적 능력을 갖지 못하게 하여

그림 10.6 Norman의 행위의 7단계 모형

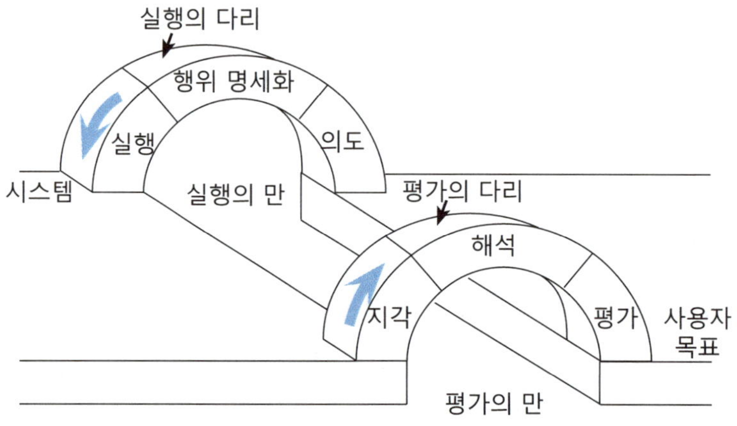

결과적으로 성공적인 과제 수행을 이끌어내지 못한다. 일단 행위들이 실행되게 되면 사용자들은 원래의 목표를 시스템의 상태와 비교해야 한다. 이 과정은 [그림 10.6]의 '평가의 만(gulf of evaluation)'에서 평가의 다리를 통하여 이루어진다. 시스템 디스플레이들이 잘 설계되어 있다면 사용자들이 비교적 쉽게 시스템의 상태를 확인하고 원래의 목표와 비교할 수 있을 것이다.

2.4.2 PDS 해석

Norman의 7단계 모형 중에서 1은 사용자가 달성하고 싶은 모형이며, 인터페이스를 통하여 시스템과 상호작용하는 단계는 2에서 7의 단계이다. 2에서 7까지의 단계는 크게 P(plan: 의도 형성), D(do: 실행), S(see: 평가)의 세 가지 과정으로 구분할 수 있다.

plan(의도 형성) 단계는 시스템을 어떻게 조작할 것인지 사용자가 의도를 형성하는 단계로, 7단계 모형에서 2. 의도의 형성과 3. 행위의 명세화 단계를 포함한다. 의도 형성을 위해서는 시스템의 내용이 인터페이스를 통하여 적절하게 안내되어야 한다.

do(실행) 단계는 실제로 실행하는 과정으로 4. 행위의 실행 단계를 포함한다.

see(평가) 단계는 실행 결과가 올바르게 진행되어 가는지 평가하는 과정으로서 시스템으로부터 인터페이스를 통한 적절한 피드백을 통하여 이루어진다. 평가 단계는 7단계 행위 모형에서 5. 시스템 상태의 변화 지각, 6. 변화된 상태의 해석, 7. 목표나 의도의 관점에서 시스템 상태를 평가하는 단계를 포함한다.

시스템이 제대로 사용되고 있는지를 평가하기 위해서는 일련의 조작순서를 PDS 과정에 따라 기술하고, P에서는 가이드라인 유무와 적절성, D에서는 하드웨어 조건, S에서는 피드백의 유무와 적절성을 평가하는 것이 바람직하다.

2.4.3 GOMS 모델

목표와 행위 사이의 관계에 관한 또 다른 모형은 Card, Moran 및 Newell에 의해 개발되고 Kieras(1988)에 의해 확장된 GOMS(goals, operators, methods and selection rules) 모델이다. GOMS 모델은 사용자들이 목표들과 하위 목표들을 형성하여 여러 방법이나 선택 규칙들(selection rules)로 목표들을 달성한다고 가정한다. GOMS는 하나의 문제 해결을 위해서 전체 문제를 하위 문제로 분해하고 또 다시 하위 문제의 가장 작은 하위 단위들로 분해한다. 이렇게 분해된 가장 작은 하위 문제들을 모두 해결함으로써 전체 문제를 해결한다는 것이 GOMS의 기본 논리이다. GOMS는 이러한 논거를 기반으로 하여 어떤 문제를 해결하기 위해서 인간이 어떤 행위를 취할지를 예측하여 그 문제를 해결하는 데 소요되는 시간, 학습 시간 등을 평가하기 위한 모델링 방법이다. 이를 위해 GOMS는 인간의 행위를 목표(goals), 조작(operators), 방법(methods), 선택 규칙(selection rules) 등으로 표현한다. 먼저 목표는 성취되어야 할 일의 상태를 정의하고 그것을 실행하기 위해 가능한 방법을 결정하는 상징적인 구성 요소를 말한다. 다음으로 조작은 사용자의 내적 상태의 어떤 면을 변화시키거나 작업 환경에 영향을 주는 지각적, 인지적 혹은 운동적인 행위를 말하고, 방법은 한 목표를 실행하기 위한 과정으로서 이 과정을 수행하기 위해 요구되는 목표와 조작을 이용하여 그 과정을 표현한다. 마지막으로 선택 규칙은 사용자가 조작을 수행하기 위한 방법을 선택하는 규칙을 말한다.

2.5 사용성 평가

이해하기 쉽고 사용하기 쉬운 시스템을 설계하고자 한다면 사용자의 입장에서 평가하여 설계하는 것이 효과적이다. 따라서 사용자가 어떤 상황에서 사용하기 어렵고, 어떻게 이해하기 어려운지를 생리학적, 심리학적 방법을 이용하여 설계에 피드백하고 개선해 나가는 일이 필요하다. 사용성 평가(usability testing)란 사용자의 입장에서 사용환경을 고려해 사용성을 향상시키는 공학적 활동을 말한다. 사용성 평가는 일반적으로 시스템이 제공하는 서비스, 사용자 인터페이스에 의한 상호작용, 사용자가 표면적으로 지각하는 요소 등을 대상으로 평가한다.

사용성 평가에 흔히 쓰이는 평가척도들은 에러의 빈도, 과제의 수행 시간, 사용자들의 주관적인 만족도 등이다. 다음은 ISO가 정의한 효과, 효율과 만족의 정도에 대한 정의와 흔하게 사용되는 사용성 척도들을 나타낸다.

(1) **효과**(effectiveness)

- 사용자가 의도한 목적을 얼마나 정확하고 완성도 있게 달성하는가에 대한 정도
- 완성된 과제의 비율
- 시간내 과제와 성공의 비율

(2) **효율**(efficiency)

- 사용자가 원하는 목적을 달성하기까지 소모한 자원의 효율 정도
- 과제 완성시간
- 학습률

(3) **사용자 만족**(satisfaction)

- 사용자가 느끼는 사용상의 편안함과 만족의 정도
- 사용상의 주관적 만족도
- 사용자가 불만감이나 좌절감을 표현한 빈도
- 포함된 기능에 대한 만족도

사용성 평가는 연구 방법, 정량적/정성적 평가, 주관적/객관적 측정, 평가자(전문가, 사용자), 개발단계 등에 의하여 분류할 수 있다. Helander(2006)은 사용성 평가 방법을 전문가에 의한 분석적 평가와 사용자 기반 평가 방법으로 분류하였으나, 최근에는 사용자와 전문가에 의한 전통적인 분류법은 경계선이 모호해지거나 방법에 따라 혼용되고 있는 추세이다.

사용성 평가는 연구 방법에 따라 검사법, 설문조사법, 면접법, 시험법, 관찰법, 사용흔적법으로 분류된다. 검사법(inspection)은 가이드라인이나 전문가의 지식을 이용하여 사용법을 탐색하면서 발견적인 방법(heuristic method)으로 문제점을 찾아내는 방법이다. 설문조사법(questionnaires)는 의도된 설문내용을 토대로 사용자의 주관적인 의견을 정량적 또는 정성적 자료로 얻는 방법이다. 면접법(interview)은 미리 질문을 정하여 간단한 응답을 이끌어내는 구조화된 면접이나, 자유롭게 질문에 대하여 응답할 수 있는 비구조화된 면접을 통하여 사용자로부터의 주관적인 정보를 얻을 수 있는 방법이다. 면접법은 사용자의 의견을 신속하게 얻을 수 있는 장점이 있지만 연구자의 주관이 개입될 수 있는 단점이 있다. 시험법(testing)은 평가자가 의도된 과제 시나리오를 설계하여 실험참가자에게 수행하도록 한 뒤에 과제의 성공여부나 완료 시간, 오류 발생율 등에 관한 객관적 자료를 얻을 수 있다. 또한, 수행 후에는 주관적인 의견을 조사할 수도 있는 방법이다. 관찰법(observation)은 육안이나 녹화장비 등의 기술적 보조수단을 이용하여 사용자의 시스템의 이용상황이나 행위를 주의하여 잘 살펴보거나 서술하는 방법이다. 관찰법은 사용 상황에 대하여 인위적 조작을 가하지는 않는다는 점이 시험법과 다르다. 사용흔적법(logging actual use)은 사용자들이 시스템을 사용한 흔적을 추적하는 것이다.

사용성 평가에서 주로 이용되는 방법과 평가 방법별 특징은 다음과 같다(박창호 외, 2007; Nielsen, 1993; Nielsen and Mack, 1994; Wickens et al., 2004; Helander, 2006).

1) 발견적 평가법(heuristic evaluation)

평가 대상이 사용성 향상을 위해 일반적으로 지켜야 할 가이드라인을 얼마나 잘 지키고 있는지를 소수 전문가들이 독립적으로 평가하는 방법이다

(Nielsen and Mack, 1994). 사용성 가이드라인으로는 Nielsen(1993)의 10가지 원칙이나 Shneiderman(1997)의 인터페이스 디자인의 8가지 황금 원칙, Norman(2002)의 사용자 중심 디자인 가이드라인 등이 이용된다. 이 방법은 전문가들만 모아지면 특별한 장비가 없이 빠르게 진행할 수 있으며, 비용도 저렴하게 들기 때문에 빠른 시간 안에 문제점을 파악하여 수정을 반복하는 데 이용될 수 있다. 하지만, 전문가 개인의 편견이 개입될 수 있으며, 사용자의 의견이 아니기 때문에 제시한 문제점이 실제 사용자에게는 문제가 되지 않는 것일 수도 있다.

2) **인지적 시찰법**(cognitive walkthrough)

시스템 개발 초기의 모형을 작업 시나리오를 바탕으로 이리저리 탐색하면서 인지적 측면에서의 문제점을 발견하는 방법이다. 이 방법은 친숙하지 않은 시스템을 이용하는데 매뉴얼을 깊이 읽지 않고 이리저리 탐색하는 사용자들의 특성을 이용하고 있으며, 학습용이성이나 발생 가능한 오류의 개선에 초점을 둔다. 예를 들어 개발 단계의 새로운 웹 사이트를 평가한다고 가정하자. 인지적 시찰법에 의하면 전문가가 사용자 입장에서 웹 사이트에 접근하여 실제적인 정보를 얻기까지의 활동들을 탐색하면서 정신적 부하나 기억용량, 사용방식 등을 인지적 관점에서 검사하여 평가하게 된다.

3) **설문조사법**(questionnaires)

표준화된 설문지를 사용하여 사용자들의 주관적인 선호도나 의견을 얻을 수 있는 방법이다. 사용자의 주관적 만족도를 평가하기위하여 Likert 척도를 이용하여 설문문항별 만족도를 구하거나, 서술형 문항을 통하여 주관적인 의견을 얻을 수 있다. 설문조사는 융통성이 없으므로 설문지의 내용은 의도한 목적을 명확하고 정확하면서도 간편하게 얻을 수 있도록 구성되어야 한다. 설문조사는 적은 비용으로 쉽게 많은 자료를 얻어서 통계처리를 할 수 있는 장점이 있지만, 사용상황이나 행위에 관한 내용은 반영하기 어려운 단점이 있다.

4) **포커스 그룹 인터뷰**(FGI: focus group interview)

대표적인 정성적 조사방법 중의 하나로 집단심층 면접조사 또는 표적 집단 면접조사라고 부른다. 이 방법은 관심이 있는 특성을 기준으로 표적 집단을 3~5개 그룹으로 분류한 뒤, 각 그룹별로 6~8명의 참가자들을 대상으로 진행자가 조사목적과 관련된 토론을 함으로써 평가대상에 대한 의견이나 문제점 등을 조사하는 방법이다. 예를 들면 연령대별로 청년층 그룹, 장년층 그룹, 노년층 그룹 3개로 나눈 후에 각 그룹별로 제품을 사용하여 본 경험이 있는 6~8명씩을 초대하여 사용상의 개선사항에 대한 의견을 조사하는 방법이다. 이 방법은 비슷한 사람들을 모아서 편안하게 의견을 표현할 수 있으므로 개별적으로 인터뷰하는 것보다 더 많은 정보를 얻을 수 있다. 그러나 사용자 중에서 자기주장을 강하게 내세우는 사람이 있을 경우, 그 사람의 의견에 동조하거나 자기 의견을 내세우지 못할 수 있다는 단점이 있다. 또한 표적 집단의 특성에 대한 면밀한 준비가 이루어지지 않으면 조사결과의 유용성이 떨어지고 결과의 일반화가 어려운 점이 있다.

5) **실험실 사용성 시험법**(laboratory usability testing)

장비를 갖춘 실험실에서 제시된 시나리오 과제들을 사용자들이 직접 수행하도록 한 후에 수행 결과를 분석하는 방법이다. 시나리오 과제들을 수행하는 장면을 비디오로 녹화하고 이를 이용하여 수행완료 시간, 과제 완성 비율, 오류 복구 시간과 오류의 수 등의 객관적 수행결과 뿐만 아니라, 실험참가자들을 대상으로 주관적 설문조사나 인터뷰 등을 실시하여 다양한 분석을 체계적으로 할 수 있다. 그러나 실험실과 장비에 대한 비용이 많이 들고, 참가자 선정, 실험 진행과정 등에서 엄격한 관리가 필요하며, 시험실시와 분석 및 해석에 시간이 많이 소요되는 단점이 있다.

6) **사고구술법**(think aloud protocol)

사용법 시험법에서 사용자가 머리 안에서 생각하고 있는 상황을 말로 표현하도록 하는 방법이다. 참가자가 훈련을 받은 후에 사용성 시험을 하면서 상황마다 참가자의 생각을 말하도록 하면서 녹화하거나 사용성 시험을 시행한 후에 녹화한 화면을 보면서 오류가 발생되는 상황에서의 참가자의 생각을 설명하도록 하여 오류 발생원인을 효율적으로 찾아낼 수 있는 방법이다. 그러나 사용자에게는 사용하면서 말하는 것이 부자연스러울 수도 있고 거부감을 줄 수도 있다.

7) **에쓰노그래피법**(ethnography)

실제 사용자들의 행동을 분석하기 위하여 이용자가 생활하는 자연스러운 생활환경에서 관찰하는 방법이다. 관찰을 하기 위해서 비디오나 아이 카메라 등을 이용하여 녹화하고, 사용자의 행동에 대한 의도가 궁금할 경우에는 사용자와 녹화내용을 함께 보며 질문을 하기도 한다. 이 방법은 실제 사용자의 행위를 관찰할 수 있는 장점이 있으나, 사용자를 통제하기 어렵고 관찰자에 따라 관찰 결과를 다르게 해석할 수 있는 단점이 있다.

8) **사용흔적법**(logging actual use)

시스템을 사용한 흔적인 프로그램에 접속한 회수, 사용 시간, 주로 사용하는 내용 등을 집적 관찰하거나 간접적으로 접속한 로그 자료 등을 이용하여 조사하는 방법이다. 사용 기능과 빈도 등에 관한 정보들을 토대로 사용자들이 의식하지 못하는 중요한 행동 특성이 드러날 수도 있으나, 사용자의 프라이버시를 침해하는 문제가 있을 수 있으며, 자료 수집 및 분석에 별도의 프로그램이 필요할 수도 있다.

9) **카드 소팅법**(card sorting), **종이/화면 모형법**(paper/screen mockup)

평가시간을 절약하기 위하여 실제 화면에서 보이는 것을 종이나 화면으로 제작하여 평가하는 방식으로 구체적으로 보이는 구현 단계보다는 설계 또는 기획 단계에서 더욱 효과적이다. 이들 방법은 메뉴의 그룹핑과 레이블링, 내비게이션 시스템 설계, 대표 화면의 디자인 시안에 대한 테스트 등에서 이용된다. 화면모형은 종이모형과 기능적으로는 유사하나 평가가 화면을 통해 이루어진다는 점이 다르다. 주로 파워포인트 등으로 제작된 화면설계서에서 메뉴와 버튼 등에 하이퍼링크를 걸어 사용자의 내비게이션 패턴을 파악할 수 있어서, 기능적으로 사용되는 각각의 화면의 구체적인 부분을 세밀하게 검토하는 경우에 효과적이며, 실제 시스템으로 구현되기 이전인 설계 단계 과정 중에 화면을 평가함으로써 사용자가 실제 시스템을 대할 때, 어떻게 행동하는가를 미리 유추할 수 있는 장점이 있다.

3. 감성공학

3.1 감성공학의 의의

감성공학의 개념은 1986년 일본 마쯔다(Mazda) 자동차 회사에서 미아타(Miata)라는 스포츠카를 개발하며 도입되었다([그림 10.7]). 새로운 스포츠카의 설계 개념인 '人馬一體'를 구체화하기 위하여 기능적인 측면 이외에 사용자의 감성 측면까지 고려하여 디자인하면서 미야타는 미국시장에서 선풍적인 인기를 끌게 되었고, 이와 함께 감성공학이라는 용어도 알려지기 시작한 것이다.

일본 히로시마 대학의 나가마찌 교수는 사람의 마음을 추구하는 정서시대가 올 것이라고 예측하여 1970년대부터 정서공학(emotional engineering)이라는 표현을 사용하였고, 1988년 국제인간공학회(IEA)에서 감성공학(Kansei engineering)이라는 용어를 통해 감성공학의 이론적 기초를 제시하였다.

인간은 매우 논리적이며 분석적인 특성을 가진 이성적인 면이 있는가하면 이성적으로는 해석할 수 없는 직관적, 감각적, 감성적인 특성을 함께 가지고 있다. 감성공학에서 정의하고 있는 감성의 개념은 외부의 물리적인 자극으로 인한 인간의 감각, 지각 과정에서 야기되는 심리적 체험으로 쾌적감, 고급감, 불쾌감 등에 대한 복합적인 감정이다. 개인이 느끼는 감성은 외부 자극의 종류와 강도에

그림 10.7 감성공학이 도입된 미야타

따라 변화될 뿐만 아니라 개별적 요인, 사회적 요인, 문화적 요인에 따라 변화하는 광범위한 개념이다. 따라서, 감각정보에 대하여 직관적이고 반사적으로 발생할 수 있을 뿐만 아니라 복합적이고 종합적이어서 명확하게 표현하기 어려운 애매모호성과 불확실성을 가지며, 다양하게 변화되는 특성을 갖고 있다.

감성공학이라는 용어를 제일 먼저 제안하여 제품개발에 응용하고 있는 일본은 국가 주도하에 인간감각계측기술발전사업 등을 통해 인간의 형태, 동작, 인지능력, 판단, 선호 등의 특성을 정량적으로 파악하여 제품의 기능, 성능, 형상 등을 인간에게 쾌적하게 만드는 데에 필요한 기반기술을 개발하여 왔다. 일본의 감성공학기술개발의 추진은 표면상 국민복지와 고령화 사회에 대한 대비를 목적으로 하고 있지만 실제로는 감성공학을 이용하여 소비자들이 사지 않고는 못배기는 제품을 만들어 일본 상품의 시장우위를 지속시키겠다는 의도를 갖고 있는 것이다. 이런 배경에는 소비자들의 관심과 구매 의욕을 자극하여 수요를 창출하는 데 가장 효과적인 방법 중의 하나는 개성과 감성을 자극하는 것이라는 철학이 담겨져 있다. 따라서 감성공학의 기본적인 정신은 소비자의 욕구를 파악하여, 사용자가 편안하고 안전하며 쾌적함을 느낄 수 있는 제품이나 서비스를 창출하는 데 있다고 할 수 있다.

우리 나라에서도 최근에는 감성과 공학을 결부시키는 감성공학기술에 의해 소비자의 욕구나 감성이 기능이나 외관 등으로 실현된 감성제품들이 각광을 받고 있으며, 감성공학의 철학은 감성 마케팅, 감성 경영이라는 용어로도 확장되고 있다.

3.2 감성공학 방법론

나가마치 교수는 감성공학이란 인간의 감성과 이미지를 물리적인 디자인 요소로 해석하여 구체적인 제품으로 실현해내는 공학적인 접근방법이라고 정의하였다.

초기의 감성공학은 인간의 심상(이미지)을 물리적 형태로 변환하는 데 초점이 맞춰졌다. [그림 10.8]의 감성공학 시스템의 연구 절차에서 보듯이 제품의 이미지와 관련된 감성 어휘(형용사 이용)의 분석을 중심으로 인간의 감성을 분류하고, 제품 설계요소와의 관계를 통계적 기법을 이용하여 분석함으로써, 특정 이미지를 느끼게 하는 설계요소들의 특징을 도출해내려고 하였다.

감성 어휘를 이용한 감성공학 절차에서 감성 어휘 추출단계는 [표 10.4]와 같이 제품의 심상과 성능에 관한 특성을 감성 형용사로 표현하고, 비슷한 개념 중에서 대표적 형용사를 선택하여 5점, 7점, 9점 등의 SD(semantic difference)척도로 표현한다.

설계요소 특징의 표현 단계에서는 제품설계에 필요한 물리적 제원을 표현한다. 계기판의 배치, 유형, 크기, 형상, 색 등 관심이 있는 특성을 선택하여 관심있는 특성의 제원을 달리하는 모형을 만든다.

감성 어휘와 디자인 요소의 관계 분석 단계에서는 감성 어휘로 표현된 심상 이미지로 소비자들이나 디자이너들이 제품 모형들을 평가하게 함으로써 감성 이미지와 제품설계 특성간의 관계를 도출하게 된다.

감성공학의 핵심은 인간의 쾌적성을 평가하기 위한 기초 자료로서 인간의 시각, 청각, 후각, 미각, 촉각 등의 감각 기능을 측정하고 인간이 어떤 제품 조건하에서 '깜찍하다, 고급스럽다, 참신하다, 친밀하다'라는 감정을 느끼는가를 측정

그림 10.8 감성공학 시스템과 연구 절차

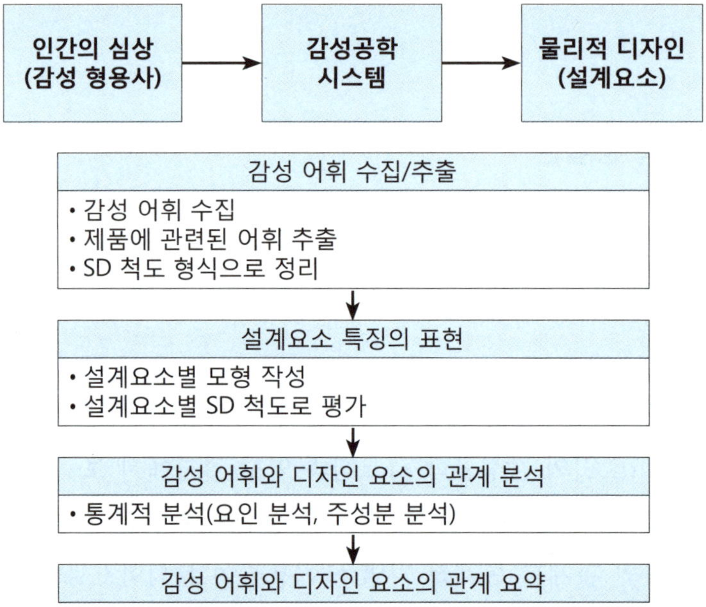

표 10.4 표시장치에 관한 감성 어휘의 추출 및 SD척도로 변환

설계 특성(이미지)	감성 형용사	SD척도
고급감/품위감	고급스러운, 중후한	고급스럽다□□□□□값싸보인다
균형/안정/조화/일관	깔끔한, 안정된	깔끔하다□□□□□산만하다
참신/신선/주목	참신한, 신선한	참신하다□□□□□진부하다
인식/시인/가독/구별	보기 쉬운, 명확한	명확하다□□□□□복잡하다
재질/조작	부드러운	부드럽다□□□□□딱딱하다
안락성	쾌적한, 편안한	편안하다□□□□□불편하다

하고 평가하는 것이다. 감성 형용사를 이용한 초창기 감성공학의 주요 관점은 언어를 어떻게 시각적 형태로 변환시키는가의 시각적 구현에 있었다. 시각 위주의

초기 감성공학은 감성이 외부의 물리적 자극에 의한 감각, 지각으로부터의 인간의 내부에 야기되는 고도의 심리적 체험으로 확대해석 되면서 시각뿐 아니라, 청각, 촉각, 후각, 미각 등 오감 전체로 확대되었다.

시각적 감성 위주에서 종합적 감성으로 감성공학의 연구 범위가 확대되면서 감성을 보다 객관적으로 계측하고 응용하는 감각계측에 관심이 모아졌고, 생리적 지수 측정을 통한 객관적, 간접적 감각예측으로 응용되었다. 이에 따라 감성공학 연구에 참여하는 학문 분야도 인간공학을 비롯하여 인지공학, 심리학, 생리학, 인공현실감 기술, 인간감각계측 기술, 생체역학 기술, 센서 기술 등으로 다양화되었다.

앞으로 감성 제품 및 환경, 감성 미디어/커뮤니케이션, 감성 컴퓨터, 감성 서비스, 감성 오락/레저, 감성 문화, 감성 치료 등에 관한 연구들이 각 분야에서 협력적으로 이루어지길 기대해본다. 감성공학에 대한 적용에 관심을 갖는 독자는 '디자인과 인간공학(정병용, 민영사)' 책을 참조하기 바란다.

4. 유니버설 디자인

유니버설 디자인(universal design)이란 건강한 사람뿐만 아니라 신체장애인, 노인 등도 건강한 사람처럼 제품을 사용할 수 있도록 배려하는 설계 철학이다. 원래 유니버설이라는 단어는 '보편적인', '만인의', '개개인을 향함'이라는 의미가 내포되어 있다. 개개인을 존중해야 한다는 의미로 유니버설 디자인은 모든 사용자들에게 쾌적하고 사용하기 편리한 환경과 제품을 제공한다는 목적을 지향하는 의식과 태도라고 할 수 있다.

유니버설 디자인의 개념은 1960년대 후반의 사회적 요인에 의해 탄생하였다. 미국에서는 베트남 전쟁으로 인하여 발생한 수많은 부상자들을 사회로 복귀시키기 위해서, 북유럽에서는 고령화 사회로 인한 일손 부족과 험한 북유럽의 기후에도 고령자들이 다른 이의 손을 빌리지 않고 스스로 일상생활을 하기 위해 유니버설 디자인의 개념이 필요하였다. 그래서 사회적으로 소외계층에 속하는 장애인, 고령자가 일상생활을 자유롭게 하기 위한 디자인, 배리어 프리 디자인(barrier free design)의 개념이 유니버설 디자인의 원류가 되었다. 유니버설 디자인이라는 용어는 미국 노스캐롤라이나 주립대학의 Ronald L. Mace에 의해 1990년대에 처음으로 사용되었으며, '특별한 개조나 특수 설계를 하지 않고 모든 사람들이 가능한 한 최대한까지 이용할 수 있도록 배려된 제품이나 환경 디자인'이라고 정의하였다[그림 10.9].

Null & Cherry(1996)는 유니버설 디자인을 창출하는 데 필수적으로 고려해야 할 원칙을 다음과 같이 네 가지로 정리하였다.

(1) 신체기능 지원(supportive)

신체기능상 필요한 도움을 제공해야 하며, 도움을 제공할 때에 어떠한 부담도 초래해서는 안 된다.

(2) 융통성(adaptable)

상품이나 환경이 다양한 사람들의 요구를 충족시켜 주어야 한다. 요구의 다양성을 만족시키기 위한 선택 가능성, 능력의 다양성을 수용하기 위한 조절 가능성 등을 포함해야 한다.

(3) 접근 용이성(accessible)

방해가 되거나 위협적인 물리적 환경을 변화시켜서 조작이나 행동을 위한 장애물이 제거된 상태를 의미한다.

(4) 안전 지향(safety oriented)

사고의 가능성이나 위험성을 제거하고 안전을 확보하기 위하여 설계를 고려한다.

— 그림 10.9 유니버설 디자인의 개념

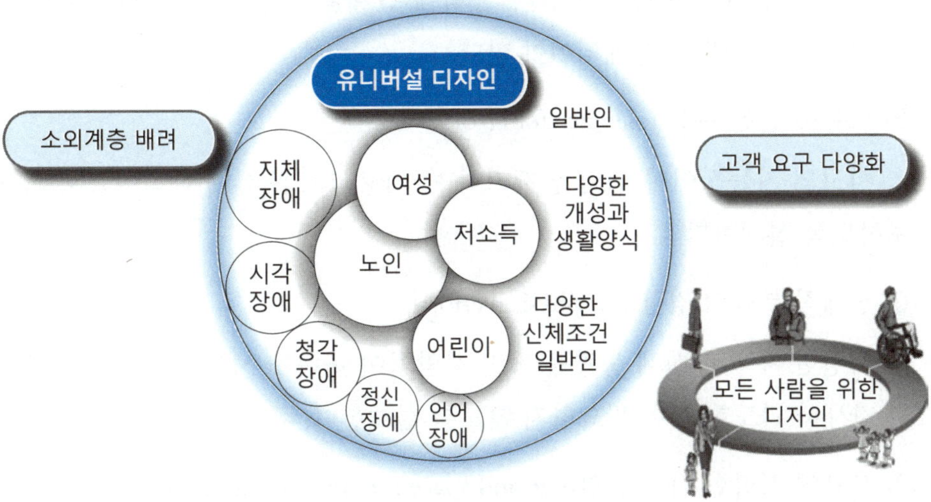

유니버설 디자인의 발원지인 노스캐롤라이나 주립대학의 유니버설 디자인 센터에서는 유니버설 디자인에 관한 7가지 기본적 원칙을 다음과 같이 설명하고 있다(http://www.design.ncsu.edu).

(1) **공평한 사용**(equitable use)

사용자의 연령이나 성별, 체격의 차이, 신체 기능의 차이 등에 영향을 받지 않고 어떠한 사람이라도 공평하게 사용할 수 있도록 설계한다.

(2) **사용시의 유연성 확보**(flexibility in use)

다양한 사용자나 사용 환경에 대응할 수 있는 유연성을 확보하여 사용상의 자유로움을 높인다.

(3) **간단하고 직관적인 사용 방법 추구**(simple and intuitive use)

제품의 사용 방법을 사용자의 지식이나 경험, 언어능력, 집중력에 관계없이 직감적으로 이해할 수 있도록 설계한다.

(4) 인식하기 쉬운 정보의 제공(perceptible information)

사용 상황이나 사용자의 감각 능력에 관계없이 필요한 정보를 효과적으로 전달할 수 있도록 설계되어야 한다.

(5) 오류에 관한 수용(tolerance for error)

사고의 가능성이나 위험을 제거하며, 사용상의 오류에 대하여 안전을 확보하도록 설계한다.

(6) 신체적 부담의 경감(low physical effort)

다양한 체격과 신체 능력을 가진 사람들이 편하게 사용할 수 있도록 불편한 자세나 과도한 힘이 필요하지 않도록 설계한다.

(7) 사용에 적합한 사용 공간(size and space for approach and use)

사용자의 체격이나 이동 능력에 관계없이 이용하기 쉽고 조작이 용이하도록 공간이나 크기를 확보한다.

[표 10.5]는 노스캐롤라이나 주립대학의 유니버설 디자인 센터에서 개발한 유니버설 디자인 이행도 체크리스트를 나타낸다. [표 10.5]는 유니버설 디자인에 관한 7가지 기본적 원칙을 토대로 실질적인 평가 항목을 제시하고 있다. 유니버설 디자인을 고려한 제품을 개발할 때에는 표에서 해당되는 항목의 '적합성'란에 V하고 평가 점수란에 해당 점수를 표시한 뒤 비고란에 참고 사항을 기록하면 된다.

고령화 시대와 유니버설 디자인에 대하여 관심을 갖는 독자는 '디자인과 인간공학(정병용, 민영사)' 책의 '고령화 사회와 UD' 내용을 참조하기 바란다.

표 10.5 유니버설 디자인 이행도 체크리스트

평가 항목	적합성	평가 점수					비고
		매우 불만족	불만족	보통	만족	매우 만족	
1. 공평한 사용							
a 모든 사용자에게 동일한 사용방법을 제공							
b 어떤 사용자들에게도 차별되지 않음							
c 모든 사람에게 보안성, 안전성을 공평하게 제공							
d 모든 사용자에게 호소하는 디자인							
2. 사용시의 유연성 확보							
a 사용방법에 대한 선택 가능성 제공							
b 오른손과 왼손 사용자를 모두 포용							
c 사용상의 정확성과 정밀도를 촉진							
d 원하는 작업 속도의 수용 가능성							
3. 간단하고 직관적인 사용방법 추구							
a 불필요한 복잡성의 제거							
b 사용자의 기대와 직관에 일치							
c 다양한 교육 수준 및 언어 능력 수용							
d 중요도에 따라 일관된 정보의 배치							
e 효율적인 피드백의 제공							
4. 인식하기 쉬운 정보의 제공							
a 중요한 정보를 중복적으로 다양하게 제공							
b 정보의 가독성 최대화							
c 행동유도성의 제공							
d 감각적 한계를 지닌 사람들에게 호환성 제공							
5. 오류에 관한 수용							
a 위험이나 작동 오류의 최소화							
b 위험과 작동 오류에 관한 경고 제공							
c 고장시 안전 확보 설계							
d 무의식적인 행동에 대한 안전 확보							
6. 신체적 부담의 경감							
a 적절한 자세의 제공							
b 적절한 힘으로 조작							
c 반복동작의 최소화							
d 지속적인 신체부담의 경감							
7. 사용에 적합한 사용 공간							
a 좌식/입식 작업에 관계없이 중요 부품의 시야 확보							
b 편안하게 도달할 수 있는 작업역에 배치							
c 다양한 손과 그립 크기의 배려							
d 적절한 공간의 확보							

연습문제

1. 다음 사용자 인터페이스에 대한 설명으로 가장 거리가 먼 것은?

   ① 인터페이스(interface)

   : 서로의 관계에 있어서의 공유영역 혹은 커뮤니케이션 통로

   ② 인터랙션(interaction)

   : 인간과 도구 사이에서 정보 교환을 목적으로 일어나는 활동

   ③ 사용성: 사용에 대한 효과, 효율 및 만족도

   ④ 설계 관점의 변화: 사용성보다는 기능성을 중시함

2. 다음 사용성에 관한 설명으로 가장 거리가 먼 것은?

   ① error frequency and severity

   : 사용자가 실수를 얼마나 자주 하는가와 실수의 정도는?

   ② efficiency : 사용자가 제품의 사용법을 배우기 쉬운가?

   ③ memorability : 기억하기 쉬운가?

   ④ subjective satisfaction

   : 제품에 대해 사용자들이 얼마나 만족하고 있는가?

3. 실험실에서 제시된 시나리오 과제들을 사용자들이 수행하도록 한 후에 수행결과를 분석하는 방법은?

   ① 발견적 평가법

   ② 포커스 그룹 인터뷰

   ③ 사용성 시험법

   ④ 에쓰노그래피

연습문제 해답 : 1. ④, 2. ②, 3. ③

4. 다음 중에서 전문가가 평가대상을 보면서 체크리스트나 평가기준을 가지고 평가하는 사용성 평가법은?

① 휴리스틱 평가(heuristic evaluation)

② F.G.I.(focus group interview)

③ Usability Lab. Testing

④ Observation Ethnography

5. 실제 사용자들의 행동을 분석하기 위하여 이용자가 생활하는 자연스러운 생활환경에서 관찰하는 사용성 평가법은?

① 휴리스틱 평가(heuristic evaluation)

② F.G.I.(focus group interview)

③ Usability Lab. Testing

④ Observation Ethnography

6. 사용자 인터터페이스에 관한 PDS 모형에서 plan(의도 형성) 단계에 포함되는 것은?

① 목표 설정 ② 행위의 명세화

③ 행위의 실행 단계 ④ 시스템 상태의 변화 지각

7. Norman이 주장한 사용성을 향상시키기 위한 설계원리로서 적절하지 않은 것은?

① 시스템과 실제 세상을 대응시켜라.

② 시스템의 현재 상태나 진행 상태를 사용자들에게 알려준다.

③ 모든 정보들이 자연스럽고 논리적으로 보이도록 하라.

④ 보고 선택하는 방식보다는 기억해서 입력하는 방식을 사용하라.

연습문제 해답 : 4. ①, 5. ④, 6. ②, 7. ④

8. Norman의 행위의 7단계 모형에서 실행과 관계 있는 것은?

① 지각 ② 행위의 명세화

③ 해석 ④ 평가

9. Norman의 행위의 7단계 모형에서 평가와 관계 있는 것은?

① 지각 ② 행위의 명세화

③ 실행 ④ 의도

10. 사용자들로부터 의견을 듣기 위해 섭외된 참가자들을 그룹별로 모아서 평가대상에 대한 기대사항, 의견, 문제점 등을 조사하는 사용성 평가법은?

① 휴리스틱 평가 ② F.G.I.(focus group interview)

③ Usability Lab. Testing ④ Observation Ethnography

11. 인간중심설계 프로세스 절차(ISO 9241-210)를 올바르게 나타낸 것은?

① 요구사항 명시→이용 상황 파악→디자인 해결안 도출→설계 평가

② 이용 상황 파악→요구사항 명시→디자인 해결안 도출→설계 평가

③ 시장 정의→사용자 정보 이해→디자인→디자인 평가→시장 평가

④ 사용자 정보 이해→시장 정의→디자인→디자인 평가→시장 평가

12. 다음 디자인 요소 중에서 심미성, 예술성, 조화성과 관련된 요소는?

① 조형성 ② 목적성 ③ 제작성 ④ 적합성

13. 다음 디자인 평가 항목 중에서 사용성과 거리가 먼 것은?

① 가시성 ② 오류 예방 ③ 구조 안전성 ④ 조작 편리성

연습문제 해답 : 8. ②, 9. ①, 10. ②, 11. ②, 12. ①, 13. ③

14. 다음 중에서 감성공학에 관한 설명으로 부적절한 것은?

① 미야타라는 스포츠카를 개발하며 처음으로 도입된 개념이다

② 인간의 감성을 물리적 디자인 요소로 해석하여 제품으로 실현하는 기법

③ 장애인이나 고령자까지 고려하려는 배리어 프리 디자인 기법

④ 감성이란 복합적이고 종합적이어서 애매모호하고 불확실한 특성이 있다.

15. 다음 중에서 유니버설 디자인의 네 가지 원칙이 아닌 것은?

① 융통성 ② 사용자 지향 ③ 접근 용이성 ④ 신체기능 지원

16. 다음 중에서 유니버설 디자인의 원칙 중에서 다른 특성인 것은?

① 사용방법에 대한 선택 가능성 제공

② 불필요한 복잡성의 제거

③ 사용자의 기대와 직관에 일치

④ 효율적인 피드백의 제공

연습문제 해답 : 14. ③, 15. ②, 16. ①

실습문제

1. 인간중심설계 프로세스 절차(ISO 9241-210)에 대하여 설명하시오.

■ 해설 ■

1) 이용 상황의 파악과 명시
   목표를 구체화하고 개발 계획을 수립
2) 사용자, 조직 요구사항 명시
   제품이나 서비스에 대한 사용자로부터의 요구사항 명시
3) 디자인 해결안 도출
   요구사항을 고려하여 구체적인 디자인 대안을 도출하고 최적 대안을 선택
4) 요구사항에 대한 설계 평가
   광범위한 사용자를 대상으로 평가하여 의도를 달성하였는가를 평가

2. ISO에서 정의한 사용성에 대하여 설명하시오.

■ 해설 ■

1) 효과성 : 원하는 의도와 목적을 달성하고 있는가에 대한 척도
2) 효율성 : 원하는 목적과 기능을 단위시간당 얼마나 쉽고 빠르게 달성할 수 있는가를 나타내는 척도
3) 만족도 : 사용자들이 제품에 대해 얼마나 만족하고 있는가를 나타냄

3. 제이콥 닐슨이 정의한 사용성의 개념중에서 학습용이성, 효율성, 기억용이성에 대하여 설명하시오

■ 해설 ■

1) 학습용이성(learnability) : 초보자가 제품의 사용법을 배우기 쉬운가?
2) 효율성(efficiency) : 숙련자가 얼마나 빨리 원하는 일을 실행할 수 있는가?
3) 기억용이성(memorability) : 재사용자가 제품에 대한 사용방법을 기억하기 쉬운가?

4. 유니버설 디자인의 7원칙중에서 3가지만 서술하시오.

■ 해설 ■

1) 공평한 사용
2) 사용시의 유연성 확보
3) 간단하고 직관적인 사용 방법 추구
4) 인식하기 쉬운 정보의 제공
5) 오류에 관한 수용
6) 신체적 부담의 경감
7) 사용에 적합한 사용 공간

5. 다음은 사용성 평가법에 관한 설명이다. 적합한 단어를 보기에서 고르시오.

1) 전문가가 체크리스트나 평가기준을 가지고 평가대상을 보면서 사용성에 관한 문제점을 찾아나가는 방법 ( )
2) 실제 사용자들의 행동을 분석하기 위하여 이용자가 생활하는 자연스러운 생활환경에서 관찰하는 평가법 ( )
3) 장비를 갖춘 실험실에서 제시된 시나리오 과제들을 사용자들이 직접 수행하도록 한 후에 수행 결과를 분석하는 방법 ( )

보기

A. 휴리스틱 평가(heuristic evaluation), B. F.G.I.(focus group interview)
C. Usability Lab. Testing D. Observation Ethnography

■ 해설 ■

1) A, 2) D, 3) C

6. 다음은 감성 형용사를 이용한 감성공학에 관한 설명이다. 적합한 단어를 적으시오.

감성 어휘를 이용한 감성공학 절차에서는 인간의 (1)을 물리적 제품 설계요소로 변환하는 데 초점이 맞춰졌다. 제품의 이미지와 관련된 (2)의 분석을 중심으로 인간의 감성을 분류하고, 제품 설계요소와의 관계를 (3)을 이용하여 분석함으로써, 특정 이미지를 느끼게 하는 설계요소들의 특징을 도출해내려고 하였다.

■ 해설 ■

1) 감성(심성), 2) 감성 형용사, 3) 통계적 기법

제 11 장

인체구성요소

1. 인체의 구성
2. 근골격계 및 신경계
3. 순환계와 호흡계
4. 소화계

1. 인체의 구성

1.1 인체의 구성요소

우리 몸은 여러 종류의 세포(cell)들로 구성되어 있으며, 서로 유사한 형태, 기능 및 발생학적 기원을 가진 세포들이 모여 일정한 기능을 수행하는 구조를 조직(tissue)이라 한다. 몇 가지의 조직이 모여 일정한 기능을 수행하면 기관(organ)이라 하며, 어떤 기능을 위해 몇 기관과 조직이 모여 형성된 일련의 기관 연결체를 시스템, 계, 계통(system), 기관계통(organ system)이라 한다.

우리 몸의 시스템은 골격계, 근육계, 신경계, 감각계, 순환계, 호흡계, 내분비계, 소화계, 비뇨기계, 생식계 등으로 구분된다.

골격계(skeletal system)는 뼈, 연골, 관절로 이루어지며, 내부기관을 보호하고, 사지 및 몸통을 움직이는 피동적 운동기관으로 작용한다. 근육계(muscular system)는 골격근, 심장근, 평활근 등으로 이루어지며, 능동적인 운동기관 및 부수기관으로 작용한다. 신경계(nervous system)는 뇌와 뇌신경, 척수와 척수신경으로 이루어지며, 신체의 운동, 지각 및 내외 환경 변화에 대한 적응에 관계 된다. 감각계(sensory system)는 눈, 귀, 코, 혀 등의 시각, 청각, 후각 및 미각 등의 특수 감각과 감각 피부(skin) 등과 관련한 일반 감각기관으로 구성된다. 순환계(circulatory system)는 산소, 영양분, 노폐물 등을 운반하고, 림프구 및 면역항체를 생산하는 역할을 하며, 심장, 동맥, 모세혈관, 정맥 등의 혈관계와 림프관과 림프절, 비장, 흉선, 편도 등의 림프계로 구성되어 있다. 호흡계(respiratory system)는 코, 인두, 후두, 기관, 기관지, 폐로 구성되며, 산소와 이산화탄소를 교환하고 배출하는 기능을 수행한다. 소화계(digestive system)는 음식물의 섭취와 소화 및 배설 기능을 수행하며, 입, 식도, 위, 소장, 결장, 직장, 항문, 간, 췌장 등으로 이루어져 있다. 내분비계(endocrine system)는 호르몬의 생산 및 분비 기능을 수행하며, 뇌하수체, 갑상선, 부갑상선, 부신 등으로 이루어져 있다. 생식계(reproductive system)는 난자 및 정자의 생산과 배출, 수정란의 잉태 및 성장에 관여한다.

1.2 인체의 주요 부위

인체는 크게 머리(head), 목(neck), 몸통(trunk) 및 사지(limb)로 이루어진다[그림 11.1]. 머리는 두개(cranium)와 얼굴(face)로 세분되며, 몸통은 흉부(thorax), 복부(abdomen) 및 골반(pelvis), 등(back)으로 세분할 수 있다. 사지(limb)는 상지(upper limb)와 하지(lower limb)로 구분되며, 상지는 어깨(shoulder), 상완(upper arm), 전완(lower arm) 및 손(hand)으로 구성되어 있다. 하지는 둔부(hip), 대퇴(thigh), 하퇴(leg) 및 발(foot) 등으로 구성되어 있다.

그림 11.1 신체의 주요 부위

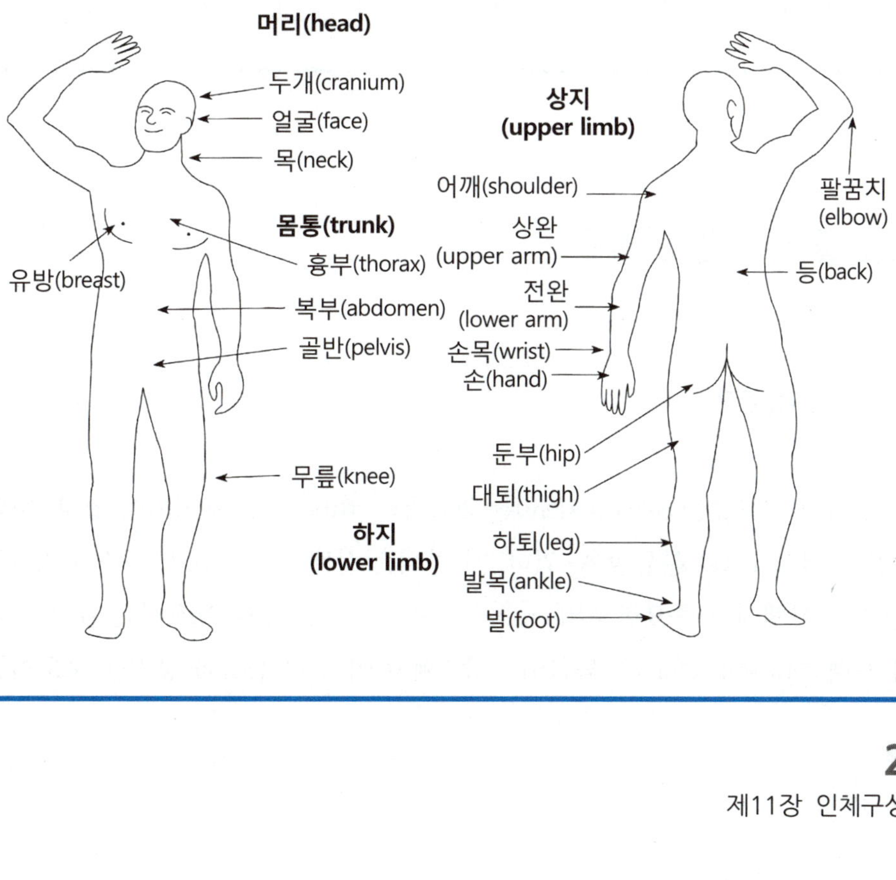

1.3 인체의 화학 성분

우리 몸에서 세포를 구성하는 H, O, C, N, Cl, Na, K, P, Ca, Fe, Mg 등의 기초 물질을 원형질(protoplasm)이라 한다. 원형질은 세포 내에서 생명 활동의 기초가 되며 모든 생활 현상을 영위하는 물질이다. 원형질은 다량의 수분(60~90%)과 단백질, 지질, 탄수화물 등의 유기질(10~30%), 그리고 약간의 무기염류(1%)로 이루어진다[표 11.1].

표 11.1 주요 기관의 구성 성분(단위: %)

조직(기관)	물	고형질	단백질	지질	탄수화물
뇌	76	22	8	12~15	0.1
혈 액	79	21	19	1	0.1
뼈	20~25	75~80	30		
골격근	71~76	22~28	10~20	3	0.6
피 부	66	34	25	7	

2. 근골격계 및 신경계

2.1 골격구조

신체 골격구조(skeleton system)는 206개의 뼈(bone)로 구성되어 있다. 뼈의 역할은 크게 3가지로 분류할 수 있다. 첫 번째는 신체의 중요한 부분을 보호하는 역할이다. 신체에서 중요한 뇌(brain)와 척수(spinal cord)를 보호하는 두개골(skull)과 등뼈(vertebral column), 늑골(rib: 갈비뼈)들이 모여 심장과 장기를 보호하는 흉곽(ribcage) 등이 해당된다. 두 번째는 신체를 지지하고 형상을 유지하는 역할이다. 세 번째는 신체 활동을 수행하는 역할이다. 팔, 다리뼈 등은 뼈에 붙어 있는 근육들과 함께 신체를 움직이는 역할을 수행한다. 또한 뼈는 골수에서 혈구 세포를 만드는 조형기능과 칼슘(Ca^{++})과 인(P) 등의 무기질을 저장하여 몸이 필요로 할 때 공급해주는 기능을 갖고 있다.

뼈와 뼈가 서로 마주치는 곳은 관절로 연결되어 있다. 관절은 신체 움직임을 위한 축이 된다. 관절은 섬유질 관절(fibrous joint), 연골 관절(cartilaginous joint), 활액 관절(synovial joint)로 구분할 수 있다([그림 11.2]). 섬유질 관절은 두개골의 봉합선과 같이 움직임을 허용하지 않지만, 연골 관절은 약간의 신축성을 가지며, 척추뼈 사이의 디스크나 갈비뼈와 흉골 사이를 연결하는 관절이 예이다. 활액 관절은 자유로이 움직일 수 있도록 윤활 성분의 액을 가지고 있으며, 신체를 움직이는 데 이용되는 대부분의 관절은 활액 관절이다.

그림 11.2 **관절의 종류**

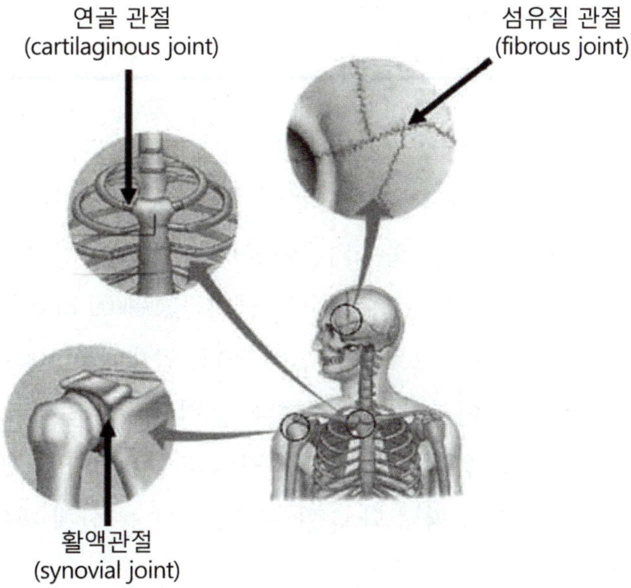

2.2 근육계

신체의 활동은 근육(muscle)과 관련되어 있다. 근육은 중추 신경계의 지배를 받아 자기 마음대로 움직이는 수의근(voluntary muscle), 내장이나 혈관의 벽과 같이 자율 신경계의 지배를 받아 자의적으로 움직이지 못하는 불수의근(involuntary muscle), 그리고 심장근(cardiac muscle)으로 분류된다([그림 11.3]).

그림 11.3 신경자극에 반응하는 특성에 따른 근육의 종류

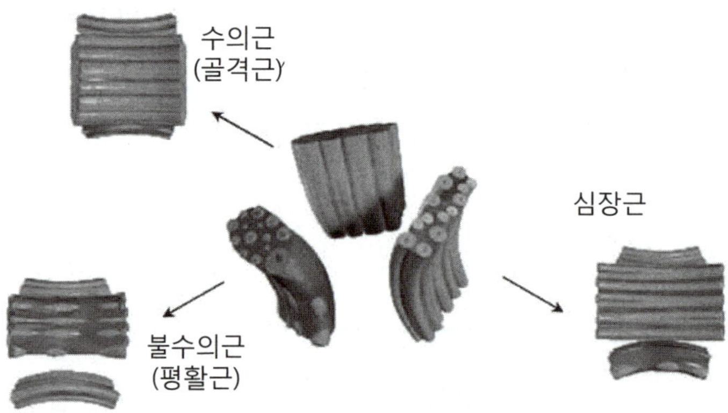

불수의근은 줄무늬가 없는 민무늬근으로 내장근이나 평활근(smooth muscle)으로도 부른다. 심장근은 불수의근이면서도 가로 줄무늬의 원통형 근섬유(muscle fiber) 구조를 가지고 있다. 수의근은 골격근(skeletal muscle)으로도 불리며, 뼈의 양단에 건(힘줄, tendon)으로 부착되어 있다. 인체에는 600가지 이상의 근육이 있는데, 이 중 400개 이상이 골격근이다. 골격근은 수축과 이완을 통하여 팔꿈치, 어깨, 엉덩이, 무릎 등의 관절에서 움직임을 일으킨다. 내장근은 피로 없이 지속적으로 운동을 함으로써 소화 순환, 분비, 배설 등 신체 내부 환경의 조절에 중요한 역할을 한다.

2.3 신경계

신경계(nervous system)는 신체의 여러 가지 정보를 전달하는 역할을 담당한다. 즉, 감각기관으로부터 받아들인 감각정보를 뇌와 척수로 전달하거나 또는 뇌와 척수로부터 내려진 운동명령 정보를 각 운동기관에 전달하는 역할을 한다.

신경계는 구조적인 측면과 기능적인 측면에서 세분할 수 있다. 구조적으로는 중추 신경계와 말초 신경계로 나눌 수 있다. 중추 신경계(central nervous system)는 뇌(brain)와 척수(spinal cord)로 이루어지며, 말초 신경계(peripheral nervous system)는 뇌로부터 나오는 뇌신경(cranial nerve)과 척수로부터 나오는 척수신경(spinal nerve), 그리고 신경절(ganglia)로 이루어진다([그림 11.4]).

기능적으로는 체신경계와 자율 신경계로 나눌 수 있다. 체신경계(somatic nervous system)는 피부, 골격근 및 뼈 등에 분포하며, 내장에 분포하는 자율 신경계(autonomic nervous system)는 평활근, 심장근 등에 분포한다. 자율 신경계는 교감 신경계(sympathetic nervous system)와 부교감 신경계통(para sympathetic nervous system)으로 세분된다.

그림 11.4 신경계의 분류

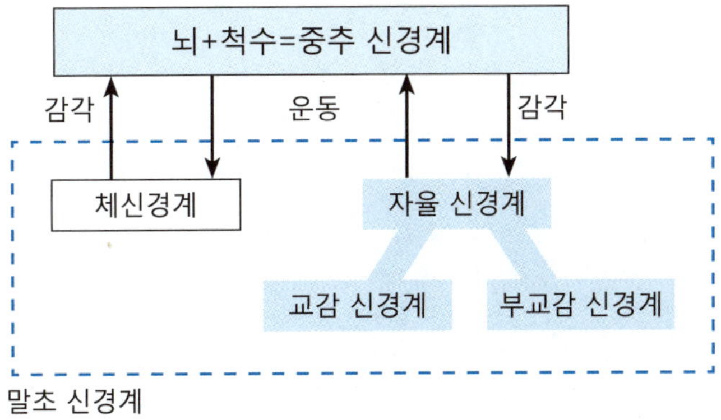

그림 11.5 운동 신경원과 감각 신경원

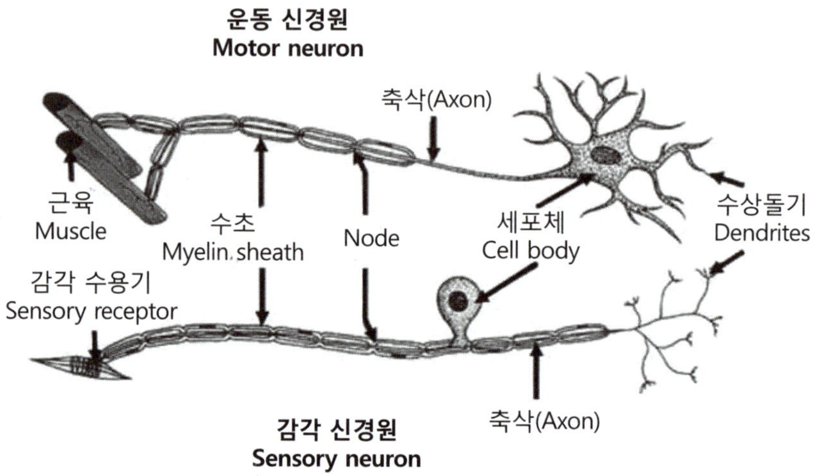

신경계의 기본 구성단위인 신경세포를 신경원(neuron)이라 한다. 신경원은 신경자극을 전달한다. 신경원은 세포체와 돌기로 이루어진다([그림 11.5]). 신경원은 기능에 따라서 피부나 감각기관으로부터 뇌와 척수로 자극을 전달하는 감각 신경원(sensory neuron)과 뇌와 척수로부터 근육으로 자극을 전달하는 운동 신경원(motor neuron)이 있다. 운동 신경원의 수상돌기는 짧고 굵은 가지가 많으며, 감각 신경원에서는 하나의 긴 돌기를 갖는데 구조가 축삭과 유사하다.

3. 순환계와 호흡계

우리 몸은 근육세포들에게 적당한 양의 영양분과 산소가 계속 공급되고, 대사작용으로 생성된 이산화탄소와 같은 노폐물들이 체내에서 신속하게 제거될 경우에만 근육 활동이 유지될 수 있다. 이러한 기능들을 수행하고 요구조건들에 부응할 수 있도록 하는 것이 순환계와 호흡계의 임무이다. 순환계는 신체조직들에게 영양분과 산소를 전달해주고, 신체조직에서 발생하는 이산화탄소와 노폐물들을 배출하는 기능을 담당한다. 호흡계는 산소와 이산화탄소를 교환해주는 기능을 담당한다.

3.1 순환계

순환계(circulatory system)는 우리 몸에서 물질의 운반을 담당한다. 각 세포의 활동에 필요한 산소, 영양소, 호르몬 등을 공급하며, 각 세포에서 생산된 이산화탄소, 유산 등의 노폐물을 운반한다. 또한 체액의 pH 조절 역할을 수행하고, 생산된 체열을 신체의 다른 부위로 분산시키기도 하며, 신체 방어에 필요한 혈액응고 인자나 항체 등을 손상 받은 부위까지 수송하기도 한다.

순환계는 혈관계(blood vascular system)과 림프관계(lymphatic system)로 세분된다.

혈관계는 심장과 혈관으로 구성되어 심혈관계라 부르기도 한다. 심장은 혈액을 펌프질 하는 작용을 하며, 혈관은 동맥, 모세혈관 및 정맥으로 나뉜다.

혈액은 적혈구, 백혈구, 혈소판 등 세 가지 유형의 혈구들(blood cells)과 혈장(plasma)으로 구성되어 있다. 적혈구(red blood cell)는 조직에 산소를 전달해 주며 조직에서 방출되는 이산화탄소의 제거를 돕는다. 백혈구(white blood cell)는 침입해오는 병균들과 싸워 신체가 감염되는 것을 방지해 준다. 혈소판(platelet)들은 출혈을 막아준다. 세 가지 유형의 혈구들은 액체 성분의 혈장 속에서 떠다니는데 혈장의 90퍼센트는 물이고 나머지 10퍼센트는 영양소와 염류로 되어 있다.

심장은 4개의 방을 가진 일종의 근육 펌프이다. 심장에는 왼쪽과 오른쪽 각각에 심방(atrium)과 심실(ventricle)이 있으며, 우심방(right atrium), 우심실(right ventricle), 좌심방(left atrium), 좌심실(left ventricle)로 불린다. 좌·우 심방은 심실로 혈액이 들어가기 전에 혈액이 모이는 곳으로 심실에 비해 압력이 낮고 심방 벽의 두께가 얇다. 심방과 심실 사이에는 심방에서 심실의 한쪽 방향으로만 혈액이 흐르도록 하는 방실판(arioventricular valve)이 위치하고 있다. 혈액 흐름은 모두 심장에서 출발하여 심장에서 종료된다. 심장으로부터 혈액을 운반해 가는 혈관을 동맥(artery)이라 부르고 심장 속으로 다시 혈액을 가져오는 혈관을 정맥(vein)이라고 부른다.

심장혈관계에서는 두 가지 유형의 혈액순환 흐름이 있다[그림 11.6]. 좌심실에서 펌프질되어 나온 혈액에는 산소가 함유되어 있는데 동맥 및 모세혈관을 거쳐 체세포로 이동되며, 물질을 교환한 후에 정맥을 통해 우심방으로 들어가는 일련의 혈액순환 과정을 거치게 된다. 이러한 순환 과정을 전신순환(systemic circulation : 체순환, 대순환)이라 부른다. 산소가 함유되지 않은 정맥의 혈액이 우심방으로 들어오면 우심실로 이동되고, 우심실에서는 혈액을 펌프질하여 폐로 보낸다. 폐에서는 혈액의 이산화탄소가 제거되고 산소를 함유하게 되며, 이러한 순환 과정은 폐순환(소순환, pulmonary circulation)이라고 부른다. 일반적으로 산소가 포함된 혈액은 산소 때문에 선명한 붉은 색을 띠고, 산소가 포함되지 않은 혈액은 진한 붉은 색을 띠게 된다.

산소가 충분하지 않은 작업 환경에서 근무하는 근로자들은 근육과 신경세포로 영양분이 충분히 공급되지 않아 쉽게 피로감을 느끼며, 뇌로 공급되는 산소가 부족하여 뇌 기능이 저하될 수 있다. 산소 부족으로 인해 야기될 수 있는 또 다른 문제는 산소 외의 다른 가스가 산소보다 높은 비율로 혈액 내에 흡수될 때 발생한다. 일산화탄소가 한 예인데, 이 가스는 산소보다 빨리 혈액 내에 흡수되어 체내 산소 부족 상태를 야기하고 급작스런 사망에도 이르게 한다. 작업 중의 혈액

순환 장애와 관련된 질환으로는 진동 장비의 사용과 관련하여 발생하는 레이노병(Raynaud' disease)이 있다. 레이노 현상은 진동에 반복적으로 노출되게 되면 손으로 공급되는 혈액순환이 방해를 받아서, 손가락 색이 하얗게 변하고 근육과 신경으로 전달되는 산소와 영양분 부족으로 손을 사용하는 것이 불편해지는 현상을 말한다.

그림 11.6 순환계

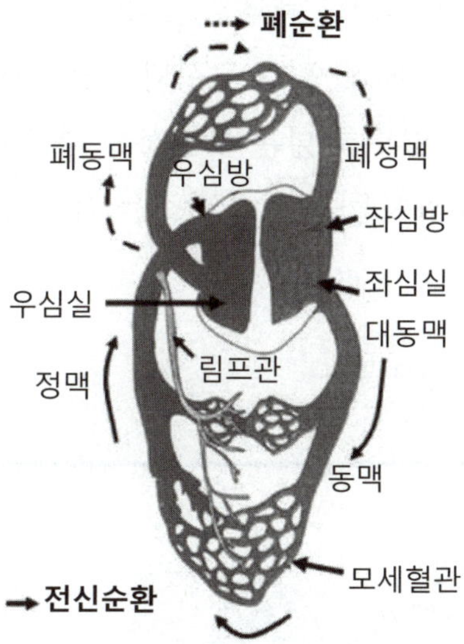

3.2 호흡계

신체의 세포 속에서 대사(metabolism)가 원활하게 일어나기 위해서는 계속적으로 산소가 공급되고 노폐물이 제거되어야 한다. 호흡계(respiratory system)는 산소를 공급하고 이산화탄소를 제거하는 일을 수행한다. 호흡(respiration)이란, 생명현상을 유지하기 위하여 산소를 섭취하고 이산화탄소를 배출시키는 일련의 과정을 말한다. 허파에서 공기와 혈액 사이에서 일어나는 기체 교환을 외호흡(external respiration) 혹은 폐호흡(pulmonary respiration)이라 하고, 혈액과 조직세포 사이에서 일어나는 기체 교환을 내호흡(internal respiration) 혹은 조직호흡(tissue respiration)이라 한다.

호흡계는 코 안쪽의 비강, 인두, 후두, 기관, 기관지, 세기관지 등의 전도부(conduction part)와 허파(lung) 안의 호흡세기관지, 폐포관 및 폐포 등의 호흡부(respiratory part)로 이루어진다([그림 11.7]).

코와 코로부터 허파까지 연결되는 기도(airway)는 공기를 허파까지 운반해줄 뿐만 아니라 공기를 여과시켜 먼지나 해로운 물질이 허파로 들어가는 것을 방지해 준다. 허파는 수많은 폐포(alveoli)들로 구성되어 있는데, 이러한 폐포들은 허파 안에서 기체가 교환될 수 있도록 넓은 표면적을 제공해 준다. 허파의 모세혈관들 속으로 들어온 혈액은 폐포들을 통해 산소를 흡수하고 이산화탄소를 배출한다.

그림 11.7 호흡계

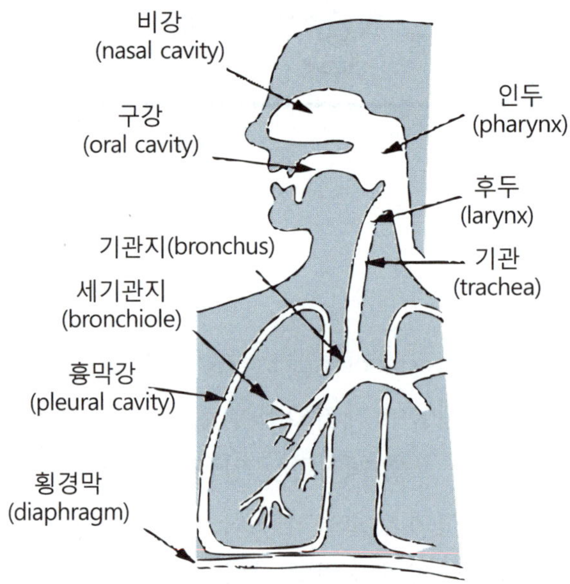

4. 소화계

소화계(digestive system)는 음식물의 섭취 및 소화와 배설 기능을 수행한다. 음식물을 섭취하고, 섭취한 음식물의 영양소가 쉽게 흡수될 수 있도록 음식물의 크기를 잘게 부수거나 소화효소를 이용하여 작은 분자로 바꾸고, 체내로 흡수되도록 하며 흡수한 나머지는 배출하는 역할을 하는 것이다.

소화기관은 입으로부터 시작하여 후두, 식도, 위, 십이지장, 소장, 대장으로 이어지며, 직장과 항문으로 끝난다. 또한 타액선, 췌장, 간, 담낭 등은 소화 과정을 돕기 위하여 분비관을 통해 각종 소화액을 분비한다.

음식물의 소화 과정은 우선 음식물이 식도를 지나 위와 장으로 이동하여 소화액과 섞이게 하는 연동운동으로 시작된다. 이때 각종 소화액이 입, 위 그리고 소장으로 분비되며, 이들 소화액에 의해 음식물이 체내에 흡수될 수 있는 작은 크기의 물질로 분해되는 과정을 좁은 의미의 소화라고 한다. 소화된 영양소들은 소장을 통해 흡수되며, 일부 물은 대장을 통해 흡수되어 혈관과 임파선으로 이동한다. 한편 체내에서 불필요한 물질이나 소화시킬 수 없는 물질은 대장을 통과해 항문으로 배설된다.

소화기관은 영양분을 섭취하는 통로이기도 하지만 독소가 몸으로 들어오는 창구가 될 수도 있으므로 근로자들의 개인위생을 철저히 관리하는 것은 매우 중요하다. 특히 유독성 물질을 취급하는 작업장에서는 작업 특성에 따라 세수 및 세안 또는 샤워를 할 수 있는 시설 등을 갖추어야 한다.

연습문제

1. 신체 골격의 역할에 관한 설명으로 틀린 것은?

① 장기 보호 – 늑골　　② 연골 관절 – 두개골 봉합선

③ 신체 활동 – 팔, 다리　　④ 혈액 관절 – 손가락 관절

2. 우리 몸의 구조에 관한 설명으로 적절하지 않은 것은?

① 조직(tissue)은 서로 유사한 형태 및 기능을 가진 세포들의 모임이다.

② 계(system)는 몇 기관과 조직이 기능을 위해 모여 형성한 일련의 기관 연결체이다.

③ 기관(organ)은 몇 가지의 조직이 모여 일정한 기능을 수행한다.

④ 호흡계는 산소, 영양물, 노폐물 등을 운반하고, 면역항체를 생산한다.

3. 우리 몸에서 상지(upper limb)에 해당하는 것은?

① 흉부(thorax)　② 상완(arm)　③ 둔부(hip)　④ 얼굴(face)

4. 인체의 뼈의 역할에 대한 설명으로 틀린 것은?

① 장기 보호　　② 신체 형상의 유지

③ 신체 활동 수행　　④ 산소의 저장과 공급

5. 인체의 관절에 대한 설명으로 올바르지 않은 것은?

① 섬유질 관절은 두개골의 봉합선과 같이 움직임을 허용하지 않는다.

② 갈비뼈와 흉골 사이를 연결하는 관절은 연골 관절이다.

③ 활액 관절은 자유로이 움직일 수 있도록 윤활 성분의 액을 가지고 있다.

④ 연골 관절은 움직임을 허용하지 않는 관절이다.

연습문제 해답 : 1. ②, 2. ④, 3. ②, 4. ④, 5. ④

6. 다음 근육계에 관한 설명으로 올바르지 못한 것은?

① 골격근은 자율 신경계의 지배를 받아 움직인다.

② 내장근은 민무늬근이다.

③ 심장근은 불수의근이지만 원통형 근섬유 구조이다.

④ 골격근은 뼈에 붙어 있다.

7. 다음 신경계에 대한 설명으로 올바르지 못한 것은?

① 감각기관으로부터 받아들인 감각 정보를 뇌와 척수로 전달한다.

② 뇌와 척수로부터 내려진 운동명령 정보를 각 운동기관에 전달한다.

③ 구조적으로는 중추 신경계와 말초 신경계로 나눌 수 있다.

④ 체신경계(somatic nervous system)는 내장근, 심장근 등에 분포한다.

8. 다음 신경원(neuron)에 대한 설명으로 올바르지 못한 것은?

① 신경원은 신경자극을 전달한다.

② 운동 신경원의 수상돌기는 짧고 굵은 가지가 많다.

③ 신경계의 기본 구성단위인 신경세포를 말한다.

④ 운동 신경원은 피부나 감각기관으로부터 뇌와 척수로 자극을 전달한다.

9. 다음 중에서 순환계의 설명으로 적절하지 못한 것은?

① 호르몬의 생산 및 분비 기능을 수행한다.

② 림프구 및 면역항체를 생산한다.

③ 산소, 영양분, 노폐물 등을 운반한다.

④ 적혈구는 조직에 산소를 전달해 주며 조직에서 방출되는 이산화탄소의 제거를 돕는다.

연습문제 해답 : 6. ①, 7. ④, 8. ④, 9. ①

10. 좌심실에서 펌프질되어 나온 혈액이 동맥 및 모세혈관을 거쳐 체세포로 이동하여 산소와 이산화탄소를 교환한 후에 정맥을 통해 우심방으로 들어가는 일련의 혈액순환 과정을 무엇이라 하는가?

① 폐순환 ② 전신순환 ③ 소순환 ④ 외호흡

11. 다음 중에서 호흡계에 대한 설명으로 맞는 것은?

① 호흡계는 산소를 공급하고 이산화탄소를 제거하는 일을 수행한다.

② 허파에서 공기와 혈액 사이에 일어나는 기체 교환을 내호흡이라 한다.

③ 혈액과 조직세포 사이에서 일어나는 기체 교환을 외호흡이라 한다.

④ 호흡기에서 코 안쪽의 비강, 인두, 후두, 기관 등은 호흡부라 한다.

12. 다음 중에서 산소, 영양소, 호르몬 등을 공급하며, 이산화탄소, 유산 등의 노폐물을 운반하는 것은?

① 순환계 ② 호흡계 ③ 신경계 ④ 소화계

13. 다음 중에서 소화계에 대한 설명으로 올바르지 않는 것은?

① 소화계는 음식물의 섭취 및 소화와 배설 기능을 수행한다.

② 소화된 영양소들은 소장을 통해 흡수된다.

③ 체내에서 불필요하거나 소화시킬 수 없는 물질은 대장을 통과해 항문으로 배설된다.

④ 호르몬의 생산 및 분비 기능을 수행한다.

연습문제 해답 : 10. ②, 11. ①, 12. ①, 13. ④

실습문제

1. 뼈의 역할기능에 대하여 설명하시오.

■ 해설 ■

1) 장기 보호 : 두개골, 흉곽
2) 신체 형상의 유지
3) 신체 활동 수행 : 팔, 다리

2. 신체활동에 관한 아래의 설명에서 ( )안에 들어갈 가장 적절한 용어를 보기에 찾아 기입하시오.

1) 골격근은 가로무늬근으로 ( )의 지배를 받아 움직인다.
2) ( )는 산소, 영양소를 공급하며, 이산화탄소, 노폐물을 운반한다.
3) 혈액속의 ( )는 산소를 전달하고, 이산화탄소의 제거를 돕는다.
4) 윤활성분의 액을 가지고 있어, 신체를 움직이는데 이용되는 관절은 ( )이다.

보기

A. 순환계 ,	B. 호흡계 ,	C. 자율신경계,	D. 중추 신경계,
E. 소화계,	F. 적혈구 ,	G. 백혈구 ,	H. 혈소판 ,
I. 섬유질관절 ,	J. 연골관절,	K. 활액관절	

■ 해설 ■

1) D, 2) A, 3) F, 4) K

3. 신체 특정 부위가 압박을 받으며 움직이지 않고 고정된 자세를 취하며 일한다면 문제가 되는 이유를 순환계와 연관지어 설명하시오.

■ 해설 ■

신체를 움직이기 위해선 산소와 영양분이 필요하다.
신체 특정 부위가 압박을 받으며 움직이지 못하고 고정된 자세를 취하면, 혈액순환이 방해를 받게되고 근육과 신경으로 전달되는 산소와 영양분이 충분히 공급되지 않아 쉽게 피로해지고 기능이 저하될 수 있다.

제 12 장

작업생리

1. 작업생리학 개요
2. 근육과 대사
3. 에너지 소비량
4. 작업능력과 휴식시간

1. 작업생리학 개요

생리학(physiology)은 일반적인 사람을 대상으로 신체 각 기관에 관한 기능을 다루는 학문이다. 작업생리학(work physiology)은 신체기관의 기능과 작업과 관련하여 영향을 줄 수 있는 요소들에 대하여 다룬다. 또한 작업생리학에서는 작업 및 작업 환경이 작업을 수행하는 작업자에게 미치는 영향을 작업자의 생리적 반응을 통해 분석, 평가하여 정량화시키는 방법을 다룬다. 따라서 작업생리학은 주로 사람의 작업능력이 어느 정도인가와 어떤 작업과 행동에서 피로를 느끼고 작업 환경조건에 따라 신체기능이 얼마나 영향을 받는지에 대한 정보를 제공하여 준다.

사람들은 끊임없이 육체 활동의 지속 능력과 피로에 대하여 관심을 가져왔다. 작업생리학에서도 '어떻게 하면 사람이 덜 피로하게 오랫동안 직무를 수행할 수

그림 12.1 **육체적 작업에 영향을 주는 요소**

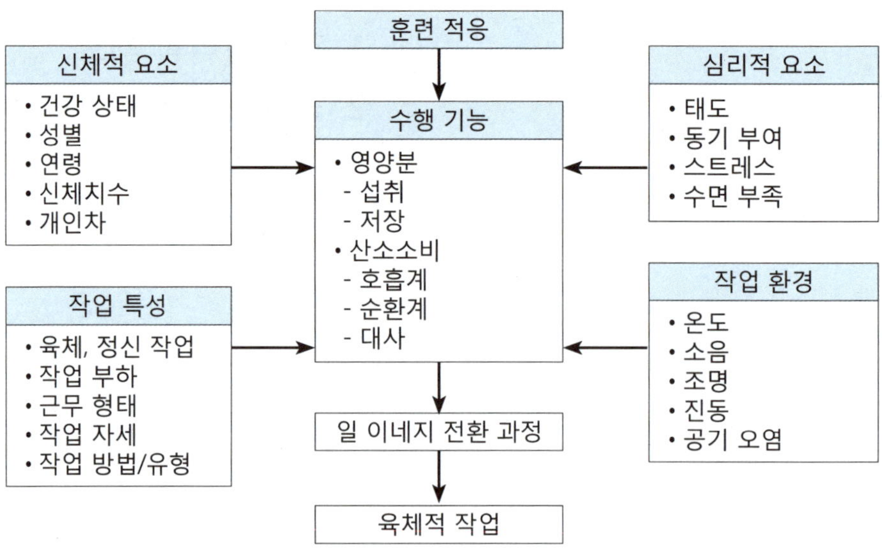

있을까?'에 관심을 갖는다. 사람의 신체 활동은 근육의 수축을 지원하여 줄 수 있는 만큼의 충분한 에너지가 있을 때에만 가능하다. 작업생리학에서는 작업에 요구되는 에너지를 조달하기 위하여 어떻게 생리적 체계들이 협응하는지, 그리고 이러한 에너지 요구량이 육체적 작업의 분석에서 어떻게 측정되고 평가되는지를 다룬다. 또한 육체적 작업에 영향을 주는 요소들을 신체적 요소, 정신적 요소, 작업 특성, 작업 환경, 훈련과 적응 측면에서 다룬다. [그림 12.1]은 육체적 작업 수행에 영향을 주는 요소들을 나타낸 것이다.

2. 근육과 대사

2.1 근육의 구조

골격근은 신체에서 가장 큰 조직으로 체중의 약 40퍼센트를 차지한다. 골격근의 조직학적인 단위는 가늘고 긴 근육세포(muscle cell)이며, 흔히 근육섬유(muscle fiber)라 한다([그림 12.2]).

하나의 근육섬유는 방추형의 다핵세포이며, 섬유성 결합조직으로 이루어진 내근막(endomysium)으로 둘러싸여 있다. 평행한 몇 개의 근육섬유는 작은 근육섬유다발(bundle)을 이루며 한 개 이상의 섬유다발은 외근막(perimysium)으로 둘러싸여 있고, 근육 전체는 상근막(epimysium)으로 둘러싸여 있다.

각 근육섬유들은 원주형의 근원섬유(myofibrils)로 이루어져 있으며, 근원섬유는 다시 수많은 근섬유분절(sarcomere)로 이루어져 있다. 근섬유분절들은 근원섬유를 따라 반복적인 형태로 배열되어 있는데 이들은 골격근의 수축 단위이다. 근섬유분절들은 두 가지 유형의 단백질 필라멘트로 구성되어 있는데 두껍고 근섬유분절의 가운데에 위치한 필라멘트는 미오신(myosin)이라 하며, 가늘고 근섬유분절의 양쪽 끝 부분에 연결되어 있는 것은 악틴(actin)이라고 불린다. 근섬유분절은 반 정도 길이까지 수축될 수 있는데 악틴이나 미오신의 길이는 변화하지 않고 일정하게 유지된다([그림 12.3]).

그림 12.2 **골격근의 구조**

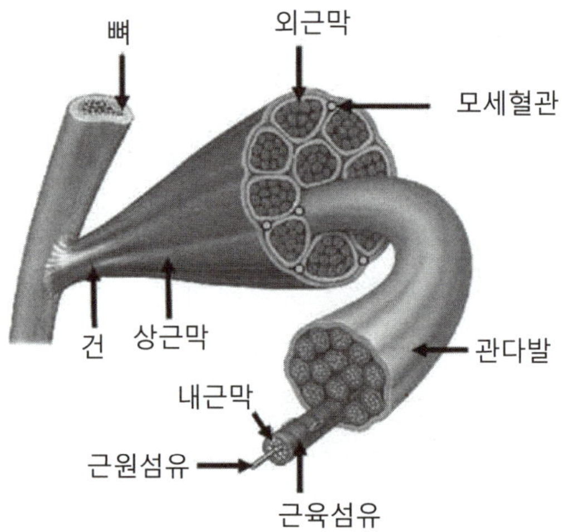

그림 12.3 **근육의 구조**

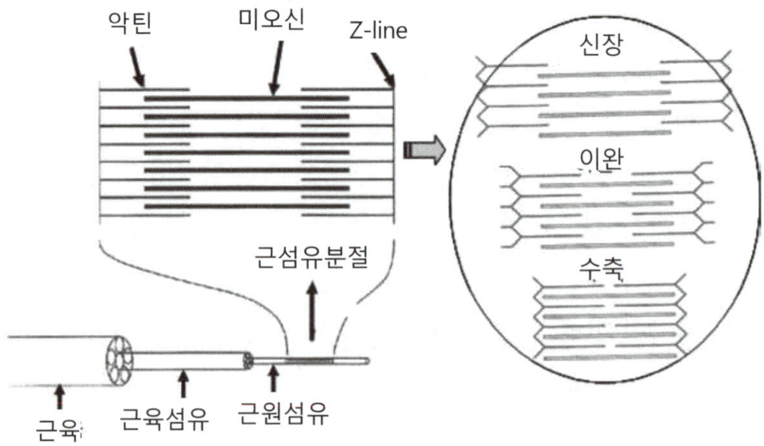

2.2 근육의 대사

신체는 근육의 수축을 통하여 움직인다. 근육이 수축하려면 에너지가 필요하며, 근육 활동에 필요한 에너지는 소화시킨 음식, 주로 탄수화물과 지방질에서 조달된다. 탄수화물은 근육의 기본 에너지원으로서 주로 간에서 포도당(glucose)으로 전환된다. 근육에서는 포도당이 분해되어 근육수축에 사용할 수 있는 에너지(ATP)가 방출된다. 이와 같이 음식물을 섭취하여 기계적인 일(호흡, 소화, 육체 운동)과 열(외부 발산)로 전환하는 화학적 과정을 대사(metabolism)라 한다.

[그림 12.4]는 대사 과정을 나타낸다. 연료에 해당하는 음식은 소화작용에 의해 변화되어 혈액순환(circulatory system)에 의해 산소와 함께 근육으로 옮겨지고, 산소와 결합된 후 근육이 사용할 수 있는 에너지의 형태로 변형된다. 이러한 변화의 과정을 대사작용이라 하며 대사작용의 폐기물은 순환계에 의해 운반된다.

근육 내의 포도당이 분해되어 근육수축에 필요한 에너지를 만드는 과정을 표현하면 산소를 이용하는 유기성(aerobic) 또는 호기성 대사와 산소를 이용하지 않

그림 12.4 **대사 과정**

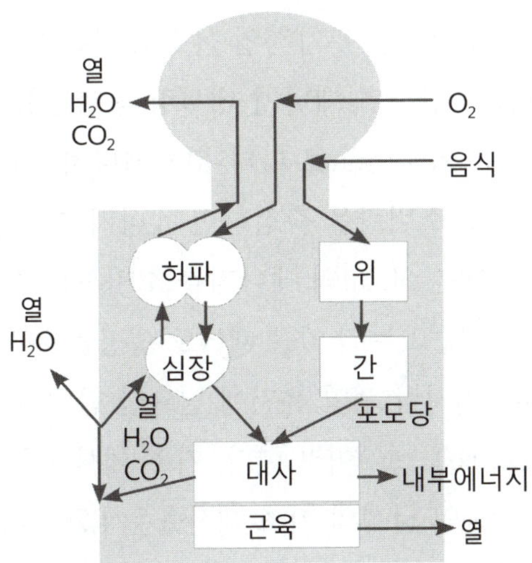

는 혐기성 또는 무기성(anaerobic) 대사로 나눌 수 있다.

$$\text{근육 내 포도당} \begin{cases} \text{유기성}(+O_2) \rightarrow CO_2 + H_2O + \text{열} + \text{에너지} \\ \text{무기성}(+2H) \rightarrow \text{젖산(산소 부족시)} + \text{열} + \text{에너지} \end{cases}$$

신체 활동을 시작할 때에는 근육 내의 포도당이 산소와 결합하여 근육수축에 필요한 에너지를 발생한다. 활동이 계속 증가할 경우에는 혈액으로부터 영양분 및 산소가 공급되어야 하고 따라서 호흡수와 맥박수를 증가시켜 산소와 영양분 공급의 속도를 증가시키게 된다. 그러나 활동 수준이 더욱 커져 산소가 부족한 경우에는 산소 없이 일단 에너지를 발생하는 무기성 분해 과정이 진행되는데 이때는 젖산(lactic acid)이 축적되게 된다. [그림 12.5]의 산소 결핍 영역이 있는 시간대가 산소가 부족하여 젖산이 축적되는 영역이다.

축적된 젖산은 다음 식과 같이 산소와 결합하여 이산화탄소와 물을 배출한다.

$$\text{축적된 젖산} + O2 \rightarrow CO_2 + H_2O$$

[그림 12.5]의 산소 결핍 회복 부분의 영역에서와 같이 산소 소비율은 작업이 종료됨과 동시에 휴식 수준으로 회복되지 않고 얼마만큼의 시간 동안은 점진적으로 감소하게 된다. 작업 기간 중의 혐기성 대사량이 많을수록 휴식 기간 동안 산소 부채량을 해소하는 데 필요한 추가적인 산소의 양은 더 커진다.

따라서 산소 소비량을 측정하면 에너지 대사량을 측정할 수 있다. 신체 활동에 관련된 에너지 소비량은 kcal/min로 나타내며 에너지가(energy cost)라 한다. 신체 활동에 따른 분당 산소 소비량을 측정하면 에너지 소비량을 측정할 수 있는데 1분당 1리터의 산소 소비는 5kcal의 에너지를 소비하는 것으로 추정한다.

신체는 근육을 움직이지 않고 누워 있을 때에도 생명을 유지하기 위하여 일정량의 에너지를 필요로 한다. 이처럼 생명 유지에 필요한 단위시간당 에너지 양을 기초 대사율(BMR: basal metabolic rate)이라 한다. 기초 대사율은 체형, 나이, 성 등의 개인차에 따라 다르다. 70kg인 남성의 기초 대사율은 1.2kcal/min, 60kg인 여성은 1.0kcal/min 정도로 일반적으로 신체가 크고 젊은 남성의 기초 대사량이 크다.

— 그림 12.5 **심박률과 에너지 소비량**

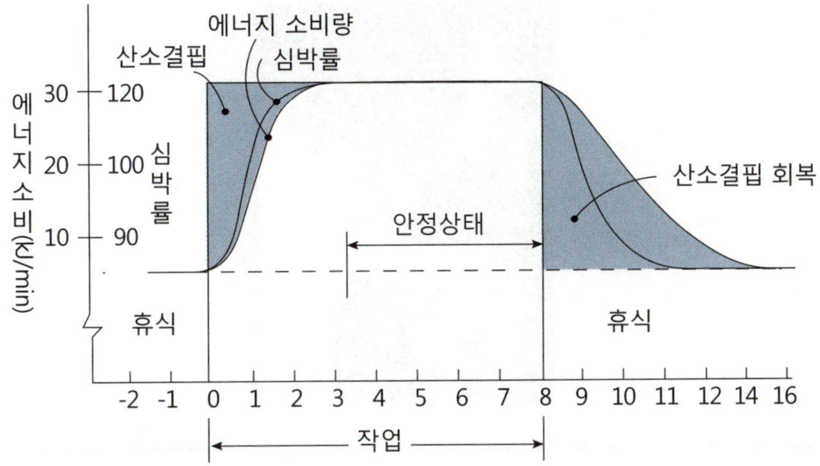

3. 에너지 소비량

3.1 에너지 소비량 측정

산소 소비량은 에너지 소비량과 선형적인 관계가 있다. 산소 1리터가 우리 몸 안에서 소비되면 5kcal의 에너지가 소모된다. 따라서 육체 활동의 힘든 정도는 산소 소비량을 측정한 뒤에 작업 에너지가를 계산하여 구할 수 있다.

육체 활동 중에 소비한 산소량을 측정하기 위해서는 호흡 배기량을 측정할 수 있는 장비와 산소와 이산화탄소의 비율을 측정할 수 있는 개스 분석기가 필요하다. [그림 12.6]은 산소 소비량 측정을 위한 실험 모습이다.

그림 12.6 산소 소비량 측정

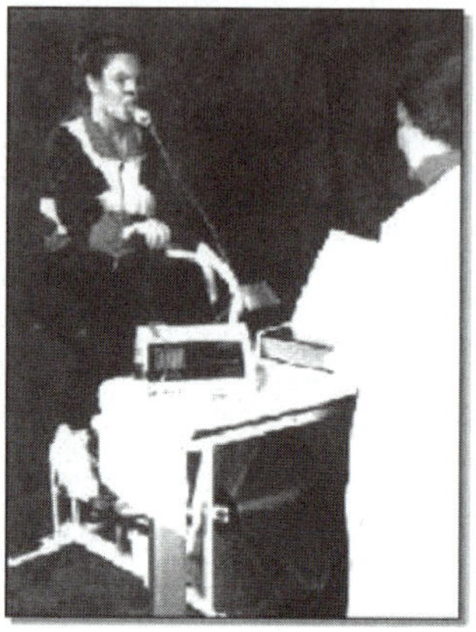

표 12.1 산소 소비량의 측정 원리

	흡 기	배 기
O_2 CO_2 N_2	21% 0% 79%	O_2% CO_2% N_2% = 100 - O_2% - CO_2%

산소 소비량의 측정 원리는 [표 12.1]과 같다.

공기 중에서 산소는 21%, 질소가 79%를 차지하지만 호흡을 거쳐 나온 배기량에는 산소가 소비되고 에너지가 발생되면서 이산화탄소가 포함되게 된다. 공기 중의 질소는 호흡에 의해 체내에서 대사하지 않고 그대로 배출되므로 흡기 질소량과 배기 질소량은 같다.

흡기량을 , 배기량을 라 하면 다음 관계식에 의해 산소 소비량과 분당 에너지 소비량인 에너지가를 구할 수 있다.

$$79\% \cdot V_{흡기} = N_2\% \cdot V_{배기}$$

$$V_{흡기} = V_{배기} \cdot (100 - O_2\% - CO_2\%)/79\%$$

$$\text{산소 소비량} = 0.21 \cdot V_{흡기} - O_2\% \cdot V_{배기}$$

$$\text{작업 에너지가(kcal/min)} = \text{분당 산소 소비량}(l) \times 5\text{kcal}$$

예제 12.1 산소 소비량과 에너지가

특정 작업에 대한 5분간의 산소 소비량 측정 결과 100리터 배기량에 산소가 16%, 이산화탄소가 4%로 분석되었다. 분당 산소 소비량과 에너지가는?

$$\text{분당 배기량} = 100/5 = 20\ (l)$$

$$\text{흡기량} = (100 - 16 - 4) \times 20/79 = 20.253\ (l/\text{min})$$

$$\text{산소 소비량} = 0.21 \times 20.253 - 0.16 \times 20 = 1.053\ (l/\text{min})$$

$$\text{에너지가} = 1.053 \times 5 = 5.27\ (\text{kcal/min})$$

3.2 에너지가와 작업 등급

육체 활동의 힘든 정도는 산소 소비량을 측정한 뒤에 작업 에너지가를 계산하여 작업 등급과 비교하면 된다. [표 12.2]는 에너지 소비량과 심박수에 따른 작업 등급을 분류한 것이다.

작업의 신체적 요구는 작업이 요구하는 에너지 소비량에 따라 매우 가벼운 작업, 가벼운 작업, 보통 작업, 힘든 작업, 매우 힘든 작업, 그리고 견디기 힘든 작업으로 분류될 수 있다. 매우 가벼운 작업인 경우에는 에너지 소비율이 매우 적고(2.5kcal/min보다 작음), 에너지 요구량은 신체의 유기성 대사만으로도 쉽게 충족될 수 있다. 가벼운 작업인 경우의 에너지 소비율은 대략 2.5~5.0kcal/min 정도

표 12.2 에너지 소비량에 따른 작업 등급

작업 등급	에너지 소비량 (kcal/min)	산소 소비량 (ℓ/min)	심박수 (회/분)
휴식(앉은 자세)	1.5	0.3	60~70
매우 가벼운 작업	1.6~2.5	0.3~0.5	65~75
가벼운 작업	2.5~5.0	0.5~1.0	75~100
보통 작업	5.0~7.5	1.0~1.5	100~125
힘든 작업	7.5~10.0	1.5~2.0	125~150
매우 힘든 작업	10.0~12.5	2.0~2.5	150~180
견디기 힘든 작업	> 12.5	> 2.5	> 180

인데, 산화성 대사 작용으로 충족될 수 있다. 보통 작업은 5.0~7.5kcal/min 정도의 에너지 소비량을 요구한다. 신체적으로 건강한 사람이라면 산화성 대사에 의해 공급되는 에너지를 통해 비교적 긴 시간 동안 작업을 수행할 수 있다. 그러나 작업을 시작할 때 발생한 산소 결핍은 작업이 종료되기 전에는 해소되지 않는다. 에너지 소비율이 10.0에서 12.5kcal/min 사이인 매우 힘든 작업과 에너지 소비율이 12.5kcal/min 이상이 되는 견디기 힘든 작업의 경우에는 신체적으로 건강한 사람이라 해도 작업 기간 중에 안정 상태 조건에 도달하지 못할 수 있다. 이러한 유형의 작업이 계속될수록 산소 결핍과 젖산의 축적이 증가하며, 작업자들은 자주 휴식을 취하거나 극한 상황에서는 작업을 멈추게 된다.

4. 작업능력과 휴식시간

4.1 신체의 작업능력

단기간 동안의 최대 에너지 소비능력을 최대 신체작업능력(MPWC: short-term maximum physical work capacity)이라고 부른다. 최대 신체작업능력은 활동하고 있는 근육에 산소를 전달해 주는 심장이나 폐의 최대 역량에 의해 결정되며, 건강한 남성과 여성의 경우에 최대 신체작업능력은 각각 15kcal/min과 10.5kcal/min 정도이다(NIOSH, 1981).

신체작업능력은 작업의 지속시간이 증가함에 따라 급속히 감소한다([그림 12.7]). NIOSH(1981)는 작업자들이 단기 최대 신체작업능력의 33퍼센트보다 높은 조건에서 8시간 이상 계속 작업하지 않도록 해야 한다고 권장하고 있다. 즉, 8시간 계속 작업을 할 경우에는 신체작업능력이 건강한 남성 작업자의 경우 5kcal/min를, 건강한 여성 작업자의 경우에는 3.5kcal/min를 초과하지 않도록 권장하고 있다. 또한 4시간을 작업할 때에는 남녀의 상한으로 각각 6.25와 4.20kcal/min를, 간헐적으로 수행되는 역동적 작업의 경우(1시간 이하의 작업)에

그림 12.7 작업 시간에 따른 최대 신체 작업 능력의 변화

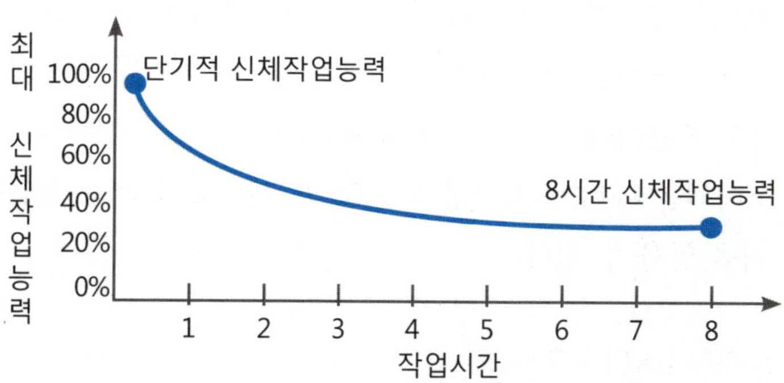

는 권장 에너지 소비 한계를 건강한 남성과 여성 작업자에 대해 각각 9kcal/min과 6.5kcal/min으로 제시하고 있다.

4.2 피로와 휴식시간

어떤 작업의 에너지 요구량이 작업자의 최대 신체작업능력의 40퍼센트를 초과 한다면 작업자는 작업의 종료 시점에 전신피로를 경험할 가능성이 있고, 에너지 요구량이 최대 신체작업능력의 50퍼센트를 초과한다면 작업자는 분명히 피로감을 경험할 것이다. 피로한 작업자들은 집중력이 떨어지거나 기진맥진해져서 작업 수행도가 떨어질 수 있다. 또한 혈액 속에 젖산이 축적되고 혈당이 감소할 수 있으며, 장기적인 전신피로는 직무 만족감을 낮게 하고, 건강상의 위험을 증가시킬 수 있다.

전신피로에 의한 위험 가능성을 줄이기 위해서는 작업방법이나 설비들을 재설계하는 공학적 대책을 제공할 수 있다. 예를 들어, 컨베이어 벨트나 자동화된 중량물 취급 장치들을 사용하면 무거운 물체를 들 때의 신체부담을 줄여줄 수 있으며, 작업장 요소들의 사용빈도나 사용순서에 따라 작업장을 재배치하면 무거운 물체들을 들거나 밀거나 당기는 거리를 감소시켜 줄 수 있기 때문에 작업에 요구되는 에너지 소비량을 감소시킬 수 있다. 기존의 힘든 작업이 공학적 방법들에 의해 재설계될 수 없을 경우에는 휴식시간을 조정하는 관리적 대책을 이용할 수 있다.

Murrel(1965)은 에너지 소비량을 근거로 하여 임의의 작업 활동에서 필요한 휴식시간을 구하는 공식을 제안하였다. '권장 평균 에너지량으로 작업시간 동안 소비한 에너지의 총량이나 특정 작업에서 평균적으로 소모되는 에너지의 총량과 휴식시간에 소비되는 에너지 소비량의 총량의 합은 같다'라는 개념을 이용하면 다음과 같은 식을 얻을 수 있다.

$$S \times T = E \times (T - R) + E_{rest} \times R$$

여기서, T는 총 작업시간(분), R은 필요한 휴식시간(분), E는 해당 작업 중 평균 에너지 소비량(kcal/min)을 나타내며, S는 권장 평균 에너지 소비량(kcal/min)으로 작업자의 신체작업능력(PWC)을 나타낸다. 권장 평균 에너지 소비량으로는 남성 작업자인 경우 5kcal/min, 여성 작업자인 경우 3.5kcal/min을 이용한다. 휴식 중 에너지 소비량(kcal/min)으로서 보통 앉아서 휴식하고 있을 동안의 에너지 소비율은 1.5kcal/min을 사용하고 있다. 따라서 전체 작업시간(분)에 포함되어야 할 휴식시간(분)은 다음과 같이 나타낼 수 있다.

$$R = T(E - S)/(E - 1.5)$$

예제 12.2 에너지 소비량과 휴식시간

어느 특정한 작업을 건강한 남자 작업자가 8시간 근무시간을 기준으로 수행하고 있고, 대사량을 측정하여 본 결과 분당 산소 소비량이 1.3/min으로 측정되었다. 이 작업에 대하여 Murrell의 방법으로 8시간의 총 작업시간에 포함되어야 할 휴식시간을 구하고자 한다.

특정 작업의 분당 에너지 소비량 $= 1.3 \times 5 = 6.5$ (kcal/min)

남자 작업자의 이론적 휴식시간 $= 480(6.5 - 5.0)/(6.5 - 1.5) = 144$ (분)

4.3 정적 작업과 국소 근육의 피로

전신피로가 개인의 신체작업능력을 초과하는 역동적인 신체 활동들과 관련 있는데 비해, 국소 근육 피로는 정적인 근육수축을 요구하는 직무들에서 자주 관찰된다. 정적 자세의 작업은 대개 소수의 국소적 근육 집단만을 사용하여 지속적으로 수축된 상태를 유지한다. 근육을 지속적으로 수축하고 있는 경우에는 근육들이 근육 혈관에 지속적으로 압박을 가해 혈액이 흐르는 것을 방해하고, 수축된 근육으로의 에너지 공급은 부적합한 혈액의 흐름 때문에 제한된다. 따라서 정적 자세의 작업은 매우 힘들고 쉽게 피로감을 가져올 수 있다.

근육이 정적인 상태로 수축을 지속할 수 있는 최대 시간(muscle endurance time: 근육 피로 한도 시간)은 근육이 발휘하는 힘이 얼마인지에 따라 달라지는데, 근육을 사용하여 특정한 힘을 유지할 수 있는 시간을 지구력(endurance)으로 표현한다. 지구력에 관한 내용은 다음 장에서 다시 다룬다.

연습문제

1. 근육의 구조에 관한 설명으로 올바르지 않은 것은?
   ① 기본 근육세포 단위를 근육섬유라 한다.
   ② 근육이 수축하려면 에너지가 필요하다.
   ③ 미오신(myosin)은 두꺼운 필라멘트로 근섬유분절의 가운데에 위치하고 있다.
   ④ 수축이나 이완 때 actin이나 myosin의 길이는 변화한다.

2. 다음 대사(metabolism)에 관한 설명으로 올바르지 않은 것은?
   ① 대사란 음식물을 섭취하여 기계적인 일과 열로 발산하는 화학적 과정이다.
   ② 탄수화물은 근육의 기본 에너지원으로 주로 간에서 포도당으로 전환된다.
   ③ 산소 소비량을 측정하면 에너지 대사량을 측정할 수 있다.
   ④ 산소를 이용하는 혐기성 대사와 산소를 이용하지 않는 호기성 대사로 나눌 수 있다.

3. 다음 중 산소를 이용한 유기성 대사 과정으로 인한 부산물이 아닌 것은?
   ① 젖산 ② H_2O ③ 열 ④ 에너지

4. 작업자의 배기를 10분 동안 수집한 결과 200리터 총배기량에 $O_2 = 15\%$, $CO_2 = 5\%$였다. 분당 산소 소비량은 몇 리터인가?
   ① 1.25 ② 12.5 ③ 20.25 ④ 202.5

연습문제 해답 :1. ④, 2. ④, 3. ①, 4. ①

5. 특정 작업에 대한 5분간의 산소 소비량의 측정 결과 90리터 배기량에 산소가 16%, 이산화탄소가 4%로 분석되었다. 에너지가는?

① 0.948 (ℓ/min) ② 4.74 (kcal/min)

③ 1.948 (ℓ/min) ④ 5.74 (kcal/min)

6. 어느 특정한 작업을 건강한 남자가 8시간 동안 수행하고, 분당 산소 소비량이 1.3 ℓ /min으로 측정되었다면 8시간의 총 작업시간에 포함되어야 할 휴식시간은?

① 144분 ② 288분 ③ 72분 ④ 240분

7. 근육의 대사(metabolism)에 관한 설명으로 올바르지 못한 것은?

① 음식물을 기계적 에너지와 열로 전환하는 과정이다.

② 산소를 소비하여 에너지를 발생시키는 과정이다.

③ 신체 활동 수준이 아주 작은 경우에는 젖산이 축적된다.

④ 산소 소비량을 측정하면 에너지 소비량을 측정할 수 있다.

8. 다음 작업 능력에 관한 설명으로 가장 거리가 먼 것은?

① 단기간 동안의 최대 에너지 소비능력을 최대 신체작업능력(MPWC)이라 한다.

② 신체작업능력은 작업의 지속시간이 증가함에 따라 급속히 감소한다.

③ NIOSH는 8시간 작업을 하는 경우에 단기 최대 신체작업능력의 50퍼센트를 권장한다.

④ 국소 근육 피로는 정적인 작업에서 주로 발생된다.

연습문제 해답 : 5. ②, 6. ①, 7. ③, 8. ③

9. 다음 중에서 기초 대사량(basal metabolism)과 관계가 깊은 것은?

① 벽에 기대어 휴식을 취하고 있는 상태
② 선 자세로 휴식을 취하고 있는 상태
③ 누워서 휴식을 취하고 있는 상태
④ 앉아서 휴식을 취하고 있는 상태

10. 단위시간당 생명을 유지하기 위하여 필요한 에너지량을 무엇이라 하는가?

① 산소 소비율 ② 에너지 소비율 ③ 기초 대사량 ④ 에너지가

11. 다음 중에서 어떤 형태의 힘이 근육에 가장 무리를 주는가?

① 정적 자세 유지 ② 동적인 활동
③ 모두 같다 ④ 복합적인 활동

12. 유기성 대사량이나 유산소 능력을 측정하는 데 가장 적절한 것은?

① 산소 소비량 ② 혈액의 젖산의 양
③ 최대 심박수 ④ 산출된 ATP 양

13. 30분 동안 작업을 수행하는 작업자의 평균 산소 소비량이 1.54 ℓ/min이었다면, 30분 동안의 총 에너지 소비량은 얼마인가?

① 46.2kcal ② 151.2kcal ③ 231.0kcal ④ 462.0kcal

연습문제 해답 : 9. ③, 10. ③, 11. ①, 12. ①, 13. ③

실습문제

1. 어떤 작업에서 남자 작업자의 배기를 60분 동안 수집한 후 개스분석기로 성분을 조사하니 $O_2 = 14\%$, $CO_2 = 5\%$, 총배기량은 1200ℓ였다.

(1) 이 작업의 분당 산소 소비량과 분당 평균 에너지가는?

(2) 위 작업에서 60분간의 작업시간 내에 포함되어야 할 휴식시간은 몇 분인가?

■ 해설 ■

1) 분당 산소 소비량과 분당 평균 에너지가

분당 배기량 = 1200 / 60 = 20(ℓ)

질소의 흡기량과 배기량은 같다.

흡기량 × 79% = 배기량 × $(100 - O_2\% - CO_2\%)$이므로

흡기량=(100 − 14 − 5) × 20/79 = 20.506 (ℓ/min)

- 산소소비량 = 0.21 × 20.506 − 0.14 × 20 = 1.506 (ℓ/min)
- 작업 에너지가 = 1.506 × 5 = 7.53 (kcal / min)

2) 60분간의 작업시간 내에 포함되어야 할 휴식시간

근무시간 동안 권장 에너지량=작업시간에너지량 + 휴식시간 에너지량

5×근무시간 = 작업에너지가 × (근무시간-휴식시간) + 휴식에너지가 × 휴식시간

5(kcal / min) × 60 = 7.53(kcal / min) × (480 − R) + 1.5(kcal / min) × R

- 남자 작업자의 이론적 휴식시간 = 60(7.53 − 5.0) / (7.53 − 1.5) = 25(분)

2. 산소소비량을 측정하여 육체 작업에서 소비한 분당에너지를 구하는 원리를 설명하시오.

■ 해설 ■

	흡기량 (공기중)	배기량 (호흡후)	비고
O_2	21%	$O_2\%$	줄어듬
CO_2	0%	$CO_2\%$	호흡후 발생
N_2	79%	$100-O_2\%-CO_2\%$	일정(흡기량=배기량)

질소(N_2)의 흡기량과 배기량은 같으므로,
흡기량×79%=배기량×(100%-O_2%-CO_2%)
흡기량=(100%-O_2%-CO_2%)×배기량/79%,
분당 산소소비량=0.21×흡기량-O_2%×배기량
육체 활동에 소비된 분당 에너지=산소소비량×5 kcal

3. 다음은 대사 과정을 나타낸 것이다. 빈 칸을 적절하게 채우고, 육체 활동의 정도를 평가하기 위하여 산소 소비량을 측정하여 이용하는 이유를 설명하시오.

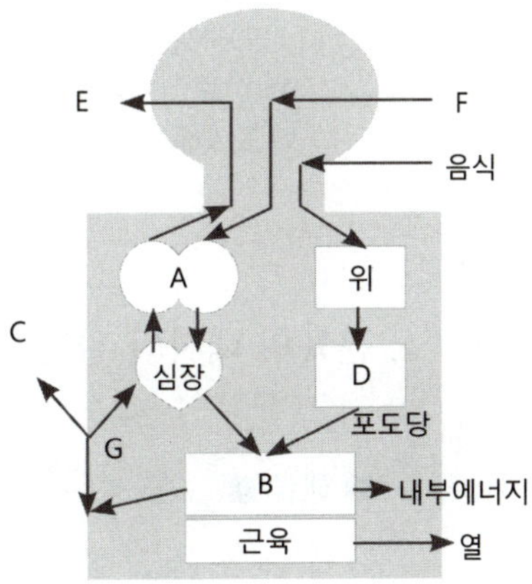

■ 해설 ■

1) A : 허파　B : 대사　C : 열, H_2O　D : 간
E : 열, H_2O, CO_2　F : O_2　G : 열, H_2O, CO_2

2) 산소 소비량을 측정하는 이유
산소는 근육내 포도당과 반응하여 육체활동에 필요한 에너지를 발생한다.
유기성 대사 : 근육 내 포도당+O_2 → CO_2+H_2O+열+에너지
무기성 대사 : 근육 내 포도당+2H → 젖산+열+에너지
따라서, 분당 산소 소비량을 측정하면 육체 활동에 필요한 분당 에너지를 구할 수 있다.

4. 1) 단기간 동안의 최대 에너지 소비능력에 대하여 설명하시오.
2) 단기간 동안의 최대 에너지 소비능력과 작업지속능력과의 관계를 설명하시오.

■ 해설 ■

1) 단기간 동안의 최대 에너지 소비능력

- 최대 에너지 소비능력: 폐와 심장에 의해 단시간 내에 산소를 공급하여 근육 내 포도당과 반응하여 단기간 내에 에너지를 낼 수 있는 능력.
- 심장과 폐의 최대 능력에 의해 결정되며, 최대 신체 작업능력으로 해석된다.

2) 단기간 동안의 최대 에너지 소비능력과 작업지속능력과의 관계

- 신체작업능력은 작업의 지속시간이 증가함에 따라 급속히 감소한다.
- NIOSH는 작업자들이 단기 최대 신체작업능력(15kal/min)의 33퍼센트(5kal/min) 보다 높은 조건에서 8시간 이상 계속 작업하지 않도록 해야 한다고 권장하고 있다.

5. 근육의 대사와 관련한 산소결핍을 그림으로 그려서 설명하시오.

■ 해설 ■

1) 대사 : 음식물을 섭취하여 기계적인 일(호흡,소화,운동)과 열로 전환하는 화학적 과정

유기성 대사 : 근육 내 포도당 + O_2 → CO_2+H_2O+ 열+에너지

무기성 대사 : 근육 내 포도당 + 2H → 젖산+열+에너지

2) 산소결핍

신체 활동을 시작할 때에는 근육 내의 포도당이 산소와 결합하여 근육수축에 필요한 에너지를 발생하지만, 활동이 증가할 경우에는 호흡수와 맥박수를 증가시켜 산소와 영양소의 공급의 속도를 증가시키게 된다. 그러나 활동 수준이 더욱 커져 산소공급이 부족한 경우에는 산소 없이 일단 무기성 대사가 진행되어 젖산이 축적된다.

3) 그림에서 산소결핍 영역이 산소가 부족하여 젖산이 축적되는 영역이다.

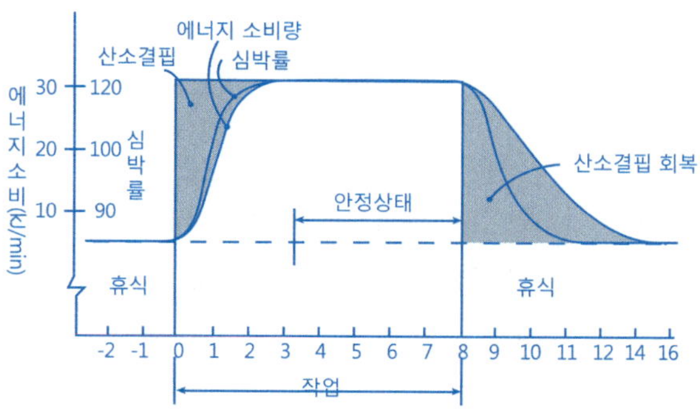

제 13 장

생체역학

1. 신체동작의 유형과 범위
2. 생체역학(biomechanics)
3. 근력과 지구력

1. 신체동작의 유형과 범위

1.1 척추의 구조

척추(vertebral column)는 [그림 13.1]과 같이 26개의 뼈로 구성되어 있으며, 신체를 지탱하는 역할을 한다. 척추는 위로부터 목 부위의 경추, 가슴 부위의 흉추, 허리 부위의 요추, 그리고 골반에 연결되는 천골과 미골로 구성되어 있다. 똑바로 선 자세에서는 체중의 약 60%를 허리 부위의 요추가 지탱한다.

목 부위의 경추(cervical vertebrae)는 위에서부터 C1에서 C7까지의 7개의 뼈마디로 구성되어 있다. 경추는 다른 부위에 비해서 뼈의 크기는 작지만 머리를 지지하고 있고 운동성도 크기 때문에 손상을 받기 쉽다.

가슴 부위의 흉추(thoracic vertebrae)는 위에서부터 T1에서 T12까지 12개의 뼈로 이루어져 있으며 각각의 뼈는 늑골과 연결되어 있다. 이 부위의 척추 뼈들

그림 13.1 척추의 구조

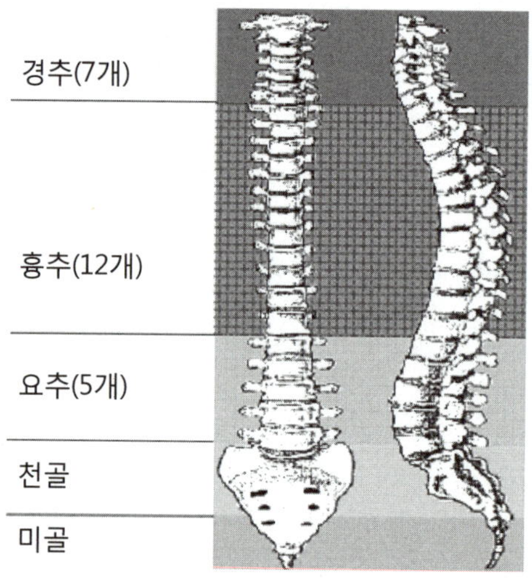

은 움직임이 비교적 작고 안정되어 있어서 디스크는 잘 발생하지 않는다.

허리 부위의 요추(lumbar vertebrae)는 위에서부터 L1에서 L5까지 크기가 넓고 큰 5개의 뼈로 이루어져 있다. 요추는 큰 폭으로 움직이는 큰 근육들이 척추 뼈에 달라붙어 있어 상대적으로 크게 움직이므로 운동을 많이 하고, 체중의 60% 정도를 지탱하는 역할을 담당하여 요통의 주된 원인이 된다.

천골(sacrum)은 척추의 바닥 뼈로 삼각형 모양의 넓은 뼈이다. 천골은 위쪽으로는 허리 부위와 연결되어 있고, 옆쪽으로는 골반과 연결되어 있다. 미골(coccyx)은 천골의 끝에 붙어 있는 두 개 정도의 뼈로 인간에게는 이미 퇴화되고 없는 꼬리 부분의 흔적으로 여겨지고 있다.

1.2 척추와 디스크

척추 디스크(intervertebral disc: 추간판)는 척추와 척추 사이의 유연성을 유지시켜 주는 연골로서 충격을 흡수하는 쿠션 역할을 한다. 디스크의 모양은 원반 형태이며 가운데는 젤리 모양의 수핵(nucleus pulposus)이 있고, 바깥쪽은 섬유질의 띠가 자리잡고 있다.

그림 13.2 **척추 디스크의 변화 모양**

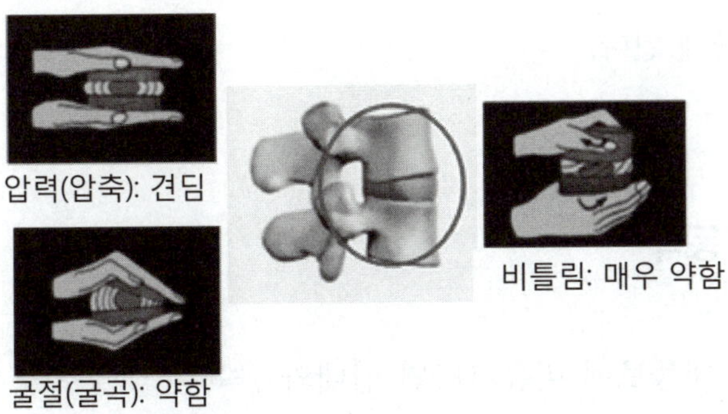

그림 13.3 추간판 탈출증

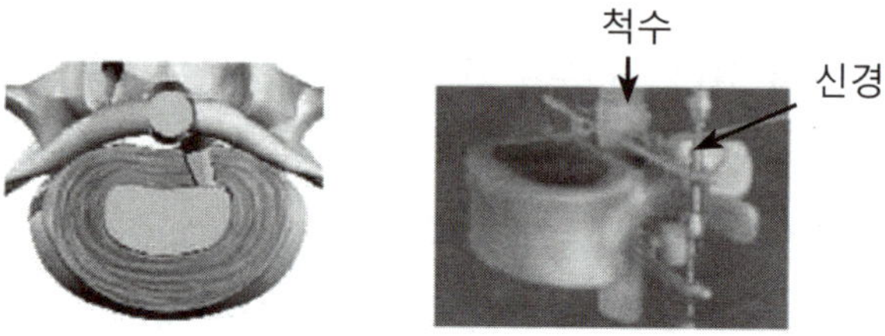

척추가 움직일 때마다 디스크는 운동 방향에 따라 눌려지기도 하고 늘어나기도 한다. 예를 들어, [그림 13.2]와 같이 앞으로 구부리는 운동을 할 때에는 디스크 앞쪽이 눌려지고 뒤쪽이 넓어진다. 또한 압력이 가해지는 순간에는 압력을 받은 부위의 디스크가 얇아지며 충격이 가해진 반대 방향으로 힘을 분산시키는 역할을 한다.

척추 디스크는 비틀림 운동에 대하여 상대적으로 저항 능력이 떨어진다.

척추의 몸통과 뒤쪽 뼈 사이에는 아래 위로 통하는 척추관이 있으며 척추관 안으로는 척수(spinal cord)가 지나가고, 척추관 양 옆의 작은 구멍으로는 신경들이 지나간다. 갑자기 무거운 물건을 들어 올리거나 허리를 비틀어 디스크에 압력이 지나치게 가해질 경우에는 [그림 13.3]과 같이 압력을 이기지 못하여 디스크가 바깥쪽으로 튀어나오게 되는데 이를 추간판 탈출증(prolapsed disc)이라 한다. 디스크가 튀어나오면 신경조직을 압박하여 허리를 움직일 때마다 요통이나 좌골신경통이 나타나게 된다.

1.3 척추와 동작

척추를 집의 대들보에 비유한다면 인대와 근육은 대들보를 연결시키고 집이 기능을 발휘할 수 있도록 하는 구조물이라고 할 수 있다. 척추에 뼈와 디스크만

그림 13.4 척추의 동작

있다면 아무런 운동도 할 수 없고 단지 힘을 떠받치는 단순한 기능만 할 것이다.

척추의 뼈 주위에는 많은 인대(ligament)들이 몇 겹으로 감싸고 있는데, 인대는 척추와 디스크의 배열을 보호하고 관절들이 어긋나지 않게 유지하는 역할을 한다. 인대는 제한된 범위 내에서의 운동만 가능하게 해주므로 운동 범위를 넘어가는 척추운동을 하는 경우에는 손상을 받을 수 있다.

척추 근육은 뼈들 사이의 유기적인 운동이 원활하고 안정되게 일어나게 한다. 허리를 삐었다고 하는 것은 대부분 허리 근육이 수축되었다는 뜻으로 요통의 제일 흔한 원인이 된다. 척추 뼈에 달라붙어 있는 근육은 크게 4가지로 구분된다. 척추 뒤쪽에 위치하는 신근은 척추를 곧바로 유지시키는 역할을 하며, 척추 측면에 있는 외측근은 척추 측면의 운동을 담당한다. 복부에 위치하고 있는 복근은 앞쪽에서 척추를 지탱하며, 굴근은 몸을 구부리는 역할을 주로 담당한다. 골반과 연결되어 있는 둔부근은 요추와 골반 사이를 연결시켜서 척추와 골반이 유기적으로 움직일 수 있게 해주는 근육이다. 이들 근육들이 모여서 [그림 13.4]와 같은 굴곡(flexion), 신전(extension), 회전(rotation) 등의 일상적인 동작을 가능하게 해준다.

1.4 골격근과 인대

[그림 13.5]는 팔의 뼈에 붙어 있는 골격근과 인대를 나타낸다. 인대(ligament)와 근육은 각각 떨어져 있는 뼈들을 연결시키고 한 개의 뼈처럼 기능을 할 수 있게 해준다. 인대는 관절을 보강하고 관절의 운동을 제한하는 작용을 하는 노끈이나 띠 모양의 결합조직이다. 우리가 흔히 발목 관절을 다쳤을 때 인대가 늘어났다는 말을 하는데, 인대는 운동 범위가 제한되어 있으므로 운동 범위를 뛰어넘는 경우에는 손상될 수 있다.

건(tendon)은 근육의 연장선으로 근육이 뼈에 붙는 끝 지점을 말하며, 흔히 힘줄이라고 한다. 그러나 건은 인대와는 구분되어야 한다. 근육은 수축할 때 근육의 양쪽에 붙어 있는 건을 끌어당기며, 건에 붙어있는 뼈를 움직인다. 건이 근육에 연결되기 전 활액이라 불리는 액체가 있는 근막이 존재하며 이 액체는 건이 앞뒤로 빠르게 움직일 수 있도록 윤활 작용을 한다.

그림 13.5 **팔의 뼈와 인대, 근육**

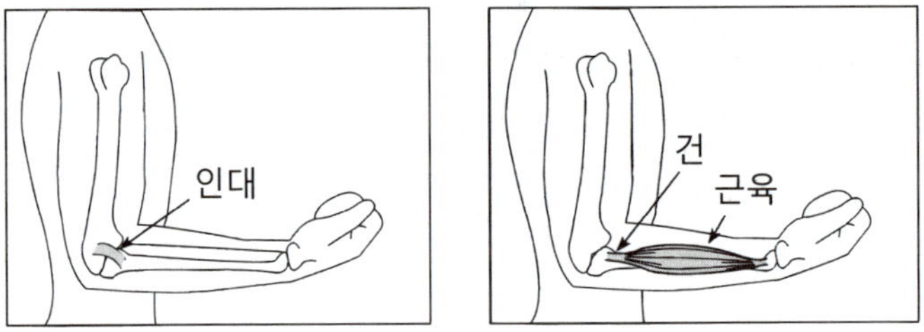

1.5 관절의 운동

뼈와 뼈가 서로 마주치는 곳은 관절로 연결되어 있다. 관절은 신체 움직임을 위한 축이 되며, 다양한 동작을 가능하게 해준다. 신체를 움직이는 데 이용되는

그림 13.6 활액 관절의 종류

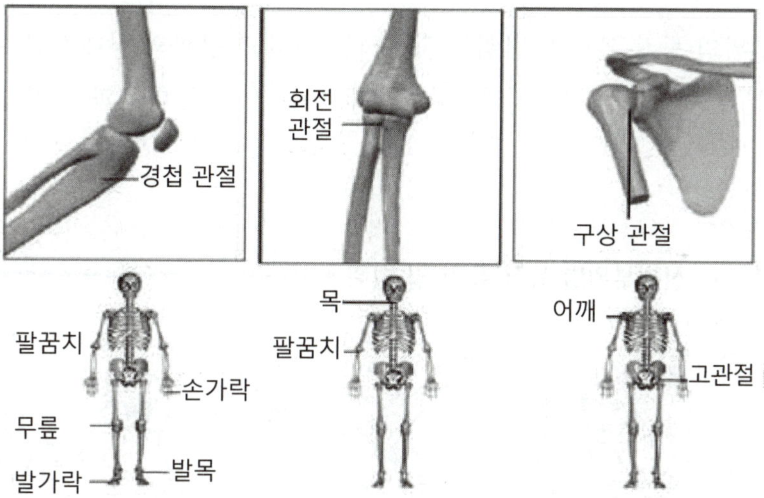

대부분의 관절은 활액 관절로 자유로이 움직일 수 있도록 윤활 성분의 액을 가지고 있다.

활액 관절은 [그림 13.6]과 같이 움직임의 범주에 따라 경첩 관절(hinge joint), 회전 관절(pivot joint), 구상 관절(ball joint, ball-and-socket joint)로 구분된다. 경첩 관절은 손가락(finger)과 같이 한쪽 방향으로만 굴곡 운동을 하는 관절이며, 회전 관절은 팔꿈치(elbow)와 목(neck) 관절과 같이 방향을 바꾸어 움직일 수 있는 관절이다. 구상 관절은 어깨(shoulder)나 고관절(hip joint)과 같이 한쪽은 둥근 모양, 다른 한쪽은 절구 모양으로 되어 서로 맞물려 있어 자유로이 움직일 수 있는 관절이다.

1.6 신체부위의 동작 유형

신체부위의 동작 유형과 범위를 작용하는 근육과 몸과의 상대적인 운동 방향에 따라 분류하면 [그림 13.7]과 같이 나타낼 수 있으며, 다음과 같이 분류할 수 있다.

그림 13.7 신체부위별 동작 유형 및 범위

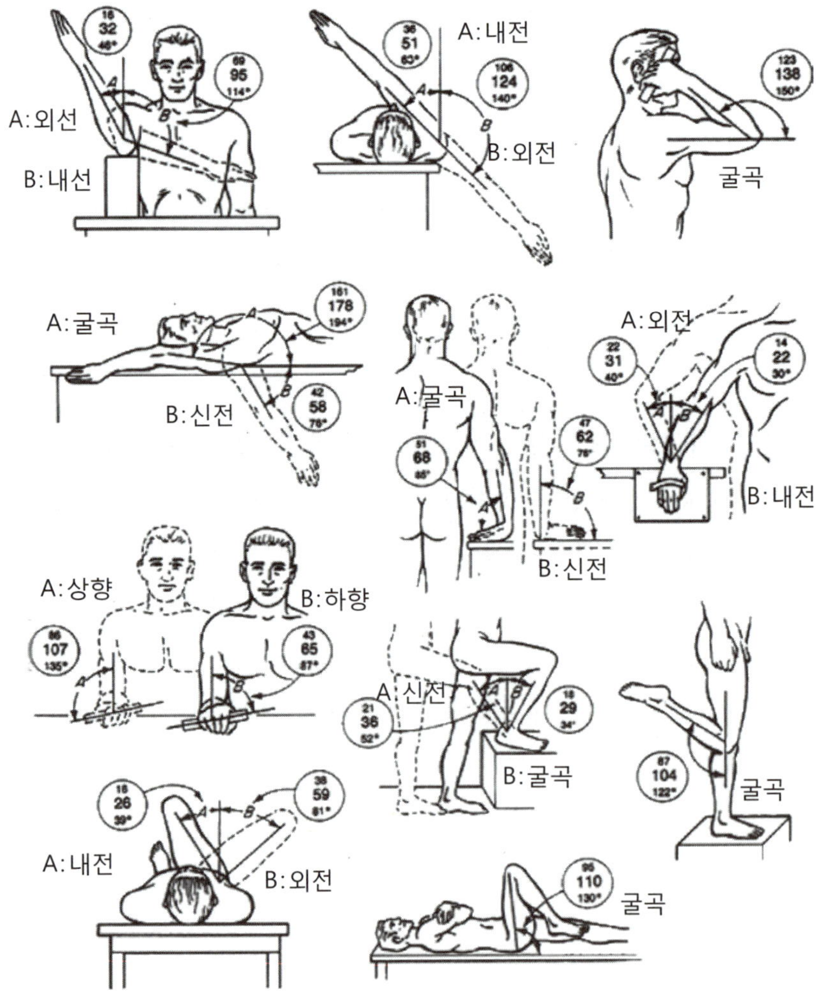

(1) • 굴곡(flexion) : 관절에서의 각도가 감소하는 동작
• 신전(extension) : 관절에서의 각도가 증가하는 동작
(2) • 내전(adduction) : 몸의 중심선으로 향하는 이동 동작
• 외전(abduction) : 몸의 중심선에서 멀어지는 이동 동작
(3) • 내선(medial rotation) : 몸의 중심선을 향하여 안쪽으로 회전하는 동작
• 외선(lateral rotation) : 몸의 중심선으로부터의 회전
(4) • 하향(pronation): 손바닥을 아래로 향하도록 하는 회전
• 상향(supination): 손바닥을 위로 향하도록 하는 회전

2. 생체역학(biomechanics)

2.1 힘과 모멘트의 평형

물체가 움직이지 않으면 정적 평형상태(static equilibrium)에 있다고 말한다. 물체가 정적 평형상태를 유지하기 위해서는 힘의 평형과 모멘트의 평형이 충족되어야 한다. 힘의 평형은 작용하고 있는 모든 힘의 총합이 0이 되는 것이고, 모멘트의 평형은 작용하고 있는 모든 외부 모멘트의 총합이 0이 되는 것이다.

(1) 힘의 평형

$$\sum Fx = 0 \qquad \sum Fy = 0 \qquad \sum Fz = 0$$

힘의 평형은 각 힘의 작용선에 작용한 힘과 반작용들의 합이 0이라는 의미이다.

(2) **모멘트(moment)의 평형**

$$\sum Mx = 0 \quad \sum My = 0$$

힘의 작용선상에서는 돌아가려는 힘이 거리에 비례하여 발생한다. 돌아가려는 회전 모멘트는 힘과 거리를 곱한 값으로 표시되며, 평형을 이루는 경우에 작용하는 모멘트들의 합은 0이 된다. 힘의 작용선이 축을 지나거나 평행인 것은 모멘트를 발생시키지 않는다. 모멘트는 작용선(line of action)으로부터 회전 중심점(point of rotation)까지의 수직 거리와 힘을 곱한 값이기 때문에 같은 하중이라 해도 하중으로부터 가까운 곳보다 멀리 떨어진 곳에서의 모멘트가 더 크게 된다.

예제 13.1 신체 무게중심 구하기

[그림 13.8]과 같이 사람이 누워있을 때의 무게중심을 구하시오. 누워있는 받침대의 무게를 무시한다고 가정하였을 때, 머리 끝 쪽과 발 끝 쪽에 위치한 체중계가 각각 W_1과 W_2로 나타났다. 누워있는 사람의 몸무게(w)와 몸무게의 중심(d)의 위치를 발 끝 쪽으로부터의 길이로 표현하여 보자.
받침대를 기준으로 힘의 평형과 O를 원점으로 모멘트의 평형을 고려하자.

(1) 힘의 평형

$$\sum F = W_1 + W_2 - W = 0$$

(2) O에서의 모멘트(moment)의 평형

$$\sum M = a \times W_1 - W \times d = 0$$

따라서 몸무게 W와 발 끝에서 몸무게의 중심거리 d는 다음과 같다.

$$W = W_1 + W_2$$

$$d = a \times W_1 / (W_1 + W_2)$$

그림 13.8 무게중심 구하기

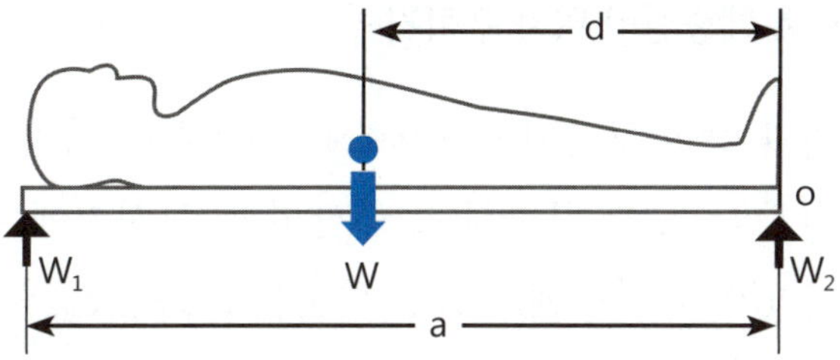

예제 13.2 팔꿈치 관절에 걸리는 근력 구하기

[그림 13.9]와 같이 손으로 5kg의 무게를 들고 있을 때 팔꿈치 관절의 이두박근(biceps)에 걸리는 힘 F를 구하시오. 단, 아래팔과 위팔 사이의 관절각은 90°를 이루고 있다.

관절 O를 원점으로 모멘트의 평형을 고려하자.

$$\sum M = 12 \times 1 + 25 \times 5 - 5F = 0$$
$$F = 137/5 = 27.4 \text{ (kgf)}$$

그림 13.9 이두박근에 걸리는 힘(F) 구하기

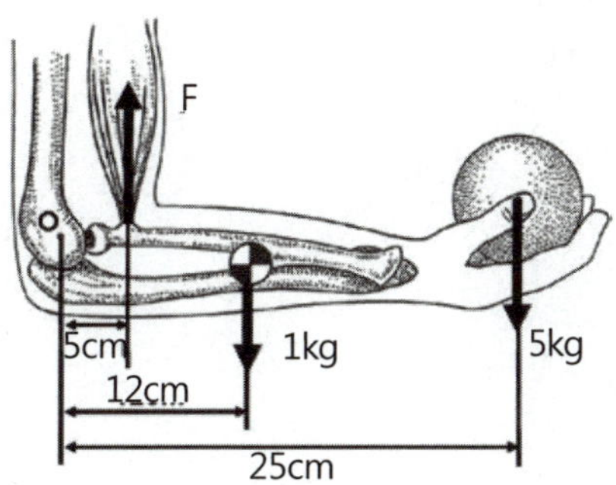

예제 13.3 힘판 위에서 무게중심의 위치 구하기

[그림 13.10]과 같이 구성된 힘판(force plate) 위에 사람이 서 있을 때, 사람의 무게중심 위치 (x, y)를 구하시오. 힘판의 네 모서리에는 저울 역할을 하는 무게 센서들이 있어서 각각에 작용된 힘들을 F_1, F_2, F_3, F_4로 구할 수 있고, 이들을 이용하여 힘의 평형과 모멘트의 평형의 관계식을 이용하면 몸무게와 무게중심의 위치를 구할 수 있다.

(1) 힘판을 기준으로 힘의 평형

$$\sum F = F_1 + F_2 + F_3 + F_4 - W = 0$$

(2) x축을 기준으로 한 모멘트의 평형

$$\sum Mx = W \cdot y + (F_2 + F_3)a - (F_1 + F_4)a = 0$$

(3) y축을 기준으로 한 모멘트의 평형

$$\sum My = W \cdot x + (F_3 + F_4)b - (F_1 + F_2)b = 0$$

따라서 몸무게 W와 몸무게의 중심위치 (x, y)는 다음과 같다.

$$W = (F_1 + F_2 + F_3 + F_4)$$

$$x = \frac{(F_1 + F_2 - F_3 - F_4)b}{W}$$

$$y = \frac{(F_1 - F_2 - F_3 + F_4)a}{W}$$

그림 13.10 힘판 위에서 무게중심 위치 구하기

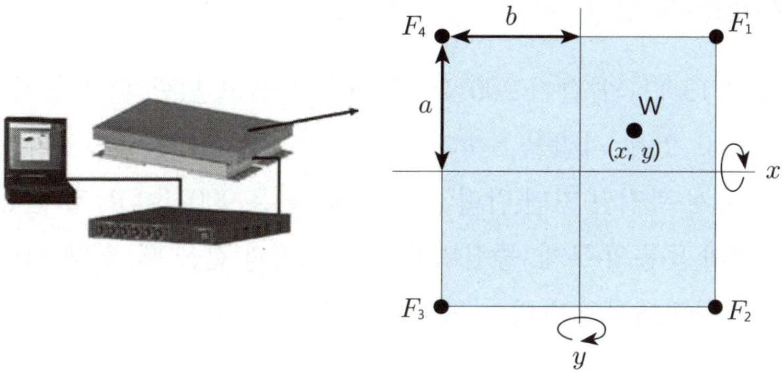

2.2 생체역학적 모형

신체의 구조와 기능을 기계적 원리와 방법을 적용하여 연구하는 학문을 생체역학(biomechanics)이라 한다. 생체역학은 인력 운반작업과 근골격계 문제를 연구하고 분석하는 데 중요한 역할을 할 뿐만 아니라 육체적 작업을 인간공학적으로 분석하는 데 근본적이고 과학적인 기초를 제공해 준다.

신체 활동의 수행은 주로 팔, 다리와 척추에 의해서 이루어지며, 관절에서 연결된 뼈들은 근육과 함께 지렛대 역할을 한다. 신체의 운동은 관절을 기준으로 체절들을 링크로 간략화하여 기계역학적 모형을 세울 수 있는데 이를 생체역학적 모형이라 한다. 특정한 자세를 취하고 있는 사람이 주어진 무게를 들고 있을 때, 다른 관절에 걸리는 부하 모멘트도 신체 각 부위의 무게와 무게중심 위치로부터 축차적으로 구할 수 있으며, 이와 같이 신체 각 부위에 걸리는 부하를 거시적으로 분석할 때에는 각 관절에서 연결된 몇 개의 지레로 이루어져 있다고 가정하여 분석할 수 있는 것이다.

예제 13.4 생체역학적 모형

[그림 13.11]과 같이 200N의 중량물을 들고 힘판 위에 올라가 정적 자세를 취하고 있는 사람을 5개의 막대모형으로 표시할 수 있다. 힘판(force platform)에서 측정된 지면 반력(reaction force)은 900N이고, 각 신체분절의 무게와 상지와 몸통의 무게, 중심위치 등은 그림과 같을 때, 신체 평형을 이루기 위한 허리 관절에서의 반력과 모멘트를 구할 수 있다.

(1) 힘의 평형

무릎 반력 = −900 + 100 = −800(N)

허리 반력 = −800 + 100 = −700(N)

(2) 모멘트의 평형

허리 모멘트 = 0.3 × 400 + 0.6 × 50 + 0.8 × 50 + 1.0 × 200 = 390(Nm)

그림 13.11 생체역학적 모형

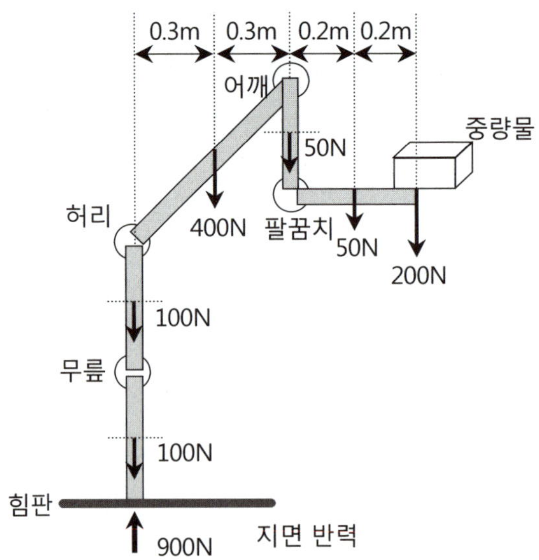

3. 근력과 지구력

3.1 근력

근력(strength)은 일반적으로 등척적으로 근육이 낼 수 있는 최대 힘으로, 정적 조건에서 힘을 낼 수 있는 근육의 능력을 가리키는 것이다. 원래 근력은 힘의 발휘 조건에 따라 정적 근력(static strength)과 동적 근력(dynamic strength)의 두 가지 유형으로 구분될 수 있다. 정적 근력은 등척력(isometric strength)이라고도 불리는데, 물체를 들고 있을 때처럼 신체를 움직이지 않으면서 자발적으로 가할 수 있는 힘의 최대값이다. 정적 근력은 4~6초 동안 피실험자들이 고정된 물체에 대해 힘을 최대한 발휘하도록 한 후 30~120초 동안 휴식을 취하게 하는 과정을 몇 번 반복하여 처음 3초 동안에 발휘된 근력들의 평균을 계산하여 측정한다.

동적 근력은 중량물을 들어올릴 때처럼 팔이나 다리의 신체부위를 실제로 움직이는 상태에서 낼 수 있는 힘으로 등속력(isokinetic strength)이라 불린다. 동적 근력은 측정이 어려운데, 가속과 관절 각도의 변화가 힘의 발휘와 측정에 영향을 미치기 때문이다.

3.2 지구력

지구력(endurance)은 근육을 사용하여 특정한 힘을 유지할 수 있는 시간으로 나타낸다. 근육이 정적인 상태로 수축을 지속할 수 있는 최대 시간(근육 피로 한도시간, muscle endurance time)은 근육이 발휘하는 힘이 얼마인지에 따라 달라진다. 근육이 발휘하는 힘은 근육의 최대 자율수축(MVC: maximum voluntary contraction)에 대한 백분율로 나타내어진다. [그림 13.12]는 정적 근육 피로 한도시간과 근력 발휘수준의 관계를 나타내는데 Rohmert 곡선이라고 불린다.

[그림 13.12]에서 보면 근육이 발휘할 수 있는 최대의 힘은 불과 몇 초 동안만 지속될 수 있으며, 최대 근력의 50퍼센트정도의 힘으로는 1분 정도 유지할 수 있다. 그러나 최대 자율수축(MVC)의 15% 이하의 근력이 발휘되는 힘은 상당히 오래 유지할 수 있으며, 10% 미만인 경우에는 정적 수축이 거의 무한하게 유지될 수 있음을 시사하고 있다.

그림 13.12 정적 근육 피로 한도시간과 근력 발휘수준의 관계

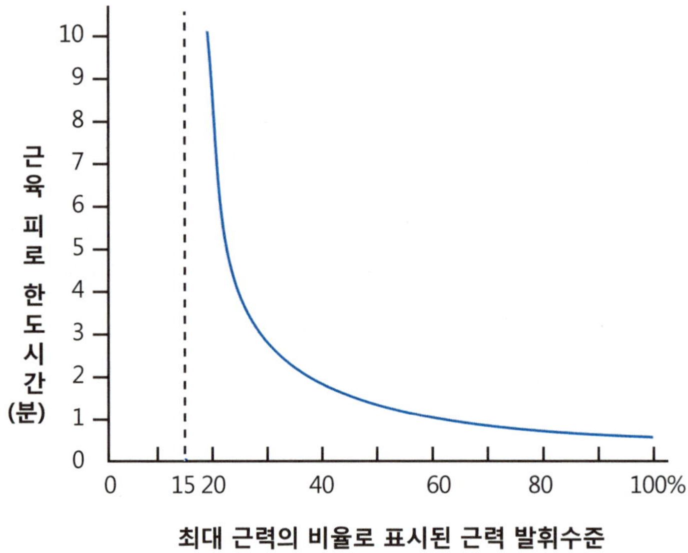

연습문제

1. 다음 척추에 관한 설명으로 올바르지 못한 것은?
   ① 경추는 뼈의 크기가 작지만, 머리를 지지하고 운동성도 크기 때문에 손상을 받기 쉽다.
   ② 요추는 체중의 60% 정도를 지탱하는 역할을 한다.
   ③ 미골은 척추의 바닥 뼈로 삼각형 모양의 넓은 뼈이다.
   ④ 흉추는 늑골과 연결되어 있으며 뼈들의 움직임이 비교적 작고 안정되어 있다.

2. 다음 관절에 관한 연결이 올바른 것은?
   ① 손가락 – 회전 관절
   ② 고관절 – 회전 관절
   ③ 어깨 – 구상 관절
   ④ 목 – 경첩 관절

3. 신체 동작의 유형에 관한 설명으로 틀린 내용은?
   ① 굴곡(flexion) : 관절에서 각도가 감소되는 동작
   ② 신전(extension) : 관절에서 각도가 증가되는 동작
   ③ 외전(abduction) : 신체 중심선에서 멀어지는 동작
   ④ 상향(supination) : 중심선을 향한 신체 부위의 동작

4. 사람이 서있는 사각형 널빤지 네 귀퉁이 밑의 저울 눈금이 각각 10, 20, 30, 40kg으로 나타났다면 이 사람의 몸무게는?
   ① 50kg ② 70kg ③ 100kg ④ 150kg

연습문제 해답 : 1. ③, 2. ③, 3. ④, 4. ③

5. A군이 두 개의 저울 위에 왼발과 오른발을 각각 올려놓고 서 있다. 양발 사이는 20cm 떨어져 있고, 왼발 저울 눈금이 60kg, 오른발 저울 눈금은 40kg을 가리키고 있다면 A군의 몸무게는 얼마이며, 몸무게의 중심은 왼발 끝 쪽에서 얼마나 떨어진 곳에 위치하고 있다고 할 수 있는가?

① 50kg, 8cm　　② 50kg, 12cm

③ 100kg, 8cm　　④ 100kg, 12cm

6. 키가 170cm인 사람이 두 개의 저울을 머리 끝과 다리 끝에 받치고 누워 있다. 머리 쪽 저울 눈금이 45kg, 다리 쪽이 35kg일 때, 이 사람의 무게중심은 머리 쪽에서 몇 cm 떨어져 있는가?

① 74.4　　② 80.0　　③ 95.6　　④ 148.8

7. 다음 근골격계에 관한 설명으로 올바르지 못한 것은?

① 인대는 관절을 보강하고 관절의 운동을 제한하는 작용을 한다.

② 건은 근육의 연장선으로 근육이 뼈에 붙는 끝 지점을 말한다.

③ 구상 관절은 손가락과 같이 한쪽 방향으로만 굴곡운동을 하는 관절이다.

④ 신전은 부위 간의 각도가 증가하는 동작이다.

8. 다음 어깨의 동작에 관한 이름으로 적절하게 연결된 것은?

① A – 신전, B – 굴곡

② A – 굴곡, B – 신전

③ A – 내전, B – 외전

④ A – 외전, B – 내전

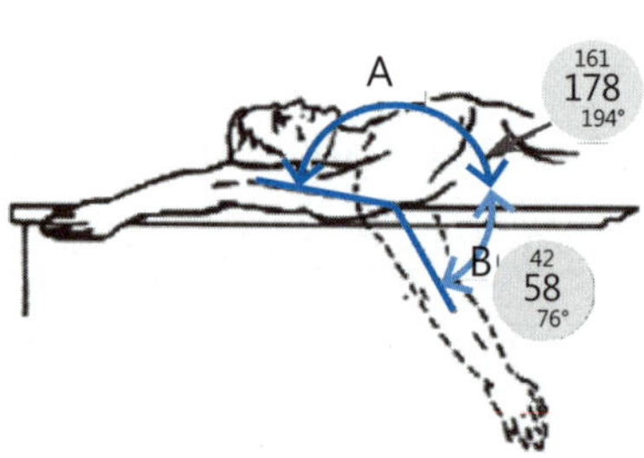

연습문제 해답 : 5. ③, 6. ①, 7. ③, 8. ②

9. 다음 근력과 지구력에 관한 설명으로 올바르지 못한 것은?

① 정적 근력은 신체를 움직이지 않으면서 자발적으로 가할 수 있는 최대 힘이다.

② 동적 근력은 등척력(isometric strength)으로 근육이 낼 수 있는 최대 힘이다.

③ 지구력은 근육을 사용하여 특정한 힘을 유지할 수 있는 시간과 관련된다.

④ 동적 근력은 정적 근력보다 측정하기가 어렵다.

연습문제 해답 : , 9. ②

실습문제

1. A군이 두 개의 저울 위에 왼발과 오른발을 각각 올려놓고 서 있다. 양발 사이는 20cm 떨어져 있고, 왼발 저울 눈금은 60kg, 오른발 저울 눈금은 40kg을 가리키고 있다면 A군의 몸무게는 몇 kg이며, 왼발 끝 쪽에서 몸무게의 중심은 얼마나 떨어진 곳에 위치하고 있다고 할 수 있는가?

■ 해설 ■

1) 힘의 균형

$\Sigma F = W - 60 - 40 = 0$,　　$\therefore W = 60 + 40 = 100(kg)$ 몸무게 = 100kg

2) 모멘트의 균형(왼쪽 발끝 지점 기준)

$\Sigma M = d \cdot 100 - 20 \cdot 40 = 0$　$\therefore d = 20 \times 40 / 100 = 8(cm)$, 왼쪽 발끝에서 8cm 위치

2. 놀이터의 시소에 1명의 어른과 2명의 어린이가 타고 있다. 어른은 시소 중심에서 왼쪽으로 1.5m 떨어진 곳에 60kg의 무게로 누르고 있고, 오른쪽의 1.3m 떨어진 곳에는 20kg의 어린이가, 1.5m 떨어진 곳에는 통통한 어린이가 타고 있다. 시소가 균형을 이루고 있다면 통통한 어린이의 몸무게는 얼마인가?

■ 해설 ■

모멘트 균형(중앙 기준)

$\Sigma M = 1.5 * 60 - 1.3 * 20 - 1.5W = 0$　$\therefore W = (1.5 * 60 - 1.3 * 20) / 1.5 = 42.7$ (kg)

3. 아래 그림과 같이 손으로 10kg의 무게를 들고 있을 때 팔꿈치 관절의 이두박근(biceps)에 걸리는 힘 F를 구하시오. (단, 아래팔과 위팔 사이의 관절각은 90°를 이루고 있다.)

■ 해설 ■

모멘트 균형(중앙 기준)

$\Sigma M = 5F - 15 \times 1.5 - 30 \times 10 = 0$

$F = 64.5$ (kg)

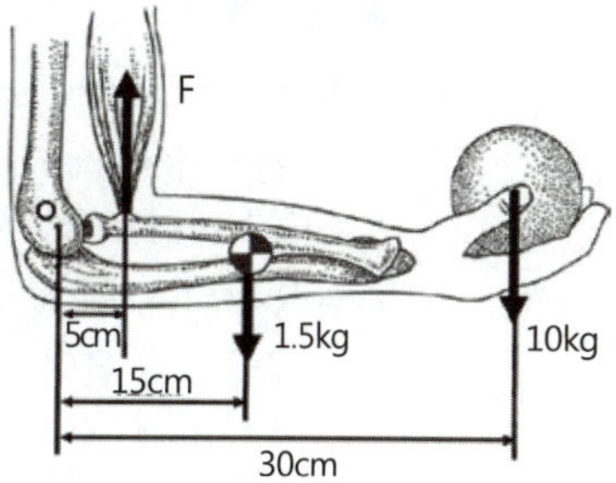

4. 저울 3개 위에 판을 놓고 사람이 올라 서 있다. 저울 눈금이 각각 $F_1 = 20$, $F_2 = 30$, $F_3 = 10$kg이었고, 저울 사이의 거리가 그림과 같다면, 이 사람의 몸무게(W)와 서있는 위치(x, y)는? (단, 판의 무게는 무시한다.)

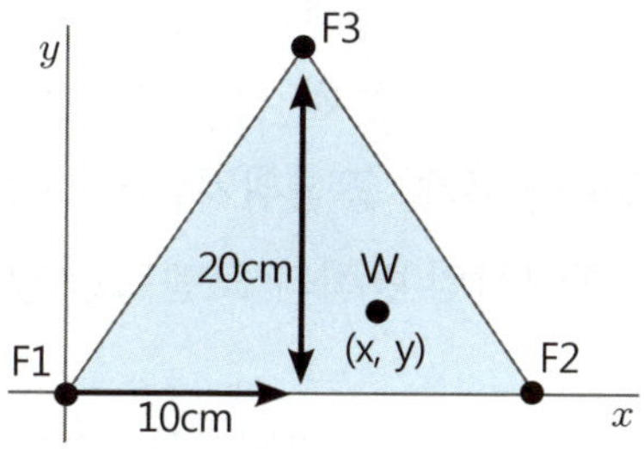

■ 해설 ■

1) 힘의 균형

$\Sigma F = W - F1 - F2 - F3 = 0 \quad \therefore W = 20 + 30 + 10 = 60$ (kg)

2) x축, y축 모멘트의 평형

$\Sigma M_x = W \times y - F3 \cdot 20 = 0, \quad y = 3.33$ (cm)

$\Sigma M_y = W \times x - 20 \times F2 - 10 \times F3 = 0, \quad x = 11.67$ (cm)

$\therefore (x, y) = (3.33, 11.67)$

5. 근력의 측정에 있어 동적근력과 정적근력을 비교하여 설명하시오.

■ 해설 ■

1) 정적 근력(static strength)

- 등척력(isometric strength)이라고도 불리는데, 물체를 들고 있을 때처럼 신체를 움직이지 않으면서 자발적으로 가할 수 있는 힘의 최대값이다.

2) 동적 근력(dynamic strength)

- 중량물을 들어 올릴 때처럼 팔이나 다리의 신체부위를 실제로 움직이는 상태에서 낼 수 있는 힘으로 등속력(isokinetic strength)이라 불린다.
- 가속도와 관절 각도의 변화가 힘의 발휘와 측정에 영향을 미쳐서 측정이 어렵다.

6. 200N의 중량물을 들고 힘판 위에 올라가 정적 자세를 취하고 있는 사람을 5개의 막대모형으로 표시하였다. 힘판에서 측정된 지면 반력은 800N이고, 각 신체분절의 무게와 상지와 몸통의 무게, 중심위치들은 그림과 같을 때, 신체 평형을 이루기 위한 허리 관절에서의 반력과 모멘트는 얼마인가?

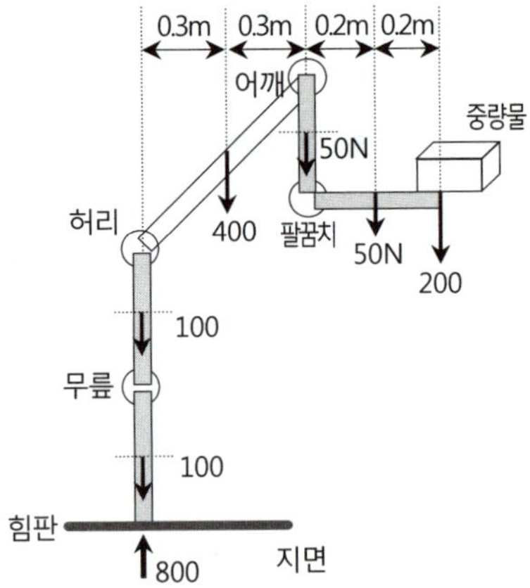

■ 해설 ■

1) 허리에서의 반력

무릎 반력 = −800 + 100 = −700(N)

허리 반력 = −700 + 100 = −600(N)

2) 허리에서의 모멘트

허리 모멘트 = 0.3 × 400 + 0.6 × 50 + 0.8 × 50 + 1.0 × 200 = 390 (Nm)

7. 다음 용어에 대하여 설명하시오.

1) 굴곡(flexion)과 신전(extension)
2) 내전(adduction)과 외전(abduction)
3) 내선(medial rotation)과 외선(lateral rotation)
4) 하향(pronation)과 상향(supination)

■ 해설 ■

1) 굴곡(flexion)과 신전(extension)

- 굴곡 : 관절에서의 각도가 감소하는 동작
- 신전 : 관절에서의 각도가 증가하는 동작

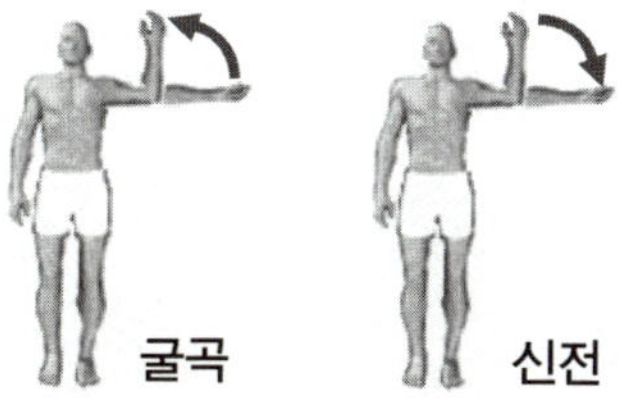

2) 내전(adduction)과 외전(abduction)

- 내전 : 몸의 중심선으로 향하는 이동 동작
- 외전 : 몸의 중심선에서 멀어지는 이동 동작

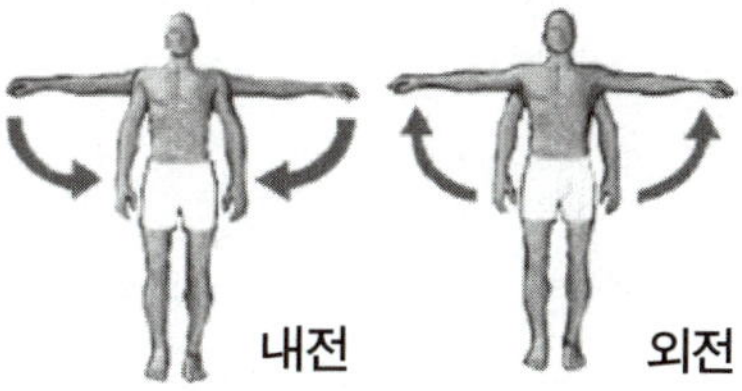

3) 내선(medial rotation)과 외선(lateral rotation)

- 내선 : 몸의 중심선을 향하여 안쪽으로 회전하는 동작
- 외선 : 몸의 중심선에서 바깥쪽으로 회전하는 동작

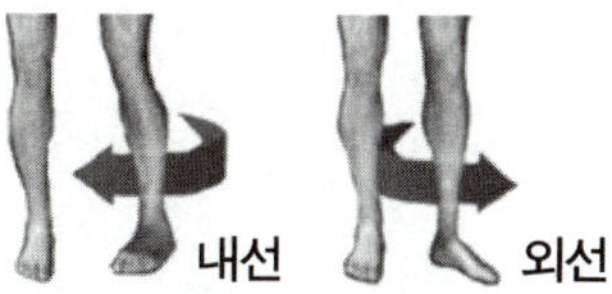

4) 하향(pronation)과 상향(supination)

- 하향 : 손바닥을 아래로 향하도록 하는 회전
- 상향 : 손바닥을 위로 향하도록 하는 회전

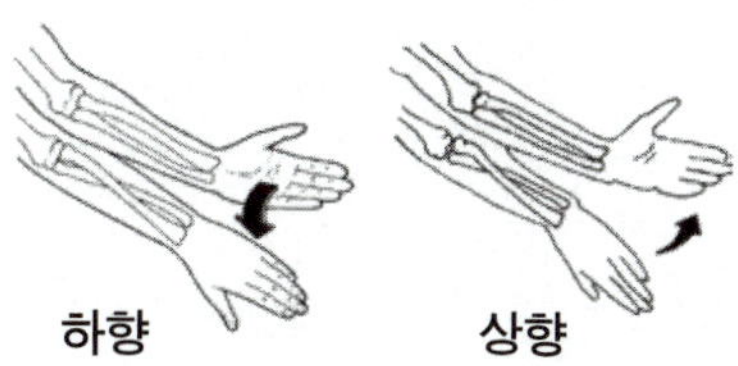

제 14 장

신체 반응의 측정

1. 신체 활동의 측정원리
2. 생리적 활동 척도

1. 신체 활동의 측정원리

1.1 계측과 신호처리

신체 활동을 측정하는 데에는 주로 컴퓨터를 이용한 계측 장비가 이용된다. 신체 측정 장비는 [그림 14.1]과 같이 감지기와 증폭기, A/D Converter, 컴퓨터 등으로 구성된다.

그림 14.1 신체 계측 장비 구성도

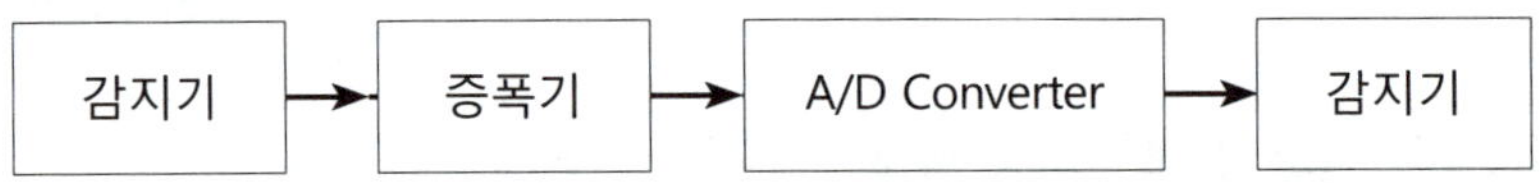

그림 14.2 연속신호의 디지털 신호로의 변환

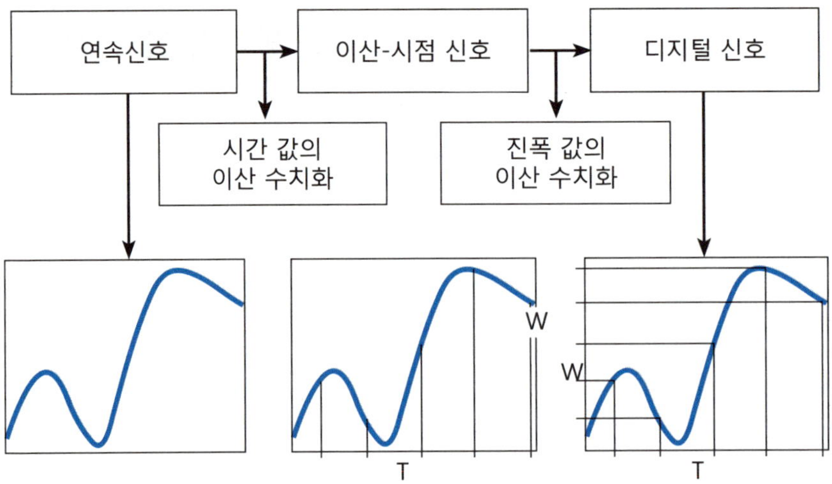

물리적인 양을 전기적 신호로 변환하는 감지기(sensor)에는 힘 감지기(force sensor), 빛 감지기(photo transducer), 열 감지기(thermal transducer) 등이 있으며, 신체 근육 활동을 측정하는 데에는 피부 전극 등이 이용된다.

일반적으로 감지기에서 나온 신호는 미약하므로 증폭기(amplifier)를 이용하여 증폭시킨다. 감지기와 증폭기를 나온 신호는 연속신호(analog signal, continuous-time signal)이다. 연속신호를 컴퓨터에 입력시키기 위해서는 [그림 14.2]와 같이 연속신호를 시점마다 샘플링하여 수치화된 값으로 변환시키는 과정이 필요하다. A/D converter는 연속신호를 디지털 신호(digital signal)로 바꾸어 주는 장치이다. 연속신호를 디지털 신호로 바꾸는 A/D converter의 성능은 시점을 얼마나 잘게 자르는가를 나타내는 샘플링 속도(sampling rate)와 진폭의 분해능(resolution)을 몇 bit로 나타내는가로 표현한다. n bit의 A/D converter의 분해능은 다음과 같이 나타낸다.

$$\text{분해능(W)} = \text{입력 신호 범위}(2^n - 1)$$

물리량의 입력 범위가 −R에서 +R까지인 경우에 n bit A/D converter를 이용하여 컴퓨터에서 i시점의 수치 값으로 를 얻었다면, 실제 물리량 값 는 다음과 같이 표현된다.

$$F_i = 2R \times D_i / (2^n - 1) - R$$

예제 14.1

−100kgf에서 100kgf까지의 물리량을 12bit A/D converter를 이용하여 컴퓨터에서 1249라는 수치 값을 얻었다면 실제 물리량으로는 얼마에 해당하는가?

$$\text{실제 물리량 값} = 200 \times 1249 / (2^{12} - 1) - 100 = -39.0 \text{ (kgf)}$$

1.2 생체신호의 측정

신경충동(nerve impulse)이 근육에 이르면 근육세포 내에 활동전위를 일으킨다. 이 활동전위차도 근섬유를 따라 전파된다. 근섬유를 따라 움직이는 이 충동이 근섬유의 수축을 일으킨다. 이런 활동전위차(action potential)는 인접 조직에 전류를 일으키며 피부에 도달한 것을 전극들로 검출하여 증폭, 기록하면 전기적 신호를 얻을 수 있다. 즉, 생체 전기신호의 측정 원리는 신경세포의 전기, 화학적 작용으로 신경충동이 일어나면 발생하는 근육세포 내 활동전위차에 피부 전극을 이용하여 부위별 활동 정도를 측정하는 것이다.

일반적으로 인간의 신체로부터 발생되는 미약한 전기적 신호를 생체신호(biological signal)라 부르며, 국부 골격근의 활동의 척도인 근전도(EMG: electromyography), 심장근의 활동을 나타내는 심전도(ECG, EKG, electrocardiogram), 뇌의 활동전위차를 보여주는 뇌파도(EEG: electroencephalogram) 등이 있다. 생체신호를 측정하기 위해서는 피부에 전극을 붙이는데 일반적으로 3전극선을 이용한다. 이는 생체신호 전압이 매우 미약하므로 ground, ⊕, ⊖ 3전극을 이용하여 3선 증폭기 효과를 얻기 위해서이다.

2. 생리적 활동 척도

2.1 분당 호흡용량

호흡을 할 때에 아무리 최선을 다한다 해도 허파에 있던 공기가 모두 빠져 나오지는 않는다. 허파에 있는 공기를 가장 많이 내쉬었을 때를 최대 호기(maximum expiration)라고 부르며, 최대 호기에 허파에서 배출되는 공기의 양을

그림 14.3 허파용량과 호흡용량

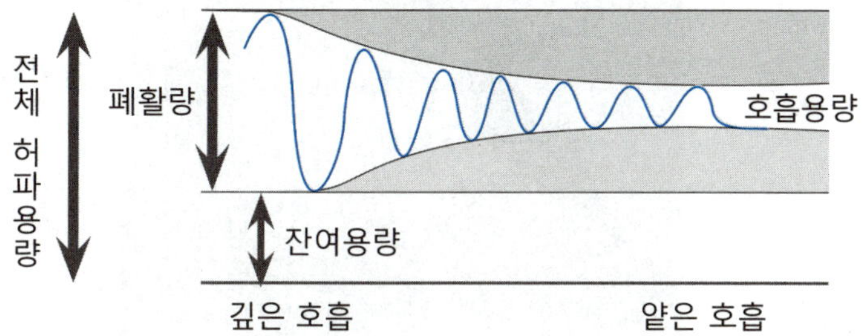

폐활량(vital capacity)이라고 부른다. 최대 호기 후에 허파에 남아 있는 공기의 양을 잔여용량(residual volume)이라고 부르며, 전체 허파용량은 폐활량에 잔여용량을 합한 용량이다([그림 14.3]).

일반적으로 숨을 쉴 때마다 내뿜어지는 공기의 양을 호흡용량(tidal volume)이라 하며, 폐활량보다는 양이 적다. 호흡계는 호흡용량이나 호흡의 빈도를 변화시킴으로써 분당 호흡할 수 있는 공기의 양(minute volume: 분당 호흡용량)을 조절할 수 있다. 쉬고 있는 성인의 경우 호흡 빈도는 대략 분당 10회에서 15회 정도이다. 가벼운 육체적 작업인 경우에 호흡용량은 증가하지만 호흡 빈도는 변하지 않는다. 그 이유는 호흡을 할 때마다 공기가 지나다닐 수 있는 코와 허파 사이의 공기 통로가 해부적으로 일정한 공간을 갖고 있고 그 공간 속에 있는 공기가 폐포까지 도달하지 못하기 때문이다. 호흡이 깊어질수록(즉, 호흡용량이 커질수록) 폐포에 도달하는 공기의 비율이 증가하기 때문에 호흡 빈도를 증가시키는 것보다 호흡용량을 증가시키는 것이 더 효율적이다. 그러나 작업이 힘들어짐에 따라 호흡용량을 증가시키는 것만으로 필요한 환기량을 충족시켜 줄 수 없기 때문에, 작업부하가 증가함에 따라 호흡 빈도도 급속하게 증가한다. 힘든 육체적 작업인 경우, 호흡 빈도는 쉬고 있을 때에 비해 세 배까지 증가하여 분당 45회 정도까지 이를 수 있다.

그림 14.4 배기량 및 산소 소비량 측정 장비

[그림 14.4]는 호흡에 의한 배기량 및 산소 소비량을 측정할 수 있는 장비이다.

직무평가에 종종 사용되는 생리적 측정치로서 분당 호흡용량은 산소 소비량과 함께 측정되며 정신적 스트레스의 지표로 사용된다. 작업자들이 위급 상황이나 시간 압력과 같은 정신적 스트레스 하에서는 호흡 형태의 변화나 분당 호흡용량의 증가를 보일 수 있으나, 신체가 소비하는 산소량은 증가하지 않고 일정하기 때문이다.

2.2 산소 소비량

산소 소비량은 에너지 소비량과 선형적인 관계가 있으므로 육체 활동의 힘든 정도는 산소 소비량을 측정한 뒤에 작업 에너지가를 계산하여 구할 수 있다.

그러나 산소 소비량으로 신체 활동의 부하 정도를 측정할 때에는 다음 두 가지 사항을 유의하여야 한다. 첫 번째는 작업 중에 소비되는 산소량의 측정치는 작업과 관련된 유기성 대사량만을 측정한다는 것이다. [그림 12.5]에서와 같이 작업 중에 사용되는 혐기성(무기성) 대사의 양을 추정하기 위해서는 휴식 상태에서 회복되는 기간 동안 소비되는 추가적인 산소의 양을 측정해야 한다. 즉, 산소 소비율은 작업이 종료됨과 동시에 쉬고 있을 때의 수준으로 회복되지 않고 얼마만큼의 시간 동안은 점진적으로 감소하기 때문이다. 작업 기간 중의 혐기성 대사량이 많을수록 산소 부채량을 해소하는 데 필요한 휴식 기간 동안의 추가적인 산소의 양은 더 커진다. 따라서 휴식 기간 동안 소비된 산소의 양에 대한 측정치는 특정 작업 중에 발생한 혐기성 대사량을 추정하는 데에 사용될 수 있다.

두 번째는 걷기, 달리기, 들기와 내리기 작업과 같이 근육의 수축과 이완을 반복하는 동적 작업은 산소 소비량을 측정하면 정확하게 에너지 소비량을 추정할 수 있지만 무거운 물체를 오랫동안 일정한 자세로 들고 있는 것과 같은 정적 자세의 작업에 대해서는 민감도가 떨어질 수 있다는 것이다. 정적 자세의 작업은 대개 소수의 국소적 근육 집단만을 사용하여 지속적으로 수축된 상태를 유지하기 때문이다. 근육을 지속적으로 수축하고 있는 경우에는 근육들이 근육 혈관에 지속적으로 압박을 가해 혈액이 흐르는 것을 방해하고, 수축된 근육으로의 에너지 공급은 부적합한 혈액의 흐름 때문에 제한된다. 따라서 정적 자세의 작업은 매우 힘들고 쉽게 피로감을 가져올 수 있지만 산소 소비량으로는 에너지 소비량이 정확하게 반영되지 않는다.

2.3 최대 산소소비능력

신체 활동이 증가하면 산소 소비량도 증가하지만 일정한 수준에 이르면 신체 활동 수준이 증가해도 산소 소비량은 더 이상 증가하지 않는다. 이렇게 산소 섭취량이 일정하게 되는 수준을 최대 산소소비능력(MAP: maximal aerobic power)이라 한다. 최대 산소소비능력은 개인의 운동 역량을 평가하는 데 활용된다.

2.4 심장활동의 측정

1분당 좌심실에서 뿜어져 나오는 혈액의 양은 심장혈액 방출량(cardiac output)이라고 불리며, 근육 활동에 대한 생리적 요구는 심장혈액 방출량을 변화시킨다. 심장이 심장혈액 방출량을 증가시키는 방법에는 두 가지가 있는데, 하나는 분당 심박수(심박률, heart rate)를 증가시키는 것이고, 다른 하나는 심장 박동마다 혈액의 양(박출량, stroke volume)을 증가시키는 것이다. 실제로 심장혈액 방출량은 심박률과 박출량을 곱한 것과 같다. 힘든 작업에 대한 심장혈액 방출량의 증가는 대부분 박동률의 증가에 의존한다.

[그림 14.5]와 같이 심장근 수축에 따르는 전기적 변화를 피부에 부착한 전극들로 측정한 것을 심전도(ECG: electrocardiogram)라고 한다. 분당 심장 수축 횟수를 심박수라고 하며, 분당 심박수(심장 박동수, heart beats)인 심박률(heart rate)도 흔히 사용되는 신체적 작업 부하에 대한 생리적 측정치이다. 일반적으로 신체적 작업을 하기 이전과 작업을 하는 도중, 그리고 작업을 마친 후의 심장 박동률의 변화는 [그림 12.5]의 에너지 소비량의 변화와 같은 형태를 보인다. 개인에 따라

그림 14.5 심전도와 심장 압력, 심음도

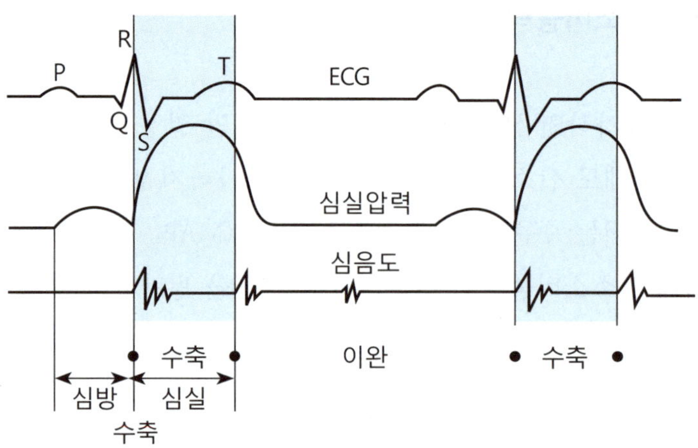

그림 14.6 휴대용 원격 심장 박동기

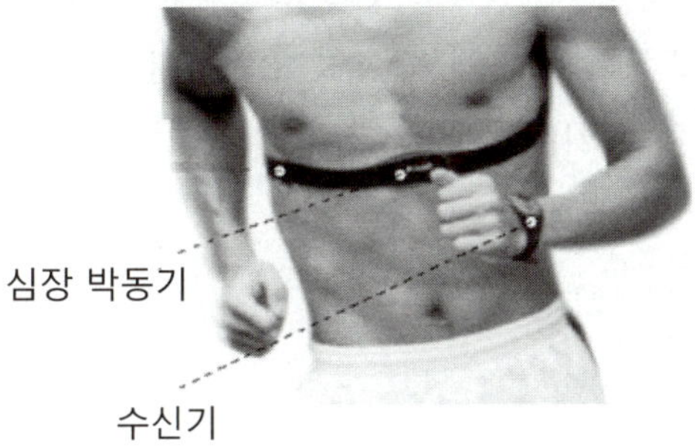

차이가 있지만 휴식을 취하고 있을 때의 성인의 심박률은 분당 60~80회이다.

[그림 14·6]과 같은 심박률은 휴대용 원격 심장 박동기를 이용하여 측정하는 것이 일반적인데, 이 장치는 작업자들을 방해하지 않고 작업자와 어느 정도 떨어진 거리에서 심박률을 계측하고 기록할 수 있게 해준다. 휴대용 원격 심장 박동기를 이용하여 심박률을 측정하기 위해 작업자의 심장에서 나오는 신호를 탐지할 수 있는 전극들이 작업자의 가슴 부위에 부착되며, 여기서 탐지된 신호들은 수신기에 전달되어 기록되고 분석된다. 심박률을 측정할 수 있는 다른 방법으로 손목에 심장 박동기를 부착하여 맥박을 세거나 턱 밑 부위의 목에 있는 경동맥(carotid artery)의 맥박을 세는 방법도 있다.

심박률은 대개 작업 부하나 에너지 요구량이 증가함에 따라 증가한다. 분당 심장 박동수가 증가하는 것은 심장 혈관계가 작업하고 있는 근육에 더 많은 산소를 공급해주고 이들로부터 부산물들을 제거해야 하는 요구가 증가했음을 나타낸다. 심박률은 산소 소비량에 비해 측정하기 쉽기 때문에 에너지 소비량에 대한 간접적 측정치로 산업 장면에서 많이 사용되고 있다. 그러나 심장 박동률은 정서적 스트레스, 커피나 차의 복용, 정적 작업이나 더운 환경에서의 작업 등에 의해 불균형적으로 증가할 수 있다. 또한 심장 박동률과 산소 소비량 사이의 선형적 관계는 개인에 따라 다르다. 즉, 산소 소비량 수준은 동일하더라도 심장 박동률은 개인에 따라 다를 수 있다. 따라서 심장 박동률과 산소 소비량 사이의 관계를 개개인의 작업자들로부터 미리 파악한다면 심장 박동률은 측정하기 쉬울 뿐만 아니라 작업 부하를 비교적 정확하게 측정할 수 있다는 점에서 신체 활동의 부하를 평가하는 데 매우 유용한 지표로 이용될 수 있다.

2.5 혈압

혈압(blood pressure)은 대동맥의 압력을 의미한다. 동맥은 직경이 크기 때문에 혈액 흐름에서의 저항을 작게 해줄 수 있다. 동맥은 혈액이 조직 속으로 공급될 수 있도록 도와주는 일종의 압력 탱크 역할을 한다. 동맥 속의 압력은 심실이 수축할 때 최대에 이르렀다가 심실의 이완이 끝날 때 최소가 되는데, 최대 동맥 압력은 수축기 혈압(systolic pressure)이라고 불리고, 최소 압력은 이완기 혈압(diastolic pressure)이라고 불린다. 이 두 압력은 일반적으로 수축기/이완기의 형태로(예를 들면, 135/70mmHg) 기록되는데, 수축기 압력과 이완기 압력의 차이를 맥박압(pulse pressure)이라고 부른다.

혈압을 측정하기 위해서는 작업자들이 작업을 중지해야 하므로 혈압 측정치들은 산소 소비량이나 심장 박동률에 비해 자주 사용되지는 않으나, 정적 자세를 유지하여야 하는 작업에 대해서는 혈압이 작업 부하에 대한 더 정확한 지표가 될 수 있다는 연구결과가 있다(Lind & McNichol, 1967).

2.6 주관적 반응

신체의 작업 부하에 대한 단순하면서 사용하기 쉬운 측정치로서 주관적 평정 척도들이 개발되어 왔다. 많이 사용되는 주관적 평정 척도는 Borg의 RPE(ratings of perceived exertion) 척도인데(Borg, 1985), Borg RPE 척도에서는 작업자들이 주관적으로 지각한 신체적 노력의 정도를 6에서 20 사이의 척도로 평정한다. 이 척도의 양끝은 각각 최소 심장 박동률과 최대 심장 박동률(즉, 60과 200회/분)을 나타낸다. Borg General Scale에서는 0에서 10 사이의 척도로 평정한다([표 14.1]).

주관적 척도들은 생리적 측정치들에 비해 저렴하고 사용하기도 용이하며, 직무에 포함된 신체적 노력에 대한 타당하고도 신뢰할만한 정보를 제공해 준다. 그러나 주관적 척도들은 작업자의 작업장에 대한 만족, 동기 및 정서적 요인들과 같은 다른 요인들에 의해 영향을 받을 수 있다. 따라서 주관적 측정치들을 사용하거나 분석을 하는 데에는 주의를 기울여야 하며, 작업 요구량에 대해 좀 더 포괄적으로 이해하기 위해 주관적 평정 기법들은 생리적 기법들과 함께 사용되기도 한다.

표 14.1 Borg Scale

Borg RPE Scale(1985)		Borg General Scale(1980)	
RPE scale	언어적 표현	General Scale	언어적 표현
6		0	nothing at all
7	extremely light	0.5	extremely weak
8		1	very weak
9	very light	2	weak
10		3	moderate
11	light	4	somewhat strong
12		5	strong
13	somewhat hard	6	
14		7	very strong
15	hard	8	
16		9	
17	very hard	10	extremely strong
18			
19	extremely hard		
20	maximal exertion		

2.7 근전도

근전도는 개별 근육이나 근육군의 국소 근육 활동에 관한 척도로 이용된다. 산소 소비량이나 심장 활동에 관한 척도들이 전신의 육체적 활동 정도를 나타내는 반면 근전도는 특정 부위의 국소적 근육 활동에 관한 척도이다. [그림 14.7]과 같이 근전도는 특정 근육 위의 피부에 전극을 부착하여 근육들의 전기적 활동들을 측정하는 기법으로 신호의 주파수와 진폭을 이용하여 분석한다. 일반적으로 근육이 피로해짐에 따라 EMG 신호들은 저주파 성분이 증가하고 진폭이 커진다.

그림 14.7 근전도 측정 장비와 EMG 신호 및 주파수 분석의 예

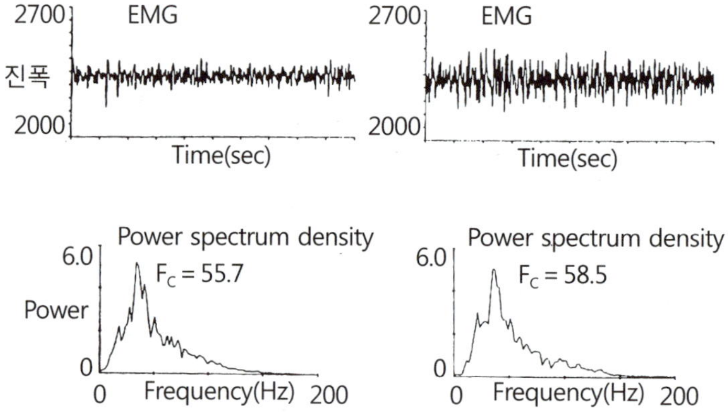

전신 피로와 작업 역량과 마찬가지로 주관적 평정 척도들이 근육 피로를 측정하는 데 사용될 수 있다. 작업자들은 각각의 근육군(예를 들어 왼쪽 어깨, 오른쪽 어깨, 왼쪽 손목, 오른쪽 손목)들에 대해 직무 수행 중 경험한 피로의 수준을 평정하도록 요구받는다.

2.8 정신적 작업 부하에 관한 생리적 측정치

(1) 부정맥 지수

부정맥 지수(cardiac arrhythmia)는 심장 활동의 불규칙성을 나타내며, 심전도의 R파와 R파 사이의 구간 값(맥박 간격)들에 대한 표준편차나 변동계수(표준편차/평균) 등으로 표현된다. 일반적으로 정신 부하가 증가하면 부정맥 지수가 감소한다.

(2) 점멸융합 주파수

정신 활동의 척도로 점멸융합 주파수(flicker fusion frequency)를 이용하는 학자가 있다. 점멸융합 주파수는 계속되는 자극들이 점멸하는 것처럼 보이지 않고 연속적으로 느껴지는 주파수이다. 빛을 일정한 속도로 점멸시키면 깜박거려 보이나 점멸 속도를 빨리 하면 깜박임이 없이 융합되어 움직이지 않는 점과 같이 보이게 되는데 정신적으로 피로한 경우에는 주파수 값이 내려가는 것으로 알려져 있다. [그림 14.8]은 점멸융합 주파수 측정 장비를 이용하여 측정하는 모습이다.

(3) 기타 정신 부하에 관한 생리적 측정치

정신 부하에 관한 생리학적 측정치들로는 눈꺼풀의 깜박임률(blink rate), 동공지름(pupil diameter), 뇌의 활동 전위를 측정하는 뇌파도(EEG: electroencephalogram) 등이 사용될 수 있다.

그림 14.8 점멸융합 주파수의 측정 장비

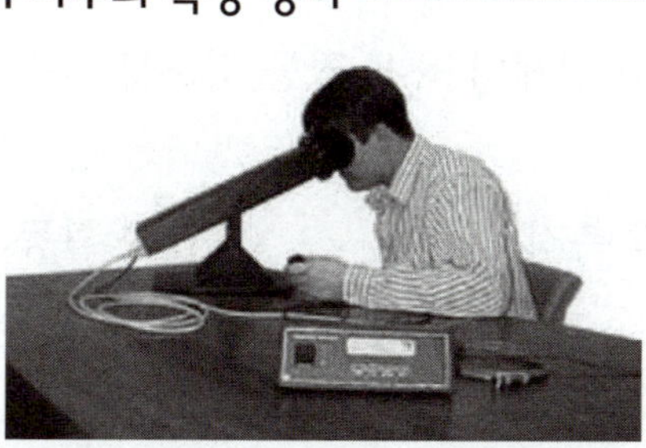

연습문제

1. 다음 중 육체적 활동에 대한 생리학적 측정방법으로 가장 거리가 먼 것은?

   ① 에너지 대사량　　② 심박수

   ③ EMG　　④ Flicker frequency

2. 신체 활동 반응에 관한 생리적 척도가 잘못 설명된 것은?

   ① ECG: 심장 활동 정도

   ② 산소 소비량: 에너지 대사량

   ③ EMG: 전신 근육의 활동 정도

   ④ 심박수: 분당 심장의 수축 회수

3. 작업 부하량에 따라 휴식시간을 정할 때 가장 관련이 있는 지수는?

   ① 부정맥 지수　　② 에너지 대사량

   ③ 점멸융합 주파수　　④ 눈 깜박임 수

4. －100kgf에서 100kf중 사이 값을 8bit A/D converter로 환산하는 경우에 digital 값이 150이었다면 물리량은 몇 kgf인가?

   ① －41　　② 18　　③ 58　　④ 118

5. 다음 중에서 신체 전체의 육체 활동 정도를 측정하는 데 가장 적절한 방법은?

   ① 산소 소비량 측정　　② 근육 활동의 정도 측정

   ③ Flicker　　④ EEG

연습문제 해답 : 1. ④, 2. ③, 3. ②, 4. ②, 5. ①

6. 다음 중 설명이 가장 올바른 것은?

① sensor: 물리적인 양을 전기적 신호로 변환

② quantization: 시간 축에서 이산치를 취하는 과정

③ Flicker: 육체적 부하 측정

④ force platform: 근육 활동 정도 측정

7. 다음 중 설명이 가장 올바른 것은?

① 분당 심박수: 산소 섭취량이 일정하게 되는 수준

② 심박수: 대동맥의 압력

③ 부정맥 지수: 심장 활동의 불규칙성

④ 혈압: 분당 심장 수축 횟수

8. 다음 호흡과 관련한 설명으로 올바른 것은?

① A: 호흡용량

② B: 폐활량

③ C: 허파용량

④ D: 잔여용량

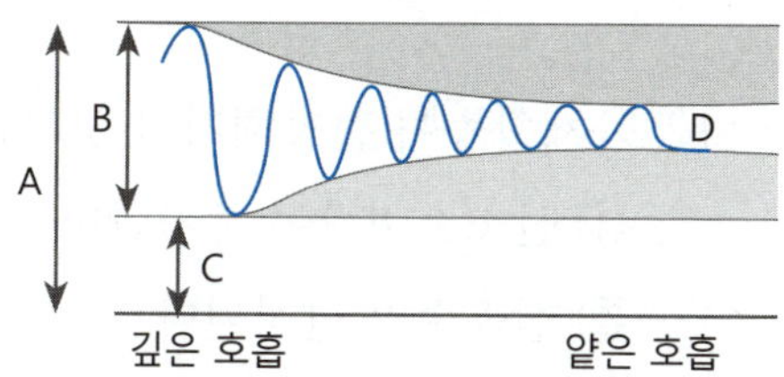

9. 다음 중 정신적 부하 정도를 측정하는 데에 가장 적절하지 않은 방법은?

① 부정맥 지수 ② 점멸융합 주파수

③ 심박수 ④ EEG

단원문제 해답 : 6. ①, 7. ③, 8. ②, 9. ③

10. 국부적인 근육 활동의 전위차를 측정하여 작업의 신체부담 정도를 평가하는 방법은?

① 근전도 ② 점멸융합주파수

③ 심전도 ④ 산소소비량

11.다음 중 신체 반응 측정 장비와 내용을 잘못 짝지은 것은?

① EOG: 안구를 사이에 두고 수평과 수직 방향으로 붙인 전극간의 전위차를증폭시켜 여러 방향에서 안구 운동을 기록한다.

② EEG: 뇌의 활동에 따른 전위 변화를 기록한다.

③ EMG: 정신적 스트레스를 측정, 기록한다.

④ EOG: 안구를 사이에 두고 수평과 수직 방향으로 붙인 전극간의 전위차를증폭시켜 여러 방향에서 안구 운동을 기록한다.

12. 육체활동이 활발해지면 생기는 생리적 반응으로 틀린 것은?

① 산소소비량이 증가한다.

② 심박수가 안정된다

③ 수축기와 이완기의 혈압이 상승한다

④ 심장박출량이 증가한다.

정답및 해설 : 10. ①, 11. ③, 12. ②

실습문제

1. 다음 호흡 및 순환계의 대사 과정에 대한 요약도를 이용하여 측정할 수 있는 생체신호를 A(호흡), B(심장), C(근육)를 기준으로 서술하시오.

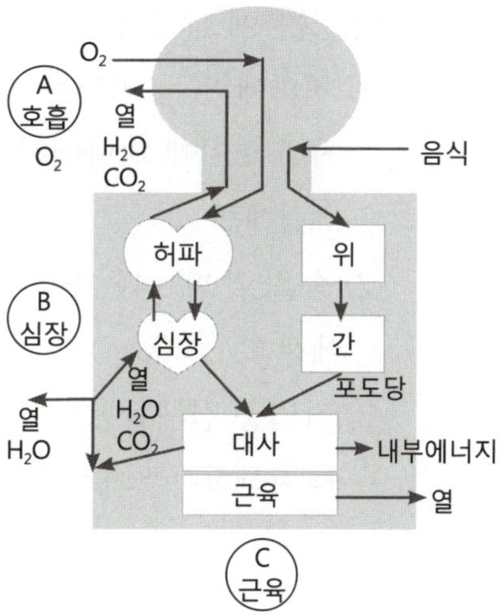

■ 해설 ■

A(호흡) : 산소소비량, 분당 호흡용량
B(심장) : 심박수, ECG, 부정맥지수
C(근육) : 근전도, EMG

2. 신체 부하의 측정 방법과 관련된 내용을 다음 보기에서 고르시오.

보기 ECG, EMG, 산소 소비량, Flicker Fusion Frequency, EOG, EEG

1) 심장활동의 정도 (   )
2) 에너지 대사량 (   )
3) 근육활동 정도 (   )
4) 정신부하 (   )

■ 해설 ■

1) 심장활동의 정도 (ECG)
2) 에너지 대사량 (산소소비량)
3) 근육활동 정도 (EMG)
4) 정신부하 (Flicker Fusion Frequency, EEG)

3. 다음 물음에 답하시오.

1) 허파에 있는 공기를 가장 많이 내쉬었을 때를 최대 호기라고 부르며, 최대 호기에 허파에서 배출되는 공기의 양을 (　　　　　)이라 하고, 그림에선 (　　　　)에 해당된다.

2) 숨을 쉴 때마다 내뿜어지는 공기의 양을 (　　　　　)이라 하며, 그림에선 (　　　　)에 해당한다.

3) 작업중 신체활동의 정도는 작업중 호흡에 의해 배출된 배기량의 산소와 이산화탄소의 비율을 측정하여 구할 수 있으며 (　　　　)이라 한다.

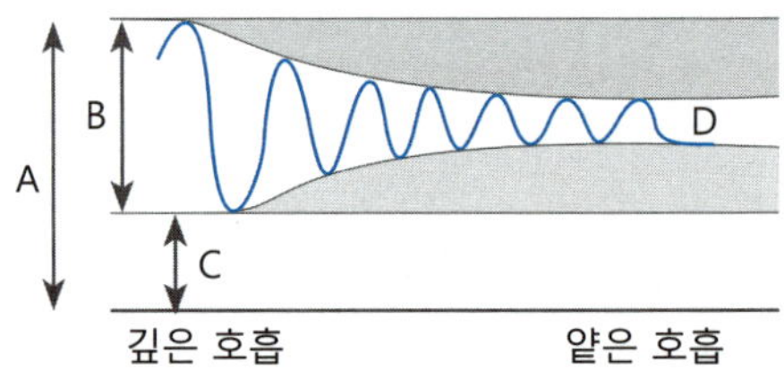

■ 해설 ■

1) 폐활량, B
2) 호흡용량, D
3) 산소소비량

제 15 장

근골격계 질환 개요

1. 근골격계 질환의 정의
2. 근골격계 질환의 유형
3. 근골격계 질환의 원인
4. 근골격계 주의와 위험작업
5. 유해요인조사 제도

1. 근골격계 질환의 정의

작업과 관련한 근골격계 질환(WMSD: work-related musculoskeletal disorders)은 MSD(musculoskeletal disorders)라 불리기도 하며, 반복적이고 누적되는 특정한 일 또는 동작과 연관되어 신체의 일부를 무리하게 사용하면서 나타나는 질환으로 신경, 근육, 인대, 관절 등에 문제가 생겨, 통증과 이상 감각, 마비 등의 증상이 나타나는 질환들을 총칭하여 말하는 것이다. 근골격계 질환은 외부의 스트레스에 의하여(trauma), 오랜 시간을 두고 반복적인 작업이 누적되어(cumulative) 질병이 발생(disorder)되기 때문에 누적 외상병 또는 누적 손상 장애(CTD: cumulative trauma disorders)라 불리기도 하며, 반복성 작업에 기인하여 발생하므로 RTS(repetitive trauma syndrome)로도 알려져 있다.

근골격계 질환은 주로 목, 어깨, 팔 등 상지에 나타나며 초기에는 가벼운 통증, 저림, 얼얼함 등의 증상으로 시작하나 계속 진행되면 근육 장해, 관절 부위 조직의 장해, 신경 장해 및 혈관 장해 등이 단일 형태 내지는 복합적인 질병의 형태로 급속히 진전되는 경향이 있다. 근골격계 질환은 부적절한 자세, 무리한 힘의 사용, 반복적인 동작, 작업의 지속시간, 날카로운 면과의 신체 접촉, 동력을 이용한 공구 사용시 진동 등의 작업 요인과 피로가 지속되거나, 찬 곳에서 지속적인 작업을 할 때, 체격과 체력 등 개인적 요인 등 여러 가지가 복합되어 발생하는 경우가 대부분이다([그림 15.1]).

근골격계 질환의 주요 위험 요인을 살펴보자. 자세(posture)는 손목이 똑바로 펴진 상태, 팔꿈치는 약 90°를 유지할 때, 어깨에 힘이 빠진 상태로 작업할 때에 작업 중에 근육이나 건의 부담이 훨씬 줄어든다. 등의 자세도 물건을 들거나 앉아 있을 때 등뼈가 자연스러운 'S' 곡선을 유지해야 무리한 부하를 줄일 수 있다. 즉, 부적절한 자세는 자연스러운 자세보다 근육이나 건에 부담을 훨씬 더 크게 주게 된다. 또한 어떤 작업을 수행하는 데 힘(force)이 과도할수록, 힘이 오래 지속될수록 근골격계 질환의 유발 위험은 커진다. 반복(repetition) 요인은 많은 횟

그림 15.1 근골격계 질환의 원인

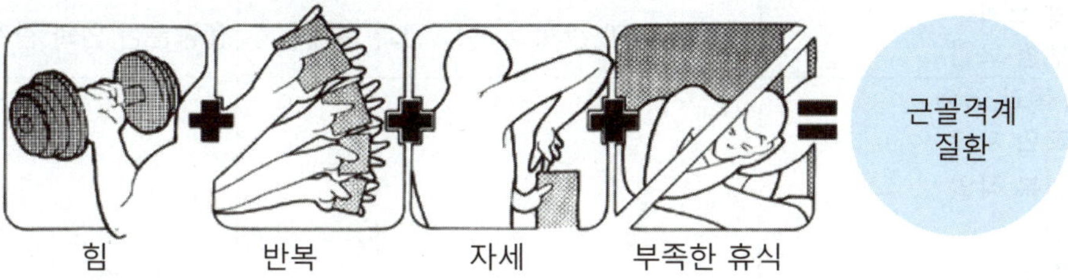

수의 반복을 요구하는 작업일수록 근육의 노력이 더 많이 요구되고, 같은 근육과 건을 반복해서 사용하면 회복시간이 짧아져서 피로와 부상을 유발할 수 있다. 적절한 휴식시간 없이 장시간 동안 진동(vibration)을 주는 충격기 또는 진동 장비를 사용할 경우에는 손, 팔, 허리, 목에 스트레스를 줄 수 있다. 들기(lifting) 작업에서는 자주 또는 무거운 중량물을 부적절한 자세로 들 때, 등의 인대가 늘어나고 척추에 문제를 유발할 수 있다.

근골격계 질환의 작업 위험 요인과의 인과 관계에서([표 15.1] 참조) 각 인체 부위별로 관련성을 보면 팔, 손목/손은 반복 동작, 힘, 작업 자세 등이 복합적으로 영향을 미치나, 목과 목·어깨 부위는 작업 자세, 허리(등)는 들어올리기 힘든 육체 작업과 전신 진동이 더 큰 영향을 주는 위험 요인이 된다.

소음성 난청 등의 직업병들은 발생 원인에 대한 작업 환경 수준을 계량적인 방법으로 평가할 수 있으나, 작업 관련 근골격계 질환은 발생 원인이 되는 작업 방법, 작업 자세 등의 작업 요인을 하나의 유해 인자로 객관적으로 평가할 수 있는 계량적 방법이 정립되어 있지 않으며, 발생 원인이 복합적이어서 위험 요인을 정확하게 밝히기가 어렵다.

근골격계 질환은 통증, 부어오름, 무감각함 등의 증세를 보이는데 일반적으로 증상의 발전 단계를 다음과 같이 세 단계로 분류할 수 있다.

표 15.1 근골격계 질환과 요인별 인과 관계(NIOSH)

신체 부위 위험 요인	강한 인과 관계	인과 관계	불충분한 인과 관계
목, 목과 어깨			
작업 자세	◎		
반복 작업		○	
힘		○	
진동			△
어깨			
작업 자세		○	
반복 작업		○	
힘			△
진동			△
팔꿈치			
작업 자세			△
반복 작업			△
힘		○	
복합적 요인	◎		
손/손목			
수근관 증후군			
작업 자세			△
반복 작업		○	
힘		○	
진동		○	
복합적 요인	◎		
건염			
작업 자세		○	
반복 작업		○	
힘		○	
복합적 요인	◎		
진동 장해			
진동	◎		
요부			
들어올리기/중량물 취급	◎		
전신 진동	◎		
부적절한 자세		○	
힘든 육체 작업		○	
정적 작업 자세			△

(1) 단계 1

작업시간 동안에 통증이나 피로감을 호소한다. 그러나 하룻밤을 지내거나 휴식을 취하게 되면 증상이 없어지며 작업 능력의 저하도 발생하지 않는다.

(2) 단계 2

작업시간 초기부터 통증이 발생되어 하룻밤이 지나도 통증이 계속된다. 통증 때문에 잠을 설치게 되며, 작업을 수행하는 능력도 감소된다.

(3) 단계 3

작업을 수행할 수 없을 정도로 작업시간이나 휴식시간에도 계속하여 통증을 느끼며, 통증으로 잠을 잘 수 없을 정도로 고통이 계속되어 다른 일에도 어려움을 겪게 된다.

2. 근골격계 질환의 유형

2.1 허리 부위에 발생하는 질환 유형

(1) **요부 염좌** : 염좌(strain, sprain)란 인대나 근육이 늘어나거나 부분적으로 찢어지는 경우를 말한다. 대부분 무거운 물건을 갑자기 들어올리거나 밀면서 또는 좋지 않은 자세에서 갑자기 허리에 힘을 주거나 허리를 비틀었을 때 요부 염좌가 발생한다. 통증은 바로 시작되던지 때로는 하루가 경과한 다음날부터 시작될 수도 있다. 통증이 심하며, 내부적으로 염증 반응과 부종이 동반되기도 한다. 염좌가 일어난 주위의 근육은 딱딱하게 굳어 있는 경우가 많다. 치료가 제대로 되지 않았거나 장기간 경과될 때에는 만성 염좌로 진행된다. 누적된 염좌는 근막통 증후군이나 디스크를 유발할 수 있다.

그림 15.2 근막통 증후군의 발생 부위

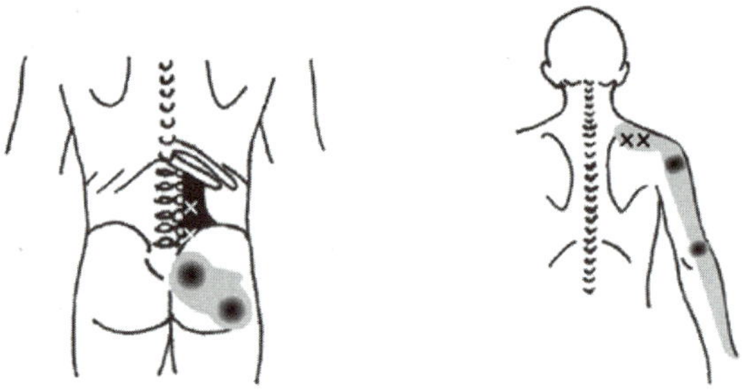

1) 허리　　2) 목, 어깨

(2) **근막통 증후근**: 근막통 증후군(MPS: myofascial pain syndrome)은 근육의 무리한 사용 또는 반복되는 근섬유의 누적 손상으로 근육 또는 근육을 싸고 있는 근막에 통증을 유발하는 유발 통점(trigger point)이 생기는 질환이다. 유발 통점은 지속적이고 무리한 근수축에 의하여 근육 조직이 국소적으로 파괴된 것으로 근육 속에 딱딱하게 굳은 작은 덩어리가 생긴 것을 말한다. 근막통 증후군은 자세를 유지하는 데에 필요한 근육과 반복적인 수축이 일어나는 부위인 목, 어깨, 허리 근육 등에서 주로 발생한다([그림 15.2]).

(3) **추간판 탈출증**: 척추와 척추 사이에 있는 디스크는 충격을 흡수하는 작용을 한다. 그러나 무거운 물건을 들어올리거나 허리를 갑자기 비틀어 압력이 지나치게 높아질 경우에는 압력을 이기지 못하고 디스크가 바깥쪽으로 튀어나오게 되는데, 인대를 밀고 부풀어 나오던지, 인대를 뚫고 삐져 나오던지, 완전히 밖으로 이탈하게 된다. 이렇게 바깥쪽으로 나온 디스크가 신경 조직을 압박하여 심한 통증을 유발하거나 신경을 압박하여 근력을 저하시키는 질환을 추간판 탈출증이라 하고, 심할 때에는 하지가 부분적으로 마비될 수도 있다.

(4) **척추 분리증(전방 전위증)**: 척추 분리증이란 척추 후방 관절의 일부분에 금이 가거나 뼈가 분리되는 것인데, 선천적으로 생길 수도 있지만 척추가 외상을 당하거나 과도한 하중을 받아서 생기는 경우도 있다.

2.2 목 부위(경부)에 발생하는 질환 유형

(1) 근막통 증후군(myofascial pain syndrome)

(2) 경추 자세 증후군(cervical postural syndrome–tension neck syndrome)

2.3 어깨(견관절) 부위에서 발생하는 질환 유형

(1) **근막통 증후군**(MPS: myofascial pain syndrome)

(2) **견봉하 점액낭염**(subacromial bursitis) : 점액낭의 만성적인 염증으로 통증을 일으키는 질환

(3) **상완이두 건막염**(bicipital tenosynovitis)

(4) **극상근 건염**(supraspinatus tendinitis) : 건염(tendinitis)이란 근육과 뼈를 연결하는 조직인 건이 염증으로 아프고 쑤시는 질환으로 손목, 팔, 팔꿈치, 어깨 부위 등에서 발생한다. 예를 들면, 손목을 부적당한 각도로 꺾은 상태로 작업하면 심하게 잡아당기는 자세가 되어 건에 마찰과 마모가 증가하고, 시간이 경과되면 마모가 누적되어 염증이 진행되고 부어올라 심한 고통을 주게 된다.

2.4 팔꿈치 부위에 발생하는 질환 유형

(1) **외상 과염**(lateral epicondylitis) : 외상 과염은 테니스 엘보우(tennis elbow)로 불리며 위팔뼈(상완골) 주관절의 외측에 발생하는 통증으로 주먹을 쥐든지, 손목 관절을 능동적으로 후방 굴곡시키면 통증이 심해진다([그림 15.3]).

(2) **내상 과염**(medial epicondylitis) : 내상 과염은 골프 엘보우(golfer's elbow)라 불리며, 주관절의 내측에 발생하는 통증 질환이다.

그림 15.3 외상 과염(테니스 엘보우)

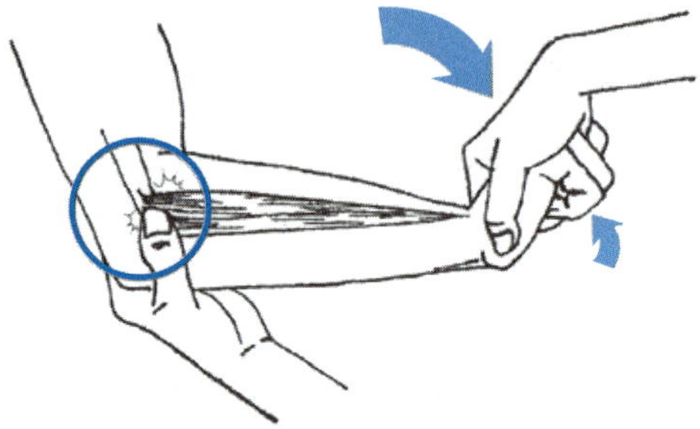

(3) **팔굽 터널 증후군, 척골관 증후군**(cubital tunnel syndrome) : 팔꿈치의 과도한 동작으로 새끼손가락의 저림 증상이 나타나는 질환

(4) **지연성 척골 신경 마비**(tardy ulnar nerve palsy)

(5) **회내근 증후군**(pronator syndrome) : 과도한 망치질, 노젓기 동작 등으로 손가락이 저리고, 손가락 굴곡이 약화되는 증상

2.5 손과 손목 부위에 발생하는 질환 유형

(1) **수근관 증후근, 손목 터널 증후군**(carpal tunnel syndrome) : 수근관 증후군은 대개 근로자가 손목이 꺾인 상태나 과도한 힘을 준 상태에서 손 운동을 반복할 때에 발생된다. 수근관 증후군은 손목 건에 염증이 진행되고 신경이 눌려질 때 흔히 나타나며, 치료되지 않으면 처음에는 손가락이 저리거나 따끔거리던 것이 나중에는 심한 통증을 느끼게 되고 손을 사용하지 못하게 될 수도 있다. 수근관 증후근은 장시간 컴퓨터 사용자, 치과 위생사, 진동 공구를 사용하는 직종, 현금 출납계 근로자, 정원사, 도살업자, 고기 포장업 근로자, 기계 조립부서 근로자, 의류 제조업 근로자 등에서 주로 발생된다.

(2) **데퀴벵 건초염**(DeQuervain disease)

(3) **방아쇠 손가락**(trigger finger)

(4) **결절종**(ganglion)

(5) **척골관 증후군, 가이언 증후군**(ulnar tunnel syndrome, canal of guyon): 손목을 바깥쪽으로 많이 굽히는 동작 및 손목 바깥쪽의 압박으로 인하여 약지와 새끼손가락의 저림 및 손 악력의 저하 증상이 나타나는 질환

(6) **바르텐베르그 증후군**(Wartenburg's syndrome): 손목에 꽉 끼는 밴드나 장갑으로 인하여 손등의 부분적인 감각 저하 현상이 나타나는 통증 질환

(7) **수완 진동 증후군**(HAVS: hand-arm vibration syndrome): 수완 진동 증후군은 장기간의 진동에 노출되어 촉각의 저하와 신경 전도의 이상을 가져오는 질환이다.

2.6 발병 유형별 분류

2.6.1 신경 및 혈관의 압박 증후군

① 정중 신경

- 수근관 증후군(carpal tunnel syndrome)
- 전골간 신경 증후군(anterior interosseous syndrome)
- 회내근 증후군(pronator syndrome)

② 척골 신경

- 팔굽 터널 증후군(cubital tunnel syndrome)
- 가이언 증후군(canal of guyon)

③ 요골 신경

- 요골 터널 증후군(radial tunnel syndrome)
- 후골간 신경 증후군(post interosseous nerve syndrome)

④ 흉곽 출구 증후군(thoracic outlet syndrome)

⑤ 직업성 말초 신경병(occupational induced distal neuropathy)

⑥ 수완 진동 증후군(HAVS: hand-arm vibration syndrome)

2.6.2 건초염

① 손과 손목의 건초염(tendinitis of the hand and wrist)

- 굴곡 건염(flexor tendinitis)
- 방아쇠 손가락(trigger finger)

② 팔꿈치의 건초염(tendinitis of the elbow)

- 외상 과염(lateral epicondylitis): tennis elbow
- 내상 과염(medial epicondylitis): golfer's elbow

2.6.3 근막통 증후군

① 경부 근육

② 견갑부 근육

3. 근골격계 질환의 원인

3.1 부적절한 작업 자세

부적절한(awkward posture) 작업 자세란 작업을 수행하는 동안 신체 부위들이 중립적인 위치(neutral position)를 벗어나는 자세를 의미한다. 부적절한 자세는 강하고 큰 근육들을 이용하여 최대 효율로 일하는 것을 방해하고, 작고 약한 근육들이 힘을 과도하게 쓰게 만든다. 따라서 효율이 떨어질 뿐만 아니라 쉽게 피로하게 만든다. 손목이 펴진 상태, 팔꿈치 각도가 90° 정도를 유지하고 어깨에 힘이 빠진 상태로 작업할 때 작업 중의 근육이나 건에 부담이 훨씬 줄어든다. 등의 디스크나 인대에도 똑같이 적용된다. 물건을 들거나 앉아 있을 때, 또는 서 있을 때 등뼈가 자연스런 'S' 곡선을 유지해야 무리한 부하를 줄일 수 있다.

또한 등을 곧바로 펴는 것과 비교하면, 등을 구부리거나 비틀면서 중량물 작업을 할 때 허리에 더 많은 부담을 주게 된다. 어깨나 엉덩이, 무릎, 팔, 손목, 팔꿈치 등을 계속하여 반복적으로 구부리거나 비틀림을 요구하는 작업 또한 관절에 부담을 주게 된다. 특히, 빈번하게 또는 계속하여 어깨 위로 팔을 들어올리는 작업은 부담이 매우 큰 것으로 알려져 있다.

그림 15.4 작업점이 너무 낮은 경우

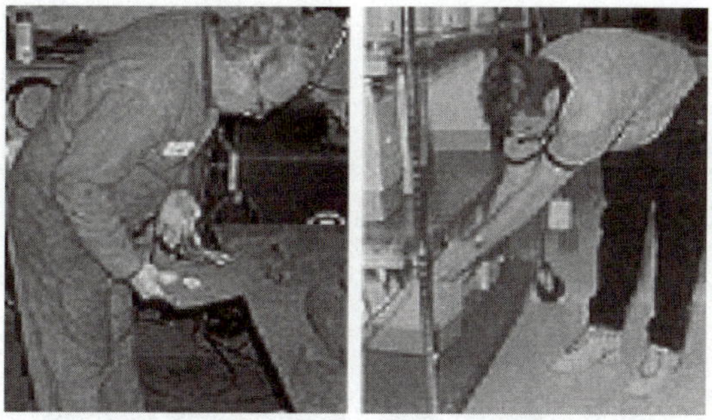

그림 15.5 과도한 뻗침 자세

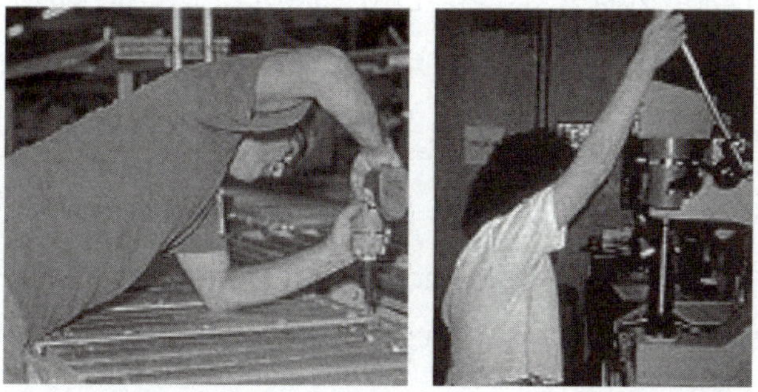

그림 15.6 목 굽힘 작업

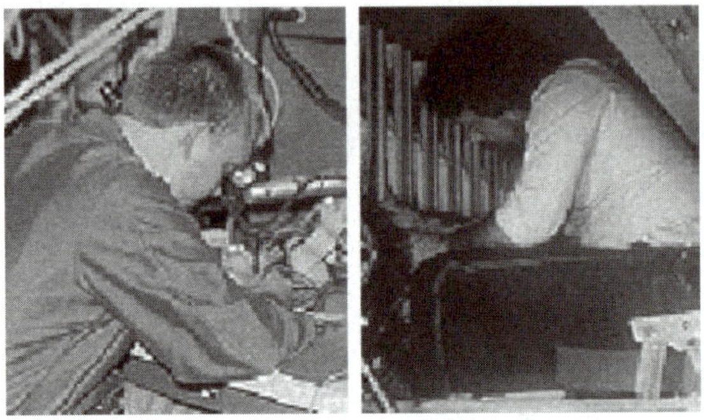

그림 15.7 손 뻗침과 pinch grip

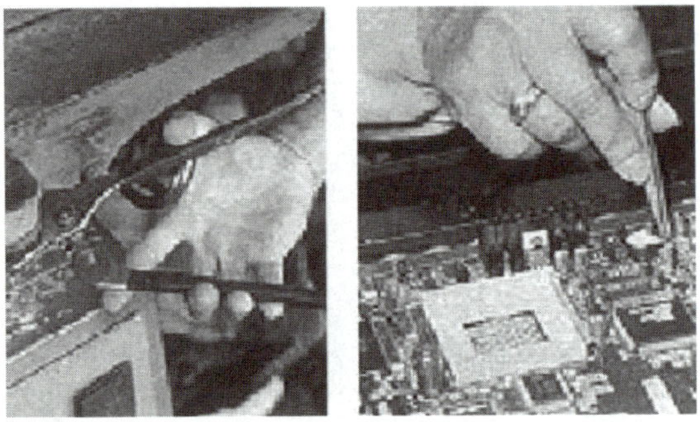

[그림 15.4]에서 [그림 15.7]까지는 부적절한 자세를 예시하고 있다. 부적절한 자세를 살펴보면 작업점이 너무 낮아 굽힘(bending)과 뻗침(reaching), 비틀림(twisting)이 존재하거나([그림 15.4]), 작업점이 너무 멀리 떨어져 있거나 너무 높아 과도하게 뻗침이 발생하는 경우([그림 15.5]), 협소한 작업 공간으로 인한 제한된 작업 자세와 정밀 작업으로 인한 목 굽힘 자세([그림 15.6]), 손잡이가 너무 넓어 잡기가 어려워 뻗침이 있거나 pinch grip인 경우([그림 15.7]) 등이 해당된다.

부적절한 자세는 작업자의 올바르지 못한 작업 방법과 부적절하게 설계되거나 배치된 작업장, 작업 도구 및 설비 등에서 발생한다.

특정 자세를 유지하는 정적인 자세는 근육, 관절, 그리고 혈액 순환에 문제를 일으키며, 신체 효율성을 떨어뜨린다. 이러한 정적인 동작은 같은 조건하의 동적인 동작에 비해 더 많은 에너지 소비와 더 긴 휴식기간을 필요로 한다. 따라서 가능한 한 정적인 동작은 피해야 한다.

신체 부위(손목, 팔/팔꿈치, 위팔/어깨, 목)가 부적절한 자세를 취하는 경우에는 작업장의 재설계와 작업 공구의 개선 등을 통해 가능한 한 중립 자세를 취하도록 하여야 한다.

3.2 반복 동작

반복 작업(repetitive motions)에서는 동일한 동작으로 인하여 같은 근육과 건, 관절들이 반복적으로 사용된다. 반복 정도는 작업 속도와 작업의 다양성 정도, 근육이 회복에 필요한 휴식시간의 수와 길이 등에 따라 달라진다. 반복 정도가 심할수록 근육은 쉽게 피로하게 되며 회복에 더 긴 시간을 요구한다.

일반적으로 작업의 주기시간(cycle time)이 30초 미만이거나, 하루 작업시간 동안의 생산율이 500단위 이상, 또는 하루 20,000회 이상의 유사 동작을 하는 경우에 단순 반복 작업으로 분류한다.

그림 15.8 반복 작업의 유형

작업 속도는 작업을 수행하는 작업자, 기계, 다른 작업자, 또는 관리상의 절차에 의하여 영향을 받는다. [그림 15.8]과 같은 조립 또는 포장 라인에서는 작업 속도가 콘베이어의 흐름 속도에 의하여 정해지고, 작업의 성과 또는 인센티브 등과 같은 관리적 요소에 의해 달라질 수 있다.

반복 정도가 심한 작업은 같은 근육을 반복하여 사용하지 않도록 작업을 순환(job rotation)하여 작업자끼리 작업을 공유하거나 공정을 자동화한다.

3.3 과도한 힘

사람은 물건을 들거나 공구를 조작하거나 자세를 유지하기 위해 힘을 쓴다. 힘은 작업을 수행하기 위하여 사용한 근육, 건, 관절, 그리고 인접한 조직의 활동에 해당한다. 따라서 과도한 힘(forceful exertions)을 요구하는 작업은 근육, 건, 인대, 관절에 더 큰 부담을 주게 된다. 근육이 수축하고 이완할 때 건(腱)은 팽팽해지고, 인접한 조직을 마찰시키거나 압력을 가한다. 근골격의 긴장의 정도는 얼마나 많은 힘을 쓰는가에 따라 달라진다. 무리한 힘을 사용하는 작업인 경우, 작업자는 많은 근력이 필요하며 근육을 쉽게 피로하게 하여 긴 회복 기간을 요구한다. 이때 충분한 휴식을 갖지 못하면 근육 조직은 상처를 입을 수 있다.

힘을 사용하는 데 영향을 미치는 요소들은 다음과 같다.

- 대상물의 크기, 형태, 무게, 부피
- 잡는 형태, 위치, 마찰력
- 운반 시작점과 놓는 점에서의 노력 정도
- 근육 사용의 지속시간
- 단위시간당 힘의 사용 회수
- 진동 정도
- 자세

- 작업시간
- 온도 환경

작업 시에 요구되는 힘의 크기가 증가하는 경우는 다음과 같다.

- 다루는 중량물의 부피가 클 때
- 부적합한 자세로 작업할 때
- 움직임의 속도가 증가할 때
- 취급하는 대상물이 미끄러울 때
- 진동 시

[그림 15.9]는 무리한 힘을 사용하는 작업의 유형으로 손잡이가 없이 무겁고 큰 대상물을 들거나, 너무 멀어 굽히고 뻗쳐서 힘쓰는 동작, 어깨 위에서 힘쓰는 동작 등을 예시하고 있다.

그림 15.9 **과도한 힘의 사용 예**

3.4 부족한 휴식시간

단순한 반복 작업의 경우 근육 조직에는 극히 미세한 손상만이 발생하며, 평상시 동작에서는 전혀 문제가 되지 않는다. 그러나 장기간의 연속 작업이나 부족한 휴식은 회복에 필요한 충분한 시간을 가질 수 없기 때문에, 이러한 미세 손상이 경우에 따라서는 복원이 불가능한 상태까지 갈 수도 있다. 따라서 작업 중간에 규칙적인 휴식시간이 작업자에게 주어져야 한다.

3.5 신체적 압박

신체적 압박은 날카롭고 단단한 면이나 물체가 신체와 접촉하는 경우에 발생한다. 신체의 손가락, 손바닥, 손목, 전완, 팔꿈치, 무릎, 앉은 자세에서의 허벅지의 부드러운 조직 등은 신경과 건, 혈관 등이 피부와 가까워 신체적 압박에 민감하다.

[그림 15.10]은 신체적 압박을 받는 작업의 예로 무릎에 압박을 받거나, 날카로운 모서리에 의한 압박, 손잡이가 짧음으로 인한 손바닥 압박 등을 나타낸다. 시간이 지나면서 반복되거나 장기적인 신체적 압박은 피부에 해를 입힐 수 있고, 근육의 기초를 이루는 건에 해를 입히거나 신경의 기능을 손상시킬 수 있다.

그림 15.10 신체 압박의 유형

3.6 기타

차가운 온도나 더운 온도의 작업 환경도 스트레스를 더 줄 수 있다. 주위의 공기나 차가운 재료와의 접촉으로 인해 피부의 온도가 20℃ 이하로 떨어지는 것이 허용되어서는 안 된다. 차가운 물체와의 접촉은 촉각에 해를 입히고 손의 기민함을 떨어뜨린다. 손이 차가워져 마비될 경우에는 행동을 취하는 데에 필요한 힘의 양을 잘못 판단하는 경향이 있다.

적정한 온도에서는 쉽게 수행될 수 있는 일이라도 덥고, 습기 있는 작업 상황에서 행하여진다면 육체에 과도한 스트레스를 수반할 수 있다. 보호 장갑을 착용하지 않고 뜨거운 공구, 표면 또는 작업 조각을 다루는 것은 화상을 초래할 수 있다. 또한, 고온의 환경이 높은 습기를 수반한다면 신체에 생리적 긴장을 증가시킬 수 있다. 이것은 근육 활동이 열을 발생시키기 때문이다. 공기 온도와 습도가 상승함에 따라 신체는 열을 발산하기가 더 어려워져서 열 스트레스(heat stress)와 열사병(heat stroke) 등 여러 가지 열과 관련된 장해를 초래할 수 있다.

진동 강도가 큰 공구를 계속 사용해야 하는 작업인 경우에는 손가락의 말단이 창백하게 되고 동시에 냉감, 조임 등의 증상이 일어난다. 손을 통해 진동에 노출되는 것은 손과 팔의 신경, 혈관, 뼈에 손상을 일으킬 수 있다. 진동의 노출은 임팩트(impact) 공구와 같은 전동 수공구(hand tool)의 사용에서 발생할 수 있다.

앞에서 설명한 작업에서 존재하는 위험 요인은 개인적인 신체적 조건과 심리적 조건에 따라 달라질 수 있다. 신체적 요인으로는 신체 조건, 습관 등이 해당되고, 심리적 요인으로는 스트레스 수준, 작업 만족도 등이 해당된다.

4. 근골격계 주의와 위험작업

미국 Washington OSHA에서는 근골격계 질환의 원인이 될 수 있는 작업의 유형을 부적절한 자세, 과도한 힘과 반복 작업 등의 측면에서 고려하여 작업 유형의 지속시간에 따라 주의 작업(caution zone)과 위험 작업(hazard zone)으로 구분하였다. 즉, 근골격계 질환에 영향을 줄 수 있는 작업의 유형에 따라 하루에 얼마나 지속하면 문제가 될 수 있는가를 상한선의 개념으로 나타내었으며, 지속적인 관리가 요구되는 시간의 한계선인 주의 작업과 근골격계 질환의 위험에 노출될 수 있는 작업들에 대한 허용시간의 한계 개념인 위험 작업으로 분류하였다. 주의 작업과 위험 작업에서 제시하는 허용시간의 한계선은 누적시간의 개념으로 하루 동안 정의된 작업 자세를 취하는 시간만을 합산한 시간을 기준으로 적용한다.

다음은 미국 Washington OSHA에서 제공하고 있는 근골격계 부담 작업에 대한 점검표의 내용을 요약한 것이다(http://www.lni.wa.gov/wisha/ergo/evaltools).

(1) 부적절한 자세

- 손을 머리 위로 올리거나 팔꿈치가 어깨 위로 올라가는 작업 자세 : 주의 작업 2시간/위험 작업 4시간
- 목을 30° 이상 굽힌 자세 : 주의 작업 2시간

그림 15.11 부적절한 자세의 작업 유형

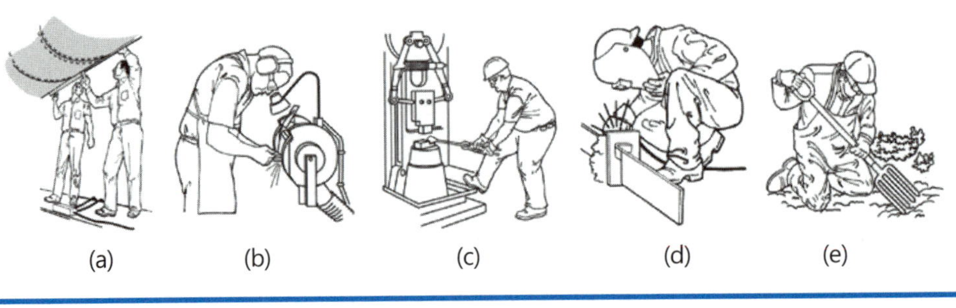

(a) (b) (c) (d) (e)

그림 15.12 과도한 힘을 요구하는 수작업

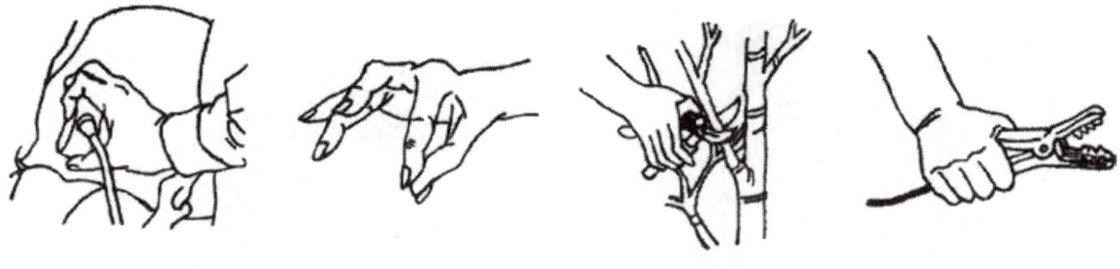

- 목을 45° 이상 굽힌 자세 : 위험 작업 4시간
- 허리를 30° 이상 굽힌 자세 : 주의 작업 2시간/위험 작업 4시간
- 허리를 45° 이상 굽힌 자세 : 위험 작업 2시간
- 무릎을 꿇고 앉은 자세 : 주의 작업 2시간/위험 작업 4시간
- 쪼그리고 앉은 자세 : 주의 작업 2시간/위험 작업 4시간

(2) 과도한 힘을 요구하는 수작업

- 한 손으로 2lb(약 1kg) 이상의 물건을 마주 집기 동작(pinch) : 주의 작업 2시간/위험 작업은 고도의 반복, 꺾임, 비틀림이 있는 경우 3시간([그림 15.12-(a)]), 없는 경우 4시간([그림 15.12-(b)])
- 한 손으로 10lb(약 4.5kg) 이상의 힘을 주는 잡기 동작 : 주의 작업 2시간/위험 작업은 고도의 반복, 꺾임, 비틀림이 있는 경우 3시간([그림 15.12-(c)]), 없는 경우 4시간([그림 15.12-(d)])

(3) 고도의 반복 작업

- 반복적인 목, 어깨, 팔꿈치, 손목, 손의 반복 동작: 주의 작업 2시간/위험 작업은 고도의 힘과 꺾임이 있는 손목 작업은 2시간, 위험 요소가 없는 경우에 6시간
- 지속적인 키보드 작업: 주의 작업 4시간/위험 작업은 손목 꺾임이나 비틀림이 있는 경우에 4시간, 위험 요소가 없는 경우에 7시간

그림 15.13 고도의 반복 작업

그림 15.14 반복적인 타격 작업

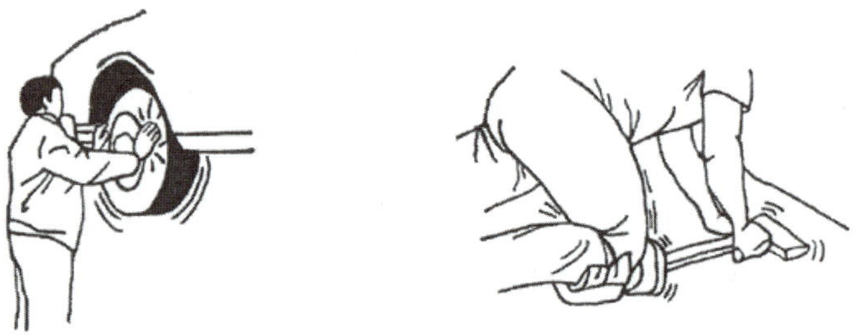

(4) 반복적인 신체 타격 작업

- 손이나 무릎에 한 시간에 10번 이상 충격을 주는 작업: 주의 작업 2시간
- 손이나 무릎에 1분에 1번 이상 충격을 주는 작업: 위험 작업 2시간

(5) 중량물 취급 작업(주의 작업 기준)

- 하루에 한 번 이상 75lb(34kg) 이상을 들기 또는 하루에 10회 이상 55lb(25kg)를 들기 작업
- 분당 2회 이상 10lb(4.5kg) 이상 들기를 2시간 이상 지속
- 어깨 위나 무릎 아래, 팔을 뻗은 상태에서 25lb(11.3kg) 이상을 하루에 25회 이상 들기 작업

그림 15.15 중량물 취급 작업

그림 15.16 진동 발생 작업

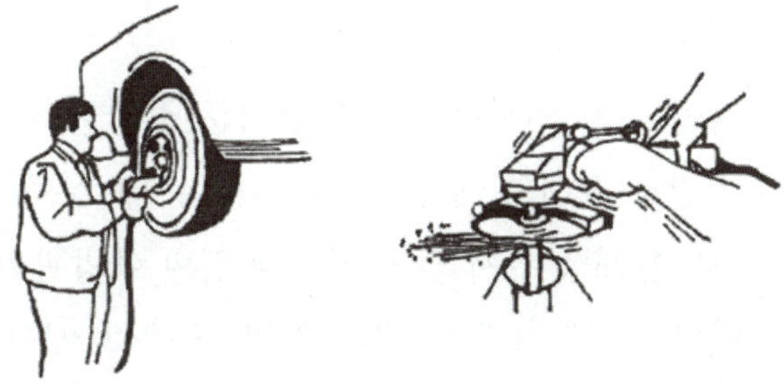

(6) 진동 발생 작업(주의 작업 기준)

- 임팩트 렌치나 해머와 충격 도구를 하루에 30분 이상 사용
- 그라인더, 연삭기 등의 진동 도구를 2시간 이상 사용

5. 유해요인조사 제도

우리나라에서는 1997년에 영상표시 단말기(VDT) 취급 근로자를 위한 작업 관리 지침(노동부 고시 제1997-8호)을 발표하여, 근골격계 질환의 예방 대책에 관심을 갖기 시작하였으며, 1998년에는 단순 반복 작업 근로자 작업관리 지침(노동부 고시 제1998-15호 제정 이후 노동부 고시 제2000-72호로 개정)을 제정하여 적용 범위를 제조업으로 확대하였다. 2003년 7월부터는 산업안전보건법 제24조(보건상의 조치) 제1항 제5호에 '단순 반복 작업 또는 인체에 과도한 부담을 주는 작업으로 인한 건강 장해'를 신설하여 사업주에게 근골격계 질환 예방을 위한 조치 의무를 부과하고 있다.

사업주의 구체적인 조치 의무는 산업보건기준에 관한 규칙 제9장(근골격계 부담 작업으로 인한 건강 장해의 예방)에 나타나있는데, 유해 요인 조사, 작업 환경 개선, 의학적 조치, 유해성 주지 및 근골격계 질환 예방관리 프로그램의 수립·시행을 규정하고 있다. 또한, 노동부 고시 제2003-24호에서 는 근골격계 부담 작업의 범위를 총 11개로 규정하여 고시하였다.

11가지 근골격계 부담 작업은 [표 15.2]와 같다. 우리나라의 산업안전보건법 제도에 의하면 근골격계 부담 작업은 단순 반복 작업 또는 인체에 과도한 부담을 주는 작업으로 작업량, 작업 속도, 작업 강도 및 작업장 구조 등에 따라 노동부 장관이 정하여 고시하도록 되어 있다. 우리나라의 부담작업은 미국 워싱톤주 산업안전보건청(Washington OSHA)에서 정의한 주의 작업을 기초로 정의되었다.

[그림 15.17]은 근골격계질환의 예방을 위한 우리나라의 유해요인조사제도를 요약한 것이다.

근골격계 부담작업에 근로자를 종사하도록 하는 사업장들은 산업보건기준에 관한 규칙 제9장에 의하여 3년마다 유해 요인 조사를 정기적으로 실시하게 되어 있다. 한편, 신규 사업장은 1년 이내에 유해 요인 조사를 받도록 규정하고 있으며, 근골격계 질환자가 발생하거나, 근골격계 부담 작업에 해당하는 새로운 작

표 15.2 부담 작업 요약

부담 작업 내용	신체부위	노출 시간	노출 빈도	무게
1. 자료 입력 등을 위해 집중적으로 키보드 또는 마우스를 조작하는 작업	손, 손가락, 목, 어깨	4시간		
2. 목, 어깨, 팔꿈치, 손목 또는 손을 사용하여 같은 동작을 반복하는 작업	목, 어깨, 팔꿈치, 손목, 손	2시간		
3. 머리 위에 손이 있거나, 팔꿈치가 어깨 위에 있거나, 팔꿈치를 몸통으로부터 들거나, 팔꿈치를 몸통 뒤쪽에 위치하도록 하는 상태에서 이루어지는 작업	어깨, 팔	2시간		
4. 지지되지 않은 상태이거나 임의로 자세를 바꿀 수 없는 조건에서, 목이나 허리를 구부리거나 비트는 상태에서 이루어지는 작업	목, 허리	2시간		
5. 쪼그리고 앉거나 무릎을 굽힌 자세에서 이루어지는 작업	다리, 무릎, 허리	2시간		
6. 지지되지 않은 상태에서 1kg 이상의 물건을 한 손의 손가락으로 집어 옮기거나, 2kg 이상에 상응하는 힘을 가하여 한 손의 손가락으로 물건을 쥐는 작업	손가락	2시간		1kg 들기 /2kg 힘 쥐기
7. 지지되지 않은 상태에서 4.5kg 이상의 물건을 한 손으로 들거나 동일한 힘으로 쥐는 작업	손	2시간		4.5kg 들기, 쥐기
8. 하루에 10회 이상 25kg 이상의 물체를 드는 작업	허리		하루 10회	25kg
9. 하루에 25회 이상 10kg 이상의 물체를 무릎 아래에서 들거나, 어깨 위에서 들거나, 팔을 뻗은 상태에서 드는 작업	팔, 어깨, 허리		하루 25회	10kg
10. 분당 2회 이상 4.5kg 이상의 물체를 드는 작업	허리	2시간	분당 2회	4.5kg
11. 시간당 10회 이상 손 또는 무릎을 사용하여 반복적으로 충격을 가하는 작업	손, 무릎	2시간	시간당 10회	

그림 15.17 유해요인조사 제도

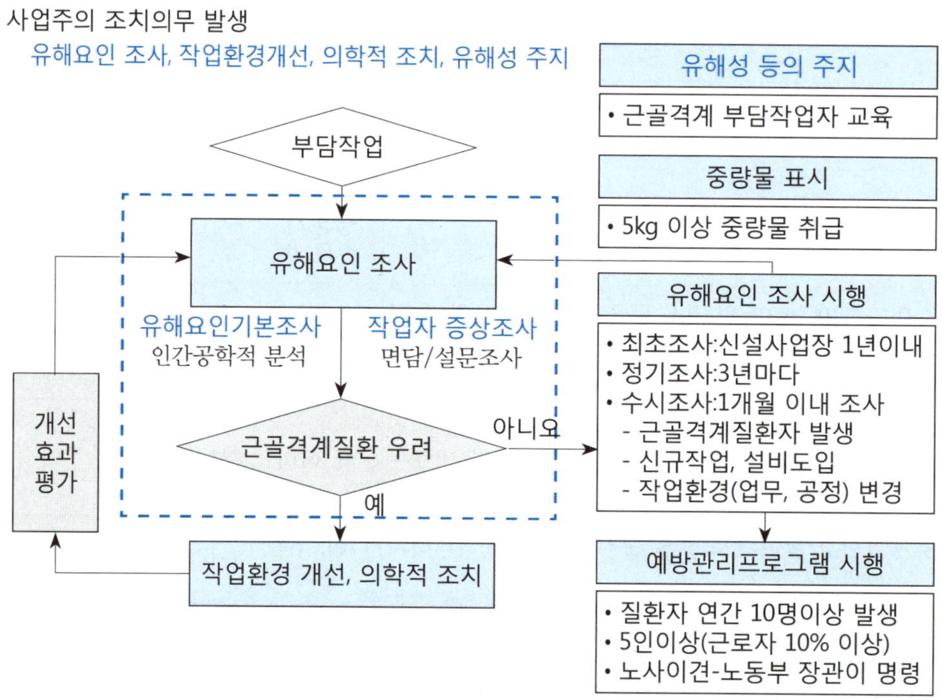

업·설비를 도입한 경우, 업무의 양과 작업 공정 등 작업 환경을 변경한 경우에도 수시(1개월 이내) 유해 요인 조사를 시행하도록 규정하고 있다.

유해 요인 조사 결과 근골격계 질환 가능성이 있는 경우에는 작업 환경 개선 조치를 취하도록 규정하고 있다. 또한 근골격계 질환으로 요양 결정을 받은 근로자가 연간 10인 이상 발생한 사업장 또는 5인 이상 발생한 사업장으로서 발생 비율이 그 사업장 근로자 수의 10% 이상인 경우나 노동부 장관이 필요하다고 인정하여 명령한 경우에는 사업주는 노사 협의를 거쳐 근골격계질환 예방관리 프로그램을 작성 · 시행하도록 규정하고 있다.

[표 15.3]과 [표 15.4]는 유해요인조사의 기본이 되는 근골격계질환 증상조사표와 유해요인 기본조사표를 나타낸다.

예제 15.1 유해요인 기본조사표와 근골격계질환 증상조사표 작성

원반 공급 작업(Cal/OSHA, 1999)을 담당하고 있는 작업자에 대하여 유해요인조사를 시행하여 분석표를 작성하여 보자. 원반 공급 작업자는 작업에 필요한 원반을 10개씩 운반용 대차에 싣고, 30m 떨어진 곳에 하루에 40번에서 60번을 운반하는 작업을 한다. 원반의 무게는 11.3k이고, 대차의 무게는 68kg이어서 원반을 적재한 대차의 총 무게는181.4kg이며 대차의 높이는 97cm이다. 운반 작업자는 운반용 대차가 무릎 높이 아래에서 허리를 굽히고 중량물을 취급하는 경우가 발생하여 힘들다고 불평하였다. 또한, 30m를 운반할 때에는 손잡이 부분에서 손목이 심하게 꺾이고, 특히 키가 작은 작업자는 힘을 쓰기가 불편하다고 한다. 단위 작업을 적재 작업과 운반 작업으로 구분하여 유해요인기본조사표와 근골격계질환 증상조사표를 작성하여 보자.

근골격계질환 증상조사표는 부담작업을 수행하고 있는 작업자를 대상으로 근골격계의 통증호소여부를 조사하는 양식이다.

[표 15.3]은 자재과 물류공정의 원반 공급 작업자인 고민해가 작성한 증상조사표를 나타낸 것이다. 고민해씨는 원반을 적재하고 운반하는 작업을 하루 8시간씩 7년째 하고 있으며, 작업이 매우 힘들다고 표현하고 있는 것으로 나타났다.

또한 작업을 하면서 최근 1년 동안 어깨부위와 손/손목/손가락 부위에 통증을 느끼고 있는 것으로 나타났으며, 각 부위별로 통증, 빈도, 강도 등과 치료여부 등에 대해 표현하고 있다. 증상조사표에서 통증 부위가 선택되면 해당 부위에 대하여 위부터 아래까지의 모든 질문 항목에 대하여 응답하도록 되어 있다.

표 15.3 근골격계질환 증상조사표

근골격계질환 증상조사표

Ⅰ. 아래 사항을 직접 기입해 주시기 바랍니다.

성 명	고민해	연 령	만 45 세
성 별	☑ 남 ☐ 여	현 직장 경력	7 년째 근무 중
작업 부서	부서(자재과) 라인(물류공정) 작업(원반 공급 작업)	결혼 여부	☑ 기혼 ☐ 미혼
현재 하고 있는 작업	작업 내용: 원반을 대차에 싣고 30m 떨어진 곳에 운반하는 작업을 하루 40~60회 수행 작업 기간: 7 년째 하고 있음		
1일 근무시간	8 시간 근무 중 휴식시간(식사시간 제외) 15 분씩 2 회 휴식		
현 작업을 하기 전에 했던 작업	작업 내용: 없음 작업 기간: 년 개월째 하고 있음		

1. 규칙적인(한 번에 30분 이상, 1주일에 적어도 2~3회 이상) 여가 및 취미 활동을 하고 계시는 곳에 표시(v)하여 주십시오.
   - ☑ 컴퓨터 관련 활동
   - ☐ 악기 연주(피아노, 바이올린 등)
   - ☐ 뜨개질 자수, 붓글씨
   - ☐ 테니스/배드민턴/스쿼시
   - ☐ 축구/족구/농구/스키
   - ☐ 해당 사항 없음

2. 귀하의 하루 평균 가사 노동시간(밥하기, 빨래하기, 청소하기, 2살 미만의 아이 돌보기 등)은 얼마나 됩니까 ?
   - ☐ 거의 하지 않는다
   - ☑ 1시간 미만
   - ☐ 1~2시간 미만
   - ☐ 2~3시간 미만
   - ☐ 3시간 이상

3. 귀하는 의사로부터 다음과 같은 질병에 대해 진단을 받은 적이 있습니까?(해당 질병에 체크)

   보기: ☐ 류머티스 관절염 ☐ 당뇨병 ☐ 루프스병 ☐ 통풍 ☐ 알코올 중독

   ☑ 아니오 ☐ 예('예'인 경우 현재상태는? ☐ 완치 ☐ 치료나 관찰 중)

4. 과거에 운동 중 혹은 사고로(교통사고, 넘어짐, 추락 등) 인해 손/손가락/손목, 팔/팔꿈치, 어깨, 목, 허리, 다리/발 부위를 다친 적이 있습니까?

   ☑ 아니오 ☐ 예

   ('예'인 경우 상해 부위는 ?
   ☐손/손가락/손목 ☐팔/팔꿈치 ☐어깨 ☐목 ☐허리 ☐다리/발)

5. 현재 하고 계시는 일의 육체적 부담 정도는 어느 정도라고 생각합니까?

   ☐ 전혀 힘들지 않음 ☐ 견딜만 함 ☐ 약간 힘듦 ☑ 매우 힘듦

Ⅱ. 지난 1년 동안 손/손가락/손목, 팔/팔꿈치, 어깨, 허리, 다리/발 중 어느 한 부위에서라도 귀하의 작업과 관련하여 통증이나 불편함(통증, 쑤시는 느낌, 뻣뻣함, 화끈거리는 느낌, 무감각 혹은 찌릿찌릿함 등)을 느끼신 적이 있습니까?

☐ 아니오(수고하셨습니다. 설문을 다 마치셨습니다.)
☑ 예("예"라고 답하신 분은 아래 표의 통증 부위에 체크(v)하고, 해당 통증 부위의 세로줄로 내려가며 해당사항에 체크(v)해 주십시오)

통증 부위	목( )	어깨(√)	팔/팔꿈치( )	손/손목/손가락(√)	허리( )	다리/발( )
1. 통증의 구체적 부위는?		☑ 오른쪽 ☐ 왼쪽 ☐ 양쪽 모두	☐ 오른쪽 ☐ 왼쪽 ☐ 양쪽 모두	☑ 오른쪽 ☐ 왼쪽 ☐ 양쪽 모두		☐ 오른쪽 ☐ 왼쪽 ☐ 양쪽 모두
2. 한 번 아프기 시작하면 통증 기간은 얼마 동안 지속됩니까?	☐ 1일 미만 ☐ 1일~1주일 미만 ☐ 1주일~1달 미만 ☐ 1달~6개월 미만 ☐ 6개월 이상	☑ 1일 미만 ☐ 1일~1주일 미만 ☐ 1주일~1달 미만 ☐ 1달~6개월 미만 ☐ 6개월 이상	☐ 1일 미만 ☐ 1일~1주일 미만 ☐ 1주일~1달 미만 ☐ 1달~6개월 미만 ☐ 6개월 이상	☐ 1일 미만 ☐ 1일~1주일 미만 ☐ 1주일~1달 미만 ☐ 1달~6개월 미만 ☐ 6개월 이상	☐ 1일 미만 ☐ 1일~1주일 미만 ☐ 1주일~1달 미만 ☐ 1달~6개월 미만 ☐ 6개월 이상	☐ 1일 미만 ☐ 1일~1주일 미만 ☐ 1주일~1달 미만 ☐ 1달~6개월 미만 ☐ 6개월 이상
3. 그때의 아픈 정도는 어느 정도입니까? (보기참조)	☐ 약한 통증 ☐ 중간 통증 ☐ 심한 통증 ☐ 매우 심한 통증	☑ 약한 통증 ☐ 중간 통증 ☐ 심한 통증 ☐ 매우 심한 통증	☐ 약한 통증 ☐ 중간 통증 ☐ 심한 통증 ☐ 매우 심한 통증	☐ 약한 통증 ☑ 중간 통증 ☐ 심한 통증 ☐ 매우 심한 통증	☐ 약한 통증 ☐ 중간 통증 ☐ 심한 통증 ☐ 매우 심한 통증	☐ 약한 통증 ☐ 중간 통증 ☐ 심한 통증 ☐ 매우 심한 통증
	<보기>	약한 통증: 약간 불편한 정도이나 작업에 열중할 때에는 못 느낀다. 중간 통증: 작업 중 통증이 있으나 귀가 후 휴식을 취하면 괜찮다. 심한 통증: 작업 중 통증이 비교적 심하고 귀가 후에도 통증이 계속 된다. 매우 심한 통증: 통증 때문에 작업은 물론 일상 생활을 하기가 어렵다				
4. 지난 1년 동안 이러한 증상을 얼마나 자주 경험하셨습니까?	☐ 6개월에 1번 ☐ 2~3달에 1번 ☐ 1달에 1번 ☐ 1주일에 1번 ☐ 매일	☐ 6개월에 1번 ☐ 2~3달에 1번 ☐ 1달에 1번 ☑ 1주일에 1번 ☐ 매일	☐ 6개월에 1번 ☐ 2~3달에 1번 ☐ 1달에 1번 ☐ 1주일에 1번 ☐ 매일	☐ 6개월에 1번 ☐ 2~3달에 1번 ☐ 1달에 1번 ☑ 1주일에 1번 ☐ 매일	☐ 6개월에 1번 ☐ 2~3달에 1번 ☐ 1달에 1번 ☐ 1주일에 1번 ☐ 매일	☐ 6개월에 1번 ☐ 2~3달에 1번 ☐ 1달에 1번 ☐ 1주일에 1번 ☐ 매일
5. 지난 1주일 동안에도 이러한 증상이 있었습니까?	☐ 아니오 ☐ 예	☑ 아니오 ☐ 예	☐ 아니오 ☐ 예	☐ 아니오 ☑ 예	☐ 아니오 ☐ 예	☐ 아니오 ☐ 예
6. 지난 1년 동안 이러한 통증으로 인해 어떤 일이 있었습니까?	☐ 병원 치료 ☐ 약국 치료 ☐ 병가, 산재 ☐ 작업 전환 ☐ 해당 사항 없음 ☐ 기타 ( )	☐ 병원 치료 ☐ 약국 치료 ☐ 병가, 산재 ☐ 작업 전환 ☑ 해당 사항 없음 ☐ 기타 ( )	☐ 병원 치료 ☐ 약국 치료 ☐ 병가, 산재 ☐ 작업 전환 ☐ 해당 사항 없음 ☐ 기타 ( )	☐ 병원 치료 ☐ 약국 치료 ☐ 병가, 산재 ☐ 작업 전환 ☑ 해당 사항 없음 ☐ 기타 ( )	☐ 병원 치료 ☐ 약국 치료 ☐ 병가, 산재 ☐ 작업 전환 ☐ 해당 사항 없음 ☐ 기타 ( )	☐ 병원 치료 ☐ 약국 치료 ☐ 병가, 산재 ☐ 작업 전환 ☐ 해당 사항 없음 ☐ 기타 ( )

[표 15.4]는 원반 투입 작업의 작업 상황, 작업 조건, 유해 요인 및 원인 평가 등을 포함하는 유해요인 기본조사표를 나타낸다.

작업 상황조사에선 작업 설비, 작업량, 작업 속도, 업무 변화에 변화가 있는가를 조사한다. 작업조건 조사에선 1단계에선 작업내용을 기술하고, 2단계에선 원반 투입 작업에 대한 단위 작업을 ① 적재 작업과 ② 운반 작업으로 나

표 15.4 유해 요인 기본 조사표

유해 요인 기본 조사표

(※ 해당 사항에 v 하시고, 내용을 기재하시오)

● 조사 구분	☑ 정기 조사	수시 조사 ☐ 근골격계 질환자 발생시 ☐ 새로운 작업·설비 도입시 ☐ 업무의 양과 작업 공정 등 작업 환경 변경시	
● 조사 일시	2014. 6. 3.	● 조 사 자	조사해
● 부 서 명	자재과		
● 공 정 명	물류 공정		
● 작 업 명	원반 공급 작업		

가. 작업장 상황 조사

● 작업 설비	☑ 변화 없음	☐ 변화 있음 (언제부터)
● 작 업 량	☑변화 없음	☐ 줄음 (언제부터) ☐ 늘어남 (언제부터) ☐ 기타 ( )
● 작업 속도	☑ 변화 없음	☐ 줄음 (언제부터) ☐ 늘어남 (언제부터) ☐ 기타 ( )
● 업무 변화	☑ 변화 없음	☐ 줄음 (언제부터) ☐ 늘어남 (언제부터) ☐ 기타 ( )

나. 작업 조건 조사

1단계 : 작업별 과제 내용 조사(유해 요인 조사자)

직종/작업명 : 원반 공급 작업
작업 내용(Tasks) :
작업에 필요한 원반을 10개씩 운반용 대차에 싣고 30m 떨어진 곳에
하루에 40번에서 60번을 운반함

2단계: 각 작업별 작업 부하 및 작업 빈도 (근로자 면담)

작업 부하(A)	점수	작업 빈도(B)	점수
매우 쉬움	1	3개월마다(년 2~3회)	1
쉬움	2	가끔(하루 또는 주 2~3일)	2
약간 힘듦	3	자주(1일 4시간 이내)	3
힘듦	4	계속(1일 4시간 이상)	4
매우 힘듦	5	초과 근무시간(1일 8시간 이상)	5

작업 내용	작업 부하(A)	작업 빈도(B)	총 점수(A×B)
적재 작업	5	3	15
운반 작업	5	3	15

3단계: 유해 요인 및 원인 평가서

직종/작업명	원반 공급 작업	근로자명	고민해

작업별 작업 사진

① 적재 작업	② 운반 작업
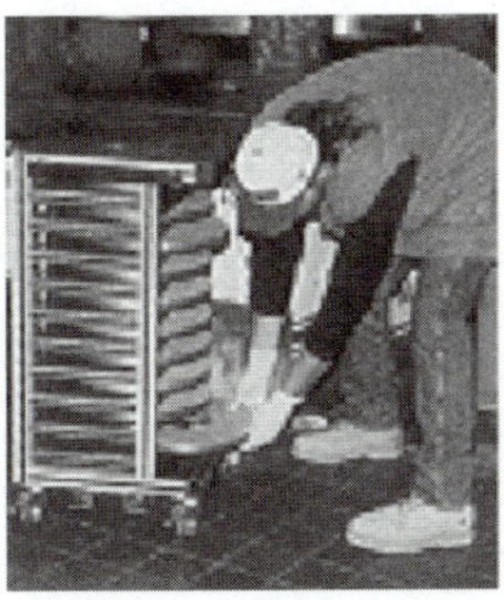	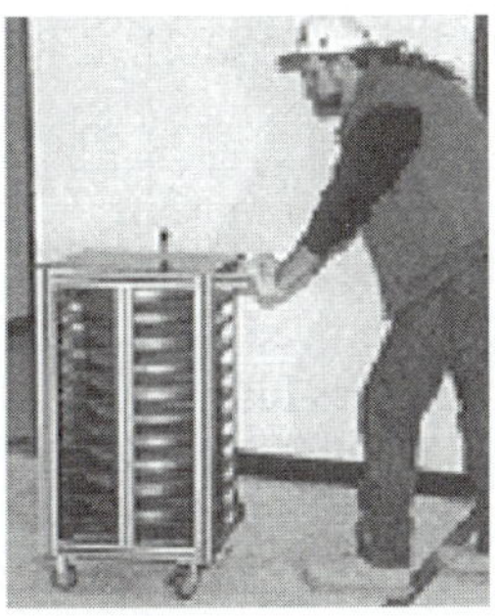

작업별 유해 요인 및 원인 분석

유해 요인	유해 요인에 대한 원인	총 점수
작업 내용 1 적재작업		15
• 부적절한 자세	• 부적절한 대차 설계	
- 허리 굽힘, 다리 뻗침	- 선반이 너무 낮다.	
• 과도한 힘	• 너무 낮은 선반 높이	
- 허리와 다리	- 선반 간격이 너무 큼	
작업 내용 2 운반작업		15
• 부적절한 자세	• 부적절한 대차 설계	
- 허리 굽힘, 손목 굽힘	- 수평, 고정 높이의 손잡이	
• 과도한 힘	• 바퀴 닳음	
- 손목, 허리와 어깨	• 복잡한 통로	
- 지속적인 밀기작업	• 먼 거리	

누어 각각 작업 강도와 빈도 측면에서 5점 척도로 평가한 후에 강도와 빈도의 곱으로 총점수를 표현한다. 3단계에선 단위 작업별로 작업자의 위험 요인과 위험 요인의 원인을 작업장, 작업 설비, 작업 도구, 작업 방법 측면에서 나타낸다.

유해요인과 유해요인의 원인에 대한 작성 방법은 다음과 같다.

유해요인은 작업에서 작업자에게 근골격계질환과 관련된 유해요인이 무엇인가를 적는다. 주로 부적절한 자세(허리 굽힘 또는 비틀림, 어깨위로 뻗친 자세, 손목 굽힘, 무릎 꿇는 자세), 과도한 힘(들기 작업, 밀기 작업, 운반), 반복 작업, 접촉 압박 등의 유해요인이 대상이 된다.

유해요인의 원인은 위험 요인을 유발시키는 원인을 작업장, 작업 설비, 작업 도구, 작업 방법 측면에서 찾아 표현한다. 부적절한 자세가 나타난 원인을 너무 낮은 (또는 높은) 작업대, 너무 낮은 (또는 높은) 적재대, 너무 먼 선반 등으로 표현하거나, 과도한 힘의 원인이 되는 5kg 이상 무게의 높은 (또는 낮은) 위치의 들기 작업 등으로 표현한다.

연습문제

1. 누적 외상병(CTD)의 원인으로 거리가 먼 것은?
   ① 과도한 힘 ② 반복 작업
   ③ 작업 적응 훈련 ④ 무리한 자세

2. 다음 중에서 근골격계 질환의 예방을 위한 방안으로 거리가 먼 내용은?
   ① 손목을 곧게 유지한다.
   ② 손잡이는 손에 접촉하는 면적을 좁게 한다.
   ③ 어깨 높이 위에서의 작업을 피한다.
   ④ 춥고 습기가 많은 작업장을 피한다.

3. 다음 중에서 테니스 엘보우(tennis elbow)로 불리며 주관절의 외측에 발생하는 통증으로 주먹을 쥐든지, 손목 관절을 능동적으로 후방 굴곡시키면 통증이 심해지는 질환은?
   ① 외상 과염 ② 가이언 증후근
   ③ 수근관 증후근 ④ 내상 과염

4. 다음 중에서 지속적이고 무리한 근수축에 의하여 근육 조직이 국소적으로 파괴되어 근육 속에 딱딱하게 굳은 작은 덩어리가 발생하는 근골격계 질환은?
   ① 수근관 증후근 ② 근막통 증후근
   ③ 수완 진동 증후근 ④ 바르텐베르그 증후군

5. 다음 근골격계 질환 중에서 신경 및 혈관의 압박 증후군에 속하지 않는 것은?
   ① 수근관 증후근 ② 가이언 증후근
   ③ 회내근 증후근 ④ 근막통 증후근

연습문제 해답 : 1. ③, 2. ②, 3. ①, 4. ②, 5. ④

6. 다음 중에서 손과 손목 부위에 발생하지 않는 근골격계 질환은?

① 수근관 증후군　　② 내상 과염

③ 수완 진동 증후군　　④ 데꿔벵 건초염(DeQuervain disease)

7. 다음 중에서 근골격계 질환에 관한 작업 위험 요인으로 부적절한 것은?

① 손목을 똑바로 펴진 상태를 유지한다.

② 팔꿈치는 90°보다는 아래를 향하도록 유지한다.

③ 등은 자연스런 S 곡선을 유지한다.

④ 어깨는 힘이 빠진 상태로 들리지 않는 자세를 유지한다.

8. 다음 중에서 근골격계 질환에 관한 증상의 발전 단계상 초기 1단계에 관한 설명은?

① 작업시간에 통증을 호소하지만 휴식을 취하면 없어진다.

② 휴식을 취하면 통증이 없어지지만 작업 능력의 저하가 발생한다.

③ 작업시간에 통증이 있고, 휴식을 취하여도 통증이 계속된다.

④ 통증으로 작업을 수행할 수 없거나, 잠을 잘 수 없을 정도이다.

9. 다음 중 건염(tendinitis)에 관한 설명으로 적절한 것은?

① 근육 조직이 파괴되어 작은 덩어리가 생기는 질환이다.

② 인대나 근육이 늘어나거나 찢겨진 질환이다.

③ 근육과 뼈를 연결하는 건에 염증이 발생한 질환이다.

④ 장기간 진동에 노출되어 촉각의 저하를 가져오는 질환이다.

연습문제 해답 : 6. ②, 7. ②, 8. ①, 9. ③

10. 다음 근골격계 질환 중에서 팔꿈치 부위에 발생하지 않는 것은?

① 외상 과염　　② 내상 과염
③ 수완 진동 증후근　　④ 회내근 증후군

11. 다음 중 건초염(tendinitis)과 관련이 없는 것은?

① 굴곡 건염
② 수근관 증후근
③ 외상 과염(lateral epicondylitis)
④ 골프 엘보우

12. 다음 중 손목을 바깥쪽으로 많이 굽히는 동작 및 손목 바깥쪽의 압박으로 인하여 약지와 새끼손가락의 저림 및 손 악력의 저하 증상이 나타나는 질환은?

① 가이언 증후군　　② 수완 진동 증후군
③ 근막통 증후군　　④ 바르텐베르그 증후군

13. 다음 중 부적절한 자세와 관련이 없는 것은?

① 신체 부위들이 중립적인 위치를 벗어나는 자세
② 작고 약한 근육들이 힘을 과도하게 쓰게 만드는 자세
③ 허리에 더 많은 부담을 주는 자세
④ 손목이 똑바로 펴진 자세

연습문제 해답 : 10. ③, 11. ②, 12. ①, 13. ④

14. 다음 중에서 무리한 힘을 사용하게 되는 부적합한 작업 자세의 유형과 거리가 먼 것은?

① 손잡이가 없이 무겁고 큰 대상물을 들기

② 너무 멀어 굽히고 뻗쳐서 힘쓰는 동작

③ 어깨 위에서 힘쓰는 동작

④ 허리 높이에서의 운반

15. 다음 중 정적 작업 자세에 대한 설명으로 옳지 않은 것은?

① 근육, 관절, 그리고 혈액 순환에 문제를 일으키기 쉬운 자세

② 같은 조건에서 동적인 동작에 비해 더 많은 에너지를 소비한다.

③ 같은 조건이라면 정적 자세보다는 동적 작업을 피하는 것이 좋다.

④ 신체 효율성을 떨어뜨리는 자세이다.

16. 다음 중 근골격계 부담 작업이 아닌 것은?

① 4시간 이상의 집중적인 자료 입력

② 목, 어깨, 팔꿈치, 손목 또는 손을 사용하여 같은 동작을 2시간 이상 반복하는 작업

③ 쪼그리고 앉거나 무릎을 굽힌 자세에서 2시간 이상 작업

④ 정적 작업 자세로 4시간 이상을 작업

연습문제 해답 : 14. ④, 15. ③, 16. ④

17. 근골격계 질환 관련 법규 및 제도에 관한 설명으로 부적절한 것은?

① 산업안전보건법 제24조 제1항 제5호에서 사업주에게 근골격계 질환 예방 의무 부과

② 사업주의 구체적인 조치 의무는 산업보건기준에 관한 규칙에서 정함

③ 근골격계 부담 작업은 산업보건기준에 관한 규칙에서 규정됨

④ 적용 대상은 근골격계 부담 작업에 근로자를 종사하도록 하는 사업장

18. 다음 중 유해 요인 조사 제도에 대한 설명으로 부적절한 것은?

① 매 3년마다 실시

② 신설되는 사업장은 1년 이내에 실시

③ 근골격계 부담 작업에 해당하는 새로운 작업 · 설비를 도입한 경우에는 2달 이내에 실시

④ 유해 요인 조사에 근로자 대표 또는 당해 작업 근로자를 참여시켜야 한다.

19. 다음 중 유해 요인 조사 실시 시기가 다른 하나는?

① 임시 건강 진단에서 근골격계 질환자가 발생한 경우

② 근골격계 질환으로 요양 결정을 받은 경우

③ 근골격계 부담 작업에 해당하는 새로운 작업·설비를 도입한 경우

④ 작업 라인이 신설된 경우

연습문제 해답 : 17. ③, 18. ③, 19. ②

20. 다음 중 유해 요인 조사 제도에서 조사 내용으로 거리가 먼 것은?

① 설비 · 작업 공정 · 작업량 · 작업 속도 등 작업장 상황

② 작업시간 · 작업 자세 · 작업 방법 등 작업 조건

③ 작업과 관련된 근골격계 질환 징후 및 증상 유무

④ 생산성과 불량률, 보험료 등

연습문제 해답 : 20. ④

실습문제

1. 근골격계 질환의 4대 원인이란?

■ 해설 ■

1) 과도한 힘, 2) 반복 작업, 3) 부적절한 작업자세, 4) 부족한 휴식

2. 유해요인조사를 최초 조사, 수시 조사, 정기 조사로 분류하여 설명하시오.

■ 해설 ■

1) 최초 조사 : 신설일부터 1년 이내에 실시
   신설되는 사업장의 경우
2) 수시 조사 : 1개월 이내에 실시
   근골격계 질환자가 발생하였거나, 업무상 질병으로 인정받은 경우
   새로운 작업·설비를 도입한 경우
   업무의 양과 작업공정 등 작업환경을 변경한 경우
3) 정기 조사: 3년마다 실시
   부담작업이 존재하는 작업장

3. 부담 작업이 존재하는 작업의 경우에 실시해야 하는 유해 요인 조사의 내용에 대하여 설명하시오.

■ 해설 ■

1) 설비 · 작업 공정 · 작업량 · 작업 속도 등 작업장 상황
2) 작업시간 · 작업 자세 · 작업 방법 등 작업 조건
3) 작업과 관련된 근골격계 질환 징후 및 증상 유무 등

4. 유해요인조사에서 유해요인과 유해요인의 원인에 대한 작성 방법을 예를 들어 설명하시오.

■ 해설 ■

1) 유해요인

작업에서 작업자에게 근골격계질환과 관련된 유해요인이 무엇인가를 적는다. 부적절한 자세(허리 굽힘 또는 비틀림, 어깨위로 뻗친 자세, 손목 굽힘, 무릎 꿇는 자세), 과도한 힘(들기 작업, 밀기 작업, 운반), 반복 작업, 접촉 압박 등의 유해요인이 대상이 된다.

2) 유해요인의 원인

위험 요인을 유발시키는 원인을 작업장, 작업 설비, 작업 도구, 작업 방법 측면에서 찾아 표현한다. 부적절한 자세가 나타난 원인을 너무 낮은(또는 높은) 작업대, 너무 낮은(또는 높은) 적재대, 너무 먼 선반 등으로 표현하거나, 과도한 힘의 원인이 되는 5kg 이상 무게의 높은 (또는 낮은) 위치의 들기 작업 등으로 표현한다.

근골격계질환 증상조사표

Ⅰ. 아래 사항을 직접 기입해 주시기 바랍니다.

성　명		연　령	만　　　세
성　별	□ 남　□ 여	현 직장 경력	년째 근무 중
작업 부서	부서(　　) 라인(　　) 작업(　　)	결혼 여부	□ 기혼　□ 미혼
현재 하고 있는 작업	작업 내용: 작업 기간:　　　년째 하고 있음		
1일 근무시간	시간 근무 중 휴식시간(식사시간 제외)　분씩　회 휴식		
현 작업을 하기 전에 했던 작업	작업 내용: 작업 기간:　　　년　　　개월째 하고 있음		

1. 규칙적인(한 번에 30분 이상, 1주일에 적어도 2~3회 이상) 여가 및 취미 활동을 하고 계시는 곳에 표시(v)하여 주십시오.
   - □ 컴퓨터 관련 활동　　□ 악기 연주(피아노, 바이올린 등)
   - □ 뜨개질 자수, 붓글씨　　□ 테니스/배드민턴/스쿼시
   - □ 축구/족구/농구/스키　　□ 해당 사항 없음

2. 귀하의 하루 평균 가사 노동시간(밥하기, 빨래하기, 청소하기, 2살 미만의 아이 돌보기 등)은 얼마나 됩니까 ?
   - □ 거의 하지 않는다　　□ 1시간 미만　　□ 1~2시간 미만
   - □ 2~3시간 미만　　□ 3시간 이상

3. 귀하는 의사로부터 다음과 같은 질병에 대해 진단을 받은 적이 있습니까?(해당 질병에 체크)

   보기: □ 류머티스 관절염　□ 당뇨병　□ 루프스병　□ 통풍　□ 알코올 중독

   □ 아니오　□ 예('예'인 경우 현재상태는?　□ 완치　□ 치료나 관찰 중)

4. 과거에 운동 중 혹은 사고로(교통사고, 넘어짐, 추락 등) 인해 손/손가락/손목, 팔/팔꿈치, 어깨, 목, 허리, 다리/발 부위를 다친 적이 있습니까?

   □ 아니오　□ 예

   ('예'인 경우 상해 부위는 ?
   □손/손가락/손목 □팔/팔꿈치 □어깨 □목 □허리 □다리/발)

5. 현재 하고 계시는 일의 육체적 부담 정도는 어느 정도라고 생각합니까?

   □ 전혀 힘들지 않음　□ 견딜만 함　□ 약간 힘듦　□ 매우 힘듦

Ⅱ. 지난 1년 동안 손/손가락/손목, 팔/팔꿈치, 어깨, 허리, 다리/발 중 어느 한 부위에서라도 귀하의 작업과 관련하여 통증이나 불편함(통증, 쑤시는 느낌, 뻣뻣함, 화끈거리는 느낌, 무감각 혹은 찌릿찌릿함 등)을 느끼신 적이 있습니까?

□ 아니오(수고하셨습니다. 설문을 다 마치셨습니다.)
□ 예("예"라고 답하신 분은 아래 표의 통증 부위에 체크(∨)하고, 해당 통증 부위의 세로줄로 내려가며 해당사항에 체크(∨)해 주십시오)

통증 부위	목( )	어깨( )	팔/팔꿈치( )	손/손목/손가락( )	허리( )	다리/발( )
1. 통증의 구체적 부위는?		□ 오른쪽 □ 왼쪽 □ 양쪽 모두	□ 오른쪽 □ 왼쪽 □ 양쪽 모두	□ 오른쪽 □ 왼쪽 □ 양쪽 모두		□ 오른쪽 □ 왼쪽 □ 양쪽 모두
2. 한 번 아프기 시작하면 통증 기간은 얼마 동안 지속됩니까?	□ 1일 미만 □ 1일~1주일 미만 □ 1주일~1달 미만 □ 1달~6개월 미만 □ 6개월 이상	□ 1일 미만 □ 1일~1주일 미만 □ 1주일~1달 미만 □ 1달~6개월 미만 □ 6개월 이상	□ 1일 미만 □ 1일~1주일 미만 □ 1주일~1달 미만 □ 1달~6개월 미만 □ 6개월 이상	□ 1일 미만 □ 1일~1주일 미만 □ 1주일~1달 미만 □ 1달~6개월 미만 □ 6개월 이상	□ 1일 미만 □ 1일~1주일 미만 □ 1주일~1달 미만 □ 1달~6개월 미만 □ 6개월 이상	□ 1일 미만 □ 1일~1주일 미만 □ 1주일~1달 미만 □ 1달~6개월 미만 □ 6개월 이상
3. 그때의 아픈 정도는 어느 정도입니까? (보기참조)	□ 약한 통증 □ 중간 통증 □ 심한 통증 □ 매우 심한 통증	□ 약한 통증 □ 중간 통증 □ 심한 통증 □ 매우 심한 통증	□ 약한 통증 □ 중간 통증 □ 심한 통증 □ 매우 심한 통증	□ 약한 통증 □ 중간 통증 □ 심한 통증 □ 매우 심한 통증	□ 약한 통증 □ 중간 통증 □ 심한 통증 □ 매우 심한 통증	□ 약한 통증 □ 중간 통증 □ 심한 통증 □ 매우 심한 통증
	<보기>	약한 통증: 약간 불편한 정도이나 작업에 열중할 때에는 못 느낀다. 중간 통증: 작업 중 통증이 있으나 귀가 후 휴식을 취하면 괜찮다. 심한 통증: 작업 중 통증이 비교적 심하고 귀가 후에도 통증이 계속 된다. 매우 심한 통증: 통증 때문에 작업은 물론 일상 생활을 하기가 어렵다				
4. 지난 1년 동안 이러한 증상을 얼마나 자주 경험하셨습니까?	□ 6개월에 1번 □ 2~3달에 1번 □ 1달에 1번 □ 1주일에 1번 □ 매일	□ 6개월에 1번 □ 2~3달에 1번 □ 1달에 1번 □ 1주일에 1번 □ 매일	□ 6개월에 1번 □ 2~3달에 1번 □ 1달에 1번 □ 1주일에 1번 □ 매일	□ 6개월에 1번 □ 2~3달에 1번 □ 1달에 1번 □ 1주일에 1번 □ 매일	□ 6개월에 1번 □ 2~3달에 1번 □ 1달에 1번 □ 1주일에 1번 □ 매일	□ 6개월에 1번 □ 2~3달에 1번 □ 1달에 1번 □ 1주일에 1번 □ 매일
5. 지난 1주일 동안에도 이러한 증상이 있었습니까?	□ 아니오 □ 예	□ 아니오 □ 예	□ 아니오 □ 예	□ 아니오 □ 예	□ 아니오 □ 예	□ 아니오 □ 예
6. 지난 1년 동안 이러한 통증으로 인해 어떤 일이 있었습니까?	□ 병원 치료 □ 약국 치료 □ 병가, 산재 □ 작업 전환 □ 해당 사항 없음 □ 기타 ( )	□ 병원 치료 □ 약국 치료 □ 병가, 산재 □ 작업 전환 □ 해당 사항 없음 □ 기타 ( )	□ 병원 치료 □ 약국 치료 □ 병가, 산재 □ 작업 전환 □ 해당 사항 없음 □ 기타 ( )	□ 병원 치료 □ 약국 치료 □ 병가, 산재 □ 작업 전환 □ 해당 사항 없음 □ 기타 ( )	□ 병원 치료 □ 약국 치료 □ 병가, 산재 □ 작업 전환 □ 해당 사항 없음 □ 기타 ( )	□ 병원 치료 □ 약국 치료 □ 병가, 산재 □ 작업 전환 □ 해당 사항 없음 □ 기타 ( )

■ 유해요인조사 양식 및 작성 관련 참고 자료 ■

정병용교수 홈페이지: http://www.hansung.ac.kr/~byjeong

Univesal Safety & Ergonomics 홈페이지: http://cafe.naver.com/universalsafety

안전보건공단 홈페이지: 유해요인조사 검색

제 16 장

유해 요인 평가

1. 작업 분석 절차 및 원리
2. 유해 요인조사 방법
3. 인력운반과 NIOSH lifting guideline
4. OWAS
5. REBA
6. RULA

1. 작업 분석 절차 및 원리

1.1 작업 분석 절차

작업 분석 절차는 [그림 16.1]과 같이 (1) 작업 내용 파악 단계, (2) 작업 분석 단계, (3) 작업 개선 단계로 구분할 수 있다.

그림 16.1 **작업 분석 절차**

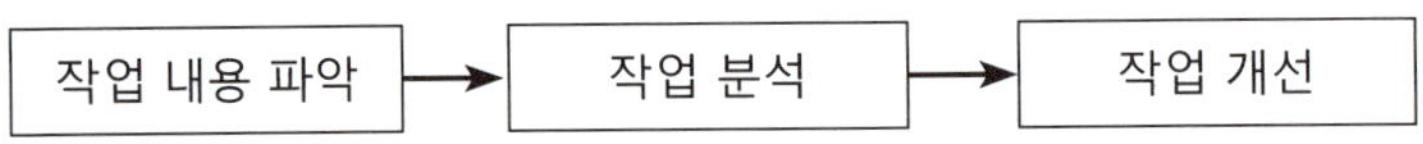

작업 내용 파악 단계에서는 주로 현장 방문과 작업자 인터뷰, 자료 분석 등의 방법을 통하여 다음과 같은 내용을 파악한다.

① 조사 일자

② 작업 목적, 내용

③ 작업자 : 수, 작업 수행 조건(신체 조건, 숙련도 등)

④ 작업 일정 기록

- 1일/1주 작업시간
- 교대 작업 유무 및 시간, 교대 주기
- 주당 잔업시간
- 작업 일정의 계절별 변화

⑤ 작업량에 대한 기록

- 설비, 라인, 팀, 개인별 작업 속도
- 작업량(생산량) 평가 방법 및 기록

- 인센티브 제도 유무 및 내용

⑥ 직무 관련 내용

- 작업대/작업장 설비 전반에 대한 스케치
- 작업대 높이, 작업대간 거리, 작업 영역, 여유 공간 등에 대한 스케치 및 실측
- 작업 대상물의 무게, 모양, 위치
- 작업에 필요한 힘의 측정

⑦ 작업 도구 관련 내용

- 무게 및 기타 특성
- 모델명과 제조 회사
- 수리 상태, 사용년수, 유지 보수 계획

⑧ 작업 형태 및 조직 관련 내용

- 작업자들의 다기능 수행 여부 및 내용
- 교대제, 작업 순환 유무, 순환 패턴
- 임금 지급 방법
- 안전 보건, 품질 등과 관련한 협의 구조 유무 및 활동 여부
- 작업 만족 여부

작업 분석 단계는 작업 위험 요인을 파악하는 단계이다. 작업 내용에 대한 위험 요인 평가는 주로 체크리스트를 이용한 초기 분석 단계와 비디오 촬영 등의 실측 작업이 수행되는 상세 분석 단계로 나누어진다. 일반적으로 초기 분석 단계에서 문제가 있는 경우에 상세 분석으로 넘어가며 이러한 과정을 거쳐 문제점을 도출하고, 개선에 대한 우선순위를 정해, 중장기적인 개선 활동을 진행하게 된다.

다음은 작업 분석 단계에서 고려해야 할 요소와 체크리스트의 예이다.

① 작업

- 신체의 불안전한 자세(과도한 뻗침 자세, 비틀림 자세, 굽힘 자세)
- 들고, 내리기, 운반에 있어서 과다한 거리

- 지나치게 빈번한/지속된 정적인 작업 수행
- 휴식시간이 충분한가?

② 작업 대상물

- 과도한 무게, 크기
- 손으로 잡는 데 어려움
- 무게중심의 불안정
- 날카롭거나 뜨겁거나 그 밖의 잠재 위험 요소가 있는가?

③ 작업 환경

- 충분한 여유 공간이 존재하는가?
- 작업장 바닥의 높낮이 차이 및 미끄러움 여부
- 작업대 높이와 작업 높이
- 온도, 조명 상태 등의 적절성

④ 개인 특성

- 작업자에게 특별히 요구되는 체격이 있는가?
- 안전한 작업 수행을 위하여 특별한 지식이나 훈련이 필요한가?

작업 개선 단계에서는 개선에 대한 우선순위를 정하는 것이 가장 중요한 문제이다. 우선순위를 선정할 때에는 현실적인 개선 가능성과 경제적인 비용 문제를 고려해야 한다.

미국 NIOSH는 작업 개선의 대상을 선정할 때의 우선순위를 다음과 같이 권고하고 있다.

① 현재 환자가 존재하는 작업 공정
② 현재 환자는 없지만 과거에 있었고, 작업 변화가 없는 공정
③ 현재 및 과거에 환자는 없었지만 작업자가 증상을 호소하는 공정
④ 현재 및 과거에 환자가 없고 증상 호소자도 없었지만 작업 분석에서 잠재적 위험 요인이 발견된 공정

1.2 작업 평가 원리

사람에게 작업이란 목적을 가진 신체 동작들의 모임을 의미하며, 신체 동작은 작업 자세들의 모임으로 볼 수 있다.

작업평가는 작업의 힘든 정도나 불편한 정도, 육체적 부담정도, 작업으로 인한 통증이나 질환으로 이어질 수 있는 정도 등을 파악하기 위하여 시행되는 것으로, 평가목적에 따라 작업 부담정도 평가, 작업의 힘든 정도 평가, 작업부하평가, 인간공학적 작업평가라는 용어 등으로 사용되고 있다. 작업평가는 작업을 이루고 있는 신체 동작과 작업 자세를 기준으로 한다.

작업평가는 작업의 불편함이나 힘든 정도, 신체를 움직이는 부위와 관련한 질병인 근골격계질환을 유발시킬 수 있는 가능성 등을 조사하기 위해 시행되지만, 이들 모두가 동작이나 자세와 연관되어 있기 때문에 평가에 필요한 절차나, 평가요인 등이 서로 밀접한 관계를 가지고 있다. 즉 신체 동작이나 자세는 불편하면 힘들고, 쉽게 피로해지며, 과도하거나 지속적으로 불편한 자세를 취하는 경우에는 통증을 일으키게 된다. 이러한 통증을 유발시키는 요인에 장기간 노출되는 경우에는 통증이 만성화되거나 신체활동의 행동 범위가 축소되는 근골격계질환으로 이어질 수 있는 것이다. 따라서 본 장에서는 작업 개선이나 근골격계질환 예방을 위한 작업평가 원리와 절차에 대하여 다루고자 한다.

[그림 16.2]는 작업 평가 및 개선 원리를 나타낸다. 신체 동작은 척추와 관절의 움직임으로 이루어지며, 척추가 똑바로 유지되고 관절은 중립적인 위치에 있을 때 가장 이상적인 자세가 된다. 척추나 관절은 굽힘이나 비틀림이 있으면 불편해지고, 힘이나 중량물을 취급하면 불편함은 가속화 된다.

일반적으로 작업에 관한 평가는 작업 자세의 분류체계와 관련되어 있다.

작업 자세의 분류체계는 자세에 관한 설명과 관계되어 있으며, 목-몸통-다리의 중심축과 어깨-팔꿈치-손으로 구성된 팔축, 그리고 중량물 취급 여부로 표현할 수 있다. 어깨-팔꿈치-손은 위팔-아래팔-손목으로도 표현된다.

만일 목과 몸통, 다리가 똑바로 자세를 유지하지 못하거나 어깨, 팔꿈치, 손목

그림 16.2 작업 평가 및 개선 원리

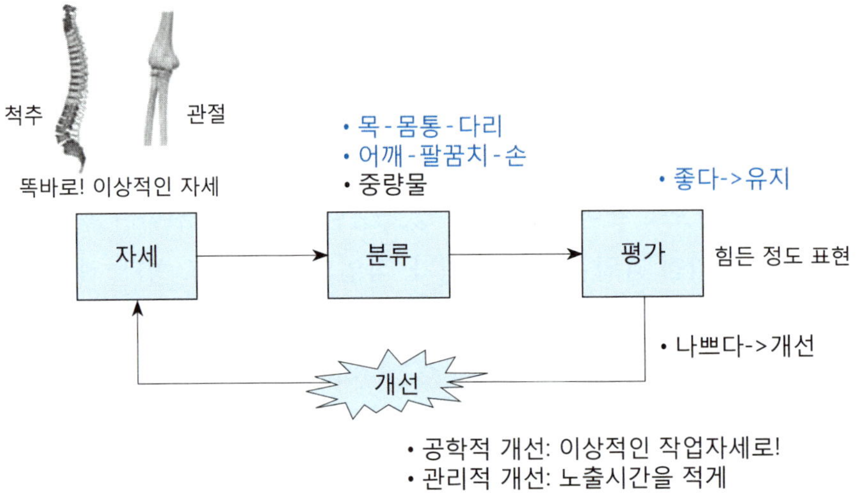

이 중립 자세를 취하지 않게 되면 불편한 자세가 된다. 즉 척추와 관절은 어느 부위라도 굽히거나 비틀리게 되면 이상적인 자세에서 벗어나 불편한 자세가 되는 것이다. 이렇게 불편한 자세를 평가하는 데는 척추와 각 신체부위의 비틀림 정도와 굽힌 정도, 힘의 사용 여부 등이 평가요소로 이용되며, 평가요소 항목에 따른 자세의 불편도에 관한 연구 결과를 반영하여 작업평가 도구들이 개발되었다.

작업 평가 도구는 신체 부위별 굽힌 정도나 비틀린 정도에 따라 최종 평가를 '좋다' 또는 '나쁘다'의 형태로 하게 된다. 평가 결과가 '나쁘다'로 나오면 작업공간이나 작업방법들이 이상적인 신체 자세에서 벗어나 불편함을 야기시킬 수 있으므로, 이상적인 상태로의 개선을 검토할 필요가 있다. 일반적으로 작업 평가에서는 평가 결과를 등급으로 표시하며, '1등급: 현재 유지', '2등급: 관찰', '3등급: 개선', '4등급: 즉시 개선' 등으로 표현한다.

작업 개선은 작업 방법이나 작업 공간, 설비 등을 개선하여 작업 자세를 이상적인 상태로 바꾸어주는 공학적 개선과 나쁜 작업 자세에 노출되는 시간을 줄이는 관리적 개선으로 분류할 수 있다.

예제 16.1 작업자세의 표현과 분류

[그림 16.3]의 발판작업에 관한 작업자의 작업자세를 표현하고 평가하여 보자.

표현력이 떨어지는 사람은 불편한 자세라 할 것이다. 그렇지만 어떤 자세인지 구체적으로 연상은 되지 않는다. 목-몸통-다리와 어깨-팔꿈치-손과 관련한 자세분류체계에 의해 표현하여 보자. 목-몸통-다리 중심축을 보면 머리를 들어 목이 약간 젖혀지고, 허리를 굽힌 채 옆으로 돌린 자세로, 다리의 무릎이 양쪽 모두 굽혀진 채로 앞 쪽 발에 중심이 있는 자세이다. 어깨-팔꿈치-손목의 팔축을 기준으로 보면 위팔은 몸통에서 떨어져 중력방향으로 늘어뜨린 채 팔꿈치와 일직선이 되고, 손으로 파이프를 쥐고 있는 자세로 표현할 수 있다. 자세 분류체계로 표현하면 어떤 자세인지를 연상하기가 쉬워진다.

분류체계를 중심으로 이상적인 자세에서 벗어난 신체부위를 파악하여 보면, 목과 몸통, 다리 모두가 똑바로 자세에서 벗어나 젖혀지거나 굽힌 상태이며, 위팔은 몸통에서 떨어진 상태라고 할 수 있다.

그림 16.3 발판 작업의 작업자 자세

2. 유해요인조사 방법

작업 분석을 통하여 작업의 위험 요인을 분석하는 것을 유해 요인 조사라고 한다. 유해 요인 조사에서는 작업 내용과 작업 대상물, 작업 환경 등을 종합하여 평가하게 된다. 특히, 작업 내용에 대한 위험 요인 평가는 주로 체크리스트를 이용한 초기 분석 단계와 비디오 촬영 등의 실측 작업이 수행되는 상세 분석 단계로 나누어 진행되는데 작업 내용을 체계적으로 분석하기 위해 작업을 촬영하여 분석하는 방법을 주로 이용한다.

작업을 촬영하여 분석하는 일은 시간과 돈이 필요하므로 효율성을 높이기 위하여 작업의 일부분을 촬영하고 분석하여 전체적인 과정을 유추하는 샘플링 방법이 주로 이용된다. 작업을 샘플링하여 분석하는 데에는 작업 측정에서 다룬 시간 연구법과 워크 샘플링 방법이 이용된다. 즉, 컨베이어 라인과 같이 짧은 주기시간을 갖으며, 계속적으로 반복적인 작업을 하는 작업은 비디오 촬영에 의한 시간 연구법을 적용하고, 컨베이어 라인 형태가 아니고 주기시간이 긴 작업에 대해서는 워크 샘플링 방법을 적용한다.

2.1 정형 작업의 분석

전자 회사나 자동차 회사의 컨베이어 라인의 작업자와 같이 짧은 주기시간을 갖고 반복적으로 같은 작업을 수행하는 작업을 정형 작업이라 한다. 정형 작업은 계속 반복되는 작업을 주기시간을 기준으로 행하므로 작업 내용을 4~5사이클 정도만 촬영하여 분석하면 작업의 내용을 파악할 수 있다. 그러나 제품을 만드는데 주기적으로 반복하는 작업들과 몇 주기마다 발생하는 준비나 보수 작업의 형태까지 반영되도록 작업의 내용을 충분히 파악하여 촬영하는 것이 필요하다.

작업을 촬영하고 난 후에는 각 요소 작업마다 평가하고 싶은 신체 부위별 작업 자세나 손목 꺾임, 중량물 취급과 관련한 내용 등을 조사해서 주기시간을 고려하여 작업 평가 결과를 정리할 수 있다.

예제 16.2 정형 작업의 분석

[표 16.1]은 컨베이어로 구성된 라인에서 '신나요' 작업자의 작업 내용을 5사이클 동안 촬영하여, 분석하고 요약한 것이다. '신나요' 작업자의 작업은 자재물림, 기계 가공, 가공품 뺌 작업을 순서대로 마치면 제품 1개가 처리되며, 제품 4개를 처리한 후에는 가공 기계를 보수 유지하여야 한다. 작업 분석 자료를 이용하여 작업자가 하루에 8시간(480분)을 근무한다고 하였을 때 몇 개의 제품을 생산하고, 총 몇 번의 손목 꺾임이 발생하는가를 계산하여 보자.

개당 총 주기시간은 제품 1개를 만드는 데 소용되는 주기적인 시간 50초에 4개당 40초가 걸리는 보수 유지시간을 개당으로 환산한 10초를 더하여 총 60초가 걸린다. 손목 꺾임은 제품 1개를 생산하는 60초 동안 총 3회가 발생한다. 그러므로 480분 동안에는 총 480개의 제품이 생산되고 손목 꺾임은 총 1,440번이 발생하게 된다.

표 16.1 정형 작업에 대한 워크 샘플링 결과

요소 작업	관측 내용		작업 성격
	평균시간	손목 꺾임 회수	
자재물림	10초	1	주기적 작업
기계 가공	30초		
가공품 뺌	10초	1	
개당 주기시간	50초	2회/50초	제품 1개당 주기 작업시간
기계 보수 유지	40초	4	제품 4개당 1번 점검시간
개당 총 주기시간	60초	3회/개당	개당 시간으로 환산

2.2 비정형 작업의 분석

조선업종의 작업자나 환경 미화원 등의 작업은 짧은 주기시간 동안 반복되지 않고, 다양한 작업 내용이나 작업 자세가 나타날 수 있으므로 비정형 작업이라 한다. 비정형 작업은 가능한 많은 시간 동안의 작업 내용이 반영될 수 있도록 워크 샘플링법에 의하여 분석한다.

작업을 촬영하고 난 후에는 전체 샘플링 회수와 해당 항목별 작업 자세 및 작업 요소 평가에 대한 항목 비율을 이용하여 단위시간당 평가 결과를 도출할 수 있다.

예제 16.3 비정형 작업의 분석

[표 16.2]는 특정 작업을 총 100분 동안 촬영하여 1분 간격의 등간격으로 샘플링하여 작업별로 파악된 샘플 회수와 손목 꺾임 회수를 파악한 것이다. 총 100번의 샘플 중에서 가공 작업이 제일 많이 발견되었고, 단면 평가 결과 손목 꺾임 회수는 100번 중 40번으로 나타나 손목이 꺾이는 시간 비율이 40%에 이르는 것을 알 수 있다.

표 16.2 비정형 작업에 대한 워크 샘플링 결과

요소 작업	관측 회수		작업 중 손목 꺾임 회수
	회수	비율	
가공	40	0.4	25
검사	20	0.2	5
마무리	20	0.2	0
기계 점검	20	0.2	10
계	100	1.0	40

작업 분석 자료를 이용하면 작업자가 하루에 8시간(480분)을 근무한다고 하였을 때 가공시간은 전체의 40%에 해당되는 3.2시간으로 추정할 수 있으며, 시간당 손목이 꺾이는 작업시간은 40% 비율을 이용하여 24분임을 알 수 있다.

2.3 작업 평가 도구

작업 평가 도구는 작업의 위험 요인의 파악과 작업 개선을 위하여 필요하다. 우리나라의 '단순 반복 작업 근로자 작업 관리 지침(노동부 고시)'에서는 단순 반복 작업장에서는 작업장 내 근골격계 질환의 위험 요인을 정기적으로 조사하고 평가하여야 하며, 근골격계 질환의 위험 요인 정기 조사를 통해 심각한 위험 요인이 발견된 경우 또는 작업장 내에서 근골격계 질환 유소견자가 발견된 경우에는 해당 작업 또는 공정에 타당성이 입증된 평가 도구를 활용하여 근골격계 질환의 위험 요인 정밀 조사를 실시하도록 하고 있다.

작업 위험 평가 도구는 현장에서 활용하기 쉽고, 정량적인 평가가 가능하여야 한다. 또한, 현장에서의 작업 평가에 관련된 작업 위험 요인과 작업 관련성 질환의 증상과의 인과 관계가 확인되어 타당성이 입증되고, 평가 도구로서 신뢰도가 검증된 것이어야 한다. 그 동안 많은 학자들에 의하여 작업 위험의 정량적인 평가에 관한 연구들이 진행되어 왔다.

작업 위험 평가 도구는 평가 결과가 해당 작업의 근골격계 질환 관련성을 직접적으로 입증하기보다는, 근골격계 질환의 발생 요인에 관한 분석을 통하여 작업 환경에 포함된 위험 요인을 파악하고 이를 개선·제거함으로서 근골격계 질환의 예방을 위한 자료로 활용하는 것이 바람직하다. 즉, 작업 위험 평가 도구는 포괄적인 작업장의 분석과 개선을 위한 보조 도구로 이용될 수 있다.

이 책에서는 작업 위험 평가에서 대표적으로 이용되고 있는 NIOSH lifting guideline, OWAS, REBA, RULA 등을 다룬다.

3. 인력 운반과 NIOSH lifting guideline

3.1 인력 운반 작업

인력 운반 작업(manual material handling)은 사람의 힘으로 중량물을 취급하는 작업으로 ① 들기(lifting)/내리기(lowering), ② 밀기(pushing)/당기기(pulling), ③ 비틀기(twisting), ④ 옮기기(carrying), ⑤ 유지하기(holding)를 포함한다.

인력 운반 작업에 대한 분석 방법은 크게 ① 생체 역학적 접근(biomechanical approach), ② 생리학적 접근(physiological approach), ③ 심물리학적 접근(psychophysical approach)으로 분류된다.

생체 역학적 접근(biomechanical approach)은 [그림 16.4]와 같이 신체를 링크(link)와 관절(joint)의 시스템으로 보고, 역학적 원리를 이용하여 신체의 근골격계에 미치는 역학적 스트레스와 필요한 근육의 힘을 결정하는 방법이다.

그림 16.4 생체 역학적 모형

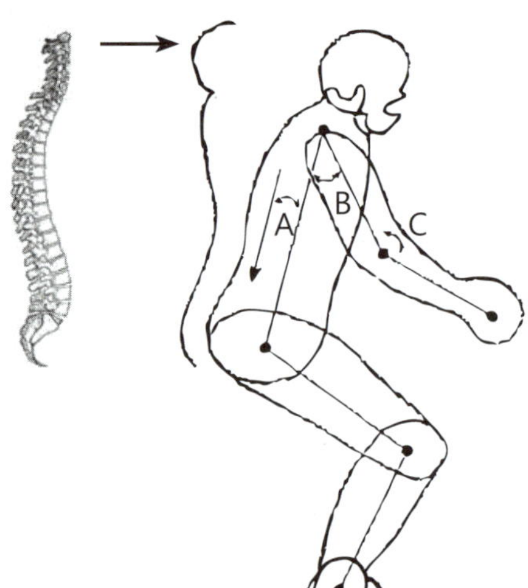

들기, 옮기기, 밀기와 같은 인력 운반 작업에서 신체에서 발생하는 대부분의 힘은 L5/S1 디스크, 즉 제5 요추와 제1 천골 사이의 디스크에 부과된다. 허리 손상이 대부분 이곳에서 일어나므로 생체 역학적 모형에서는 L5/S1 부위에 걸리는 압착력(compressive force)에 관심을 갖는다. 들기 작업에서 L5/S1 부위에 부과되는 압착력은 중량물의 무게와 척추부에서 떨어진 거리, 신체 부위의 길이 및 무게, [그림 16.4]에 표시된 신체 관절 부위의 각도 등에 따라 영향을 받는다.

생체 역학적 분석은 빈번하지 않은 인력 운반 작업을 대상으로 신체의 근력과 압착력의 허용 범위 이내로 작업 요구량을 제한하는 것이 목표이다. NIOSH(1991)는 40세 이하의 건강한 작업자를 대상으로 L5/S1 디스크에 걸리는 압착력의 허용 한계선(action limit)으로 350kg(3.4KN)을 제시하였다.

생리학적 접근(physiological approach)은 빈번하면서 어느 정도 장시간 수행하는 인력 운반 작업을 대상으로 에너지 소비와 심장 박동수(heart rate) 등의 심장 혈관 계통에 작용하는 스트레스에 대하여 분석한다. 생리학적 모형에서는 체중, 중량물 무게, 성별, 수직 들기의 시점과 종점, 중량물의 크기, 취급 빈도 등과 같은 변수에서 에너지 소비량을 토대로 작업의 생리학적 비용을 분석한다. 에너지 소비율에 관한 한계로서 몇몇 연구자들은 8시간 작업을 기준으로 평균 에너지 소비량의 최대 수준을 최대 산소 소비량(MAP)의 33%로 제시하였다. 건강한 청년 남성의 경우 MAP는 약 3 ℓ/min, 즉 15kcal/min이므로 평균 에너지 소비에 관한 최대 허용 한계 수준은 MAP의 1/3에 해당하는 5kcal/min가 된다.

심물리학적 접근(psychophysical approach)은 사람들이 스트레스를 주관적으로 평가할 때 생체 역학적 스트레스와 심리적 스트레스를 통합하여 판단한다는 사실에 기본을 두고 있다. 심리적 모형에서는 드는 높이, 들기 빈도, 물체 치수, 작업시간 등의 변수에서 작업자가 버틸 수 있는 최대량(또는 취급 빈도)인 최대 수용 하중(MAWL: maximum acceptable weight of load) 등에 대하여 분석한다.

3.2 개정된 NIOSH 들기 작업 지침

1991년 미국의 국립 산업안전보건원(NIOSH: national institute for occupational safety and health)에서는 주어진 작업 조건에서 인력 운반 작업, 특히 들기 작업에서 안전하게 작업할 수 있는 작업물의 중량을 계산하기 위한 개정된 들기 작업 지침(revised NIOSH lifting guidelines)을 제시하였다. 개정된 들기 작업 지침은 들기 작업에 대한 권장 무게 한계(RWL: recommended weight limit)를 쉽게 산출하도록 하여 작업의 위험성을 예측하고 인간공학적인 작업 방법의 개선을 통해 작업자의 직업성 요통을 사전에 예방함을 목적으로 한다. NIOSH 들기 작업 지침은 권장 무게 한계를 도출하는 공식 자체가 간단하므로 누구나 쉽게 사용할 수 있다는 장점이 있으나, 들기 작업에만 적용할 수 있기 때문에 반복적인 작업 자세, 밀기, 당기기 등과 같은 작업들에 대한 평가에는 어려움이 있다.

들기 작업이란 특정 물건을 두 손으로 잡고 기계의 도움 없이 들어 수직으로 이동시키는 작업을 뜻하며, Revised NIOSH lifting guidelines에서는 권장 무게

표 16.3 권장 무게 한계(RWL)에 포함된 계수

기 호	정 의	수 식
HM	수평 계수(horizontal multiplier)	25/H, 25 < H < 63 1, H < 25cm 0, H < 63cm
VM	수직 계수(vertical multiplier)	1 - 0.003|V - 75|, 75 < V < 175 0, V > 175cm
DM	거리 계수(distance multiplier)	0.82 + 4.5/D 1, D < 25cm 0, D > 175cm
AM	비대칭 계수(asymmetric multiplier)	1 - 0.0032A 0, A > 135
FM	빈도 계수(frequency multiplier)	[표 16.4] 참조
CM	커플링 계수(coupling multiplier)	[표 16.5] 참조

한계(RWL)와 들기 지수(LI: lifting index)를 이용하여 들기 작업을 관리한다.

개정된 NIOSH 들기 기준은 40대 여성의 들기 능력의 50퍼센타일인 9.5kcal/min을 기준으로 산정되었다. 권장 무게 한계란 건강한 작업자가 특정한 들기 작업에서 작업시간 동안 허리에 무리를 주지 않고 요통의 위험 없이 들 수 있는 무게의 한계를 말한다. 권장 무게 한계를 구하는 공식은 다음과 같으며, 각 계수를 구하는 법을 정리하면 [표 16.3]과 같다.(Waters, et al., 1994)

$$RWL(kg) = 23 \times HM \times VM \times DM \times AM \times FM \times CM$$

수평 계수(horizontal multiplier)는 수평 거리(H)를 권장 무게 한계에 고려하기 위한 계수로 HM = 25cm/H로 나타낸다. 수평 거리(H: horizontal location)는 두 발뒤꿈치 뼈의 중점에서 손까지의 거리(cm)이며, 들기 작업의 시작점(H1)과 종점(H2)의 두 군데에서 측정한다([그림 16.3] 참조). 수평 거리가 25cm보다 작을 경우의 HM은 1이고, 63cm를 초과할 경우의 HM은 0이 된다. 여기에서 25cm는 작업자가 물체를 몸에 붙여 들 수 있는 최소 수평 거리로 팔꿈치 길이에 해당하며, 63cm는 체구가 작은 사람이 물체를 최대한 멀리 잡고 들 수 있는 수평 거리이다.

수직 계수(vertical multiplier)는 작업자와 물체 사이의 수직 거리(V)를 권장 무게 한계에 고려하기 위한 계수로 $VM = 1 - 0.003|V - 75|$로 표현된다. 들기 작업은 들기에 편안한 높이에서 멀리 떨어질수록(수직 거리가 크면) 힘이 들기 때문에 권장 무게를 줄여야 한다. 75cm는 키가 165cm인 사람이 들기 작업에서 가장 적합한 높이인 팔을 편안하게 늘어뜨렸을 때의 손의 높이(knuckle height)이며, 이 높이에서 수직계수(VM)는 1이다. 최대 파악 한계인 175cm 이상에서의 수직 계수(VM)는 0이다. 수직 계수 공식에서는 지면으로부터 어깨 높이(150cm)로 들 때에는 최대 힘의 77.5%의 힘만 가능한 것으로 설정되어 있으며, 수직 거리(V)가 75cm 이하인 경우는 몸 전체로 들지만, 75cm 이상인 경우는 상체를 이용한 들기 작업이 된다. 수직 거리(V)는 바닥에서 손까지의 거리(cm)로 들기 작업의 시작점(V1)과 종점(V2)의 두 군데에서 측정한다([그림 16.5]).

그림 16.5 변수의 정의

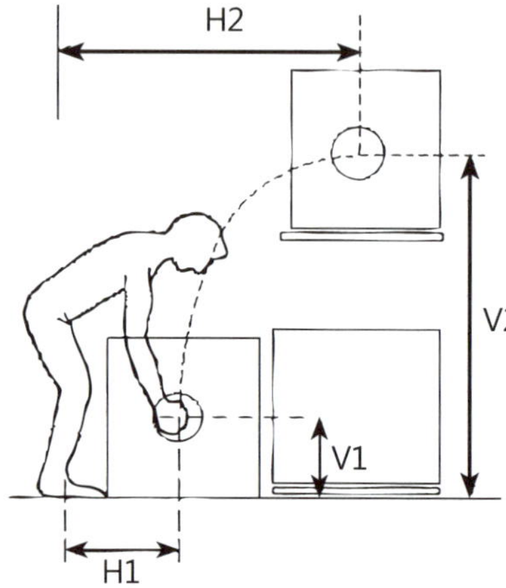

거리 계수(distance multiplier)는 물체를 이동시킨 수직 이동 거리(D)를 권장 무게 한계에 고려하기 위한 계수로서 DM = 0.82 + 4.5/D로 나타낸다. 수직 이동 거리(D: vertical travel distance)는 들기 작업에서 수직으로 이동한 거리(cm)로, [그림 16.5]의 V2 - V1이 된다. 수직 이동 거리가 25cm보다 작을 때, 거리 계수(DM)는 1이고 최대 파악 한계인 175cm보다 클 경우에는 0이다.

비대칭 계수(asymmetric multiplier)는 1981년 NIOSH 공식에서는 고려되지 않았던 요소이다. AM = 1 - 0.0032A로 표현되며, 여기서 A는 정면(신체 중심점)에서 중량물 중심까지의 비틀린 정도를 나타내는 각도로([그림 16.6]), 들기 작업의 시작점과 종점의 두 군데에서 측정한다. 비대칭 계수(AM)는 90도의 비틀림에서 허용 중량이 30% 정도 감소되도록 설정되어 있으며, 135도가 넘을 경우의 비대칭 계수는 0으로 135도 이상의 비틀림을 금하고 있다.

빈도 계수(frequency multiplier)는 수학적인 식을 사용하지 않고, [표 16.4]와 같이 분당 물체를 드는 빈도수와 작업시간, 수직 거리(V)에 따라 값을 주었다. 들기 빈도(F: lifting frequency)는 적어도 15분 동안 측정하여야 하며, 평균적으로 분당 들어올리는 횟수(회/분)를 나타낸다.

그림 16.6 비대칭 각도 A

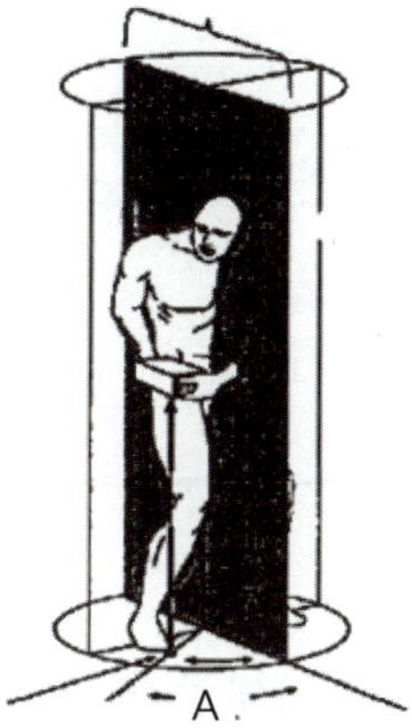

표 16.4 빈도 계수

빈도수 (회/분)	작업시간					
	1시간 이하		2시간 이하		8시간 이하	
	V < 75	V > 75	V < 75	V > 75	V < 75	V > 75
0.2	1.00	1.00	0.95	0.95	0.85	0.85
0.5	0.97	0.97	0.92	0.92	0.81	0.81
1	0.94	0.94	0.88	0.88	0.75	0.75
2	0.91	0.91	0.84	0.84	0.65	0.65
3	0.88	0.88	0.79	0.79	0.55	0.55
4	0.84	0.84	0.72	0.72	0.45	0.45
5	0.80	0.80	0.60	0.60	0.35	0.35
6	0.75	0.75	0.50	0.50	0.27	0.27
7	0.70	0.70	0.42	0.42	0.22	0.22
8	0.60	0.60	0.35	0.35	0.18	0.18
9	0.52	0.52	0.30	0.30	0.00	0.15
10	0.45	0.45	0.26	0.26	0.00	0.13
11	0.41	0.41	0.00	0.23	0.00	0.00
12	0.37	0.37	0.00	0.21	0.00	0.00
13	0.00	0.34	0.00	0.00	0.00	0.00
14	0.00	0.31	0.00	0.00	0.00	0.00
15	0.00	0.28	0.00	0.00	0.00	0.00
15 이상	0.00	0.00	0.00	0.00	0.00	0.00

표 16.5 커플링 계수

커플링 상태	수직 거리 (V)	
	75cm 미만	75cm 이상
good	1.00	1.00
fair	0.95	1.00
bad	0.90	0.90

커플링 계수(coupling multiplier)는 비대칭 계수와 마찬가지로 1981년에 만들어진 지침에서는 고려되지 않았던 요소이다. 커플링은 물체를 들 때에 미끄러지거나 떨어뜨리지 않도록 손잡이 등이 좋은지를 권장 무게 한계에 반영한 것이다. [표 16.5]는 커플링 상태와 수직 거리에 따른 커플링 계수표로 커플링 상태가 나쁘면 권장 무게 한계가 작아지도록 되어 있다. [표 16.5]에서 'good'은 손잡이가 들기 적당하게 위치한 경우, 또는 손잡이는 없지만 들기 쉽고 편하게 들 수 있는 부분이 존재할 경우에 해당된다. 'fair'는 손잡이나 잡을 수 있는 부분이 있으며 적당하게 위치하지는 않았지만, 손목의 각도를 90도 정도 유지할 수 있을 경우에 해당하고, 'bad'는 손잡이나 잡을 수 있는 부분이 없거나 불편한 경우, 끝 부분이 날카로운 경우에 해당한다.

이제 다시 권장 무게 한계(RWL)를 구하는 공식을 살펴보자.

$$\mathrm{RWL(kg)} = 23 \times \mathrm{HM} \times \mathrm{VM} \times \mathrm{DM} \times \mathrm{AM} \times \mathrm{FM} \times \mathrm{CM}$$

공식에서 무게 23kg은 최적의 환경에서 들기 작업을 할 때의 최대 허용 무게이다. 모든 계수들이 1인 경우가 최적인 상태로 RWL 공식은 권장 무게 한계(23kg)에서 들기 작업의 어려움을 1보다 작은 계수 값들로 나타내며, 작업이 어려울수록 0에 가까운 작은 값들을 곱하여 중량물의 한계가 작아지도록 설계한 것이다.

들기 지수(LI: lifting index)는 실제 작업물의 무게와 RWL의 비(ratio)이며 특정 작업에서의 육체적 스트레스의 상대적인 양을 나타낸다.

LI = 실제 작업 무게/권장 무게 한계

NIOSH 지침을 이용한 들기 작업의 분석은 단순 들기 작업과 복합 들기 작업으로 구분하여 분석한다.

단순 들기 작업은 들기 작업을 수행할 때마다 작업 변수에 큰 차이가 없다든지, 여러 작업 중 한 작업에 대해서만(가령, 가장 힘든 작업) 대표로 분석을 수행하는 경우를 의미한다.

표 16.6 단순 들기 작업 분석표

단순 들기 작업 분석표

부　서 ______________　　작업 설명
작업명 ______________　　______________
분석자 ______________　　______________
날　짜 ______________　　______________

단계 1. 작업 변수 측정 및 기록

중량물 무게(kg)		손 위치(cm)				수직 거리	비대칭 각도(도)		빈도	지속 시간	커플링
		시점		종점		(cm)	시점	종점	회수/분	(HRS)	
L(평균)	L(최대)	H	V	H	V	D	A	A			

단계 2. 계수 및 RWL 계산

	RWL =	23	HM	VM	DM	AM	FM	CM	
시점	RWL =								= kg
종점	RWL =								= kg

단계 3. 들기 지수(LI) 계산

시점　들기 지수(LI) = $\frac{\text{중량물 무게}}{\text{RWL}}$ = ―――― = ☐

종점　들기 지수(LI) = $\frac{\text{중량물 무게}}{\text{RWL}}$ = ―――― = ☐

[표 16.6]은 단순 들기 작업을 분석하는 데에 이용되는 분석표이다. 단순 들기 작업의 분석은 작업의 주요 작업 변수들을 측정하여 작업 분석표에 기록하는 자료 수집 단계, 수집 자료를 토대로 각 작업 변수들에 해당하는 계수들(HM, VM, DM, AM, CM, FM)을 결정하고 RWL과 LI를 구하는 분석 단계로 구분할 수 있다. 들기 지수(LI)가 1.0보다 크면 작업 부하가 권장치보다 크기 때문에 개선 대상의 작업이다. 개선 대상의 들기 작업은 계수 중에서 특히 작은 것부터 개선해 나가는 것이 효율적이다.

[표 16.7]은 들기 작업을 개선하기 위한 방안들을 예시하고 있다.

복합 들기 작업은 작업 변수가 다른 들기 작업이 여러 가지로 구성된 작업으로 단순 들기 작업보다 분석 절차가 복잡하다. 이 책에서는 복합 들기 작업에 대하여는 다루지 않는다. 복합 들기 작업의 분석은 전체 작업을 구성하고 있는 각 하위 들기 작업에 대한 정확한 분석이 필요하거나, 작업 개선을 위한 자세한 정보가 필요한 경우에 적용하는 것이 타당하다. 들기 작업에 대한 예비적 평가에서

표 16.7 들기 작업에 대한 개선 방안

계수	개선 방안
HM < 1.0	· 하중을 작업자에 근접시킴 (수평 방향 장애물을 제거, 물건의 크기 줄임) · 바닥에서 들기를 회피함
VM < 1.0	· 들기 시점을 높이거나 종점을 낮춤 · 바닥에서 들기나 어깨 위로 들기 회피
DM < 1.0	· 들기 시점과 종점 사이의 수직 거리 감소
AM < 1.0	· 비틀림 각도를 줄임(들기 시점과 도착점을 근접하게 이동) · 시점과 종점을 더 멀게 위치 (작업자가 몸을 비틀기보다 발로 걸을 수 있도록 함)
FM < 1.0	· 들기 빈도를 감소시킴 · 들기 기간을 감소시킴 · 회복 시간을 더 길게 줌
CM < 1.0	· 상자, 손잡이 등의 개선
RWL(종점) > RWL(시점)	· 종점에서 취급 주의 요구 조건 제거 · 작업 재설계 또는 상자 용기 특성을 변경

는 가장 힘든 들기 작업을 대상으로 단순 들기 작업 분석을 적용하여 들기 작업을 점검할 수 있다.

예제 16.4 NLE 작업 분석

[그림 16.7]과 같이 작업물을 선반에 올리는 작업을 예로 들어 NIOSH 들기 작업 지침을 적용하여 보자. 그림에서 작업의 시점(origin)에서의 수평 거리는 25cm이고 종점(destination)에서의 수평 거리는 51cm이다. 선반 1의 높이는 60cm, 선반 2의 높이가 150cm이다. 45분 동안 1분당 3번의 들기 작업을 하며, 비대칭 각도는 0도, 박스는 손잡이나 손잡이 구멍이 없다(커플링은 'fair'로 간주).

[표 16.8]에 들기 작업의 주요 작업 변수들과 작업 시점과 종점에 대한

그림 16.7 들기 작업 예제

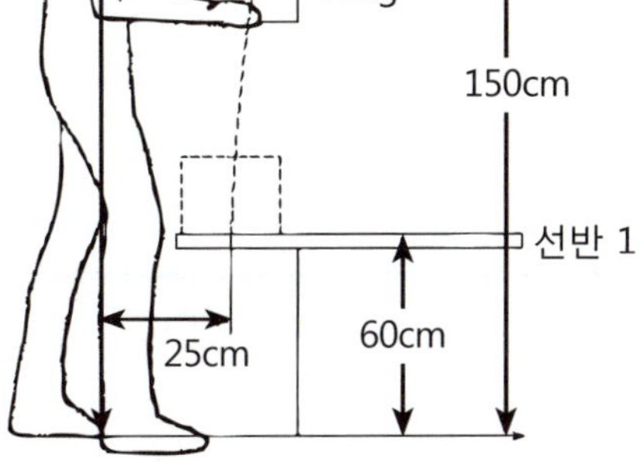

각 작업 변수들에 해당하는 작업 계수들(HM, VM, DM, AM, CM, FM), 권장 무게 한계(RWL) 및 들기 지수(LI)를 나타내었다. [표 16.8]에서 들기 지수(LI)를 보면 작업 시점에서는 0.75, 작업 종점에서는 1.76인 것을 알 수 있다. 즉, 작업 시점보다는 작업 종점이 스트레스를 더 많이 준다고 볼 수 있다. 종점 작업에서 작업 계수들을 보면 수평 계수(HM)와 수직 계수(VM)가 가장 작으므로 개선의 초점이 된다. 따라서 [표 16.8]의 개선 방안을 참조하면 HM을 개선하기 위해 선반 2를 작업자에 더 가깝게 설계하거나, VM을 개선하기 위하여 선반 2의 높이를 낮추는 방향으로 개선이 필요하다.

표 16.8 예제 작업 분석표

단순 들기 작업 분석표

단계 1. 작업 변수 측정 및 기록

중량물 무게(kg)		손 위치(cm)				수직거리	비대칭 각도(도)		빈도	지속시간	커플링
		시점		종점		(cm)	시점	종점	회수/분	(HRS)	
L(평균)	L(최대)	H	V	H	V	D	A	A	F		C
12	12	25	60	51	150	90	0	0	3	0.75	fair

단계 2. 계수 및 RWL 계산

	RWL =	23	HM	VM	DM	AM	FM	CM	
시점	RWL =	23	1	0.955	0.87	1	0.88	0.95	= 15.98 kg
종점	RWL =	23	0.5	0.775	0.87	1	0.88	1	= 6.82 kg

단계 3. 들기 지수(LI) 계산

시점 들기 지수(LI) = $\frac{\text{중량물 무게}}{\text{RWL}}$ = ________ = 0.75

종점 들기 지수(LI) = $\frac{\text{중량물 무게}}{\text{RWL}}$ = ________ = 1.76

4. OWAS

4.1 OWAS 개요

OWAS(Ovako working posture analysis system)는 철강회사인 핀란드의 Ovako Oy에 의해 1970년대 중반에 개발된 후에 Ovako Oy와 Finish Institute for Occupational Health가 공동으로 수정하여 개발한 대표적인 작업 자세 평가 기법이다. OWAS는 작업자들의 부적절한 작업 자세를 정의하고 평가하기 위해 개발한 방법으로 작업자의 자세를 일정 간격으로 관찰하여 분석하는 워크 샘플링(work sampling)에 기본을 두고 있다. OWAS는 작업자의 작업 자세를 샘플링하여 OWAS의 자세 분류 체계에 따라 기록하므로 현장에 적용하기 쉬운 장점이 있다. 그러나 몸통과 팔의 자세 분류가 상세하지 못하며, 자세의 지속시간, 팔목과 팔꿈치에 관한 정보가 반영되지 못한 단점이 있다.

OWAS의 작업 자세 분류 체계는 인간의 동작 및 자세를 매우 단순화한 거시적 작업 자세 분류 체계이다. [표 16.9]는 작업 자세에 대한 분류 체계를 나타내는데 몸통, 팔, 다리, 무게를 고려하고 있으며, 개정된 OWAS에서는 목 부위가 추가되었다.

[표 16.10]은 초기 OWAS 시스템에서 개발된 표로 몸통, 팔, 다리, 무게 항목에 따른 분류 코드에 의해 조치 수준을 평가하는 표이다. 예를 들어 특정 작업의 작업 자세가 몸통, 팔, 다리, 무게 및 힘이 각각 3121로 평가되었다면 [표 16.10]에서 몸통의 3과 팔이 1인 줄, 다리의 2와 무게/힘이 1인 열이 서로 만나는 곳을 읽으면 조치 수준 1로서 평가된다.

[표 16.11]은 OWAS 자세 평가에 의한 조치 수준을 나타내는데 전체를 4등급으로 분류하여 개선의 필요성이 없는 수준 1에서 개선의 긴급 정도에 따라 수준 2, 3, 4로 분류한다. 조치 수준 3, 4는 개선이 시급한 자세로 평가되며, 수준 2는 지속적인 관심을 가지고 장기적으로 개선을 필요로 하는 수준으로 평가된다.

표 16.9 OWAS 작업 자세 분류 체계

평가 항목	코 드	자세 설명
몸통(trunk)	1	곧바로 편 자세(서 있음)
	2	상체를 앞으로 20도 이상 굽힌 자세
	3	바로 서서 허리를 옆으로 20도 이상 비튼 자세
	4	상체를 앞으로 굽힌 채 옆으로 비튼 자세
팔(upper limbs)	1	양손을 어깨 아래로 내린 자세
	2	한 손만 어깨 위로 올린 자세
	3	양손 모두 어깨 위로 올린 자세
다리(lower limbs)	1	의자에 앉은 자세
	2	두 다리를 펴고 선 자세(양발 중심)
	3	두 다리를 펴고 한 다리에 중심을 두고 선 자세
	4	두 다리를 구부리고 양발 중심으로 선 자세
	5	두 다리를 구부리고 한 다리에 중심을 둔 자세
	6	무릎 꿇는 자세
	7	걷기
	8	바닥에 앉기*
	9	신체를 지지하지 않는 다리 자세*
	0	크롤링(crawling)*
무게(weight)	1	10kg 이하
	2	10~20kg
	3	20kg 이상
목*(neck)	1	곧바른/자유 자세*
	2	앞으로 20도 이상 굽은 자세*
	3	옆으로 20도 이상 굽은 자세*
	4	뒤로 20도 이상 굽은 자세*
	5	비틀림*

* 개정된 OWAS 시스템에서 추가된 분류 자세임.

표 16.10 신체 부위별 자세 코드에 따른 조치 수준 평가표

몸통	팔	다리																				
		1			2			3			4			5			6			7		
		무게																				
		1	2	3	1	2	3	1	2	3	1	2	3	1	2	3	1	2	3	1	2	3
1	1	1	1	1	1	1	1	1	1	1	2	2	2	2	2	2	1	1	1	1	1	1
	2	1	1	1	1	1	1	1	1	1	2	2	2	2	2	2	1	1	1	1	1	1
	3	1	1	1	1	1	1	1	1	1	2	2	2	2	2	3	1	1	1	1	1	2
2	1	2	2	3	2	2	3	2	2	3	3	3	3	3	3	3	2	2	2	2	3	3
	2	2	2	3	2	2	3	2	3	3	3	4	4	3	4	4	3	3	4	2	3	4
	3	3	3	4	2	2	3	3	3	3	3	4	4	4	4	4	4	4	4	2	3	4
3	1	1	1	1	1	1	1	1	1	2	3	3	3	4	4	4	1	1	1	1	1	1
	2	2	2	3	1	1	1	1	1	2	4	4	4	4	4	4	3	3	3	1	1	1
	3	2	2	3	1	1	1	2	3	3	4	4	4	4	4	4	4	4	4	1	1	2
4	1	2	3	3	2	2	3	2	2	3	4	4	4	4	4	4	4	4	4	2	3	4
	2	3	3	4	2	3	4	3	3	4	4	4	4	4	4	4	4	4	4	2	3	4
	3	4	4	4	2	3	4	3	3	4	4	4	4	4	4	4	4	4	4	2	3	4

표 16.11 작업 자세 조치 수준

위험 수준	평가 내용
수준 1 (acceptable)	작업 자세에 아무런 조치도 필요 없는 정상 작업 자세
수준 2 (slightly harmful)	지속적인 관심을 가지고 장기적으로 개선이 필요함
수준 3 (distinctly harmful)	작업 자세의 교정이 필요함
수준 4 (extremely harmful)	즉각적인 작업 자세의 교정이 필요함

예제 16.5 OWAS 분석

[그림 16.8]과 같은 용접 작업 자세를 OWAS 방법에 의하여 평가하여 보자. 몸통 자세는 허리를 20도 이상 굽히고 있으므로 2, 팔은 양손을 어깨 아래로 내린 자세로 1, 다리는 무릎을 꿇는 자세 6, 무게/힘은 10kg 이하이므로 1로 평가되어 분류코드는 2161이 되며 [표 16.8]에서 조치 수준 2로 평가된다.

그림 16.8 들기 작업 예제

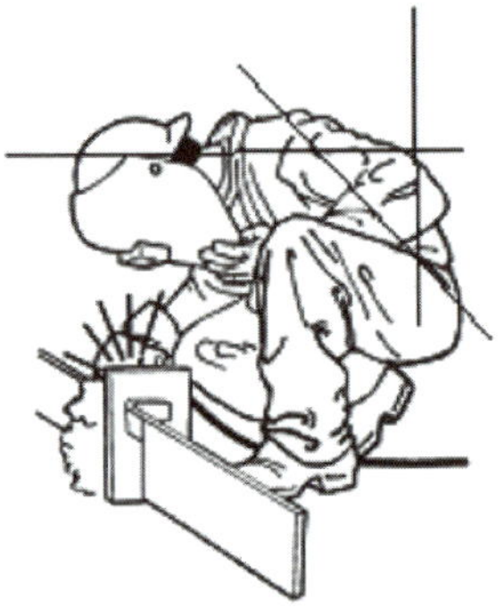

4.2 평가 절차

OWAS는 작업 자세를 고정 간격이나 랜덤한 간격으로 샘플링하여 OWAS 기록 용지[표 16.12]에 각 평가 항목별로 분류된 코드를 이용하여 기록한다. 자세 측정 간격은 작업의 특성에 따라 달라질 수 있다. 작업시간이 짧은 경우에는 2~3초 이내로 측정 간격을 짧게 하여 데이터 수를 늘리는 것이 좋으며, 작업시간이 긴 경우에는 10초 이상의 상대적으로 긴 측정 간격을 설정하여 데이터 규모를 적절하게 유지하는 것이 좋다.

관측시간 동안 기록이 끝나면 각 시점에서 작업 자세를 신체 부위별로 평가된 분류 자세에 따라 조치 수준을 평가하는 단면 평가를 한다. 또한 전체 분석 기간 동안의 신체 부위별 자세의 특성을 종합 평가하기 위하여 신체 부위별로 각 코드의 누적 비율을 조사한다. 신체 부위별 누적 자세 비율에 따라 평가 항목별로 조치 수준을 구하여 신체 부위별 조치 수준을 평가한다. 조치 수준은 단면 평가와 같은 분류 체계를 사용한다.

표 16.12 OWAS 자료 기록 용지

번호	시간	몸통				팔			다리										목					무게			활동
1		1	2	3	4	1	2	3	1	2	3	4	5	6	7	8	9	0	1	2	3	4	5	1	2	3	
2																											
3																											
4																											
5																											
6																											
7																											
계																											
비율																											

표 16.13 몸통 자세 비율에 따른 위험 평가 수준

코드	누적 자세 비율(%)									
	~ 10	~ 20	~ 30	~ 40	~ 50	~ 60	~ 70	~ 80	~ 90	~ 100
1	1	1	1	1	1	1	1	1	1	1
2	1	1	1	2	2	2	2	2	3	3
3	1	1	2	2	2	3	3	3	3	3
4	1 2	2	2	3	3	3	3	4	4	4

표 16.14 팔 자세 비율에 따른 위험 평가 수준

코드	누적 자세 비율(%)									
	~ 10	~ 20	~ 30	~ 40	~ 50	~ 60	~ 70	~ 80	~ 90	~ 100
1	1	1	1	1	1	1	1	1	1(2)	1(2)
2	1	1	1	2	2	2	2	2	3	3
3	1	1	2	2	2	2	2	3	3	3

( )은 팔이 약간 올라간 경우

표 16.15 다리 자세 비율에 따른 위험 평가 수준

코드	누적 자세 비율(%)									
	~ 10	~ 20	~ 30	~ 40	~ 50	~ 60	~ 70	~ 80	~ 90	~ 100
1	1	1	1	1	1	1	1	1	1	2
2	1	1	1	1	1	1	1	1	2	2
3	1	1	1	2	2	2	2	2	3	3
4, 5	1 | 2	2	2	3	3	3	3	4	4	4
6	1	1	2	2	2	3	3	3	3	3
7	1	1	1	1	1	1	1	1	2	2

표 16.16 목 자세 비율에 따른 위험 평가 수준

코드	누적 자세 비율(%)									
	~ 10	~ 20	~ 30	~ 40	~ 50	~ 60	~ 70	~ 80	~ 90	~ 100
1	1	1	1	1	1	1	1	1	1	1
2	1	1	2	2	2	3	3	3	3	3
3	1	1	2	2	2	3	3	3	3	3
4	1 | 2	2	2	3	3	3	3	4	4	4
5	1	1	1	2	2	2	2	2	3	3

[표 16.13]부터 [표 16.16]까지는 Von Stoffert(1985)가 제시한 것으로 몸통, 팔, 다리, 목(개정 OWAS 방법)의 신체 부위별로 자세 코드별 누적 비율에 따라 조치 수준을 평가하는 표이다.

예제 16.6 개정 OWAS 분석

[표 16.17]은 특정 작업을 총 100분 동안 촬영하여 1분 간격의 등간격으로 샘플링하여 OWAS 분석에 의해 작성한 기록표의 일부이다. 표를 보면 등간격으로 샘플링하여 각 시점에서 자세를 단면 평가하여 조치 수준을 기록하는 과정을 총 100회 시행한 것을 알 수 있다. 샘플링한 자료를 대상으로 단면 평가가 끝나면 신체 부위별 OWAS 코드의 비율을 통하여 작업의 신체 부위별 작업 자세 특성을 알 수 있다. 예를 들어, 몸통 자세를 분석한 결과 코드 1에 해당하는 자세가 64%이므로 [표 16.13]에서 조치 수준은 1, 코드 2의 자

표 16.17 OWAS 자료 기록 용지

번호	시간	몸통				팔			다리										목					무게			조치 수준
		1	2	3	4	1	2	3	1	2	3	4	5	6	7	8	9	0	1	2	3	4	5	1	2	3	
1	9:01		1			1				1									1					1			2
2	9:02	1				1				1									1					1			1
3	9:03	1					1				1											1		1			1
4	9:04	1				1				1									1					1			1
5	9:05		1			1					1								1					1			2
6	9:06	1				1				1									1					1			1
7	9:07	1					1			1									1					1			1
8	9:08		1			1					1									1				1			2
⋮																											
⋮																											
100	10:40	1				1					1								1					1			1
계		64	36			73	27			55	45								82	9		9		100			
비율(%)		64	36			73	27			55	45								82	9		9		100			
조치 수준		1	2			1	1			1	2								1	1		2					

세가 36%이므로 조치 수준 2에 해당되어 전체적으로는 조치 수준 2에 해당된다. 결과적으로 팔은 조치 수준 1, 다리는 조치 수준 2, 머리/목은 조치 수준 2에 해당된다고 할 수 있다. 이와 같이 OWAS 방법으로 평가하는 과정에서는 조치 수준을 구하기 위하여 표를 읽는 작업이 반복된다. 따라서 신체 부위별 자세 코드를 분류하면 조치 수준을 자동으로 구하여 주는 EXCEL 프로그램을 작성하면 효율성을 높일 수 있다.

5. REBA(Hignett and McAtamney, 2000)

5.1 REBA 개요

REBA는 Hignett and McAtamney(2000)이 Applied Ergonomics에 발표한 평가방법으로 근골격계질환과 관련한 위험요인에 대한 노출정도를 평가하기 위하여 개발되었다. 특히 상지(upper limb)를 위주로 평가하는 RULA와는 다르게 전신을 이용한 작업 자세에서의 부담정도와 위험요인에 대한 노출정도를 평가하기 위하여 개발되었다.

REBA는 신체부위를 크게 신체 활동의 기본 축이 되는 그룹 A(목+몸통+다리)와 상지(upper limb)의 활동을 나타내는 그룹 B(위팔+아래팔+손목)로 나누어 자세와 중량/힘, 반복작업, 정적작업, 불안정한 자세 등을 평가한다.

REBA에 의한 작업자세 평가는 먼저 평가를 위한 작업이나 자세를 선택하기 위해 작업자의 작업을 몇 번의 반복 횟수동안 관찰을 한 후에 작업 중에서 가장 빈번하게 행해지는 자세나 작업 부하가 가장 많이 걸리는 자세를 선택하여 평가한다. 평가할 때 한 번에 작업자의 오른쪽이나 왼쪽 중 한쪽만을 평가하고, 다음에 다른 쪽을 평가한다. 작업평가를 위하여 디지털 카메라나 캠코더를 가장 많이 사용하며 캠코더로 촬영을 할 경우 좌우 3~4 사이클 이상을 촬영한다. 실제 평가는 REBA 평가표를 이용하여 단계적으로 항목들을 기록하고 점수를 산출하면 된다. 전체 작업평가 결과는 1에서 15점 사이의 총점으로 나타내어지며 점수에 따라 5개의 조치수준으로 분류된다.

REBA와 OWAS 방법의 차이는 OWAS 방법은 각 신체 부위의 자세 평가가 명목척도로 어느 등급에 속하는지만 표현하지만, REBA 방법은 각 신체 부위의 평가가 나쁜 자세일수록 점수가 높아지는 점수제로 표현된다는 것이다. 즉, 허리를 20도 이상을 굽히면 몇 도를 굽히는가에 상관없이 OWAS에서는 허리분류 코드 2로 분류되지만 REBA에서는 허리를 많이 굽힐수록 점수가 높아지게 된다. 따라서, OWAS 방법에서는 허리부위 자세에 대하여 똑바로(1), 굽힘(2), 옆으로(3), 굽히고 옆으로(4)의 분포 비율만을 구할 수 있지만, REBA 방법에서는 허리 자세의 평균 점수와 분포를 모두 분석할 수 있다. 시간은 더 걸리지만 자세히 분석할 수 있고, 통계적인 분석도 다양하게 할 수 있는 것이다.

또한 신체부위별 평가에 따른 전체 동작의 난이도 평가가 OWAS는 조치수준 4단계로 밖에 나눌 수 없지만, REBA는 총점수에 의해 15단계로 동작의 난이도를 구분할 수도 있고, 필요에 따라 5단계의 조치수준 등급으로 구분할 수 있다.

5.2 REBA 평가 절차

[그림 16.9]는 REBA의 평가절차를 나타낸다. 평가절차는 신체부위를 크게 활동의 기본 축인 그룹 A(목+몸통+다리)와 상지 활동을 나타내는 그룹 B(위팔+아래팔+손목)로 나누어 각 신체부위별로 비틀리거나 굽힘 여부를 평가하여 Table A와 Table B점수를 부여한다. 무게/힘과 손잡이 상태에 따라 그룹 A 점수와 그룹 B 점수를 산출하고, 이를 통해 종합(Table c) 점수를 도출하고 활동 점수를 고려하여 REBA 총점수를 구한다. 총점수를 이용하여 조치수준을 5단계 등급 중에서 정한다.

그림 16.9 REBA 시스템 구성도

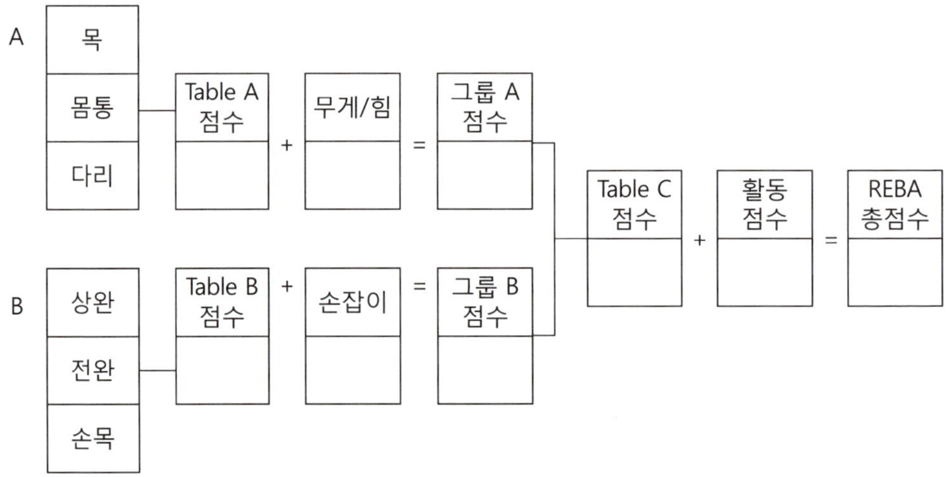

5.2.2 그룹 A(목, 몸통, 다리) 평가

그룹 A 평가에서는 신체활동의 중심 축인 목, 몸통, 다리의 자세와 무게/힘에 대한 평가가 이루어진다. [표 16.18]은 그룹 A의 목, 몸통, 다리에 대한 부위별 평가점수표를 나타낸다. 작업 장면을 토대로 [표 16.18]에서 그룹 A에 속하는 목, 몸통, 다리 부위의 자세에 따라 점수를 읽고, 추가점수 요인이 있는 경우에는 합산하여 부위별 평가점수를 도출한다. 평가점수는 부위별 불편도에 따라 목은 1~3점, 몸통부위는 1~5점, 다리는 1~4점까지로 표현된다.

목, 몸통, 다리에 대한 평가점수가 구해지면 [표 16.19]에서 Table A 점수를 구한다. 예를 들어 특정 작업의 작업 자세가 몸통이 5점, 목이 2점, 다리 3점으로 평가되었다면, [표 16.19]에서 몸통의 5 칸과 목의 2, 다리의 3 열이 서로 만나는 곳을 읽으면 8점으로 평가된다. 즉, 기본 활동 축인 몸통, 목, 다리의 자세 점수는 9점 척도에서 8점에 해당될 정도로 불편한 자세라 할 수 있다.

표 16.18 REBA 목, 몸통, 다리의 자세 평가점수

부위	자세 분류	점수	추가 점수	자세
몸통	똑바로 선자세	1	비틀리거나 옆으로:+1	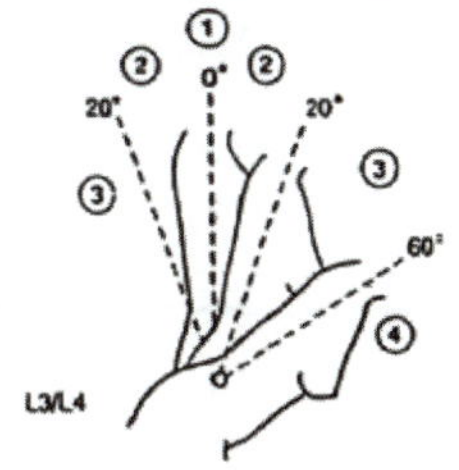
	0°~20° 굽힘, 0°~20° 젖힘	2		
	20°~60° 굽힘, 20° 이상 젖힘	3		
	60° 이상 굽힘	4		
목	0°~20° 굽힘	1	비틀리거나 옆으로:+1	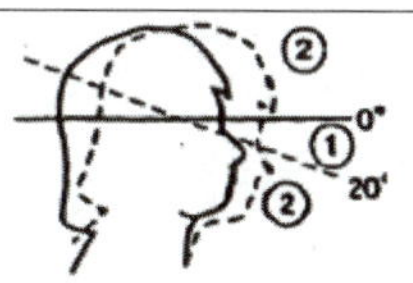
	20° 이상 굽힘, 뒤로 젖힘	2		
다리	양 발에 중심, 걷거나 앉음	1	30°~60° 무릎 굽힘:+1 60° 이상 무릎 굽힘:+2	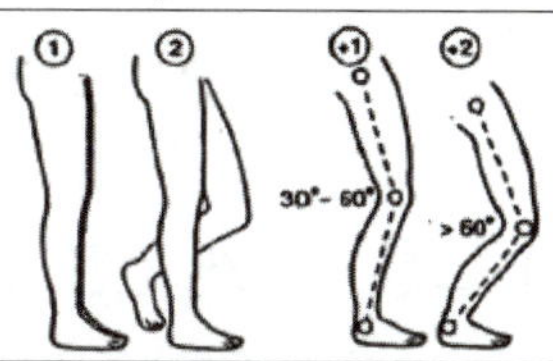
	한 발에 중심	2		

표 16.19 Table A(그룹 A: 자세목, 몸통, 다리) 점수표

몸통	목											
	1				2				3			
	다리				다리				다리			
	1	2	3	4	1	2	3	4	1	2	3	4
1	1	2	3	4	1	2	3	4	3	3	5	6
2	2	3	4	5	3	4	5	6	4	5	6	7
3	2	4	5	6	4	5	6	7	5	6	7	8
4	3	5	6	7	5	6	7	8	6	7	8	9
5	4	6	7	8	6	7	8	9	7	8	9	9

표 16.20 무게/힘 점수

무게/힘			
0	1	2	+1
< 5kg	5-10kg	> 10kg	충격 또는 갑작스런 힘의 사용

Table A 점수에 [표 16.20]에서 해당 무게/힘 점수를 구하여 합하면 그룹 A의 점수가 된다.

$$점수\ A = Table\ A\ 점수 + 무게/힘\ 점수$$

나. 그룹 B(상완, 전완, 손목) 평가

그룹 B 평가에서는 상지인 상완, 전완, 손목 부위의 자세와 무게/힘에 대한 평가가 이루어진다. 상완은 어깨 축을 중심으로 윗팔의 위치를 평가하며, 어깨가 벌어지거나 회전하는 경우엔 +1점이, 어깨가 들린 동작에도 +1점이 부가 된다. 반면 허리를 굽힌 상태에선 윗팔이 중력방향이 더 편하므로 보정 점수 −1점을 부여하고 지지된 경우에도 −1점을 부여한다. 전완은 팔꿈치 축을 기준으로 아래팔의 위치를 평가한다.

작업 장면을 토대로 [표 16.21]에서 그룹 B에 속하는 상완, 전완, 손목 부위의 자세에 따라 점수를 읽고, 추가점수 요인이 있는 경우에는 합산하여 부위별 평가점수를 도출한다. 평가점수는 부위별 불편도에 따라 목은 1~3점, 몸통부위는 1~5점, 다리는 1~4점까지로 표현되며, 점수가 클수록 불편한 자세임을 의미한다.

상완, 전완, 손목 부위에 대한 평가점수가 구해지면 [표 16.22]에서 Table B 점수를 구한다. 예를 들어 특정 작업의 작업 자세가 상완이 3점, 전완이 2점, 손목 1점으로 평가되었다면, [표 16.22]에서 상완의 3 칸과 전완의 2, 손목의 1 열이 서로 만나는 곳을 읽으면 4점으로 평가된다. 즉, 상지의 불편도를 나타내는

표 16.21 상완, 전완, 손목의 자세 평가점수

부위	자세 분류	점수	추가 점수	자세
상완	20° 내외	1	벌어지거나 회전: +1 어깨 들림: +1 중력방향 또는 지지:-1	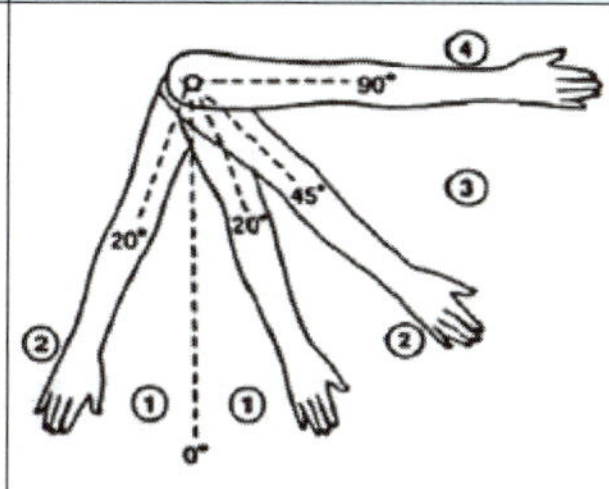
	20°~45° 20° 이상 젖힘	2		
	45°~90°	3		
	90° 이상	4		
전완	60°~100°	1	없음	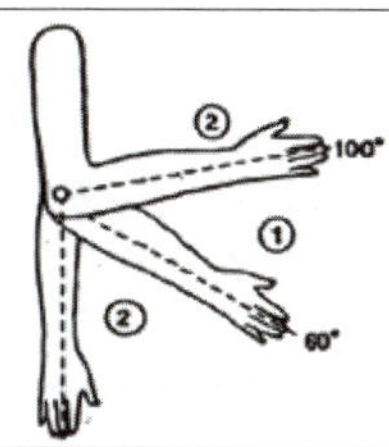
	100° 이상, 0°~60°	2		
손목	15° 내외	1	손목 비틀림:+1	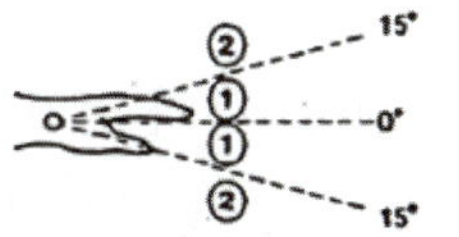
	15° 이상 굽힘 15° 이상 젖힘	2		

표 16.22 Table B(그룹 B: 자세목, 몸통, 다리) 점수표

상완	전완					
	1			2		
	손목			손목		
	1	2	3	1	2	3
1	1	2	2	1	2	3
2	1	2	3	2	3	4
3	3	4	5	4	5	5
4	4	5	5	5	6	7
5	6	7	8	7	8	8
6	7	8	8	8	9	9

Table B 점수는 9점 척도에서 4점에 해당될 정도의 자세라고 평가할 수 있다.

Table B 점수에 [표 16.23]에서 손잡이 커플링 점수를 구하여 합하면 그룹 B의 점수가 된다.

점수 B = Table B 점수 + 손잡이 점수

표 16.23 손잡이 평가표

0 (양호)	1 (보통)	2 (미흡)	3 (부적절)
무게 중심에 위치한 적절한 손잡이	잡을 수 있거나 손잡이 대용이 가능	손으로 잡기는 가능하지만 부적절	핸들이 없고, 부적절하며, 위험

활동 기본 축의 평가점수인 점수 A와 상지의 활동 평가점수인 점수 B의 점수를 토대로 [표 16.24]에서 종합 점수인 Table C 점수를 구한다. 예를 들어 특정 작업의 점수 A는 8점이고, 점수 B는 5점이었다면 [표 16.24]에서 점수 A의 8점 칸과 점수 B의 5점 열이 서로 만나는 곳을 읽으면 10점으로 평가된다. 전신 활동의 불편도를 나타내는 Table C 점수는 12점 척도에서 10점에 해당될 정도의 불편도를 가진 자세라고 평가할 수 있다.

Table C 점수에 [표 16.25]에서 활동점수를 구하여 합하면 REBA 점수가 된다.

REBA 총점수 = Table C 점수 + 활동 점수

REBA 총점수를 기준으로 [표 16.26]에서 조치수준을 결정한다.

표 16.24 Table C 점수표

		점수 B(상완, 전완, 손목)											
		1	2	3	4	5	6	7	8	9	10	11	12
점수 A (목 몸통 다리)	1	1	1	1	2	3	3	4	5	6	7	7	7
	2	1	2	2	3	4	4	5	6	6	7	7	8
	3	2	3	3	3	4	5	6	7	7	8	8	9
	4	3	4	4	4	5	6	7	8	8	9	9	9
	5	4	4	4	5	6	7	8	8	9	9	9	9
	6	6	6	6	7	8	8	9	9	10	10	10	10
	7	7	7	7	8	9	9	9	10	10	11	11	11
	8	8	8	8	9	10	10	10	10	10	11	11	11
	9	9	9	9	10	10	10	11	11	11	12	12	12

표 16.25 활동 부가점수 표

활동 점수	내용
+1	한 부위이상 신체 부위가 1분이상 고정되어 있는 정적 자세
+1	좁은 범위에서 분당 4회 반복적인 작업을 하는 경우
+1	급격한 큰 동작을 야기하거나, 불안정한 지지 상태

표 16.26 조치수준 표

조치수준	REBA 점수	위험등급	개선 조치
0	1	무시해도 좋음	필요 없음
1	2-3	낮음	필요할지도 모름
2	4-7	보통	필요함
3	8-10	높음	곧 필요함
4	11-15	매우 높음	지금 즉시 필요함

예제 16.7 REBA 평가 사례

[그림 16.10] 작업 자세를 REBA로 평가하여 보자(Hignett and McAtamney, 2000).

그룹 A평가에선 목은 젖혀진 자세이므로 2점, 몸통은 60° 이상 굽히고 비틀린 자세이므로 5점(=4+1), 다리는 양다리로 중심이 유지되고 있으나 60° 이상 굽힌 다리가 있어 3점(=1+2)으로 평가되어 Table A점수는 8점이 된다. 중량은 들지 않고 있으므로 0점이 되어 점수 A는 8점이다.

그룹 B평가에선 상완은 45~90°이고 벌려진 상태이나 중력방향이므로 3점(=3+1−1), 전완은 2점, 손목은 1점으로 평가되므로 Table B 점수는 4점이

그림 16.10 REBA 평가 사례

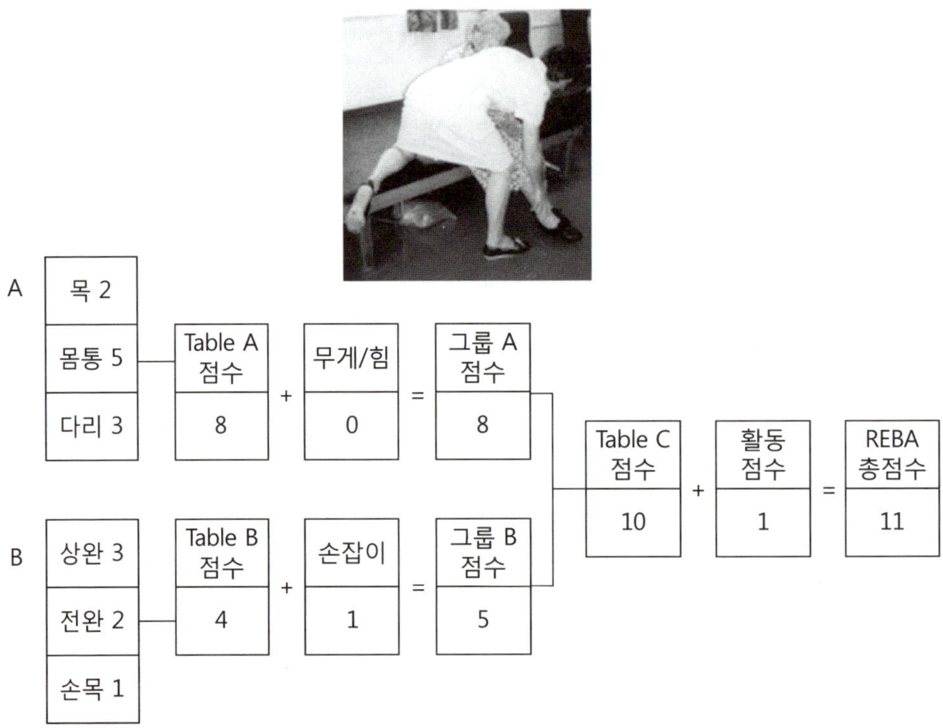

된다. 손잡이는 보통 형태이어서 1점이므로 점수 B는 5점이 된다.

따라서 Table C 점수는 10점이 되고, 불안정한 자세 1점을 추가 하면 총 점수는 11점이 되므로 조치수준은 4등급이 된다.

예제 16.8 OWAS 및 REBA 평가 사례

[그림 16.11] 작업 자세를 OWAS와 REBA 방법에 의하여 평가하여 보자.

OWAS 평가는 몸통 자세는 허리를 20° 이상 굽히고 옆으로인 자세이므로 4, 팔은 양손을 어깨 아래로 내린 자세로 1, 다리는 두 다리를 구부리고 한 다리에 중심을 둔 자세 5, 무게/힘은 10kg 이하이므로 1로 평가된다. 분류코

그림 16.11 예제 16.7 작업자세 및 REBA 평가표

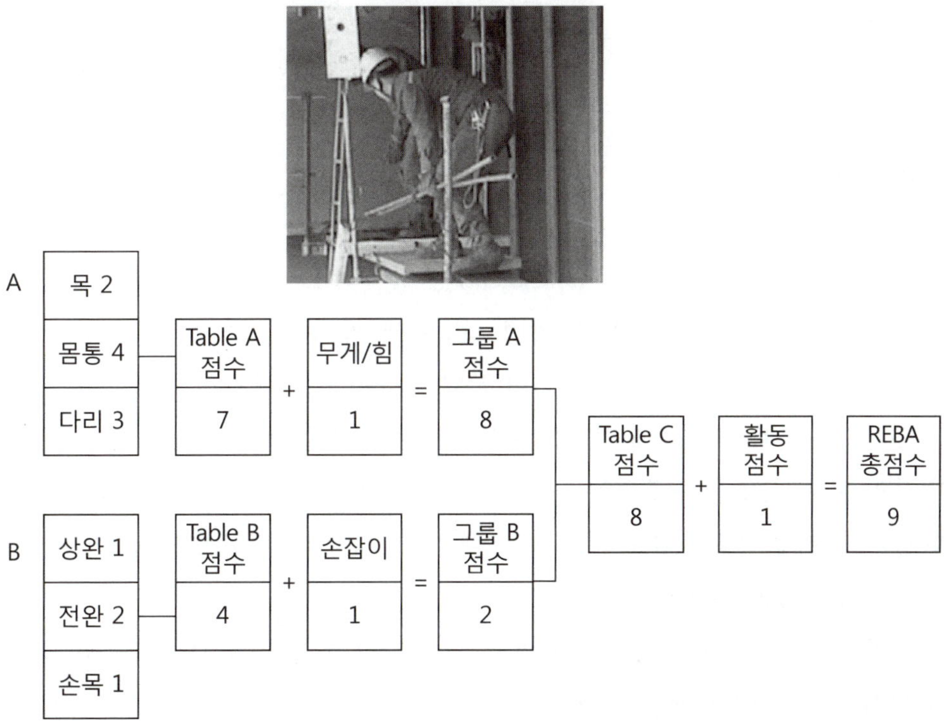

드 4151이 되므로, [표 16.10]에서 읽으면 조치 수준 4로 평가된다.

REBA를 이용하면 그룹 A평가에선 목은 젖혀진 자세이므로 2점, 몸통은 20~60° 굽히고 옆으로 자세이므로 4점(=3+1), 다리는 한 다리로 중심이 유지되고 30~60° 굽힌 다리가 있어 3점(=2+1)으로 평가되어 Table A점수는 7점이 된다. 중량은 5~10 kg이므로 1점이 되어 점수 A는 8점이다.

그룹 B평가에선 상완은 20~45°이고 중력방향이므로 1점(=2−1), 전완은 2점, 손목은 1점으로 평가되므로 Table B 점수는 1점이 된다. 손잡이는 보통 형태이어서 1점이므로 점수 B는 2점이 된다.

따라서 Table C 점수는 8점이 되고, 불안정한 자세 1점을 추가 하면 총점수는 9점이 되므로 조치수준은 3등급이 된다.

6. RULA

6.1 RULA 개요

RULA(Rapid Upper Limb Assessment)는 영국의 Lynn McAtamney와 Nigel Corlett가 1990년대 초에 개발한 방법으로 어깨, 팔, 손목, 목 등 상지(upper limb)에 초점을 맞추어서 작업 자세로 인한 작업 부하를 쉽고 빠르게 평가할 수 있다.

RULA는 근육의 피로에 영향을 주는 인자들인 작업 자세나 정적 또는 반복적인 작업 여부, 작업을 수행하는 데 필요한 힘의 크기 등 작업으로 인한 근육 부하를 평가하는 데 이용될 뿐만 아니라, 나쁜 작업 자세 비율이 어느 정도인지를 쉽고 빠르게 파악할 수 있다.

[그림 16.12]는 RULA 시스템의 구성을 나타낸다. RULA에서는 평가를 좀 더 쉽게 하기 위해 신체를 상완(upper arm), 전완(lower arm), 손목(wrist)의 A 그

룹과 목(neck), 몸통(trunk), 다리(legs)의 B 그룹으로 나누어 미리 주어진 코드 체계(coding system)를 이용하여 자세 점수를 부여한다. 그룹별 자세 점수는 근육과 힘을 고려하여 그룹별 점수가 되고, 이들을 종합하여 총점을 구한다. 마지막으로 총점에 따라 4개의 조치 단계(action level)로 평가하게 된다. [표 16.28]은 RULA 자세 평가에 의한 조치 수준을 나타내는데 전체를 4등급으로 분류하여 개선의 필요성이 없는 수준 1에서 개선의 긴급 정도에 따라 수준 2, 3, 4로 분류한다. 조치 수준 3, 4는 개선이 필요한 자세로 평가되며, 수준 2는 지속적인 관심을 가지고 장기적으로 개선을 필요로 하는 수준으로 평가된다.

그림 16.12 RULA 시스템 구성도

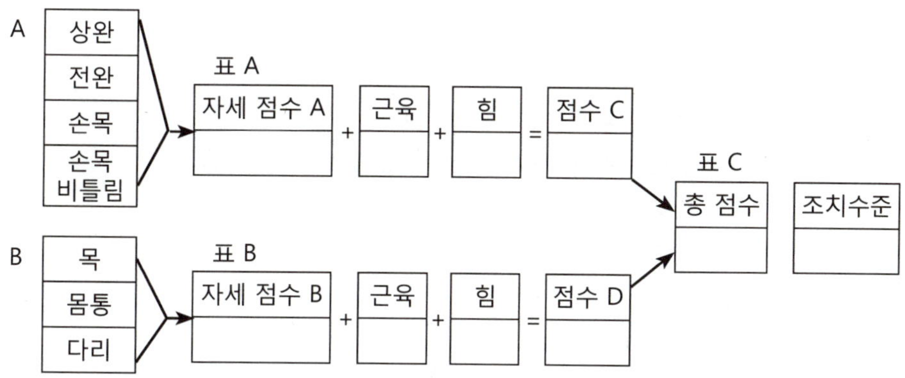

6.2 RULA 평가 절차

RULA에 의한 작업 자세 평가는 먼저 평가를 위한 작업이나 자세를 선택하기 위해 작업자의 작업을 몇 번의 반복 동안 관찰한 후에 작업 중에서 가장 빈번하게 행해지는 자세나 작업 부하가 가장 많이 걸리는 자세를 선택하여 평가한다. 평가할 때 한 번에 작업자의 오른편이나 왼편 중 한 쪽만을 평가하고, 다음에 다른 편을 평가한다. 실제 평가는 RULA 평가 용지(실습문제 다음 페이지에 수록)를 이용하여 단계적으로 항목들을 기록하고 점수를 산출하면 된다.

6.2.1 그룹 A(상완, 전완, 손목) 평가

그룹 A에서는 상완, 전완, 손목과 손목의 비틀림 자세 및 근육과 힘에 대한 평가가 이루어진다. [표 16.27]은 상완(upper arm) 자세에 대한 코드 체계를 나타내며, [그림 16.13]은 자세 분류를 나타낸 것이다. 작업 중 상완의 자세는 1부터 5점까지 부여되는 자세 중에서 어디에 속하는가 분류하며, +1 또는 −1점의 추가 점수에 해당되면 합산하여 점수를 부여한다.

표 16.27 상완의 자세에 따른 분류 체계

점 수	작업 자세 설명
1	상완이 몸통 전후 20°이내에 있을 때
2	상완이 뒤쪽으로 20°이상 신전 혹은 앞쪽으로 20~45°굴곡
3	상완이 앞쪽으로 45~90°사이에 있을 때(45~90°굴곡)
4	상완이 앞쪽으로 90°이상 있을 때(90°이상 굴곡)
+1	어깨가 들려 있는 경우
+1	상완이 몸에서부터 벌려져 있는 경우
-1	몸을 기대고 있거나 다른 도구가 팔의 무게를 지탱하고 있을 때

그림 16.13 상완 자세에 따른 분류

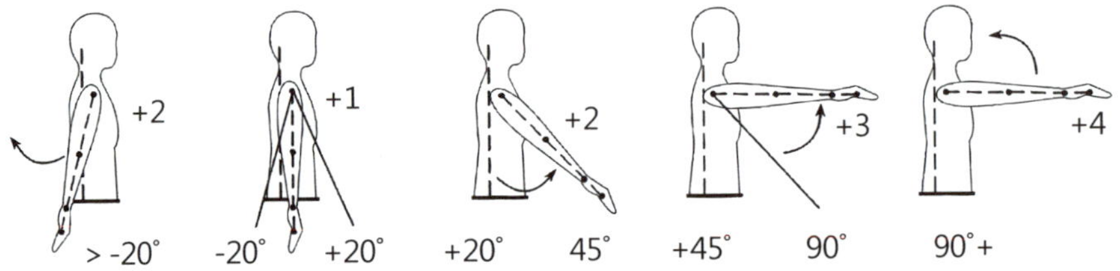

[표 16.28]는 전완(lower arm) 자세에 대한 코드 체계를 나타내며, [그림 16.14]는 자세 분류를 그림으로 나타낸 것이다.

표 16.28 전완 자세에 따른 분류 체계

점 수	작업 자세 설명
1	전완이 앞쪽으로 60~100°사이에 있을 때
2	전완이 앞쪽으로 0~60°혹은 앞쪽으로 100°이상에 있을 때 (0~60°굴곡 혹은 100°이상 굴곡)
+1	팔이 몸의 중앙을 교차하여 작업하는 경우
+1	팔이 몸통을 벗어나 작업을 하는 경우

그림 16.14 전완 자세에 따른 분류

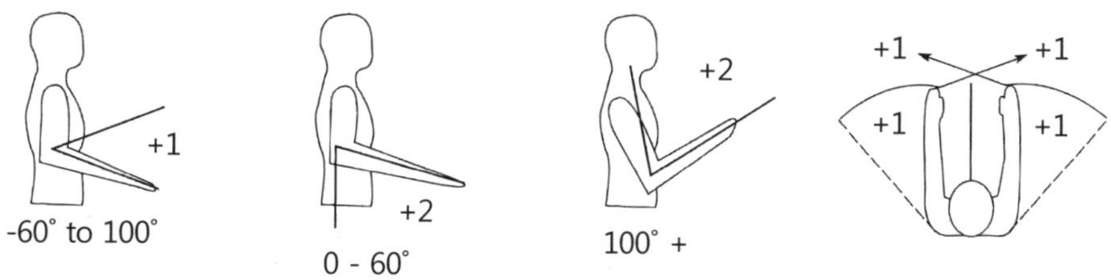

[표 16.29]은 손목(wrist)과 손목 비틀림(wrist twist) 자세에 대한 코드 체계를 나타내며, [그림 16.15]는 자세 분류를 그림으로 나타낸 것이다.

표 16.29 손목과 손목 비틀림 자세에 대한 분류 체계

신체 부위	점수	작업 자세 설명
손목	1	손목이 자연스러운 위치에 있을 때(중립 자세)
	2	손목이 각각 위쪽으로 0~15°올려져 있거나 0~15°내려져 있을 때(0~15°신전 혹은 0~15°굴곡)
	3	손목이 15°이상 올려져 있거나 15°이상 내려져 있을 때 (15°이상 신전 혹은 15°이상 굴곡)
	+1	손목이 요골 편향/측골 편향(radial/ulnar deviation)일 때
손목 비틀림	1	손목이 최대치의 절반 이내에서 비틀어진 경우
	2	손목이 최대치 범위까지 비틀어진 경우

그림 16.15 손목 자세에 따른 분류

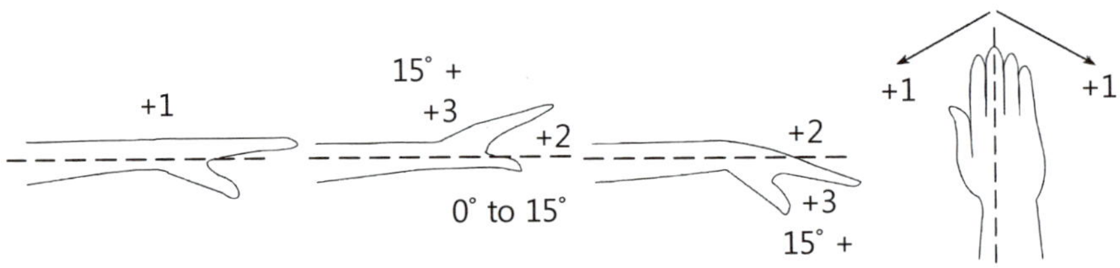

6.2.2 그룹 B(목, 몸통, 다리) 평가

그룹 B에서는 목, 몸통, 다리 자세 및 근육과 힘에 대한 평가가 이루어진다.

[표 16.30]은 목(neck)에 대한 코드 체계를 나타내며, [그림 16.16]은 목 자세 분류를 그림으로 나타낸 것이다.

[표 16.31]은 몸통(trunk) 자세에 대한 코드 체계를 나타내며, [그림 16.17]은 몸통 자세 분류를 그림으로 나타낸 것이다.

표 16.30 목 자세에 대한 분류 체계

점 수	작업 자세 설명
1	목이 앞쪽으로 0~10°에 있을 때
2	목이 앞쪽으로 10~20° 구부러져 있을 때(10~20° 굴곡)
3	목이 앞쪽으로 20° 이상 구부러져 있을 때(20° 이상 굴곡)
4	목이 뒤쪽으로 구부러져 있을 때(신전일 때)
+1	목이 회전(비틀림)되는 경우
+1	목이 옆으로 구부러지는 경우

그림 16.16 목 자세에 따른 분류

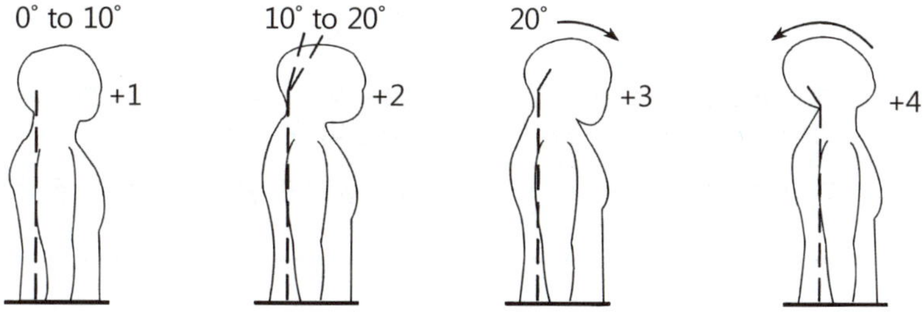

표 16.31 몸통 자세에 따른 분류 체계

점 수	작업 자세 설명
1	앉아 있을 때, 상체가 잘 지지될 때 뒤로 젖혀진 경우(선 자세 10°, 앉은 자세 20°)
2	몸통이 앞쪽으로 0~20°에 있을 때
3	몸통이 앞쪽으로 20~60° 구부러져 있을 때(20~60° 굴곡)
4	몸통이 60° 이상 구부러져 있을 때(60° 이상 굴곡)
+1	몸통이 회전(비틀림)되는 경우
+1	몸통이 옆으로 구부러지는 경우

그림 16.17 몸통 자세에 따른 분류

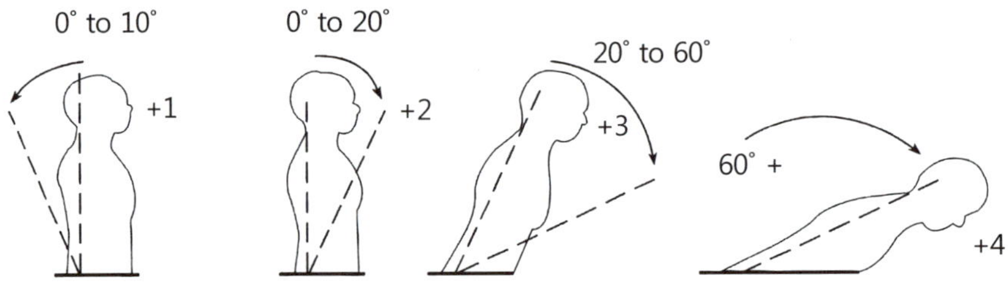

[표 16.32]은 다리(leg) 자세에 대한 코드 체계를 나타낸다.

표 16.32 다리 자세에 따른 분류 체계

점 수	작업 자세 설명
1	체중이 고르게 분포되도록 앉아 있는 경우, 서 있는 경우 체중이 골고루 양다리에 분포되고 충분히 움직일 공간이 주어질 경우
2	다리와 발이 잘 지지되지 못하고 체중 분포도 균형을 이루지 못할 때

6.2.3 그룹별 점수 평가

자세별로 구한 각각의 값들은 각 신체 부위의 부하 수준을 나타내기 때문에 이것들을 통합해서 하나의 수치로 나타낼 수 있는 시스템이 필요하다. 그룹 A와 그룹 B 각각에 대한 종합적인 작업 부하 수치는 각각 [표 16.33], [표 16.34]와 같다. 이 때, 그룹 A의 종합 작업 부하 수치는 점수 A, 그룹 B의 종합 작업 부하 수치는 점수 B라고 부른다.

그룹별로 자세에 따라 부여된 점수인 점수 A와 점수 B는 근육에 과도하게 걸리는 부하(muscle use score)와 지속적이고 반복적으로 발휘해 주어야 하는 힘에 의한 부하(force score)까지 고려한 점수인 점수 C, 점수 D로 변환되어야 한다. 근육 사용 점수와 힘 점수는 [표 16.35]에 나와 있다.

표 16.33 그룹 A의 종합 작업 부하 수치(점수 A)

점수 A		손목							
상완	전완	1		2		3		4	
		손목 비틀림		손목 비틀림		손목 비틀림		손목 비틀림	
		1	2	1	2	1	2	1	2
1	1	1	2	2	2	2	3	3	3
	2	2	2	2	2	3	3	3	3
	3	2	3	3	3	3	3	4	4
3	1	2	3	3	3	3	4	4	4
	2	3	3	3	3	3	4	4	4
	3	3	4	4	4	4	4	5	5
3	1	3	3	4	4	4	4	5	5
	2	3	4	4	4	4	4	5	5
	3	4	4	4	4	4	5	5	5
4	1	4	4	4	4	4	5	5	5
	2	4	4	4	4	4	5	5	5
	3	4	4	4	5	5	5	6	6
5	1	5	5	5	5	5	6	6	7
	2	5	6	6	6	6	7	7	7
	3	6	6	6	7	7	7	7	8
6	1	7	7	7	7	7	8	8	9
	2	8	8	8	8	8	9	9	9
	3	9	9	9	9	9	9	9	9

표 16.34 그룹 B의 종합 작업 부하 수치(점수 B)

점수 B	손목											
상완	1		2		3		4		5		6	
	다리		다리		다리		다리		다리		다리	
	1	2	1	2	1	2	1	2	1	2	1	2
1	1	3	2	3	3	4	5	5	6	6	7	7
2	2	3	2	3	4	5	5	5	6	7	7	7
3	3	3	3	4	4	5	5	6	6	7	7	7
4	5	5	5	6	6	7	7	7	7	7	8	8
5	7	7	7	7	7	8	8	8	8	8	8	8
6	8	8	8	8	8	8	8	9	9	9	9	9

표 16.35 근육 부하와 힘 부하에 따른 분류

항목	점수	작업 자세 설명
근육 사용	1	주로 정적인 상태로 1분 이상 들고 있거나, 1분에 4회 이상 반복
힘	0	힘을 줄 필요가 없거나 2kg 미만을 간헐적으로 취급
	1	2~10kg의 힘을 취급하는 경우
	2	2~10kg의 힘을 정적인 상태로 취급하거나 반복적으로 취급
	3	10kg 이상의 힘을 정적인 상태로 계속 주거나 반복적으로 힘을 줄 때, 또는 갑작스럽게 힘을 주어서 무리가 올 때

점수 C = 점수 A + 근육 사용 점수(그룹 A) + 힘 점수(그룹 A)

점수 D = 점수 B + 근육 사용 점수(그룹 B) + 힘 점수(그룹 B)

5.2.4 총괄적인 작업 부하 결정

점수 C와 점수 D를 결합하여 전체적인 작업 부하 수준을 결정하는 총 점수(grand score)를 산출한다. 총 점수는 [표 16.36]에서 구할 수 있다.

표 16.36 총 점수 산출표

총 점수		점수 D						
		1	2	3	4	5	6	7+
점수 C	1	1	2	3	3	4	5	5
	2	2	2	3	4	4	5	5
	3	3	3	3	4	4	5	6
	4	3	3	3	4	5	6	6
	5	4	4	4	5	6	7	7
	6	4	4	5	6	6	7	7
	7	5	5	6	6	7	7	7
	8+	5	5	6	7	7	7	7

총 점수표에서 구한 총괄적인 값을 이용하여 실제로 작업 부하가 어느 정도인지 다음 [표 16.37]에서 조치 수준을 네 단계로 구분할 수 있다.

표 16.37 총 점수에 의한 조치 수준표

조치 수준	총 점수	설 명
1	1~2	작업이 오랫동안 지속적으로, 그리고 반복적으로만 행해지지 않는다면 작업 자세에 별 문제가 없음
2	3~4	작업 자세에 대한 추가적인 연구가 필요하고, 작업 자세를 변경할 필요가 있음
3	5~6	작업 자세를 되도록 빨리 변경해야 함
4	7	작업 자세를 즉각 바꾸어야 함

연습문제

1. 다음 중 NIOSH lifting guideline의 평가 요소가 아닌 것은?
   ① 수평 거리　② 수직 거리　③ 휴식시간　④ 비대칭 각도

2. 다음 중에서 OWAS 평가 요소와 거리가 먼 것은?
   ① 허리/몸통　② 목　③ 다리　④ 손목

3. 다음 중에서 RULA 평가 요소와 거리가 먼 것은?
   ① 허리　② 힘　③ 근육 사용　④ 손잡이 상태

4. 다음 중에서 NLE를 이용한 개선 방안이 아닌 것은?
   ① 바닥에서 들기를 피한다.　② 비틀림 각도를 줄임
   ③ 상자, 손잡이 등의 개선　④ 수평 거리를 길게 늘임

5. 다음 중에서 조선업종의 용접 작업 자세를 평가하는 데 적절한 방법은?
   ① OWAS　② Strain Index　③ NLE　④ RULA

6. 다음 중에서 비정형 작업에 해당되지 않는 것은?
   ① 조선업의 용접 작업　② 환경 미화원의 작업
   ③ 정유 회사의 수리, 보수 작업　④ 전자 회사의 조립 작업

7. 두 시간 동안 작업을 촬영하여 워크 샘플링 방법으로 200회를 샘플링한 결과 40번 손목이 꺾인 것을 알 수 있었다. 이 작업의 시간당 손목 꺾임 시간은 얼마나 되는가?
   ① 32분　② 28분　③ 12분　④ 6분

연습문제 해답 : 1. ③, 2. ④, 3. ④, 4. ④, 5. ①, 6. ④, 7. ③

8. 인력 운반 작업의 분석 방법에서 신체를 링크(link)와 관절(joint)의 시스템으로 보고, 역학적 원리를 이용하여 신체의 근골격계에 미치는 역학적 스트레스와 필요한 근육의 힘을 결정하는 방법은?

① 생체 역학적 접근 ② 생리학적 접근
③ 심물리학적 접근 ④ 심리학적 접근

9. 개정된 NIOSH 들기 기준은 어떤 집단의 생리적 표준을 기준으로 산정되었는가?

① 젊은 여자의 50퍼센타일 ② 여자의 75퍼센타일
③ 40대 여성의 50퍼센타일 ④ 40대 여성의 5퍼센타일

10. 개정된 NIOSH 들기 기준은 L5/S1에 걸리는 압착력의 상한 설계 기준을 몇 kg으로 하고 있는가?

① 770 ② 650 ③ 350 ④ 1,430

11. 개정된 NIOSH 들기 기준은 들기 작업의 최적 조건을 기준으로 RWL을 정하였다. 최적 조건으로 거리가 먼 것은?

① 수평 거리가 25cm 이내
② 수직 높이는 팔꿈치 높이
③ 정면(신체 중심점)에서 중량물 중심까지의 비틀림 없음
④ 이동 수직 거리는 팔꿈치 길이(25cm) 이내

연습문제 해답 : 8. ①, 9. ③, 10. ③, 11. ②

12. 다음 중 손목 비틀림에 관한 분석 항목이 포함되어 있는 평가 기법은?

① OWAS　　② RULA
③ NIOSH 들기 지수　　④ 보기에 없음

13. 다음 중에서 전자업종의 컨베이어 라인에서 조립 작업을 하는 작업자의 평가에 적합한 분석 방법은?

① OWAS　　② RULA
③ NIOSH 들기 지수　　④ 보기에 없음

14. 다음 NIOSH 분석표를 보고 시점의 RWL과 종점의 RWL을 각각 순서대로 구하시오.

① 15.98, 6.82　② 0.75, 1.76　③ 6.82, 15.98　④ 15.98, 1.76

단계 1. 작업 변수 측정 및 기록

중량물 무게(kg)		손 위치(cm)				수직 거리	비대칭 각도(도)		빈도	지속 시간	커플링
		시점		종점		(cm)	시점	종점	회수/분	(HRS)	
L(평균)	L(최대)	H	V	H	V	D	A	A	F		C
12	12	25	60	51	150	90	0	0	3	0.75	fair

단계 2. 계수 및 RWL 계산

	RWL =	23	HM	VM	DM	AM	FM	CM		
시점	RWL =	23	1	0.955	0.87	1	0.88	0.95	=	kg
종점	RWL =	23	0.5	0.775	0.87	1	0.88	1	=	kg

15. 위의 NIOSH 분석표에서 가장 먼저 개선해야 할 요소는?

① 시점 FM　② 시점 DM　③ 종점 HM　④ 종점 VM

연습문제 해답 : 12. ②, 13. ②, 14. ①, 15. ③

실습문제

1. 다음 들기 작업에 관한 LI와 RWL을 구하시오.

   무게는 15kg, 분당 3회로 45분간 작업,

   손잡이는 보통으로 해석함.

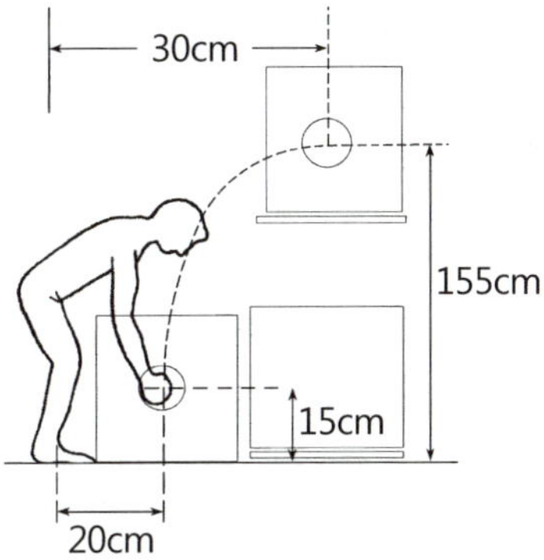

■ 해설 ■

LI 계수가 더 큰 종점이 우선 개선 대상.
종점 작업에선 수직 계수(VM)가 가장 작으므로 우선 개선 대상임.
종점의 수직 선반을 낮추는 개선 방법을 우선적으로 고려.

단계 1. 작업 변수 측정 및 기록											
중량물 무게 (kg)		손 위치(cm)				수직 거리 (cm)	비대칭 각도 (도)		빈도	지속 시간	커플링
		시점		종점			시점	종점	회수/분	(RS)	
L(평균)	L(평균)	H	V	H	V	D	A	A	F		C
15	15	20	15	30	155	140	0	0	3	0.75	fair

단계 2. 계수 및 RWL 계산								
RWL	23	HM	VM	DM	AM	FM	CM	
시점	23	1	0.82	0.85	1	0.88	0.95	13.4kg
종점	23	0.83	0.76	0.85	1	0.88	1	10.9kg

단계 3. LI 들기 지수 계산				
	중량물 무게	RWL	공식	LI
시점	15	13.4	중량물 무게/RWL	1.11
종점	15	10.9		1.38

2. 다음 자세에 대하여 OWAS, REBA에 의하여 평가하시오.

무게=12kg

■ 해설 ■

1) OWAS : 조치 수준 2

평가 항목	자세 설명	코드	조치수준
몸통	상체를 앞으로 20도 이상 굽힘	2	2
팔	양손을 어깨 아래로 내린 자세	1	
다리	무릎 꿇는 자세	6	
무게	10-20kg	2	

2) REBA : 조치 수준 4

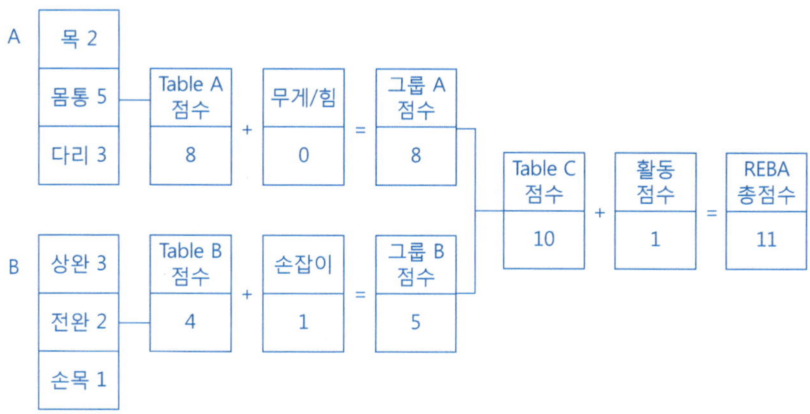

3. 개정된 NIOSH 들기 기준은 들기 작업의 최적 조건을 기준으로 RWL을 정하였다. 최적 조건에 대하여 설명하시오.

■ 해설 ■

1) 수평거리: 팔꿈치에서 주먹까지의 길이(25cm) 이내
2) 수직 높이: 선 자세에서 어깨와 팔꿈치를 편 상태에서의 주먹 높이(75cm)
3) 허리 비틀림 없음
4) 이동 수직 거리: 팔꿈치 길이(25cm) 이내
5) 중량물 손잡이: 주먹 쥐기(power grip)으로 쥘 수 있어야 함
6) 작업빈도: 5분당 1회 빈도이내

4. 정면에서 9kg 무게의 부품 상자를 잡고 100° 방향으로 비틀어서 들어 옮기는 작업을 80분 동안 총 3회 반복하였 때 다음 각 질문에 답하시오. 부품 상자의 손잡이는 power grip을 할 수 있도록 설계되어 있다. 단 시점의 수평거리=35cm, 수직거리=70cm, 종점의 수평거리=60cm, 수직거리=100cm 로 측정됨.

1) 시점과 종점의 RWL, LI를 구하시오.
2) 시점과 종점에서의 개선여부와 개선요소의 우선순위를 결정하시오. 개선안을 제시하시오.

■ 해설 ■

1) 시점 : RWL = 14.9, LI = 0.6
   종점 : RWL = 5.6, LI = 1.6 ⇨ 개선 필요
2) 개선대상 : 종점의 LI값이 1이상이므로 개선대상
   우선순위 : 종점계수에서 0.42로 값이 제일 작은 수평계수(HM)를 우선적으로 개선
   HM 값을 증가시키기 위해 종점의 선반을 몸 앞쪽으로 당김

단순 들기 작업 분석표

단계 1. 작업 변수 측정 및 기록

중량물 무게(kg)		손 위치(cm)				수직거리(cm)	비대칭 각도(도)		빈도	지속시간	커플링
		시점		종점			시점	종점	회수/분	(HRS)	
L(평균)	L(최대)	H	V	H	V	D	A	A	F		C
9	9	35	70	60	100	30	0	100	3	4/3	good

단계 2. 계수 및 RWL 계산

		23	HM	VM	DM	AM	FM	CM	
	RWL =	23	HM	VM	DM	AM	FM	CM	
시점	RWL =	9	0.71	0.99	0.97	1	0.95	1	=14.9 kg
종점	RWL =	9	0.42	0.93	0.97	0.68	0.95	1	= 5.6 kg

단계 3. 들기 지수(LI) 계산

시점 들기 지수(LI) = $\frac{\text{중량물 무게}}{\text{RWL}}$ = ―――― = 0.6

종점 들기 지수(LI) = $\frac{\text{중량물 무게}}{\text{RWL}}$ = ―――― = 1.6

5. 개정된 NIOSH 들기 작업 지침에 관한 다음 각 물음에 답하시오.

1) 지침의 목적을 설명하시오.

2) 지침을 적용할 수 없는 작업의 종류를 4가지만 예를 드시오.

■ 해설 ■

1) 지침 목적

들기 작업에 대한 권장 무게 한계(RWL)를 쉽게 산출할 수 있도록 하여 작업의 위험성을 예측하고 인간공학적인 작업 방법의 개선을 통해 직업성 요통을 사전에 예방함,

2) 지침을 적용할 수 없는 작업

- 한 손 들기/내리기
- 8시간 이상의 들기/내리기
- 앉거나 무릎을 꿇은 자세로 하는 들기/내리기
- 작업 공간이 제약된 경우의 들기/내리기
- 밸런스가 맞지 않는 물건을 취급할 경우
- 운반, 밀기, 끌기 등

6. NIOSH의 들기 방정식(Lifting Equation)의 권량중량한(RWL)과 들기지수(LI)에 대하여 설명하시오.

■ 해설 ■

1) 권량중량한계(RWL)

- 건강한 작업자들이 요통의 위험 없이 작업시간동안 들기작업을 할 수 있는 중량물 한계 무게.
- 수평계수, 수직계수, 허리비틀림계수, 수직거리계수, 손잡이계수, 작업시간-빈도계수에 의해 영향 받음. 각 계수는 최적조건에서 1의 값취하고 최적 아니면 1보다 작음.

2) 들기지수(LI)

- 실제 취급 중량과 권장중량한계의 비율로 나타낸다.
- 들기지수가 1이상이면 개선 대상 작업으로 분류함

7. EXCEL을 이용하여 아래 그림과 같이 RULA 분석을 할 수 있도록 분석 프로그램을 작성하시오. 또한 REBA 분석 프로그램도 작성하시오.

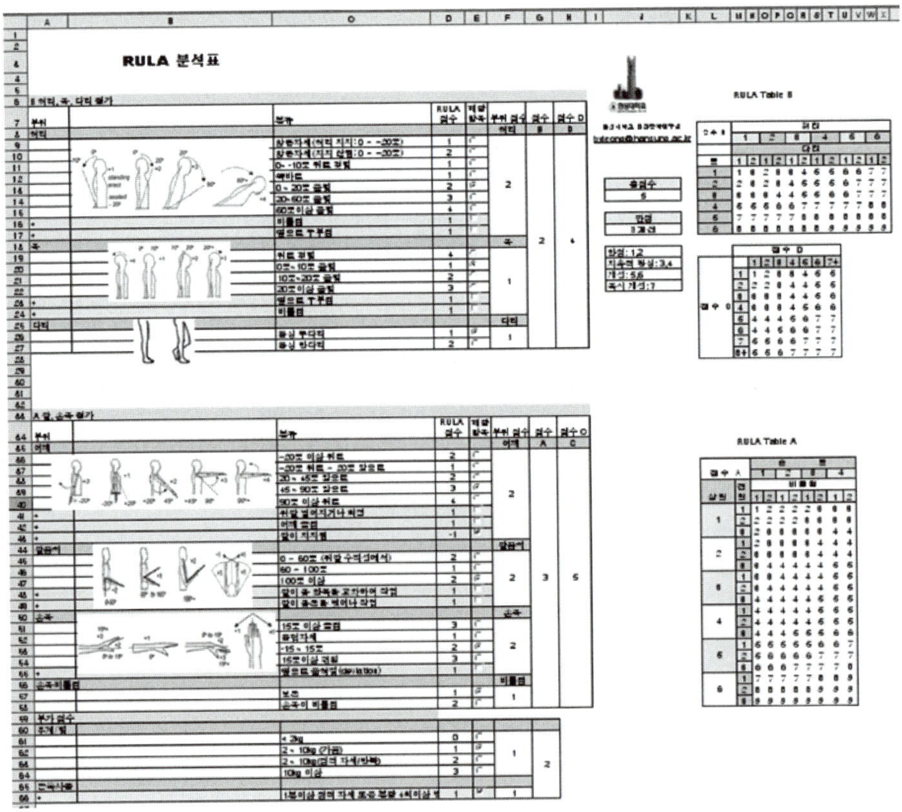

■ 참고 ■

정병용교수 홈페이지: http://www.hansung.ac.kr/~byjeong

Univesal Safety & Ergonomics 홈페이지: http://cafe.naver.com/universalsafety

NIOSH 단순 들기 작업 분석표

부 서 ____________ 작업 설명

작업명 ____________ ____________

분석자 ____________ ____________

날 짜 ____________ ____________

단계 1. 작업 변수 측정 및 기록

중량물 무게(kg)		손 위치(cm)				수직거리(cm)	비대칭 각도(도)		빈도	지속시간	커플링
		시점		종점			시점	종점	회수/분	(HRS)	
L(평균)	L(최대)	H	V	H	V	D	A	A			C

단계 2. 계수 및 RWL 계산

	RWL =	23	HM	VM	DM	AM	FM	CM	
시점	RWL =								= kg
종점	RWL =								= kg

단계 3. 들기 지수(LI) 계산

시점 들기 지수(LI) = $\frac{\text{중량물 무게}}{\text{RWL}}$ = ―――― = ☐

종점 들기 지수(LI) = $\frac{\text{중량물 무게}}{\text{RWL}}$ = ―――― = ☐

OWAS 자료 기록 용지

번호	시간	몸통				팔			다리										머리/목					무게/힘			활동
1		1	2	3	4	1	2	3	1	2	3	4	5	6	7	8	9	0	1	2	3	4	5	1	2	3	
2																											
3																											
4																											
5																											
6																											
7																											
8																											
9																											
10																											
11																											
12																											
13																											
14																											
15																											
16																											
17																											
18																											
19																											
20																											
21																											
22																											
23																											
24																											
25																											
26																											
27																											
28																											
29																											
30																											
31																											
32																											
33																											
34																											
35																											
계																											
비율																											

REBA 평가표

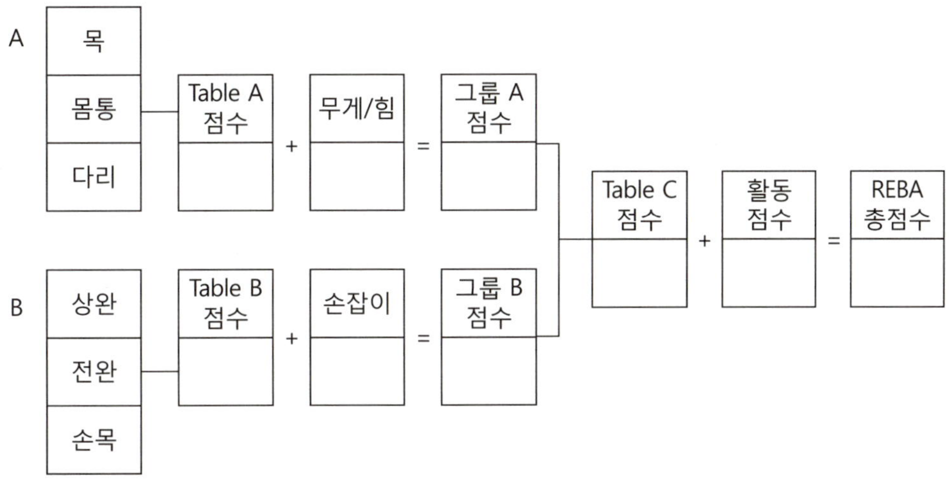

RULA 평가표

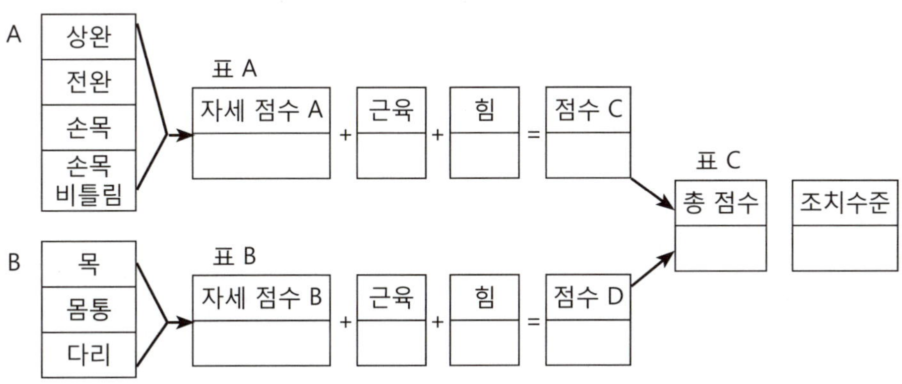

제 17 장

작업 설계 및 개선 원리

1. 작업장 개선 원리
2. 작업 설계 및 개선
3. 작업 개선 사례

1. 작업장 개선 원리

1.1 어떤 작업을 우선적으로 개선할 것인가?

작업장 개선을 하고자 할 때, 어떤 작업을 먼저 개선할 것인가에 관한 우선순위를 정해야 효율적인 개선을 할 수 있다. 작업 개선에 대한 우선순위는 다음 요인들을 고려하여 결정한다.

- 불평, 증상, 상해의 빈도와 정도
- 위험 요소의 확인 여부
- 작업자들이 개선에 대한 아이디어를 갖고 있는지 여부
- 개선안의 적용 용이성
- 시간 제약
- 생산성, 효율성, 품질의 개선 효과
- 배치에 따른 기술적, 금전적 자원 정도

1.2 개선을 위한 정보는?

(1) 사내 인력 자원을 이용한다. 기술자, 보수 유지 담당자, 관리자, 생산부서 인력 등으로부터 브레인스토밍에 의하여 아이디어를 수집한다.

(2) 설계 명세서의 원본을 검토한다. 작업, 설비, 작업 도구, 원재료, 또는 작업의 다른 사항들이 예기치 않은 방법으로 변경된 경우에는 원래의 설계 명세나 조건을 검토한다.

(3) 설비 카탈로그 등을 살펴본다. 직면한 문제에 관한 유형의 문제를 다루고 있는가를 살펴본다.

(4) 설비 공급자에게 문의한다. 비슷한 유형의 문제에 관한 해결 방안이 존재하는가를 알아보고, 문제를 해결하기 위하여 공급자들과 함께 노력한다.

(5) 노동조합과 접촉하여 공동으로 해결하고자 노력한다.

(6) 동종 업종의 다른 회사와 접촉한다. 이미 같은 문제에 노출되어 해결을 한 경험이 있는 동종 회사의 개선안에 대하여 관심을 갖는다. 개선을 하는 동안에 얻은 시행 착오와 효과 등은 시간과 돈, 노력을 절약할 수 있다.

(7) 인간공학자와 접촉한다. 전문가는 객관적인 관점에서 신뢰성 있는 문제 해결 방안을 제공할 수 있다. 전문가로부터 가능한 개선안과 비용, 잠재적 효과 등에 관한 정보를 얻고자 노력한다.

(8) 관련 자료들을 이용한다. 인간공학 관련 책과 웹사이트들을 이용하여 개선에 관한 정보를 얻고자 노력한다.

1.3 개선안 평가 기준

개선안을 검토하는 단계에서는 다음과 같은 기준들이 검토될 수 있다. 또한, 개선안을 확정하고 현장에 적용한 뒤에 개선 효과를 검토할 때에도 아래의 평가 기준들이 이용될 수 있다.

• 위험 요소와 원인이 감소되거나 제거되었는가?
• 과거에 인지되지 않았던 위험 요소가 첨가되지는 않았는가?
• 생산성이나 효율성을 증가 또는 감소시키는가?
• 공학적 관점에서 가능한 방안인가?
• 개선에 필요한 요구 조건이 수용 가능한가?
• 같은 효과를 내면서 더 적은 비용이 드는 대안은 없는가?

- 작업자들이 받아들일 수 있는 대안인가?
- 작업자의 정서에 긍정적으로 작용하는가?
- 적합한 시간에 적용 가능한가?
- 적용에 필요한 훈련시간은 적당하고 가능한가?

작업장 개선은 크게 공학적 개선과 관리적 개선으로 구분할 수 있다. 공학적 개선은 현장에서 직접적인 설비나 작업 방법, 작업 도구 등을 작업자가 편하고 쉽고, 안전하게 작업할 수 있도록 개선하여 작업 위험 요인을 제거하거나 감소시키는 방안이다. 관리적 개선은 회사 조직 차원에서의 교육이나 작업자 선발, 작업 순환 및 교대 근무 등의 관리적 측면에서의 변화를 통하여 작업 위험을 예방하는 방안이다.

2. 작업 설계 및 개선

2.1 공학적 개선(engineering improvements)

2.1.1 작업 및 작업장 개선

작업 현장에는 다양한 신체 크기를 가진 작업자들이 작업대에서 작업을 하게 되므로 다양한 신체 크기를 어떻게 수용할 것인가에 관심을 가져야 한다. 컨베이어 라인에서 평균치를 기준으로 작업대 높이를 설계하면 작은 사람은 발판을 사용하여 보상받을 수 있지만 큰 사람은 불편함을 해소할 방법이 없다. 따라서 큰 사람을 기준으로 작업대를 설계하고 발판으로 높이를 조절하면 다양한 신체 크기를 가진 사람들을 모두 수용할 수 있다.

표 17.1 입식 작업대의 권장 높이

입식 작업대	조절식 (조절 범위)	고정식	
		발판 사용	발판 없음
정밀 작업	97.5~125cm	125cm	110cm
경 조립	90~118cm	118cm	105cm
중량물 작업	75~105cm	105cm	90cm

표 17.2 좌식 작업대의 권장 높이

좌식 작업대	조절식 (조절 범위)	고정식 (조절식 의자 사용)
정밀 작업	67~85cm	125cm
경 조립	57.5~72.5cm	72.5cm
수작업	52.5~70cm	70cm

작업대의 높이는 좌식 작업 여부와 작업의 유형에 따라 달라진다. [표 17.1]과 [표 17.2]는 입식 작업과 좌식 작업의 추천 작업대 높이를 나타낸다.

입식 작업에서 작업대가 너무 높거나 낮아 굽힘이나 뻗침 자세를 유발하는 경우에는 조절식 작업대나 높이 조절용 작업 발판 등을 사용하여 허리 높이에서 작업 할 수 있도록 개선하는 것이 바람직하다. 입식 작업에서는 다리 근육 피로를 분산시킬 수 있는 대책이 필요하다. 입식/좌식 겸용 의자를 고려하거나 서서 기댈 수 있는 지지대 등을 마련하는 것이 하나의 예이다.

좌식 작업에서는 [그림 17.1]과 같이 무릎이 편한 자세를 취할 수 있도록 여유 공간을 확보하는 것이 필요하며, 등받이를 제공하도록 한다. 또한, 각도와 높이를 조절할 수 있는 발받침을 제공하고 연약한 팔목 주변의 피부는 반복되는 압박에 약하므로 손목 지지대 등을 제공하는 것이 바람직하다.

— 그림 17.1 좌식 작업의 개선

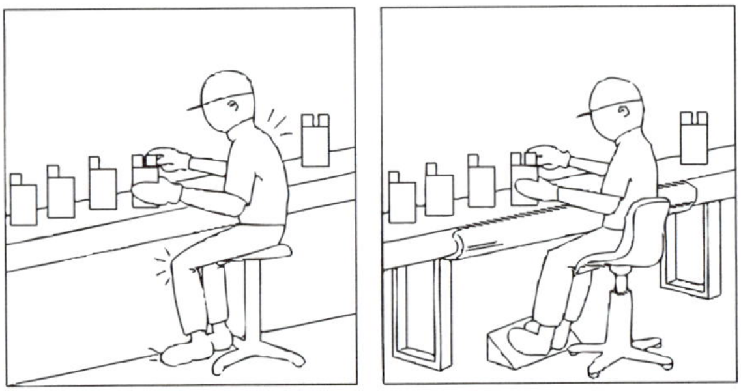

— 그림 17.2 정상 작업역과 최대 작업역

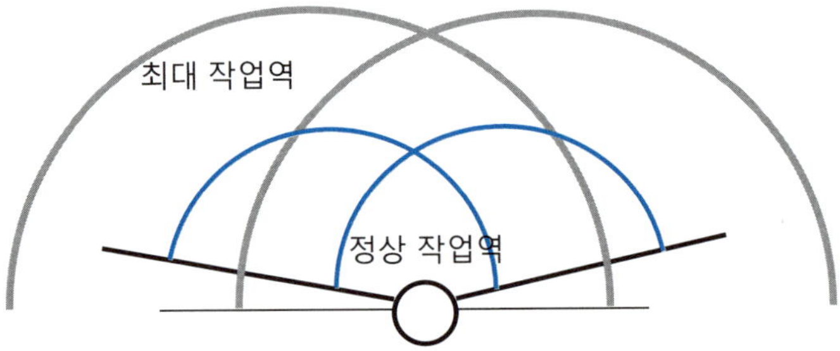

작업대에서 자주 하는 작업은 가급적 팔꿈치를 몸에 붙이고 자연스럽게 움직일 수 있는 거리인 정상 작업역(25cm 이내)에 두도록 하고, 가끔 하는 작업은 최대한 팔을 뻗친 거리인 최대 작업역(50cm 이내)을 벗어나지 않도록 배치하는 것이 바람직하다[그림 17.2]. 자주 사용하는 부품 상자 및 작업 도구는 가깝고 잡기 편리하게 배치하고, 가급적 어깨 위와 몸 뒤쪽으로 뻗치는 동작은 피하는 것이 중요하다.

- 작업의 높이를 신체 치수에 맞게 조절한다. 팔꿈치 높이를 기준으로 하여 작업 내용에 따라 높이를 조절한다.

• 몸은 작업 대상물에 가깝게 유지하도록 노력하고, 대상물을 바로 보고 작업하도록 한다.
• 작업 자세를 편하게 바꿀 수 있게 충분한 공간을 가질 수 있도록 작업장을 조절한다.

신체는 어떤 특정한 자세에서 더 효율적으로 힘을 쓸 수 있다. 예를 들면, 신체의 위치에 따라 동작의 난이도가 달라진다. [그림 17.3]은 동작에 따른 난이도를 나타낸 것이다.

그림 17.3 신체 동작의 난이도

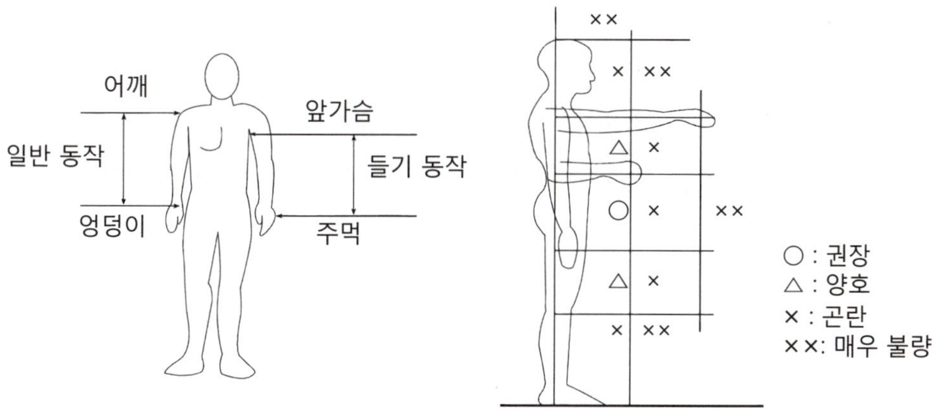

중량물을 드는 작업에서도 [그림 17.4]와 같이 같은 무게라도 허리가 받는 하중은 다르다. 신체 역학적인 측면에서 볼 때 몸에서 거리가 멀리 떨어질수록 더 큰 하중이 요추에 걸리게 된다. 미국 OSHA에서는 몸에서 25cm를 벗어나지 않도록 권장하고 있다.

그림 17.4 중량물의 취급 원리

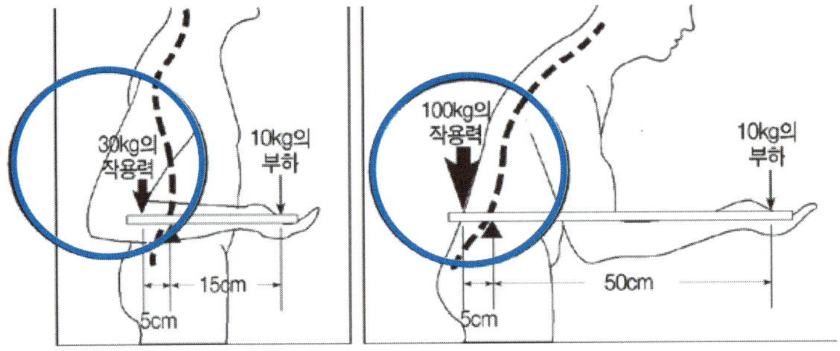

신체적 압박은 날카롭고 단단한 면이나 물체가 신체와 접촉하는 경우에 발생한다. 신체의 손가락, 손바닥, 손목, 전완, 팔꿈치, 무릎, 앉은 자세에서의 허벅지의 부드러운 조직 등은 신경과 건, 혈관 등이 피부와 가까워 신체적 압박에 민감하다. 무릎이나 팔꿈치, 허벅지 등에 가해지는 장시간의 반복적인 압박은 피부에 해를 입힐 수 있고, 근육의 기초를 이루는 건에 해를 입히거나 신경의 기능을 손상시킬 수 있다. 신체에 가해지는 압박은 작업장의 개선을 통하여 자세를 변경할 수 있는 경우도 있지만, 쪼그려 앉거나 무릎을 꿇고 작업을 할 수밖에 없는 작업자들을 위하여 위험을 줄이기 위한 다음과 같은 보완책이 필요하다. 여기에서 중요한 것은 작업자들 스스로가 본인에게 적합한 보조 도구들을 선택할 수 있도록 하는 것이 효용성을 높이는 방법이라는 것이다.

- 쪼그려 앉거나 무릎 꿇는 것을 요하는 낮은 위치에서는 꼭 필요한 일만 하도록 작업을 설계하는 것이 중요하다.
- 무릎 보호대 등과 같이 신체 압박에 의한 충격을 완화시키는 신체 보호대를 제공한다.
- 반복적으로 쪼그려 앉는 것을 피하고 가급적이면 시간을 줄일 수 있도록 노력한다.
- 작업자가 자세를 바꿀 수 있도록 하고, 잠시 쉬는 시간을 자주 갖는다.

2.1.2 작업 설비 및 도구의 개선

작업의 실수를 줄이기 위해서는 설비와 부품 및 기기들이 일관성이 있도록 배치되어야 하며 외우지 않아도 구별하기 쉽게 모듈화하여 배치하는 것이 바람직하다.

작업을 편하고 쉽게 할 수 있는 작업 설비와 보조 도구들을 사용하는 것이 바람직하다.

중량물 취급 작업에서는 이동 거리를 줄이는 것이 시간 절약과 작업 위험을 줄이는 데 도움이 되므로 몸쪽에 최대한 가깝게 작업할 수 있도록 [그림 17.5]와 같이 회전 작업대나 경사 작업대를 이용하는 것이 좋다.

작업 도구를 사용하는 경우에 손잡이 직경은 너무 크거나 작지 말아야 하며, 손바닥 일부분의 압박을 줄이기 위하여 손잡이의 길이가 충분히 길어야 한다. [표 17.3]은 수공구의 손잡이의 권장 길이 및 직경을 나타낸 것이다. 또한 무게가 2kg이상 되는 작업 도구는 공구의 무게를 줄이기 위한 보조 고정 장치를 이용하거나 매다는 것이 바람직하다.

수공구의 손잡이는 손바닥 전체에 압력이 분포되도록 설계하는 것이 바람직하며, 힘을 전달하여야 하는 경우에는 [그림 17.6]과 같이 T자형 손잡이로 설계하는 것이 좋다. 특히, 쥐고 작업하기에 너무 작은 작업 도구들은 손바닥의 일부분에만 압박을 가하여 효율성이 떨어지므로 손잡이를 크게 만드는 것이 편할 뿐

그림 17.5 회전 작업대 및 경사 작업대의 이용

표 17.3 손잡이의 권장 길이 및 직경

쥐기		최소	권장	최대
감싸 쥐기	길이	10cm	12.7cm	-
	직경	31cm	3.8cm	5.1cm
연필 쥐기	길이	10cm	12.7cm	-
	직경	0.76cm	1.14cm	1.52cm

그림 17.6 T자형 손잡이

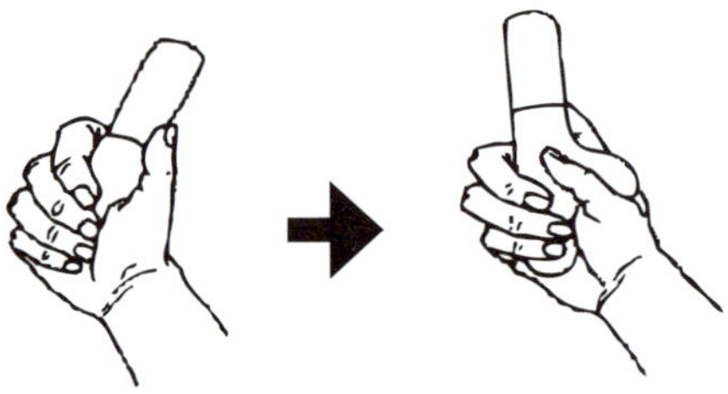

그림 17.7 power grip과 pinch grip

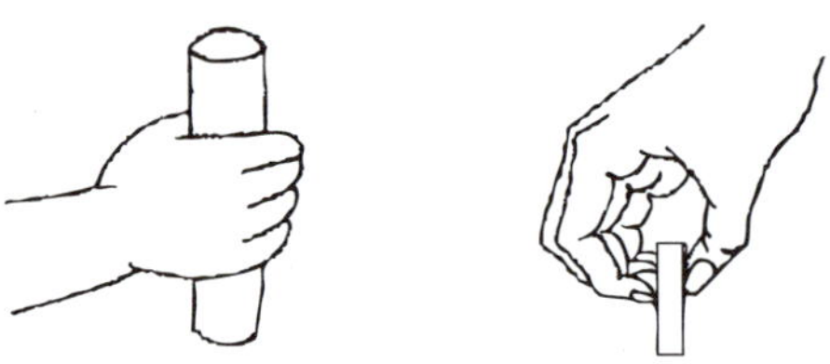

만 아니라 시간도 적게 걸린다.

손가락을 이용하여 물건을 쥘 때에도 [그림 17.7]과 같이 두 손가락으로 집는 것(pinch grip)은 감싸 쥐기(power grip)보다 5배나 많은 힘을 요구한다. 따라서 중량물에는 손으로 감싸 쥘 수 있는 손잡이를 마련하는 것이 효율적이다.

수공구를 이용한 작업의 개선 원리는 다음과 같다.

① 손바닥 전체에 골고루 스트레스를 분포시키는 손잡이를 가진 수공구를 선택한다.
② 가능하면 손가락으로 잡는 pinch grip보다는 손바닥으로 감싸 안아 잡는 power grip을 이용한다.
③ 공구 손잡이의 홈은 손바닥의 일부분에 많은 스트레스를 야기하므로 손잡이 표면에 홈이 파진 수공구를 피한다.
④ 동력 공구는 그 무게를 지탱할 수 있도록 매단다.
⑤ 차단이나 진동 패드, 진동 장갑 등으로 손에 전달되는 진동 효과를 줄인다.

2.2 관리적 개선

위험 작업의 관리적 개선(administrative improvements)은 작업자의 훈련과 작업자 선발, 작업 속도 조정으로 구분할 수 있다.

작업 관리 부서에서는 작업 위험을 감소시키는 작업 방법을 찾아내고, 개선된 작업 방법을 작업자에게 훈련시키는 과정이 지속적으로 이루어져야 한다. 또한, 작업장과 작업 도구나 설비들이 지속적으로 보수, 유지되어야 한다.

작업에 위험이 잠재되어 있고 개선이 어려운 작업은 순환 근무나 교대 근무를 하는 것이 바람직하다. 작업 순환 및 작업 확대는 작업에 사용되는 신체 부위와 근육 부위를 다양화함으로써 반복의 정도를 줄여주는 효과를 줄 수 있다.

위험 작업에 종사하는 작업자에게는 작업 위험을 인지시키고 위험을 줄일 수 있도록 안전 보호구 등을 지급하여 착용하도록 하여야 한다. 또한, 위험 작업으로 분류된 작업에 투입된 초보자나 작업에 복귀한지 얼마 되지 않은 작업자들은 신체가 적응할 수 있도록 작업 일정과 속도를 조절하여 점진적으로 늘려가는 것이 중요하다. 작업을 시작할 때에는 신체의 움직임이 원활해지도록 스트레칭 체조들을 시행하는 것이 좋으며, 작업시간 중에 잠깐의 휴식이나 피로 회복을 도와주는 보조물을 이용하는 것은 피로의 누적을 방지하는 데 도움이 된다.

3. 작업 개선 사례(Cal/OSHA, 1999)

작업에 필요한 원반을 10개씩 운반용 카트에 싣고 30m 떨어진 곳에 하루에 40번에서 60번을 운반하는 작업이 있다. 각 원반의 무게는 11.3kg이고, 카트 무게는 68kg이어서 원반을 적재한 카트의 총 무게는 181.44kg이며 카트의 높이는 97cm이다.

운반 작업자는 운반용 카트가 잘못 설계되어 [그림 17.8]의 왼쪽 작업 자세와 같이 무릎 높이 아래에서 허리를 굽히고 힘을 써야 하는 경우가 발생하여 힘들다고 불평하였다. 또한, 30m를 운반할 때에는 [그림 17.8]의 오른쪽 자세와 같이 손잡이 부분에서 손목이 심하게 꺾이고, 특히 키가 작은 작업자는 힘을 쓰기가 불편하다고 한다.

작업 분석을 통하여 ① 적재 작업과 ② 운반 작업으로 구분하여 각 작업에서의 위험 요인과 개선안을 도출하고자 한다.

적재 작업에서는 무릎 아래 높이 지점에서 원반을 꺼내고 넣는 작업이 많이 발생하여 허리 굽힘과 다리 뻗침 자세가 발생하며, 부적절한 자세에서의 들기 작업은 육체적 부하를 가중시키는 것으로 나타났다.

이를 개선하기 위하여 카트 적재 선반 높이를 무릎 위로 올리는 방안을 검토할 수 있다.

운반 작업에서는 수평 손잡이가 고정 위치에 있어서 운반 시에 손목이 꺾이는 문제가 발생하며, 키가 큰 작업자는 허리를 굽히고 운반하는 자세가 되는 것으로 나타났다. 또한 바닥이 균일하지 않아 카트를 밀 때, 필요 이상의 힘이 들어가고

그림 17.8 원반 운반용 카트

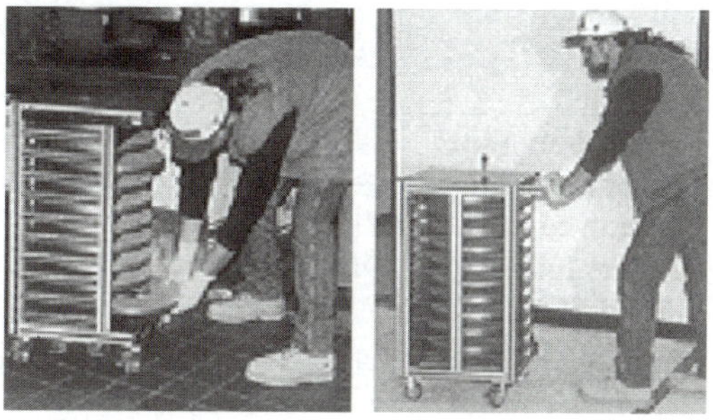

통로가 복잡하여 조정에 따른 운반 부하가 증가하는 것으로 분석되었다.

이들을 개선하기 위해서는 수직 형태의 손잡이로 개선하고 선반 높이를 무릎 위의 위치로 개선하며, 통로를 정리하고 바닥을 균일하게 만드는 방안을 검토할 수 있다.

[표 17.4]와 [표 17.5]는 적재 작업과 운반 작업에 대한 작업 위험 요인과 개선안을 요약하여 정리한 것이다.

표 17.4 원반 적재의 인간공학적 작업 개선표

위험 요인	위험 이유	비고	인간공학적 개선안
부적절한 자세 • 허리 굽힘과 다리 뻗침 자세	부적절한 카트 설계 • 선반이 너무 낮다.	• 바닥에서 30cm	카트의 개선 • 전체 높이를 97cm에서 114cm로 올림 • 가장 낮은 선반 높이를 61cm로 설정 • 선반 사이의 간격을 3.2cm에서 1.3cm로 줄임 • 선반 면의 여유 공간을 5cm에서 2.3cm로 줄임 • 선반의 수는 10개로 유지
과도한 힘 • 허리와 다리	과도한 힘 • 부적절한 자세로 무게 들기	• 육체적 부하를 증가시킴	• 위와 동일

표 17.5 원반 운반의 인간공학적 작업 개선표

위험 요인	위험 이유	비고	인간공학적 개선안
부적절한 자세 • 손목 굽힘 • 허리 굽힘	부적절한 카트 설계 • 수평, 고정 높이의 손잡이	• 밀 때, 손 높이와 손목 위치의 제한 • 키 큰 작업자의 허리 굽힘	카트의 개선 • 손잡이를 수직 형태로 변경 • 카트의 높이를 97cm에서 114cm로 올림
과도한 힘 • 손목, 허리, 또는 어깨 • 지속적인 밀기 작업	• 다리 바퀴의 닳음	• 부하의 증가	• 다리 바퀴의 교체
	• 바닥의 불균일 • 거리 • 복잡한 통로	• 부하의 증가 • 하역 위치 검토 • 조작이 어려움	설비 개선 • 평평한 바닥 • 위치 변경 어려움 • 통로의 재배치 및 확보

[그림 17.9]는 분석한 자료에 따라 개선안을 반영한 운반용 카트이다. 개선된 카트는 높이를 높여 무릎 아래에서의 들기 작업을 없앴으며, 손잡이를 수평에서 수직 방향으로 만들어 키에 관계없이 잡기가 용이하도록 개선하였다.

그림 17.9 개선된 카트

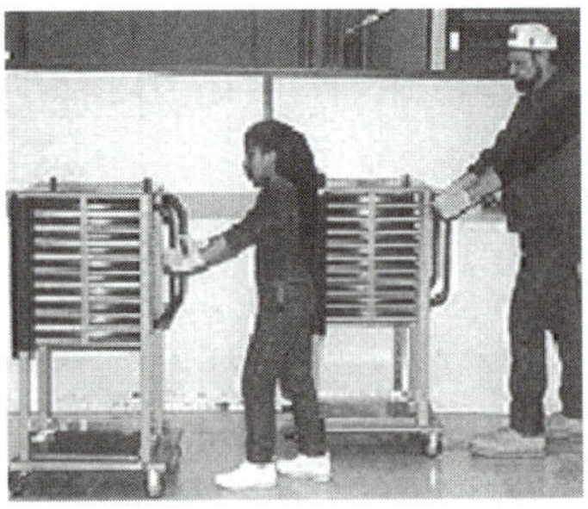

연습문제

1. 다음 중에서 작업 개선의 우선순위가 가장 높은 공정은?
   ① 현재 환자가 존재하는 작업 공정
   ② 현재 환자는 없지만 과거에 있었고, 작업 변화가 없는 공정
   ③ 현재 및 과거에 환자는 없었지만 작업자가 증상을 호소하는 공정
   ④ 현재 및 과거에 환자가 없고 증상 호소자도 없었지만 작업 분석에서 잠재적 위험 요인이 발견된 공정

2. 다음 설명 중에서 적절하지 못한 설명은?
   ① 부적절한 자세란 신체 부위들이 중립적인 위치를 취하는 자세이다.
   ② 부적절한 자세는 강하고 큰 근육들을 이용하여 작업하는 것을 방해한다.
   ③ 서 있을 때에는 등뼈가 S 곡선을 유지하는 것이 좋다.
   ④ pinch grip은 power grip보다 좋지 않다.

3. 다음 설명 중에서 작업 시에 요구되는 힘의 크기가 증가하는 경우가 아닌 것은?
   ① 다루는 중량물의 부피가 클 때　② 중립적인 자세가 유지될 때
   ③ 움직임의 속도가 증가할 때　④ 진동 시

4. 다음 설명 중에서 수공구를 이용한 작업의 개선 원리로 적합하지 못한 것은?
   ① 손바닥 전체로 스트레스를 분산한다.
   ② 손바닥으로 감싸 안아 잡는 power grip을 이용한다.
   ③ 손잡이 표면에 홈이 파진 수공구를 이용한다.
   ④ 동력 공구는 그 무게를 지탱할 수 있도록 매단다.

연습문제 해답 : 1. ①, 2. ①, 3. ②, 4. ③

5. 다음 설명 중에서 위험 작업에 대한 관리적 개선에 해당되지 않는 것은?

① 작업자의 훈련

② 작업 도구나 설비들의 개선

③ 위험 작업의 순환 및 교대 근무

④ 스트레칭 체조의 활성화

6. 다음 설명 중에서 인력 운반 작업의 개선을 위한 사항으로 바람직하지 않은 것은?

① 운반물의 손잡이까지의 수평 거리를 최소화한다.

② 어깨 높이 이상으로 물체를 쌓지 않는다.

③ 운반물의 취급 높이를 주먹 높이 정도로 유지

④ 빈도를 감소시키기 위하여 물체의 무게를 증가시킨다.

7. 다음 설명 중에서 중량물 취급을 편하게 할 수 있는 구간으로 가장 적합한 것은?

① 주먹 높이에서 팔꿈치 높이

② 무릎 높이에서 어깨 높이

③ 바닥에서 허리 높이

④ 바닥에서 어깨 높이

연습문제 해답 : 5. ②, 6. ④, 7. ①

8. 다음 중에서 입식 작업보다는 좌식 작업이 더 적절한 작업은?

① 큰 힘이 요구되는 경우

② 정밀 작업을 해야 하는 경우

③ 작업시 이동이 필요한 경우

④ 작업 반경이 최대 작업역보다 큰 경우

9. 다음 설명 중에서 중량물의 취급시에 손잡이의 수평 거리는 몇 cm 이내에 두는 것이 바람직한가?

① 25cm ② 30cm ③ 45cm ④ 60cm

연습문제 해답 : 8. ②, 9. ①

실습문제

1. 아래의 그림을 보고 바닥에서 작업을 하고 있는 작업자를 중심으로 작업 위험을 분석하고 개선안을 도출하시오.

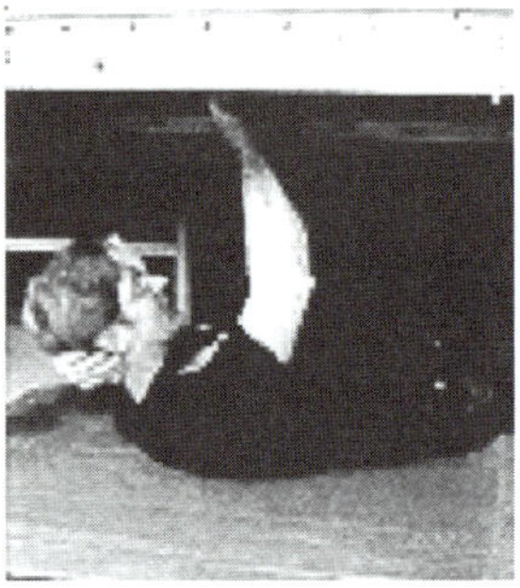

■ 해설 ■

위험 요인	위험 이유	비고	인간공학적 개선안
고정 불편한 자세 • 팔, 어깨 뻗침 • 목 굽힘 • 딱딱한 등	• 바닥 기댄 자세 • 부적절한 거리 • 부적절한 공간	• 콘베이어 아래 작업 편의성 제고	조절식 머리, 목 지지대 • 높이 조절식 지지대 – 쿠션 패드 받침 • 동작거리 감소
반복 작업 • 손, 팔, 어깨	• 수공구 사용	• 다양한 수공구 작업반영	• 이동바퀴
과도한 힘 • 손, 팔, 어깨	• 수공구 사용 – 팔 뻗침 – 한 손 작업 • 조임공구 – 손목 비틀림	• 머리, 목, 지지 필요	가벼운 전동 수공구 지급 • 손 동작 감소

– 개선안 :

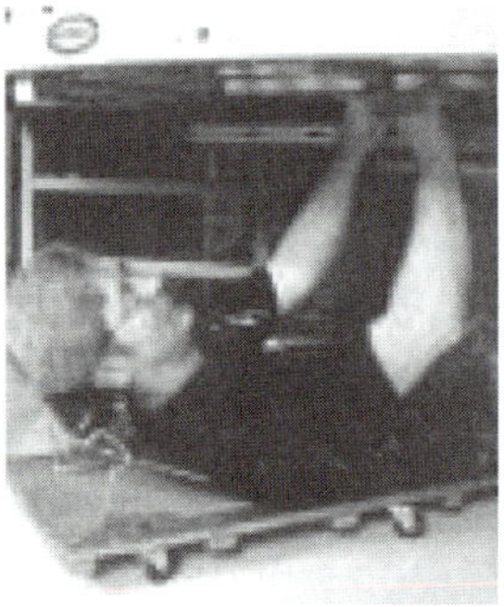

2. 인간공학적 작업 개선표를 이용하여 다음 작업에 대한 작업위험을 분석하고, 도출된 개선안을 설명하시오.

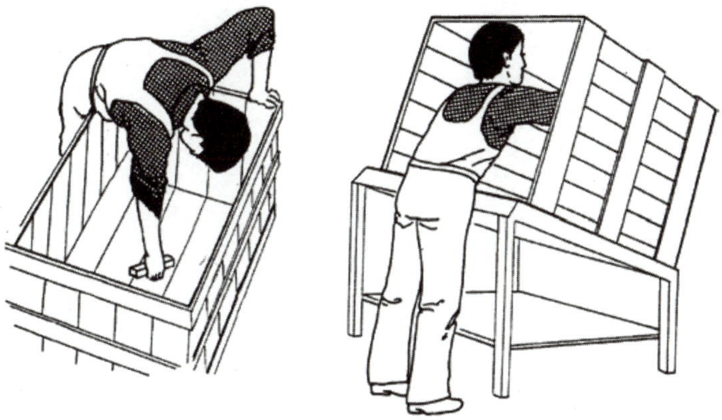

■ 해설 ■

위험 요인	위험 이유	비고	인간공학적 개선안
불편한 자세 • 팔, 어깨 뻗침 • 목 굽힘 • 허리 굽힘	• 너무 낮은 작업점 • 부품상자 배치 부적절	• 낮은 위치 부품을 반복적으로 잡고 운반 • 동작범위 편안한 구간 검토	부품상자 지지대 제공 • 적절한 동작범위 • 허리 굽힘 감소 • 시야 확보 –동작에러 감소
반복 작업 • 손, 팔, 어깨	• 시야확보 어려움		

인간공학적 작업 개선표

위험 요인	위험 이유	비고	인간공학적 개선안

참고문헌

노동부, 근골격계 질환 예방업무 편람, 노동부, 2004.4.

노동부 산업보건환경과, 근골격계 부담 작업으로 인한 건강장해 예방 시행지침, 2003.11.

노동부 산업보건환경과, 근골격계 질환 예방의무 해설(제2판), 2004.2.

대한인간공학회, 근골격계 질환의 제도적 문제점 파악 및 개선책 제시, 한국조선공업협회, 2002.

박경수, 인간공학, 영지문화사

일본인간공학회, Graphic user interface, 안그라픽스, 2003.

중소기업청, 중소기업을 위한 제조물책임(PL)가이드, 중소기업청, 2002.

정경원, 디자인 경영, 안그라픽스, 2007.

정병용, 작업분석 및 관리, 한성대출판부.

조영일 역, 인간공학, 대영사.

D.A. Norman, "생각있는 디자인", 학지사.

한국공업표준협회 역, 도해에르고노믹스, 한국공업표준협회.

한국산업안전공단, H-30-2003근골격계 부담 작업 유해 요인조사 지침, 2003.6.

한국산업안전공단, H-31-2003사업장 근골격계 질환 예방·관리 프로그램, 2003.6.

한국산업안전공단 산업안전보건연구원, 사업장 근골격계 질환 예방관리 프로그램 개발, 한국산업안전공단 산업안전보건연구원, 2001.12.

황학, 작업관리, 영지문화사.

ILO(한국산업안전공단 역), 인간공학 체크포인트(Ergonomic checkpoint), 한국산업안전공단.

Abrahams, P., The Atalas of the Human Body, Thunder Bay Press, 2002.

American Industrial Hygiene Association(AIHA), Ergonomic guide to as assessment of metabolic and cardiac costs of physical work. Akron, OH: AIHA, 1971.

Ayoub, M. and Mital, A., Manual materials handling. London: Taylor & Francis, 1989.

Bailey, R., Human performance engineering: A guide for systems designers, Englewood Cliffs, MJ: Prentice-Hall, 1982.

Barnes R.M., Motion and Time Study, Design and Measurement of Work, 7th ed., John Wiley and Sons, 1980.

Beer, M., The technology of organization development. In M. D. Dunnette(Ed.), Handbook of industrial psychology(pp. 937–993). Chicago, IL: Rand McNally, 1976.

Bernard, B., Musculoskeletal Disorders and Workplace Factors. National Institute for Occupational Safety and Health, DHHS (NIOSH) Publication No. 97–141, Cincinnati, OH, 1997.

Bernard, B., Sauter, S. And Petersen, M., Health Hazard Report: Los Angeles Times, Los Angeles, CA. National Institute of Occupational Safety and Health, 1993.

Buchholz, B., Paquet, V., Punnett, L., Lee, D. And Moir S., Path: A Work Sampling–Based Approach To Ergonomic Job Analysis For Construction And Other Mon–Repetitive Work, Applied Ergonomics, 27(3), 177–187, 1996.

Cal/OSHA, Easy Ergonomics, California Department of Industrial Relations, 1999.

Chaffin, D.B. and Andersson, G., Occupational Biomechanics. Wiley, New York, 1984.

Corlett, E.N. And Bishop, R.P., A technique for assessing postural discomfort. Ergonomics 19 (2), 175–182, 1976.

Grandjean, E., Fitting the task to the man. London: Taylor & Francis, 1988.

Garg, A., Chaffin, D.B. And Herrin, G.D., Prediction Of Metabolic Rates For Manual Materials Handling Jobs, American Industrial Hygiene Association Journal, Vol.39, 661–674, 1978.

Garg, A. and Saxena, U., Container characteristics and maximum acceptable weight of lift. Human Factors, 22, 487–495, 1980.

Helander, M., Forty years of IEA: some reflections on the evolution of ergonomics. Ergonomics, Vol. 40, No.10, 952–961, 1997.

Humantech, Applied Ergonomics Manual, Humantech, Inc., 1995.

Hignett, S. And Mcatamney, L., Rapid entire body assessment(REBA). Appl. Ergon. 31, 201–205, 2000.

International Labour Office, Introduction to Work Study. 3rd ed., Geneva,

Switzerland: ILO, 1979.

ISO 9241, Ergonomics of office work with VDTs-guidance on usability, 1998-11.

ISO 13407, Human-centered design processes for interactive systems, 1999.

Karhu. O., Kansi, P. and Kuorinka, 1., Correcting working postures in industry: A practical method for analysis. Applied Ergonomics, 8: 199-201, 1977.

Karwowski, W. And Marras, W.S. (Eds.), The Occupational Ergonomics Handbook. CRC Press, Boca Raton, FL, 1999.

Kirwan and Ainsworth, A guide to task analysis, Taylor & Francis

Konz, S. and Johnson, S., Work Design: Industrial Ergonomics(5th ed.), Holcomb Hathaway, Publishers, 2000.

Kroemer, K., Kroemer, H. and Kroemer-Elbert, K., Engineering Physiology. Amsterdam: Elsevier, 1986.

Kroemer, Ergonomics: How to design for ease & efficience, Prentice-Hall. Konz, S. and Johnson, S., Work Design: Industrial Ergonomics(5th ed.), Holcomb Hathaway, Publishers, 2000.

Kroemer, Ergonomics: How to design for ease & efficience, Prentice-Hall.

Kuorinka, I., Jonsson, B., Kilbom, A., Vinterberg, H., Biering-Sorensen, F., Andersson, G. And Jorgenensen, K., Standard Nordic Questionnaires for the analysis of musculoskeletal symptoms. Appl. Ergon. 18(3), 233-237, 1987.

Mcatamney L. And Corlett, E.N., Ergonomics Workspace Assessment In A Health Care Context. Ergonomics, 35(9), 965-978., 1992.

Mcatamney, L. And Corlett, E.N., RULA: a survey method for the investigation of work-related upper limb disorders. Appl. Ergon. 24 (2), 91-99, 1993.

McCormick, E.J., "Human Factors in Engineering and Design", McGraw-Hill, 7th ed

MIL-STD-1472F, U.S. Department of Defense, 1999.

Mital, A., Comprehensive maximum acceptable weight of lift database for regular 8-hour work shifts, Ergonomics, 27(11), 1127-1138, 1984.

Moore, J.S. and A. Garg, The Strain Index: A Proposed Method to Analyze Jobs for Risk of Distal Upper Extremity Disorders, American Industrial Hygiene Association Journal, 56: 443-458, 1995.

Mundel M.E., "Motion and Time Study, Improving Productivity", 5th ed., Prentice-Hall Inc. 1978.

Mats Hagberg, Barbara Silverstein, Richard Wells, Michael J. Smith, Hal W. Hendrick, Pascale Carayon and Michel Perusse; Work related musculoskeletal disorders. Taylor & Francis, 1995.

Niebel, B. and Freivalds, A. Methods, Standards and Work Design, 11th ed., 380-407. New York: McGraw-Hill, 2003.

Nielsen, J., Usability Engineering, London: Academic Press, 1993.

NIOSH, Elements of Ergonomics Program, U.S. Department of Health and Human Services, 1997.

NIOSH, Simple solutions: ergonomics for farmworkers. National Institute for Occupational Safety and Health, US Department of Healthand Human Services, Publication 2001-111, Washington, DC, 2001.

http://www.cdc.gov/niosh/pdfs/01-111.pdf

Norman, D., The psychology of everyday things. New York: Basic Books. 1989.

Null, R.L. And Cherry, K.F., Universal Design, Professional publication, 1996.

OSHA, DRAFT Ergonomics for the Prevention of Musculoskeletal Disorders Guidelines for Nursing Homes, 2002.

OSHA, Ergonomics program management guidelines for meatpacking plants. US Department of Labor, Occupational Safety and Health Administration. Safety and Health Guide for the Meatpacking Industry. OSHA Publication No. 3123, Washington, DC, 1991.

OSHA, Guidelines for nursing homes: ergonomics for the prevention of musculoskeletal disorders. US Department of Labor, Occupational Safety and Health Administration, United States Department of Labor, 2003.

OSHA, Guidelines for poultry processing: ergonomics for the prevention of musculoskeletal disorders. US Department of Labor, Occupational Safety and Health Administration, United States Department of Labor, OSHA 3213-09N, 2004a.

OSHA, Guidelines for retail grocery stores: ergonomics for the prevention of musculoskeletal disorders. US Department of Labor, Occupational Safety and

Health Administration, United States Department of Labor, OSHA 3192-05N.
Pulat, B.M., Fundamentals of Industrial Ergonomics, Prentice-Hall, 2004b.
Salvendy, G.(ed.), Handbook of Industrial Engineering, Jon Wiley & Sons, 1992.
Smith, H.C., Psychology of industrial behavior. New York: McGraw-Hill, 1955.
Smith, M., Handbook of industrial psychology. New York: Philosophical Library, 1944.
Snook, S. and Ciriello, V., The design of manual handling tasks: Revised tables of maximum acceptable weights and forces, Ergonomics, 34(9), 1197-1214, 1991.
The UAW-Ford Ergonomics process job improvement guide, A publication of the UAW-Ford national joint committee on health and safety; The University of Michigan, 1988.
U.S. Department of labor, Case and Demographic Characteristics for Work-related Injuries and Illnesses Involving Days Away From Work, Bureau of Labor Statistics, http://www.bls.gov/iif/oshcdnew.htm
Waters, T.R., Putz-Anderson, V. And Garg, A., Application Manual For The Revised NIOSH Lifting Equation, U.S. Department Of Health And Human Services, 1994.
Waters, T.R., Putz-Anderson, V., Garg, A. And Fine, L.J., Revised NIOSH equation for the design and evaluation of manual lifting tasks. Ergonomics 36, 749-776, 1993.
Weisbord, M.A., Productive Workplaces, Jossey-Bass Publishers, 1987.
Wickens, C.D., Lee, J.D., Liu, Y. And Becker, S.E.G., An Introduction to Human Factors Engineering(2nd Ed.), Pearson Education, Inc., 2004.
Wickens, C.D. And Hollands, J.G., Engineering Psychology and Human Performance (3rd Ed.), Prentice Hall, 2000.
http://www.arielnet.com/start/media/
http://www.design.ncsu.edu
http://www.motionanalysis.com/applications/applications.html

찾아보기

저자약력

정 병 용 공학박사, 인간공학기술사, 한성대학교 산업경영공학과 교수

- 한국인간공학기술사회 회장, 대한인간공학회지 편집위원장, 한성대학교 공과대학장 역임
- 산학연 과제 수행
  휴먼 에러 예방, 인체측정 응용, Universal Design, 위험성 평가, 유해요인조사
  인간공학 진단 및 개선(제조업, 서비스업, 병원 등)
- 인간공학 및 안전보건 분야 교육 및 강연
  휴먼 에러예방을 위한 디자인 원리, 사용자 중심의 디자인, 사무 인간공학
  안전경영과 안전문화, 작업자 중심의 Safety Leadership, Universal Safety
- 저서 : 『디자인과 인간공학』, 『현대작업관리』, 『현대인간공학』
- http://www.hansung.ac.kr/~byjeong, byjeong@hansung.ac.kr

이 동 경 공학박사, 인간공학기술사, 재난안전 및 사고조사 전문가

- 한국인간공학기술사회 초대회장 역임, 대한인간공학회 이사
- 안전보건 관리자 전문화 교육과정
  인간공학적 유해 요인조사 및 작업개선, Human Error 예방(인간공학)
  인간공학 전문가 실무, 사고조사 및 산재보상보험제도
- 사업장 안전보건 진단 및 점검
  전자, 자동차, 조선업 등 제조업의 안전보건 진단 및 점검
  직업병 역학 조사, 작업관련성 평가 및 심의

현대인간공학 개정 제4판

펴낸날 2005년 8월 8일 초판
2009년 8월 15일 개정판
2024년 9월 1일 개정4판 5쇄
지은이 정병용 · 이동경
펴낸이 김동현
펴낸곳 민영사
주 소 서울시 성동구 옥수동 450-14(독서당로 39길 43) 1층
전 화 (02) 711-1224~5 팩스 (02) 711-1226
등 록 2014년 1월 1일 제 2014-000001호
Home http://www.minyoungsa.com
메 일 myspub@hanmail.net

정 가 26,000원 ISBN 979-11-86378-08-3 93530